醫療機器人技術

姜金剛，張永德　編著

崧燁文化

智慧製造

前言

1980 年代，機器人被首次引入醫療行業。經過 40 餘年的發展，機器人被廣泛應用於神經外科、血管、腹腔、前列腺、乳腺和骨科手術，康復與護理，口腔診療等多個領域。醫療機器人技術是集醫學、生物力學、機械學、機械力學、材料學、電腦圖形學、電腦視覺、數學分析、機器人等諸多學科為一體的新型交叉研究領域。醫療機器人不僅促進了傳統醫學的革命，也帶動了新技術、新理論的發展。作為一種新興的技術應用，機器人的應用將對整個醫療行業產生深遠影響。

編著者從事醫療機器人研究多年，深感醫療機器人在醫工結合、臨床應用和關鍵技術等方面的研究存在諸多的難點，於是希望對現有醫療機器人研究進行歸類分析，將醫療機器人領域研究的最新進展介紹給機器人領域和醫學領域的專家和學者，以及投資者和決策者，故編著了本書。

本書共分 14 章。第 1 章醫療機器人的特點及分類，主要對醫療機器人的概念、分類、組成、特點、應用優點和未來發展趨勢進行概要介紹。第 2 章醫療機器人的關鍵技術，主要從背景、基本定義和運用實例等方面對遠端手術技術、手術導航技術、人機互動技術、輔助介入治療技術等醫療機器人關鍵技術進行綜述分析。第 3～13 章從研究背景、研究意義、關鍵技術和典型實例幾方面對醫院服務機器人、神經外科機器人、血管介入機器人、腹腔鏡機器人、膠囊機器人、前列腺微創介入機器人、乳腺微創介入機器人、骨科機器人、康復機器人、全口義齒排牙機器人、矯正線彎折機器人等醫療機器人進行了重點講述。第 14 章醫療機器人的發展分析，從政策法規、市場、產業鏈結構和技術等角度對醫療機器人的發展做了分析。

本書由哈爾濱理工大學姜金剛、張永德編著。第 1、8、9、14 章由張永德編著，第 2～7 章、第 10～13 章由姜金剛編著，全書由姜金剛統稿定稿。研究生王開瑞、馬雪峰、張貫一、路明月、代雪松、黃致遠、秦培旺、楊智康、劉博健、赫天華、霍彪等參與了本書的文稿處理工作，在此表示由衷的感謝！

本書內容豐富，系統性強，不僅可以作為了解醫療機器人技術的尖端教材，也適用於機器人和生物醫學工程領域的研究人員、學生和技術人員鞏固基本原理與基本知識，了解業界尖端技術，還適合臨床醫學領域的醫生了解相關工程實踐。

編著者在醫療機器人領域從事研究工作十餘年，儘管在編寫過程中盡可能涵蓋各種醫療機器人系統或相關研究，但由於本書涉及的主題廣泛，知識領域跨度大，書中內容難免存在不足與疏漏，懇請廣大專家及讀者批評指正！

編著者

目錄

第1章

醫療機器人的特點及分類

1.1 醫療機器人的基本概念

1980 年代，機器人被首次引入醫療行業，經過 40 餘年的發展，機器人被廣泛應用於重症患者轉運、外科手術及術前模擬、微損傷精確定位操作、內鏡檢查、臨床康復與護理等多個領域。醫療機器人已經成為一個新型的、尖端性的學術領域，不僅促進了傳統醫學的革命，也帶動了新技術、新理論的發展。作為一種新型的技術應用，機器人的應用將對整個醫療行業產生深遠影響[1]。

醫療機器人技術是集醫學、生物力學、機械學、機械力學、材料學、電腦圖形學、電腦視覺、數學分析、機器人學等諸多學科為一體的新型交叉研究領域，具有重要的研究價值。醫療機器人能獨自編制操作計劃，依據實際情況確定動作程序，然後把動作變為操作機構的運動。醫療機器人在軍用合民用上有著廣闊的應用前景，是目前機器人領域的一個研究焦點[2]。

這裡有兩個概念：

① 醫療：用於看病、手術、護理等。

② 機器人：能自動控制的機械裝置。

醫療機器人是目前海內外機器人研究領域中最活躍、投資最多的方向之一，其發展前景非常看好，美、法、德、意、日等國學術界對此給予了極大關注，研究工作蓬勃開展。醫療機器人中最廣為人知的是達文西（da Vinci）機器人手術系統，如圖 1-1 所示。達文西機器人手術系統是在麻省理工學院研發的機器人外科手術技術基礎上研發的高級機器人平臺，也可以稱為高級腔鏡系統。其設計的理念是透過使用微創的方法，實施複雜的外科手術。達文西機器人手術系統已經用於成人和兒童的普通外科、胸外科、泌尿外科、婦產科、頭頸外科以及心臟手術[3,4]。目前，中國已經配置近百臺達文西機器人，主要分布在一線城市和大型醫院。由於大型設備採購監管開放，一些沿海發達地區省會和地市級三甲醫院也正計劃採購手術機器人。可以想像，隨著機器人技術的不斷進步，在不久的將來，那些高難度的複雜手術都將會由機器人完成，醫生只需要用一個操縱桿遙控就能獲得高度穩定和精確的結果。

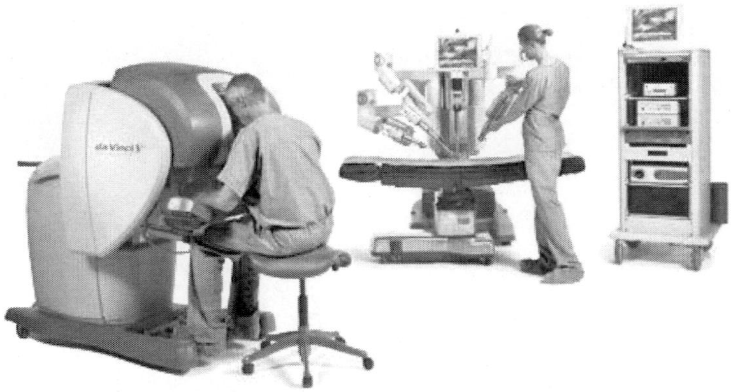

圖 1-1 達文西機器人手術系統

從 1990 年代起，國際先進機器人計劃（IARP）已召開過多屆醫療機器人研討會，美國國防高級研究計劃局（DARPA）立項開展基於遙控操作機器人的研究，用於戰傷模擬手術、手術培訓、解剖教學。歐盟、法國國家科學研究中心也將機器人輔助外科手術及虛擬外科手術模擬系統作為重點研究發展的項目之一[1]。

1.2 醫療機器人的特點

醫療機器人是多學科研究和發展的成果，是被應用在醫學診斷、治療、手術、康復、護理和功能輔助恢復等多學科領域的機器人，它具有其他機器人的一般特性和醫療領域的特殊特性，醫療機器人主要用於傷病員的手術、救援、轉運和康復[5,6]。

近幾年來，醫療機器人與電腦輔助醫療外科技術已經在多學科交叉領域中興起，並成為越來越受到關注的機器人應用尖端研究課題之一。

機器人在應用上有兩個突出的特點：一是它能夠代替人類工作，比如代替人進行簡單的重複勞動，代替人在髒亂環境和危險環境下工作，或者代替人進行勞動強度極大的工種作業；二是擴展人類的能力，它可以做人很難進行的高細微精密及超高速作業等。醫療機器人正是運用了機器人的這兩個特點。

醫療機器人的對象是人（醫療機器人要直接接觸患者的身體），所以除具備機器人的兩個基本特點的同時，還有其自身的選位準確、動作精細、避免患者感染等特點[7]。

譬如，在做血管縫合手術時，人工很難進行直徑小於 1mm 的血管縫合，如果使用醫療機器人，血管縫合手術可以達到小於 0.1mm 的精度；用醫療機器人進行手術避免了醫生直接接觸患者的血液，大大減少了患者的感染危險。

1.2.1 概述

① 作業環境一般在醫院、街道社區、家庭及非特定的多種場合。

② 作業對象是人、人體資訊及相關醫療器械。

③ 材料選擇和結構設計必須以易消毒和滅菌為前提，安全可靠且無輻射。

④ 性能必須滿足對（人）狀況變化的適應性、對作業的柔軟性、對危險的安全性以及對人體和精神的適應性等。

⑤ 醫療機器人之間及醫療機器人和醫療器械之間具有或預留通用的對接介面，包括資訊通訊介面、人機互動介面、臨床輔助器材介面以及傷病員轉運介面等。

1.2.2 醫療機器人的應用優點

① 手術機器人具有高準確性、高可靠性和高精確性，提高了手術的成功率。目前，手術機器人不僅可以完成普外科手術，還能進行腦神經外科、心臟修復、人工關節置換、泌尿科和整形外科等方面的手術。

② 醫療機器人定位和操作精確、手術微創化、可靠性高，而且能夠突破手術禁區，進行遠端手術，從而減輕醫生的勞動強度，避免醫生接觸放射線或者烈性傳染病病原。

③ 它是在電腦層面掃描圖像或核磁共振圖像基礎上構成的三維醫療模型，用於醫療外科手術規劃和虛擬操作，以期最終實現多感測器機器人的輔助手術定位和操作。

④ 醫用機器人和電腦輔助定位導航系統，可以滿足脛骨骨折閉合復位帶鎖髓內釘內固定在臨床應用中骨折復位和遠端鎖釘置入，減少了術中 X 射線透視時間，遠端遙控操作可靠方便，系統結構簡單，易於掌握[8]。

1.2.3 醫療機器人未來發展的趨勢

第一個是系統。更多地強調整合性，整個系統和模型的定義化和標準化。包括數據整合、大數據應用如何互動，這是未來不可或缺的。還有慢性病這一大塊，這更多地需要透過醫療機器人系統化的管理方式，使之變成一個系統整體，更好地實現服務。

第二個是互動。也是強調人和機器的互動，透過觸覺實現，相互回饋，還要增加現實感和真實感。有專家提到會不會存在偏差從而造成判斷失誤，這也是互動層面要解決的問題。目前最好的方法是採用逆回饋的方式。

第三個是結構。在結構上應更多地從材質上和方式上實現重量輕、連接牢固、組裝快捷，要更節能，還要不易產生生理排斥，而且更小型化，減少成本。安全度、品質、精細度需要找到一個平衡點，這也是未來可持續發展需要解決的問題。

第四個是感知。透過互動模型、三維感測或者不同的技術手段，提高辨識率，還可透過組合，如與 AR 相結合識別物體和環境。透過識別，更好地讓機器人有所動作和有所反應。

第五個是認知。完全基於 AR 角度，在技術應用方面，拓展機器的認知能力和學習能力。這包括知識的認知、推理、語態、態勢感知、形態等。認知算法將會允許機器人和醫生在一起工作並且可以預測醫生的行為，在互動過程中，高解析度的感測器將會在手術中提供視覺回饋和提高精確度。

醫療機器人的應用極大推動了現代醫療技術的發展，是現代醫療衛生裝備的發展方向之一。醫療機器人是一個新興的、多學科交叉的研究領域，涉及眾多領域知識和技術，研究醫療機器人不僅能促進傳統醫療技術的變革，而且會對這些相關技術的發展產生積極的推動作用，具有重要的理論研究意義。

1.3 醫療機器人的結構

1.3.1 機器人系統的組成

機器人由機械部分、感測部分、控制部分三部分組成，這三部分可分為驅動系統、機械結構系統、感受系統、機器人-環境互動系統、人機互動系統、控制系統六個子系統[9]。具體結構如圖 1-2 所示。

① 驅動系統是使機器人運行起來，給各個關節即每個自由度安裝的傳動裝置。

② 機械結構系統在整個系統中起著支承、連接和傳動的作用，保證各零部件

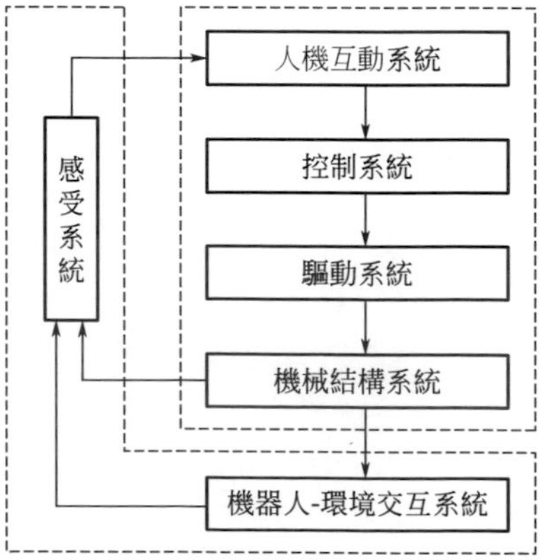

圖 1-2　機器人的基本組成

和系統之間的相互空間位置關係。其強度、剛度、動態性能和熱性能等，都對整體性能和功能的可靠性產生重要影響。

③ 感受系統由內部感測器模塊和外部感測器模塊組成，用於獲取內部和外部環境狀態中有意義的資訊。智慧感測器的使用提高了機器人的機動性、適應性和智慧化的水準，人類的感受系統對感知外部世界資訊是極其靈巧的，然而，對於一些特殊的資訊，感測器比人類的感受系統更有效。

④ 機器人-環境互動系統是實現機器人與外部環境中的設備相互聯繫和協調的系統。機器人與外部設備集成為一個功能單元，如加工製造單元、焊接單元、裝配單元等。

⑤ 人機互動系統是人與機器人進行聯繫和參與機器人控制的裝置，可分為指令給定裝置和資訊顯示裝置。人機互動系統接收感受系統傳輸的數據，並把處理後的數據呈現給操作者，操作者進而做出相應的回饋。

⑥ 控制系統的任務是根據機器人的作業指令程序以及從感測器回饋回來的訊號，支配機器人的執行機構去完成規定的運動和功能。如果機器人不具備資訊回饋特徵，則其為開環控制系統；具備資訊回饋特徵，則其為閉環控制系統。控制系統根據控制原理可分為程序控制系統、適應性控制系統和人工智慧控制系統；根據控制運動的形式可分為點位控制和連續軌跡控制。

1.3.2 醫療機器人的分類

醫療機器人是將機器人技術應用在醫療領域，根據醫療領域的特殊應用環境和醫患之間的實際需求，編制特定流程、執行特定動作，然後把特定動作轉換為操作機構運動的設備。醫療機器人技術是集醫學、材料學、自動控制學、數位圖像處理學、生物力學、機器人學等諸多學科為一體的新興交叉學科。簡單說來，可以把醫療機器人看作是一種醫療用途的服務機器人。

醫療機器人按功能主要分為醫療外科機器人、口腔修復機器人和康復機器人，每一類別下又可細分為若干子系統，如圖 1-3 所示。

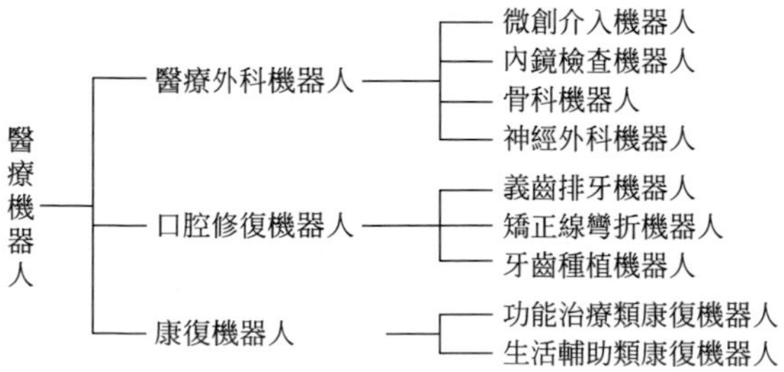

圖 1-3 醫療機器人的分類

（1）醫療外科機器人

傳統外科手術定位精度不高，術者易疲勞、動作顫抖，受空間及環境約束大，缺乏三維醫學圖像導航，手術器械操作具有局限性，位姿受手術環境影響。醫療外科機器人定位準確，動作靈巧、穩定，可減輕術者疲勞，資訊回饋直覺（三維圖像），術前快速手術設計可避免輻射、感染的影響，滅菌簡單。

醫療外科機器人是集臨床醫學、生物力學、機械學、材料學、電腦科學、微電子學、機電一體化等諸多學科為一體的新型醫療器械，是當前醫療器械資訊化、程控化、智慧化的一個重要發展方向，在臨床微創手術以及戰地救護、地震海嘯救災等方面有著廣泛的應用前景。醫療外科機器人分為微創介入機器人、內鏡檢查機器人、骨科修復機器人和神經外科機器人。

1）微創介入機器人

早期微創外科手術給患者帶來了巨大福音，但給醫生實施手術增加了困難。首先，由於醫生無法直接獲得手術部位的圖像資訊，僅能透過二維監視器來獲取手術場景圖像，手術部位沒有深度感覺；其次，手術工具是透過體表的微小切口到達手術部位，工具的自由度減少，造成了靈活性的降低；再次，由於杠桿作用的影響，醫生手部的顫抖及一些失誤操作會被放大，增加手術風險；最後，感覺的缺乏也影響了手術效果。這些缺點增加了醫生的操作難度，醫生往往需要較長時間的術前培訓才能勝任微創手術，限制了微創外科手術的應用範圍。為了解決早期微創手術的種種限制，在機器人技術的基礎上，產生了以機器人輔助微創外科手術為重要特點的現代微創手術技術。微創介入機器人有很多類型，如宙斯機器人手術系統（Zeus robotic surgical system）、「妙手 A」系統、達文西機器人手術系統（da Vinci Si HD surgical system）等綜合性的手術系統。由於這類綜合性的手術系統價格昂貴，很難普及，於是人們開始研發專科類的微創介入手術系統，如專門針對前列腺、乳腺、肺等單獨器官的微創介入機器人，研發費用遠遠低於綜合性的手術系統，功能更加具有針對性，治療效果更好。

宙斯機器人手術系統由美籍華裔王友侖先生於 1998 年在美國摩星有限公司研發成功。1999 年，該系統獲得歐洲市場認證，標誌著真正的「手術機器人」進入全球醫療市場領域。進入中國市場的宙斯機器人手術系統由伊索（AESOP）聲控內鏡定位器、赫公尺斯（HERMES）聲控中心、宙斯（ZEUS）機器人手術系統（左右機械臂、術者操作控制臺、視訊控制臺）、蘇格拉底（SOCRATES）遠端合作系統這幾部分組成。手術時，宙斯機器人三條機械臂固定在手術床滑軌上，醫師坐在距離手術床 2m 的控制臺前，即時監視螢幕三維空間立體顯示的手術情況，用語音指示 AESOP 聲控內視鏡，另外兩條宙斯黃綠機械臂則在醫師遙控下執行手術操作，醫師足部腳踏板控制超聲波手術刀完成手術的燒灼、切割、電凝等工作。

「妙手 A」系統由天津大學、南開大學和天津醫科大學總醫院聯合研製。該系統採用多自由度絲傳動技術，實現主、從操作手本體輕量化設計；基於異構空間映射模型，實現主、從遙操作控制；設計機器人系統與人體軟組織變形模擬環境，實現主、從操作虛擬力回饋與手術規劃；採用雙路平面正交偏振影像分光法，研製成功微創外科手術機器人三維立體視覺系統。

達文西機器人手術系統是在麻省理工學院研發的機器人外科手術技術基礎上研發的高級機器人平臺，也可以稱為高級腔鏡系統。

達文西機器人手術系統是一組器械的組合裝置。該系統的手術設備主要分為三部分：手術醫師操作的主控臺，機械臂、攝影臂和手術器械組成的移動平臺，三維成像影片影像平臺。如圖 1-1 所示，左邊為手術醫生控制臺，中間為機械手和手術臺，右邊為影片系統。其中，機械手部分由一個內鏡（探頭）、刀剪等手術器械以及微型攝影頭和操縱桿等器件組裝而成。同時，這部分也是整個手術機器人中最重要的部分，與患者直接接觸，所以其精度要求很高。通常機械臂在手術機器人中屬於高值耗材，使用時臨時安裝到機器人上，每條機械臂有使用次數限制，根據目前的技術標準，機械臂使用 10 次後便不能繼續使用，這使得使用手術機器人進行手術的價格居高不下，也限制了手術機器人的普及應用。

在床旁機械臂系統中使用的是固定機構，手臂機構為關節型手臂機構和機器人手腕機構，傳動裝置為連桿傳動和流體傳動機構，其是主要的機械工作部位，是整個系統最重要的部分。

該系統使用成本昂貴，表現在以下幾個方面。

① 購置費用高。目前中國第三代四臂達文西手術機器人的總體購置費用在 2000 萬元以上。

② 手術成本高。機器人手術中專用的操作器械每用 10 次就需強制性更換，而更換一個操作器械需花費約 2000 美元。

③ 維修費用高。手術機器人需定期進行預防性維修，每年維修保養費用也是一筆不小的開支。造成機器人手術使用成本高的原因通常被認為是其生產商透過收購競爭對手和專利保護等手段在這一領域形成了壟斷，而這也成為制約手術機器人進一步發展的一個重要原因。

對於專科類的微創介入機器人，海外發展較快，荷蘭核通公司 Van Gellekom 在 2004 年發布了名為 Seed Selectron 的系統，系統同時集成了 3D 超聲波（US）成像技術、輔助機器人、TPS 軟體等，能夠實現即時粒子治療，並且獲得了美國食品藥品監督管理局（FDA）、加拿大衛生部等認證。2007 年，美國 Thomas Jefferson 大學的 Yan Yu 等研發了 EUCLIDIAN 系統，用於超聲圖像導向的粒子治療。中國哈爾濱工業大學、哈爾濱理工大學、天津大學等機構都分別對專科類的微創介入機器人進行了研究，哈爾濱工業大學孫立寧教授等構建了 Freehand 三維超聲引導的穿刺手術機器人輔助系統；哈爾濱理工大學張永德教授等研製了針對前列腺癌和乳腺癌粒子植入的微創介入機器人。

2）內鏡檢查機器人

內鏡檢查機器人分為微創內鏡檢查機器人和無創內鏡檢查機器人。

微創內鏡檢查機器人主要用於微創手術中。1994 年，美國 Computer Motion 公司研製的 AESOP-1000 型醫療機器人是第一套通過美國 FDA 認證的醫療機器人系統，這是早期的腹腔鏡機器人系統，用腳踏板控制的方式對機器人進行控制，只是在手術過程中內鏡的調整需要輔助人員，使得鏡頭運動更精確，更一致，並具有更加穩定的手術視野。在此之後，Computer Motion 公司推出了世界上第一臺基於語音控制的 AESOP-2000 微創外科手術機器人系統，世界上第一臺具備七個自由度的 AESOP-3000 微創外科手術機器人系統，如圖 1-4 所示。AESOP 型醫療機器人將機器人輔助手術帶入了新的高度，具有劃時代意義。它使得醫生擺脫了對助手手持內鏡的依賴，去除了人手持內鏡的弊端後，技術嫻熟的醫師可單獨完成某些腹腔鏡手術。

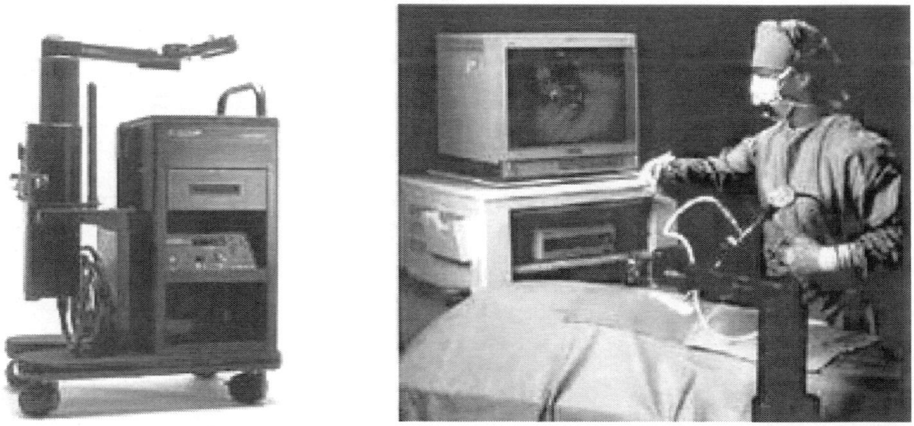

圖 1-4　AESOP-3000 微創外科手術機器人系統

無創內鏡檢查機器人主要用於消化道疾病診斷，是一種能進入人體胃腸道進行醫學探查和治療的智慧化微型工具，是體內介入檢查與治療醫學技術的新突破。如圖 1-5 所示，膠囊內鏡機器人中裝有攝影頭和無線模塊，患者口服後透過無線通訊裝置將採集到的消化道內圖像發送至人體外的圖像記錄儀或者影像工作站。使用膠囊內鏡機器人作為消化道疾病的診斷方式，檢查形式簡單方便，有利於消化道檢查的普及，且無創無痛無交叉感染，極大地減輕了患者的痛苦。

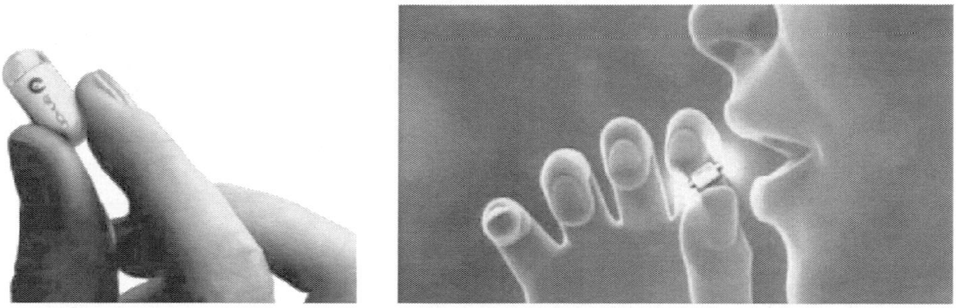

圖 1-5　膠囊內鏡機器人

范德比大學（Vanderbilt University）合利茲大學（University of Leeds）開發了一款 18mm 大小的磁控膠囊內鏡機器人，如圖 1-6 所示。膠囊機器人可以透過吞咽等較為溫和的方式進入腸道，不會產生如傳統腸鏡那樣的侵入式副作用。在外部，研究人員透過外部磁體實現對體內的磁控膠囊機器人進行操控。磁控的膠囊機器人已經在豬的體內進行了成功試驗，透過外部操控，機器人可以在腸道內完成前進和翻轉，並且可以向後彎曲，從而使攝影機可以對整個腸道壁進行反向觀察。

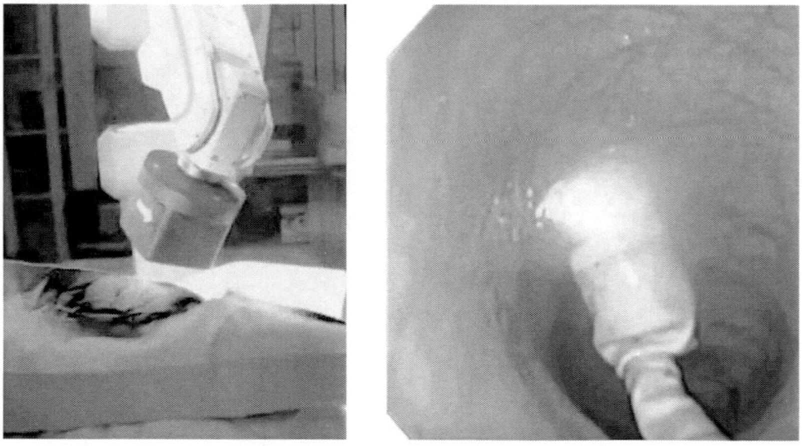

圖 1-6　磁控膠囊內鏡機器人

3）骨科手術機器人

目前骨科手術機器人可分為半主動型、主動型及被動型三種類型，截至 2018 年已參與骨科手術 2 萬餘例。

半主動型機器人系統為觸覺回饋系統，典型方法是將切割體積限制在一定範圍內，將切割運動加以約束，此系統依然需要外科醫師來操作儀器，對外科醫師控制工具的能力要求較高。主動型機器人不需術者加以限制或干預，也不需術者操作機械臂，機器人可自行完成手術過程；被動型機器人系統是在術者直接或間接控制下參與手術過程中的一部分，例如在術中，機器人在預定位置把持夾具或導板，術者運用手動工具顯露骨骼表面。

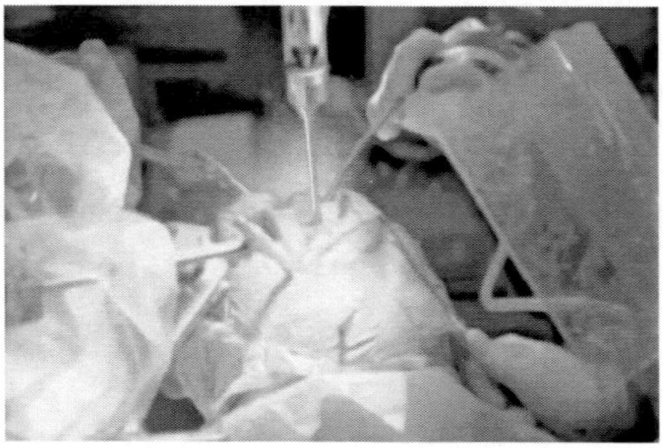

圖 1-7　Robodoc 手術機器人

主動型機器人的典型代表為用於人工關節置換的 Robodoc 手術機器人，如圖 1-7 所示。其操作原理是在規劃好手術路徑後，連接機器人本體設備，隨後機器人便可自行進行切割磨削工作。術中無需醫師操作，但需要醫師全程監控，以便在出現意外時及時干預。

被動型機器人的主要代表是美國的 Stryker-Nav 和德國的 Brain-Lab 手術機器人，即電腦輔助影像導航手術設備。透過紅外線追蹤影像導航方式，採用被動式光電導航手術系統輔助徒手操作手術，可應用於任何術中藉助導航圖像定位的骨科手術，但只能完成特定的定位操作步驟，故臨床應用較為局限。

骨科手術機器人的主要優勢為微創、精確、安全和可重複性高，合理應用機器人輔助手術，不僅可以提供 3D 手術視野，而且可避免人手操作時產生的震顫，同時可大大縮短年輕醫師的培養年限。

4）神經外科機器人

顱內手術需要精確定位與精細操作，而顱面部有相對固定的解剖標誌，這使神經外科成為機器人外科最早涉及的領域之一。Motionscalers 技術和震顫過濾技術的發展使機器人操作手術器械變得十分精確。目前，神經外科手術機器人系統已從立體定向手術發展到顯微外科手術，甚至遠端手術。1980 年代中期，PUMA 機器人（programmable universal machine for assembly industrial robot）最先用於神經外科。外科醫師根據顱內病變的術前影像，將病變的座標輸入機器人，應用機器人引導穿刺針進行活檢等操作。

早期的神經外科手術機器人系統都是用於立體定向手術或手術定位。1990 年代中期，由美國 NASA 開發的機器人——RAMS（robot-assisted microsurgery system）是最早兼容核磁圖像的機器人。系統基於 6 個自由度的主動-被動（master-slave）控制，可進行 3D 操作，因而不僅限於立體定向手術。RAMS

進行了震顫過濾和梯度運行，手術精確性、靈巧性明顯提高。Le Roux 等應用 RAMS 進行大鼠頸動脈吻合手術，手術很成功，但是手術時間較人工手術長。

L. Joskowicz 等介紹了一種能夠在鎖孔手術中精確自動定位的影像引導系統。系統為 MARS 微型機器人，適合穿刺針、探針和導管的機械引導。術中機器人直接固定到頭皮夾或顱骨上。它能根據術前 CT/MRI 的解剖註冊和術中 3D 患者面部掃描註冊，達到預先確定的靶點自動定位。應用本系統進行了註冊試驗。靶點註冊誤差為 1.7mm（$SD=0.7$mm）。

加拿大研發的 NeuroArm（University of Calgary，Calgary，Alberta，Canada）工程，包括了神經外科醫生在顱內需要做的所有操作。它基於生物模擬設計，控制著手部動作可被機械臂（持有手術器械）模擬。NeuroArm 包括兩個機械臂，每一個都有 7 個自由度，另外第三個臂有兩個攝影頭，可以提供立體影像。NeuroArm 可以進行顯微外科操作，包括活檢、顯微切開、剪開、鈍性分離、鉗夾、電凝、燒灼、牽引、清潔器械、吸引、縫合等，還可向術者提供觸覺壓力回饋。NeuroArm 可在術前計劃出手術邊界，材料都能兼容核磁，能進行術中核磁掃描，機械臂由鈦合金和聚合塑膠製造，核磁圖像扭曲很小。NeuroArm 可進行立體定向手術，透過線性驅動裝置，精確到達靶點。NeuroArm 圖像引導系統可虛擬實境，在術前模擬手術過程。目前這套機器人正在進行測試，計劃在兩年內用於臨床。

Remebot 機器人是中國研發的具有自主知識產權的一款立體定位多功能神經外科機器人，如圖 1-8 所示，是目前世界上最先進的神經外科輔助定位系統，多應用於癲癇外科等精確度要求極高的手術。Remebot 機器人立體定向輔助系統將手術計劃系統、導航功能及機器人輔助器械定位和操作系統（可提供觸覺回饋即高級的可視化功能）整合於一體，樹立了立體定位技術的里程碑。在癲癇外科，SEEG 深部電極植入術中功能展現尤為突出，克服了傳統的框架式立體定向儀和導航系統應用的局限性，有效提升了癲癇手術的準確性、安全性。目前中國僅有兩臺，其中一臺於 2018 年 6 月落户普華醫院。

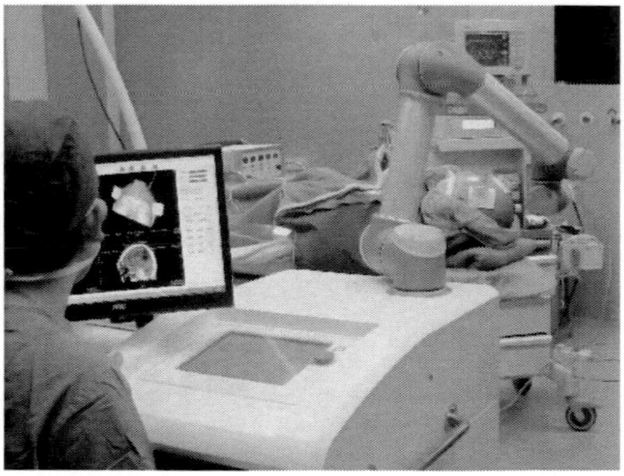

圖 1-8　Remebot 神經外科機器人

（2）口腔修復機器人

1）義齒排牙機器人

在實際應用的過程中，以視覺效果的評價和手工操作為基礎的傳統口腔修復醫學存在局限性和不確定性，也很大程度阻礙了口腔修復學的發展，造成口腔修復醫學的發展緩慢。口腔修復機器人作為近年來迅速發展的新興學科，其操作的規範化、標準化和自動化等優點，是現代口腔修復學發展的必然趨勢。

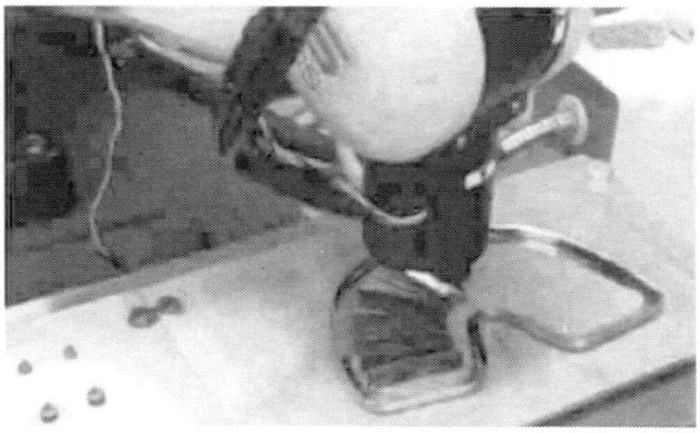

圖 1-9　機械臂式義齒排牙機器人

義齒排牙機器人經歷了兩次技術提升。第一次技術提升：北京理工大學利用 CRS-4506 自由度機器人使被抓取的物體實現任意位置和姿態，研製可調式排牙器。用三維雷射掃描測量系統獲取無牙頜骨形態的幾何參數，如圖 1-9 所示。根據高級口腔修復專家排牙經驗建立的數學模型，用 VC＋＋和 RAPL 機器人語言編制了專家排牙、三維牙列模擬顯示和機器人排牙控制程式。當排牙方案確定後，數據傳給機器人，由機器人完成排牙器的定位工作，最終完成全口義齒人工牙列的製作。哈爾濱理工大學設計了單操作機和多操作機的義齒排牙機器人，提高了排牙的效率和精度。第二次技術提升：3D 列印的問世顛覆了許多技術，也包括義齒排牙機器人，3D 列印出的義齒更加精確，效率更高。

3D 義齒列印過程如下。

① 數據採集。三維數據的採集是模型製作的重要一步。在醫學領域，隨著電腦斷層掃描和核磁共振技術的發展，放射學診斷變得創傷更小，診斷也更精確，而且其高解析度的三維圖像數據在數秒內就可以獲得，成為理想的三維數據獲取手段。

② 數據處理。將獲得的數據導入三維重建軟體。以 CT 掃描出來的數據為例，將 CT 掃描的 DICOM 格式的數據導入軟體，構建出形態曲面，重建三維模型。保存數據格式為 STL。STL 格式的數據是 3D 列印機所識別的數據，最終 3D 列印機將模型列印出來。

③ 3D 列印。3D 列印技術列印義齒效率和精度更高。

2）矯正線彎折機器人

錯頜畸形是口腔科的常見疾病，被世界衛生組織（WHO）列為三大口腔疾患之一。隨著人們生活水準的提高，人們對口腔矯正的認識與需求也日漸提高。

然而，長期以來，傳統的口腔矯正治療用的弓絲完全依賴於醫師的經驗手工彎折。由於手工彎折不可避免的勞作誤差，彎折出來的弓絲不確定性高，精度較低；對於一些複雜而治療效果好的作用曲，經常由於醫師的個人技能不足或者製作效率低而被捨棄，使得整個治療過程難以控制、治療週期變長，易給患者帶來不必要的痛苦，很難達到精準治療等，越來越不能滿足現有臨床需求。

機器人在口腔矯正學方面的應用正處於探索的初級階段，矯正線彎折機器人作為其中的一個方向，具有十分重大的應用意義。Butscher 等利用 6 自由度機器人實現弓絲和其他可彎折醫療器械的彎折，機器人系統由固定在基座上的機器人和分別裝在基座、機器人上兩個手爪組成，以完成任意角度的第二序列曲及第三序列曲。中國，哈爾濱理工大學研製了直角座標式的矯正線彎折機器人，術前透過數學建模的方法規劃出患者所需成形矯正弓絲彎折過程中的控制節點位置資訊和角度資訊；海外，Ora Metrix 公司的商業化系統 Suresmile 集成了 CAD 矯正規劃輔助治療系統與弓絲彎折機器人系統，如圖 1-10 所示，系統利用雷射掃描儀或 CT 成像技術獲取患者口腔圖像，生成患者牙齒三維模型，透過在三維可視化系統中規劃矯正方案，給出矯正線的彎折參數，最後由電腦控制 6 自由度的工業機器人來完成弓絲的彎折過程。

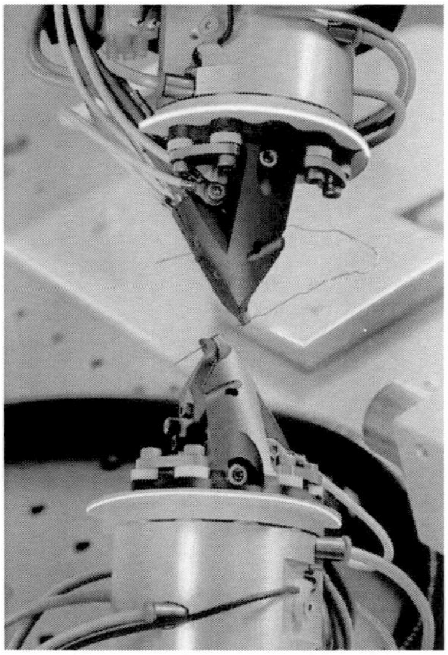

圖 1-10　矯正線彎折機器人

3）牙齒種植機器人

2013 年，空軍軍醫大學口腔醫院與北京航空航天大學機器人研究所開始共同研發牙齒種植機器人，如圖 1-11 所示。期間，他們突破了多項瓶頸，首創機械師空間融合定位方法，同時與 3D 列印技術結合，設計出集精準、高效、微創、安全為一體的自主式牙齒種植手術機器人，可實現術後即刻修復，彌補傳統方法的不足。經過 4 年的努力，2017 年，中國自主研發的世界上首臺自主式牙齒種植手術機器人終於問世。在一例牙種植即刻修復手術中，它表現優異，成功為一名女性的缺牙窩洞植入兩顆種植體，誤差僅 0.2～0.3mm，遠高於手工種植的精準度。

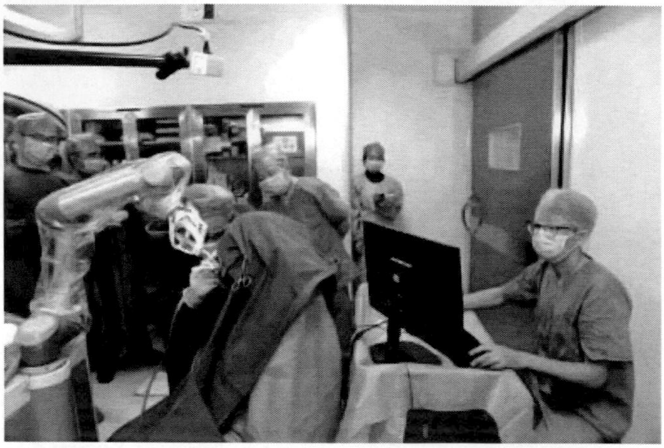

圖 1-11　牙齒種植機器人

（3）康復機器人

康復機器人分為功能治療類康復機器人和生活輔助類康復機器人 2 個主類，再按功能的不同分為 4 個次類，並將 4 個次類進一步分為若干支類，其詳細分類情況如圖 1-12 所示。

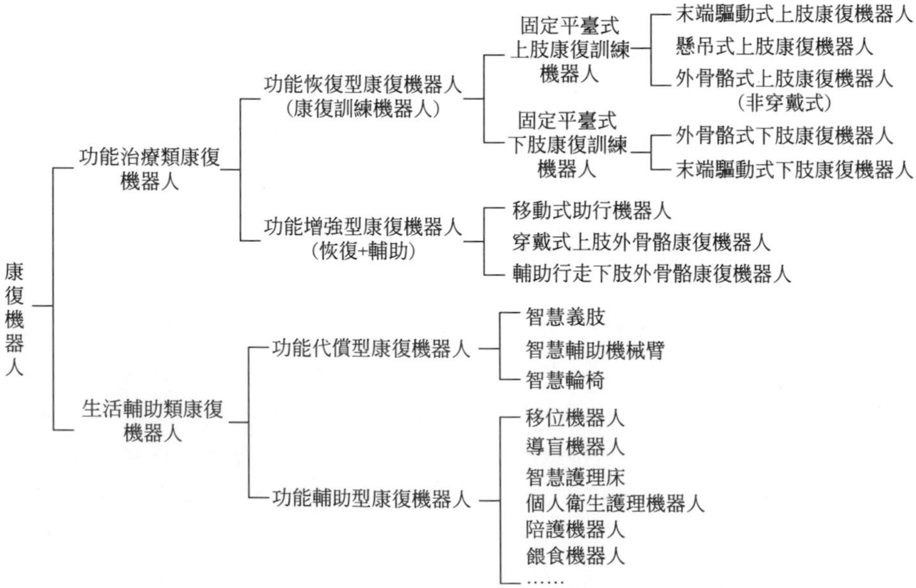

圖 1-12　康復機器人分類

1）功能治療類康復機器人

功能治療類康復機器人作為醫療用康復機器人的主要類型，可以幫助功能障礙患者透過主、被動的康復訓練模式完成各運動功能的恢復訓練，如上肢康復訓練機器人、下肢康復訓練機器人等。此外，一些治療類康復機器人還兼具診斷、評估等功能，並結合虛擬實境技術以提高康復效率。功能治療類康復機器人按作用類型不同，又可分為功能恢復型康復機器人和功能增強型康復機器人兩個次類。

① 功能恢復型康復機器人（康復訓練機器人）。功能恢復型康復機器人主要是在康復醫學的基礎上，透過一定的機械結構及工作方式，引導及輔助具有功能障礙的患者進行康復訓練。由於功能訓練型康復機器人的體積龐大及結構複雜，一般為固定平臺式，使用者需在特定的指定點使用，所以其既不能達到生活輔助功能，也不能起到功能增強作用。功能恢復型康復機器人按作用的部位不同，可分為固定平臺式上肢康復訓練機器人和固定平臺式下肢康復訓練機器人。

a. 固定平臺式上肢康復訓練機器人（圖 1-13）是基於上肢各關節活動機制而設計的用於輔助上肢進行康復訓練的康復設備，按其作用機制不同可分為末端驅動式、懸吊式和外骨骼式。

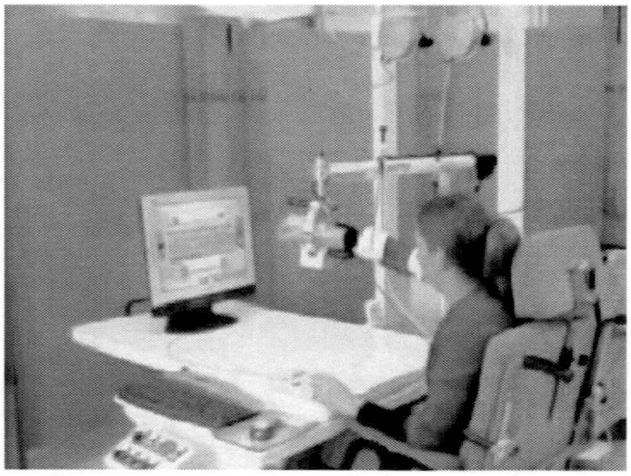

圖 1-13 固定平臺式上肢康復訓練機器人

末端驅動式上肢康復機器人是一種以普通連桿機構或串聯機構為主體機構，透過對上肢功能障礙患者的上肢運動末端進行支撐，使上肢功能障礙患者可按預定軌跡進行被動訓練或主動訓練，從而達到康復訓練目的的康復設備。具有代表性的末端驅動式上肢康復機器人有日本大阪大學研製的 6 自由度上肢康復訓練系統、美國麻省理工學院研製的上肢康復機器人 MIT-Manus。

懸吊式上肢康復機器人是一種以普通連桿機構及繩索機構為主體機構，依靠電纜或電纜驅動的操縱臂來支持和操控患者的前臂，可使上肢功能障礙患者的上肢在減重的情況下實現空間任意角度位置的主、被動訓練的康復設備。具有代表性的懸吊式上肢康復機器人有意大利帕多瓦大學研製的上肢康復機器人 NeReBot。

外骨骼式上肢康復機器人是一種基於人體仿生學及人體上肢各關節運動機制而設計的，用於輔助上肢功能障礙患者進行康復訓練的康復輔助設備，根據其特殊的機械結構緊緊依附於上肢功能障礙患者的上肢，帶動上肢功能障礙患者進行上肢的主、被動訓練。具有代表性的外骨骼式上肢康復機器人有瑞士蘇黎世大學研製的上肢康復機器人 ARMin。

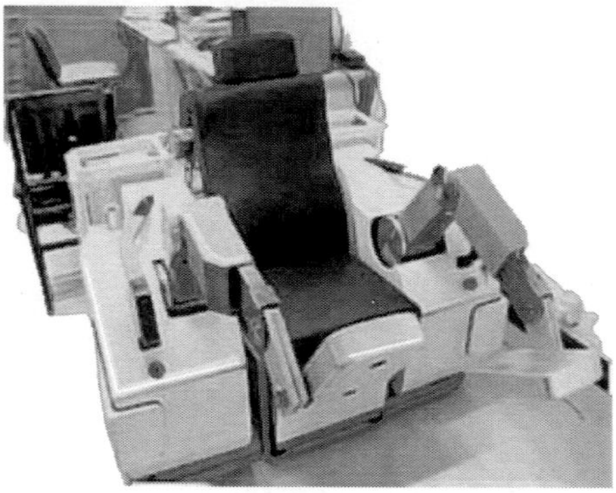

圖 1-14　固定平臺式下肢康復訓練機器人

b. 固定平臺式下肢康復訓練機器人（圖 1-14）是基於模擬步態及下肢各關節活動機制而設計的用於輔助下肢進行康復訓練的康復設備，按其作用機制和工作方式的不同可分為外骨骼式和末端驅動式。

a）外骨骼式下肢康復機器人是一種基於模擬步態並在各關節處配置相應自由度及活動範圍可自行進行步態模擬工作的康復設備。當工作時，外骨骼式下肢康復機器人透過機械機構及綁帶將使用者上身固定或進行懸吊，在帶動下肢功能障礙患者進行下肢的主動訓練或被動訓練的同時可為患者提供保護和支撐身體的作用。具有代表性的外骨骼式下肢康復機器人有瑞士蘇黎世大學附屬醫院的脊椎損傷康復中心與瑞士 Hocoma 醫療器械公司聯合研製的下肢康復機器人 Lokomat。

b）末端驅動式下肢康復機器人是一種以普通連桿機構或串聯機構為主體機構，透過對下肢功能障礙患者的下肢運動末端進行支撐，基於模擬步態，引導下肢功能障礙患者實現下肢各關節的主、被動協調訓練，從而達到下肢康復訓練效果的康復設備。具有代表性的末端驅動式下肢康復機器人有以色列 Motorika 和 Hwalthsouth 公司聯合研製的下肢康復機器人 AutoAm-bulator 以及 Hocoma 公司研製的下肢康復系統 Erigo。

② 功能增強型康復機器人。功能增強型康復機器人通常為移動穿戴式，是一種不僅可幫助患者進行康復訓練以恢復肢體功能，而且具有功能輔助作用的複合型康復機器人。這類機器人體積及結構較為輕巧，多為可移動式。根據工作方式及工作部位的不同，功能增強型康復機器人可分為移動式助行機器人、穿戴式上肢外骨骼康復機器人和輔助行走下肢外骨骼康復機器人。

a. 移動式助行機器人（圖 1-15）是一種基於康復醫學原理，透過模擬步態，輔助下肢功能障礙患者行走，並同時進行下肢康復訓練的康復輔助設備。其工作機制是在為行走功能障礙患者提供輔助行走的同時為其提供主、被動的康復訓練。具有代表性的移動式助行機器人有紐西蘭 Rex Bionic 公司研製的下肢外骨骼助行康復機器人 REX。

b. 穿戴式上肢外骨骼康復機器人（圖 1-16）是一種穿戴於人體上肢外部的康復設備，透過引導上肢功能障礙患者的患肢關節做週期性運動，加速關節軟骨及周圍韌帶和肌腱的癒合及再生，從而達到上肢的康復訓練。具有代表性的穿戴式上肢外骨骼康復機器人有美國賓夕法尼亞大學研製的可穿戴機械臂 Titan、美國 Myoxn 公司研製的肘關節訓練器、上海理工大學研製的外骨骼機械手。

圖 1-15　移動式助行機器人

c. 輔助行走下肢外骨骼康復機器人（圖 1-17）是一種穿戴於下肢功能障礙患者下肢外部的康復設備，其在生理步態研究的基礎上設定模擬步態，控制各活動部件，在輔助下肢功能障礙患者行走的同時也輔助其進行康復訓練。具有代表性的輔助行走下肢外骨骼康復機器人有以色列 ReWalk 醫療科技公司研製的外骨骼機器人 ReWalk、日本築波大學研製的外骨骼機器人等。

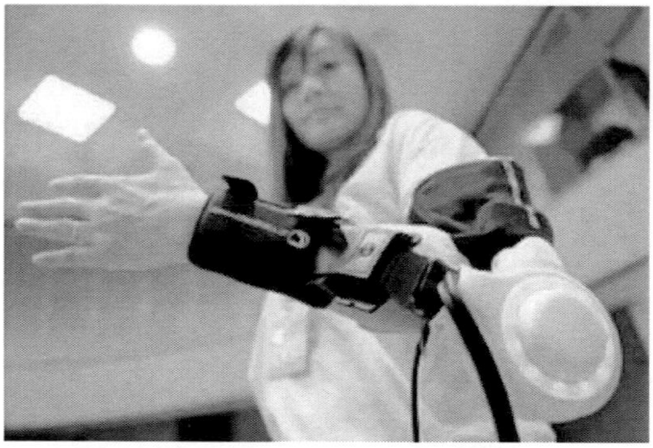

圖 1-16　穿戴式上肢外骨骼康復機器人

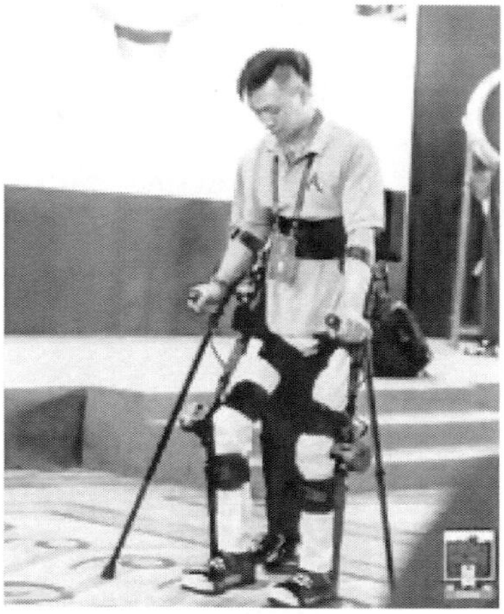

圖 1-17　輔助行走下肢外骨骼康復機器人

2）生活輔助類康復機器人

生活輔助類康復機器人主要為行動不便的老年人或殘疾人提供各種生活輔助，補償其弱化的機體功能，如智慧假肢、智慧輪椅、智慧輔助機械臂等。一些生活輔助類康復機器人還具有生理資訊檢測及回饋技術，能為使用者提供全面的生活保障。生活輔助類康復機器人按作用功能不同，可分為功能代償型康復機器人和功能輔助型康復機器人兩個次類。

① 功能代償型康復機器人。功能代償型康復機器人作為部分肢體的替代物，可替代因肢體殘缺而喪失部分功能的患者的部分肢體，從而使患者得以最大可能地實現部分因殘缺而喪失的身體機能。功能代償型康復機器人按作用不同，可分為智慧假肢、智慧輔助機械臂、智慧輪椅等。

a. 智慧假肢（圖 1-18）又叫神經義肢或生物電子裝置，是利用現代生物電子學技術為患者把人體神經系統與圖像處理系統、語音系統、動力系統等裝置連接起來，以嵌入和聽從大腦指令的方式替代這個人群的軀體部分缺失或損毀的人工裝置。智慧假肢包括上肢智慧假肢與下肢智慧假肢。具有代表性的上肢智慧假肢有德國奧托博克公司的智慧仿生肌電手 Michelangelo、英國 RSL Steeper 公司研製的肌電假手 Bebionic3；具有代表性的下肢智慧假肢有冰島 Ossur 公司的智慧假肢 Power Knee。

b. 智慧輔助機械臂（圖 1-19）是一種用於生活輔助的機械臂，其結構類似於普通工業機械臂，主要作用是為老年人或殘疾人等上肢功能不健全的人群提供一定的生活輔助。智慧輔助機械臂的服務對象是人，所以需要研究人機互動、人機安全等諸多問題，這是與工業機器人的最大區別。其關鍵技術涵蓋機器人機構及伺服驅動技術、機器人控制技術、人機互動及人機安全技術等。具有代表性的智慧輔助機械臂有日本產業技術綜合研究所研製的輔助機器臂 Rapuda、荷蘭 Exact Dynamic 公司研製的 6 自由度機械臂 Manus。

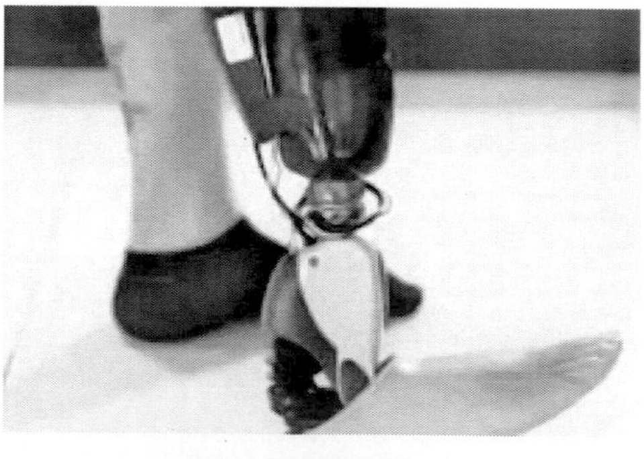

圖 1-18　智慧假肢

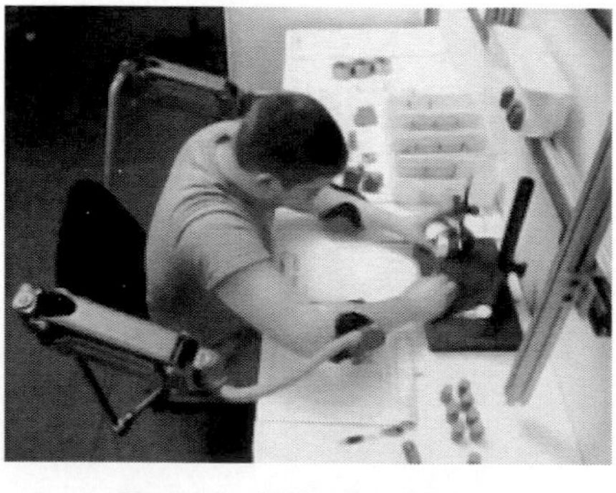

圖 1-19　智慧輔助機械臂

c. 智慧輪椅（圖 1-20）是一種將智慧機器人技術與電動輪椅相結合，用於輔助使用者行走的輔助設備，其融合多種領域的技術，在傳統輪椅上疊加控制系統、動力系統、導航系統、檢測回饋系統等，可實現多姿態轉換、智慧控制及智慧檢測與回饋功能，也被稱為智慧式移動機器人。具有代表性的智慧輪椅有麻省理工學院智慧實驗室 Wheelesley 項目研製的半自主式智慧輪椅、法國的 VAHM 項目研製的智慧輪椅。

② 功能輔助型康復機器人。功能輔助型康復機器人是透過部分補償機體功能以增強老年人或殘疾人弱化的機體功能來幫助其完成日常活動的一類康復輔助設備。功能輔助型康復機器人主要包括移位機器人、導盲機器人、智慧護理床、個人衛生護理機器人、陪護機器人、餵食機器人等。

a. 移位機器人（圖 1-21）是一種能夠根據所測壓力自動協調各部位驅動部件的輸出功率，透過機器臂調整臥床患者的姿態位置的生活輔助設備。移位機器人基於多感測器數據融合技術及智慧控制技術，可分析檢測附近環境資訊及護理對象生理數據資訊。具有代表性的移位機器人有日本理化學研究所研製的移位機器人、美國 Vecna Robotics 公司研製的救援機器人。

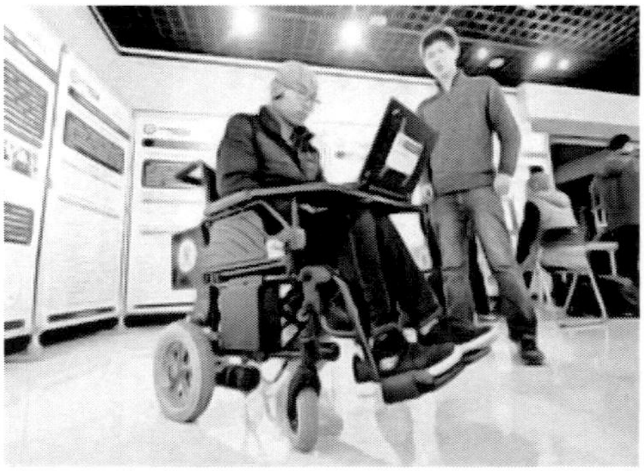

圖 1-20 智慧輪椅

圖 1-21 移位機器人

b. 導盲機器人（圖 1-22）是集環境感知、動態決策與規劃、行為控制與執行等多種功能於一體的綜合系統，它透過多種感測器對周圍環境進行探測，將探測的資訊回饋給視覺障礙者，幫助彌補患者視覺資訊的缺失以避開日常生活中的障礙物，成功行走至目的地，有效提高其生活品質。它屬於服務機器人範疇。導盲機器人作為視覺障礙者提供環境導引的輔助工具，具有代表性的導盲機器人有日本 NSK 公司研製的機器導盲犬，以及美國麻省理工學院的 Dubowsky 教授等研製的具有智慧型步行機和智慧手杖裝置的

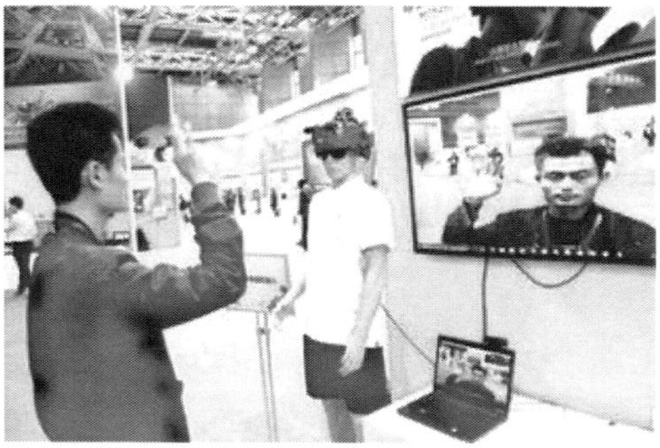

圖 1-22 導盲機器人

PAMM 系統。

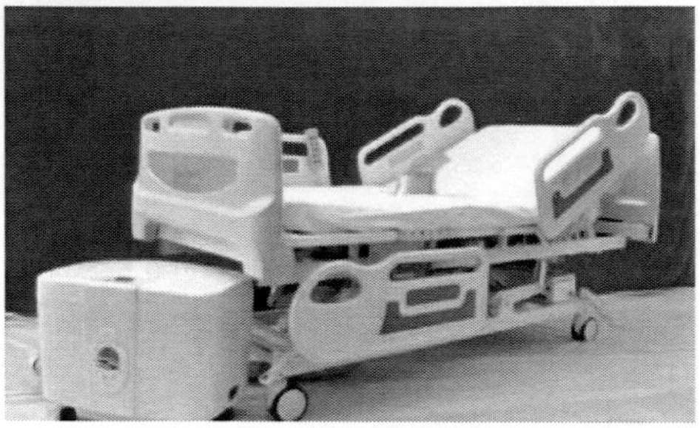

圖 1-23　智慧護理床

c. 智慧護理床（圖 1-23）是一種為生活不便或癱瘓在床的老年人和殘疾人提供生活護理而設計的生活輔助設備。智慧護理床不僅可以透過連桿鉸鏈的機械結構，以及直線推桿作為動力源，實現患者翻身、起背、屈伸腿等輔助換姿活動，還可以基於感測器應用的生理參數監測系統以及人機互動系統檢測人體生理參數監測系統，判斷人體的生理狀況。智慧護理床機器人中比較有代表性的有美國史賽克醫療公司研製的智慧護理床以及瑞典 ArjoHuntleigh 公司研製的智慧護理床 Enterprise9000。

d. 個人衛生護理機器人是一種為那些由不同原因導致的生理能力下降或功能喪失而無法實現自我照料的老年人、殘疾人和無知覺患者而設計的生活輔助裝置。其透過微控制器及多感測器融合技術，檢測生命體特徵，再經過按鍵或語音控制方式，控制個人衛生護理機器人進行相應動作。個人衛生護理機器人包括大小便處理機器人和輔助洗澡機器人。具有代表性的個人衛生護理機器人主要有日本安寢全自動智慧排泄處理機器人、日本研製的自動洗澡機器人 Avant Sante-lubain999（圖 1-24）。

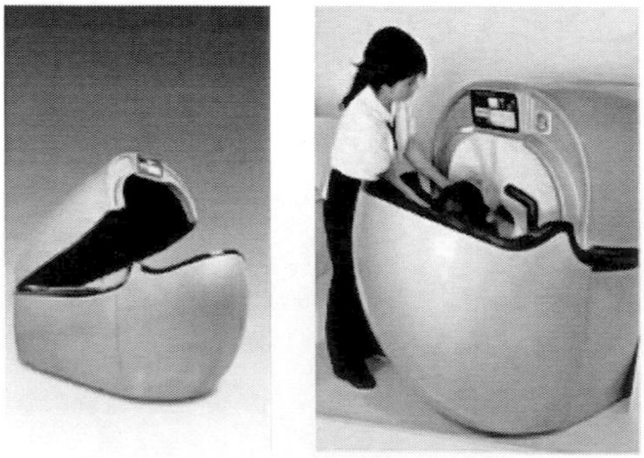

圖 1-24　自動洗澡機器人

圖 1-25　陪護機器人

e. 陪護機器人（圖 1-25）是一種具有生理訊號檢測、語音互動、遠端醫療、自適應學習、自主避障等功能的多功能服務機器人，能夠透過語音和觸屏互動系統與使用者進行溝通，並透過多方位檢測設備檢測使用者的生理數據資訊，從而進行相應陪護服務。具有代表性的陪護機器人有德國弗勞恩霍夫製造技術和自動化研究所研製的服務機器人 Care-O-Bot、奧地利維也納技術大學研製的陪護機器人。

f. 餵食機器人（圖 1-26）是一種提供飲食輔助的機器人，其原理是基於多感測器融合技術，透過多自由度串聯機械臂協助使用者進食。餵食機器人服務的對象主要為肌萎縮側索硬化症、腦性癱瘓、帕金森病和腦或脊髓損傷等造成手部不靈活甚至手缺失的患者。具有代表性的餵食機器人有美國 Desin 機器人公司研發的智慧餵食機器人 OBI、日本 SECOM 公司研發的助餐機器人。

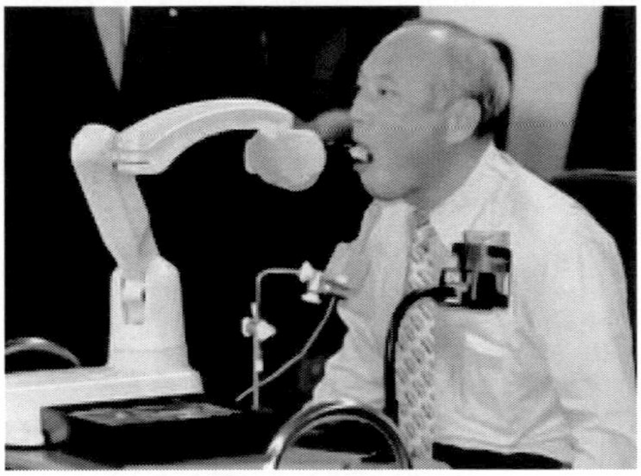

圖 1-26 餵食機器人

參考文獻

[1] 侯小麗，馬明所．醫療機器人的研究與進展[J]. 中國醫療器械資訊，2013，6（1）：48-50.

[2] 倪自強，王田苗，劉達．醫療機器人技術發展綜述[J]. 機械工程學報，2015，51（13）：45-52.

[3] Min Y J，Taylor R H，Kazanzides P. Safety Design View: a Conceptual Framework for Systematic Understanding of Safety Features of Medical Robot Systems [C]. 2014 IEEE International Conference on Robotics & Automation，May 31-June 7，2014，Hong Kong，China，pp. 1883-1888.

[4] Moskowitz E J，Paulucci D J，Reddy B N，et al. Predictors of Medical and Surgi-

cal Complications after Robot-assisted Partial Nephrectomy: an Analysis of 1, 139 Patients in a Multi-institutional Kidney Cancer Database[J]. Journal of Endourology, 2017, 31 (3): 223-228.

[5] Challacombe B, Wheatstone S. Telementoring and Telerobotics in Urological Surgery[J]. Current Urology Reports, 2010, 11 (1): 22-28.

[6] 趙子健，王芳，常發亮．電腦輔助外科手術中醫療機器人技術研究綜述[J]. 山東大學學報（工學版），2017，47（3）：69-78.

[7] 潘孝華，顏士傑，李緒清，等．「達文西」機器人手術系統行婦科手術 11 例臨床觀察[J]. 安徽醫藥，2015，19（11）：2139-2141.

[8] 樓逸博．醫療機器人的技術發展與研究綜述[J]. 中國戰略新興產業，2017，48：135-136.

[9] Ueki S, Kawasaki H, Ito S, et al. Development of a Hand-assist Robot with Multi-degrees-of-freedom for Rehabilitation Therapy [J]. IEEE/ASME Transactions on Mechatronics, 2012, 17 (1): 136-146.

第2章

醫療機器人的關鍵技術

醫療機器人技術已經成為國際尖端研究焦點之一，它是從生命科學與工程學理論、方法、工具的角度，將傳統醫療器械與資訊技術、機器人技術相結合的產物，是諸多學科交叉的新興研究領域[1]。倫敦皇家學院泌尿外科醫生賈斯廷·韋爾認為，如今機器人已成為日常醫療工作的組成部分，隨著機器人的價格越來越低、體形越來越小，它們定會成為常規醫療手段。醫療機器人的關鍵技術包括遠端手術技術、手術導航技術、人機互動技術、輔助介入治療技術四部分。

2.1 遠端手術技術

2.1.1 遠端手術技術的背景

由於中國人口眾多，經濟發展和醫療資源極不平衡，中心城市和沿海發達地區經濟發達，醫療資源豐富，而邊遠地區經濟相對落後，醫療資源匱乏。同時，中國 80％的大醫院集中在中心城市和經濟發達地區，大手術一般要到中心城市才能進行，由於地域造成的就醫困難，患者經常會錯過最佳手術時機。基於醫學物聯網的遠端手術方式，可以把邊遠地區患者與大醫院知名專家連在一起，最大限度地減少患者及家屬身體上、精神上和經濟上的負擔。中國是自然災害多發國家，開展遠端手術具有重要意義。在 2008 年的汶川大地震中，由於當地手術條件限制，遠端手術挽救了很多傷者的性命，減少了殘障者的數量。目前成功的手術機器人大多是主從操作式機器人，未來的趨勢是遠端手術，因此遙控操作和遠端手術技術備受關注。

2.1.2 遠端手術的基本定義

遠端手術是遠端醫療的一種。遠端醫療以電腦技術，衛星通訊技術，遙感、遙測和通訊技術，全像攝影技術，電子技術等高新技術為依託，充分發揮大醫院和專科醫療中心的醫療技術和設備優勢，對醫療條件較差的邊遠地區、海島或艦船上的病員進行遠距離診斷、治療或醫療諮詢。遠端手術是指醫生運用遠端醫療手段，異地、即時地對遠端患者進行手術，包括遠端手術會診、手術觀察、手術指導、手術操作等。

遠端手術實際上是網路技術、電腦輔助技術、虛擬實境技術的必然發展，可以使得外科醫生像在本地手術一樣對遠端的患者進行一定的操作[2]。其實質是醫生根據傳來的現場影像來進行手術，其動作可轉化為數位資訊傳遞至遠端患者處，控制當地的醫療器械的動作。在手術之前，首先需要進行遠端會診與手術規劃，遠端中心與遠端站點的醫生透過醫學物聯網對患者資料作出詳細分析和研究，制定詳細的手術方案，應用虛擬實境技術進行手術規劃與預演，準備主要手術方案的可能替代方案。遠端手術實施時，執刀醫生位於中心站點，透過技術手段遙控位於異地遠端站點的機器人來進行手術。遠端手術在位於中心站點的虛擬手術室和遠端站點實際手術室同時進行，前者的手術對象是由患者的資訊數據再現的虛擬。患者應用虛擬實境技術及精密感測技術將遠端患者的空間透視圖像，患者的狀態、姿態資訊及重要的生理資訊傳送至控制中心並精確地顯示於操作者（外科醫生）的一個虛擬圖像環境中。外科醫生戴上虛擬實境裝置並且利用定製的界面對虛擬的患者部位進行虛擬手術操作。遠端手術的完成需要一個受中心站點精確控制的智慧機械系統，包括機器人、操縱桿或精密機械手[3]。這種機械裝置可以在遠端站點的手術室內完全逼真地再現中心站點醫生在虛擬實境環境中所進行的手術操作，使之準確地施加在與虛擬實境環境中完全相同的患者身體的部位。

2.1.3 遠端手術的運用實例

2001 年 9 月 7 日，在美國紐約和法國斯特拉斯堡之間實施了世界上首例微創遠端機器人輔助手術，兩地相距 7000 多公里。手術使用了由 Computer Motion 公司開發的宙斯（ZEUS）機器人系統，如圖 2-1 所示，接受手術的患者位於法國斯特拉斯堡，是一名 68 歲的膽結石患者，而外科醫生位於美國紐約，最後手術獲得了很大的成功，自此遠端手術開始快速發展。

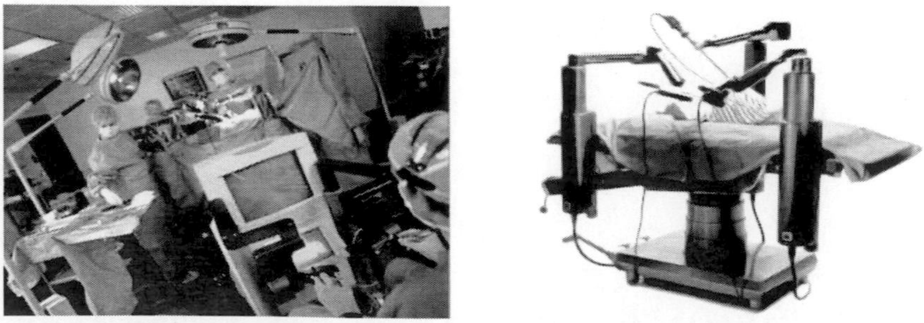

圖 2-1　宙斯（ZEUS）外科機器人

2012 年 12 月，由北京航空航天大學和海軍總醫院合作開發的 BH-7 機器人（圖 2-2）完成了中國首次海上遠端手術。手術過程中，醫生位於北京的海軍總醫院遠端中心，患者位於太平洋某海域的醫院船上，手術透過衛星建立通訊連接，最後手術獲得成功。BH-7 機器人具有 5 個自由度，是北京航空航天大學與海軍總醫院針對海上遠端環境下腦外科手術開發的一套遠端系統。為了解決衛星通訊延時的問題，系統採用了虛擬手術技術將遠端的影片圖像與預測的虛擬圖像融合在一起，這樣增強了系統的安全性和可靠性，同時也在很大程度上降低了延時對系統的影響，針對海上環境下船體的振動、搖擺以及手術環境空間狹小等因素，BH-7 機器人在結構設計、誤差分析與補償方面也進行了相關的研究。

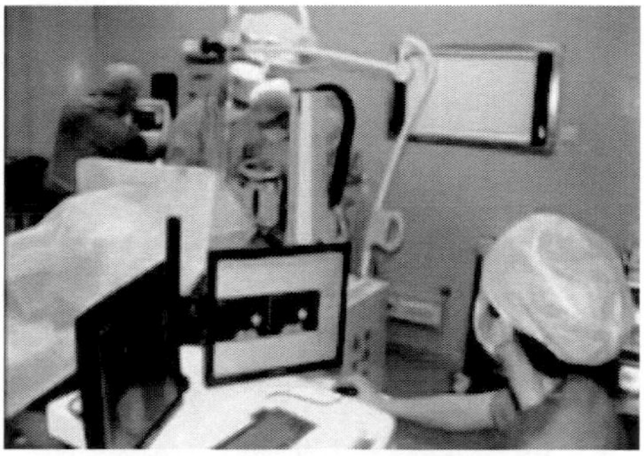
圖 2-2　BH-7 機器人

遠端手術可以更好地管理和分配邊遠地區的緊急醫療服務，可以使醫生突破地理範圍的限制，提高了醫療資源的利用率，進一步提高中國的醫療水準。

2.2 手術導航技術

2.2.1 手術導航技術的背景

隨著人們物質生活水準的不斷提高，對醫療服務的要求也越來越高，使得許多傳統的、創傷很大的手術也需要適應這一形勢變化而發展，要求手術必須在最大限度地切除病變的同時，將手術的損傷程度降到最低，確保患者術後擁有良好的生活品質。手術導航技術就是在這種條件下產生發展起來的。傳統的腦外科手術是：術前 CT 或 MRI 影像資料是以固定膠片的形式在遠離術者的觀片燈表面顯示，手術工具與組織解剖結構的關係需要醫生透過想像實現，客觀性差。醫生為了確保手術的成功率，手術切口常做得很大，顱內病灶的定位和切除主要靠醫生的經驗和技術水準，缺少客觀上的衡量標準。手術導航系統是把患者術前的影像資料與術中病灶的具體位置透過高性能電腦連接起來，可以準確地顯示病灶的三維空間位置及相鄰重要的組織器官，這樣術前醫生可以透過處理軟體在電腦上選擇最佳的手術路徑，設計最佳手術方案；術中手術導航系統追蹤手術器械位置，將手術器械位置在患者術中影像上即時更新顯示，向醫生提供手術器械位置的直覺、即時資訊，引導手術安全進行。醫生可依靠即時的定位及預設方案的引導，做到手術切口盡量小，在手術中避開重要的組織結構直達病灶，使手術更安全、快速，更徹底地切除病灶，不但節省了手術時間，減少了患者的失血量、術後併發症和住院天數，而且體現出醫院「一切以患者為中心」的服務宗旨。

2.2.2 手術導航技術的基本定義

手術導航技術是電腦技術、精確定位、圖像處理等技術的結合體，它的應用極大地減小了手術創面，減輕了患者的痛苦，縮短了手術的復原期，同時使手術的成功率大大提高。術中定位技術是聯繫手術空間和虛擬空間的工具，配準技術是手術空間和虛擬空間對應起來的具體實現手段，它們的精度直接決定著導航系統的精度[4]。

(1) 定位技術

定位技術是手術導航的關鍵技術之一，它的作用就像是手術過程中的觀察者，透過這個觀察者得到患者、手術器械的位置和姿態，確定患者的位置姿態，並將其結合起來，定位精度直接決定著手術導航的精度。一般來說，手術導航定位技術可以分為接觸式定位方法和非接觸式定位方法兩種。非接觸式定位方法按感測器的種類不同可以分為以下三種。

① 聲音定位方法。該方法利用不同聲源的聲音到達某一特定地點的時間差、相位差、聲壓差等來進行定位與追蹤，定位精度一般在 5mm 以內。

② 電磁定位方法。該方法利用電磁定位器進行空間立體定位，如圖 2-3 所示。電磁定位器一般由發射器和接收器組成。接收器在手術空間中的位置和姿態由發射器發射的電磁波得到。該方法的優點在於不受紅外線和可見光燈遮擋，因此不用考慮手術過程中對接收器的遮擋問題。但該方法嚴重依賴於電磁波，電磁干擾會大大影響定位效果。電磁定位技術的定位精度可以在 2～3mm。

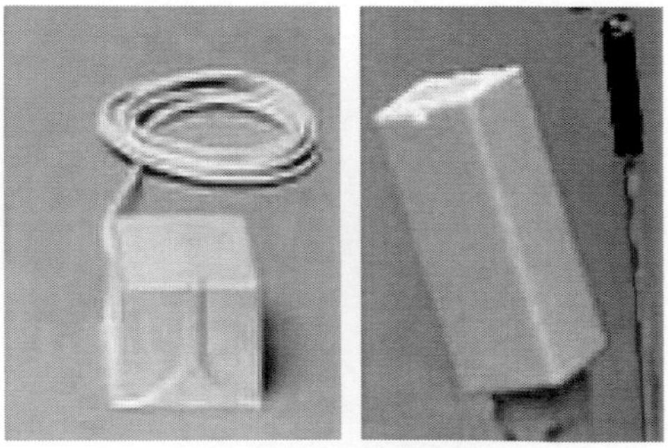

圖 2-3 電磁定位器

③ 光學定位方法 光學定位系統一般由感測器和參考剛體組成，如圖 2-4 所示，感測器在工作範圍內發出紅外線，參考剛體透過反射感測器發

出的紅外線將其位置和姿態資訊輸出給感測器。光學定位方法不受電磁訊號的干擾，同時參考剛體小巧且方便固定。但是它會受到可見光和紅外線的干擾。它的精度是以上幾種方法中最高的，可以達到 0.5mm。

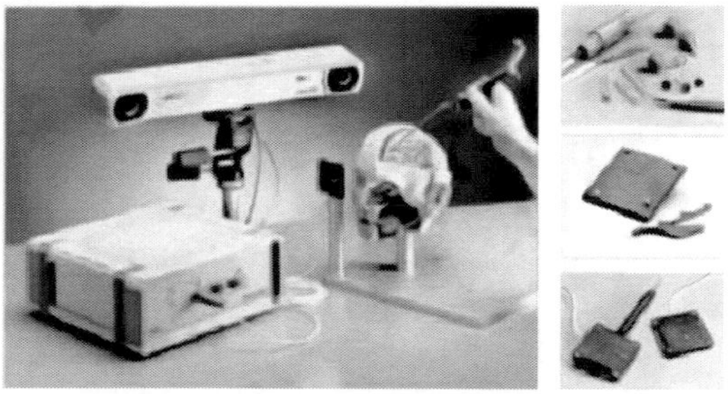

圖 2-4　光學定位系統

（2）配準技術

配準技術涉及不同醫學圖像空間的轉換關係，是手術導航技術不同於其他工業機器人導航技術的關鍵所在。圖像配準就是將不同時間、不同成像設備獲取的兩幅或多幅圖像進行匹配、疊加的過程，從而得到該兩幅或多幅圖像的位置和姿態資訊的轉換關係。配準精度會直接影響手術導航精度。

基於醫學圖像的配準，對圖像處理技術、配準算法、電腦語言編程都有很高的要求，涉及醫學、數學、電腦、機械工程等領域的知識，所以 2D/3D 配準一直是一個難點，雖然許多專家學者提出了多種配準算法，但一直沒有成熟的技術，因此一直是研究的焦點。

2D/3D 配準可以分為四類：基於點的配準、基於輪廓的配準、基於表面的配準和基於圖像灰度的配準。

常見的手術導航系統主要包括兩類：一類是只完成手術器械和患者位置的即時更新與顯示，由醫生來完成手術過程，如圖 2-5 所示；另一類是由機器人來完成手術導航，不但能即時給出機器人相對於患者的位置和姿態，還能監控機器人的手術過程，如圖 2-6 所示。

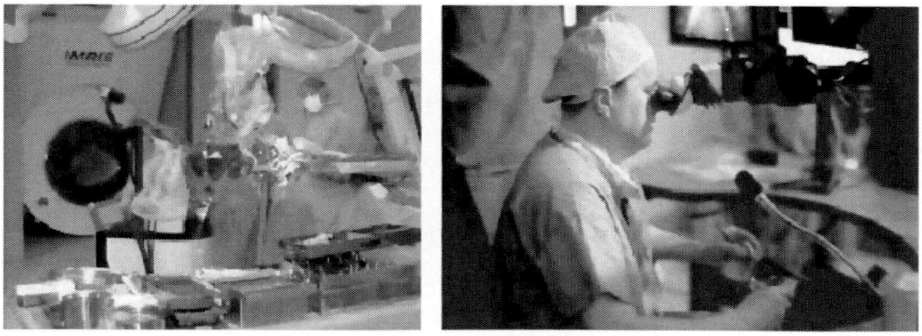

圖 2-5　由醫生完成手術過程

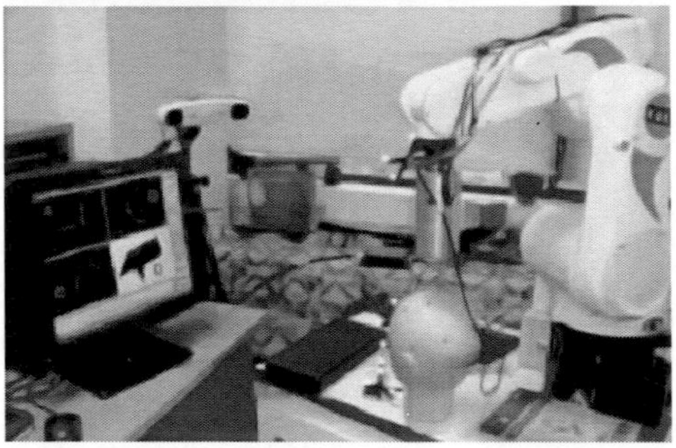

圖 2-6　監控機器人手術過程

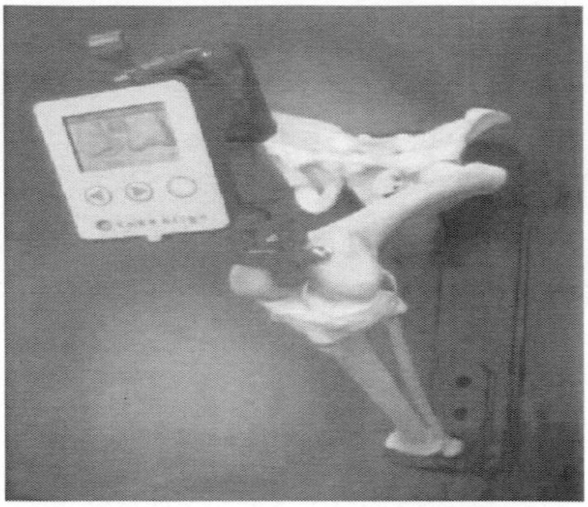

圖 2-7　KneeAlign2 系統

2.2.3 手術導航技術的運用實例

OrthAlign 公司的 KneeAlign2（圖 2-7）系統已經得到 FDA510（k）許可證。

OrthAlign 採用 ADI iSensor@IMU（慣性測量單元），可以在數秒時間內測定患者脛骨旋轉中心，並精密計算出切骨角度，操作簡便，能達到光學導航系統同等的脛骨和股骨測量效果。據報導，該系統關節置換對準精度接近 91%，而傳統外科手術設備僅有 68%。

手術導航系統，是將患者術前或術中影像數據和手術床上患者解剖結構準確對應，手術中追蹤手術器械並將手術器械的位置在患者影像上以虛擬探針的形式即時更新顯示，使醫生對手術器械相對患者解剖結構的位置一目了然，使外科手術更快速，更精確，更安全。

2.3 人機互動技術

2.3.1 人機互動技術的背景

醫療機器人在臨床應用和推廣過程中必然面臨效率、可用性、可靠性、安全性、成本、道德、法律、規範等問題，這些問題均屬於人機互動的研究內容。有關機器人人機互動方面的研究大多是開發合適的工具和設備、改進操作和提高效率等。

將人機互動的理論和方法應用於醫療外科機器人的設計是解決臨床問題的一個有效手段[5]。Alexander 認為在產品的開發階段，系統工程專家很少關注所謂的「使用者」這個自然特性，進而提出了產品利益相關者的洋蔥圖模型，指出該模型可以在需求分析階段辨識和評估使用者的作用，從而有效地避免產品使用過程中的不穩定和降低出現故障的風險，強調在需求分析階段必須採用社會技術系統的方法考慮使用者所關心的問題，即強調工作系統中人和機器互動的問題。

醫療外科手術機器人的臨床應用，對患者來說克服了傳統外科的一些弊端，有很多潛在的好處；但人機互動手段的改變，對醫生來說則帶來了嚴重的不利，如失去三維視覺回饋和本體感受、較差的分布式手眼協調能力、不良的設備和工作站設計、手術室小組成員組織和任務變化等。按照 Rahimi 和 Karwowski 的觀點，這些不利因素都是機器和人在工作中發生危險的潛在根源，因此這些變化都會導致醫療手術最關心的安全問題。儘管有關機器人手術在安全問題上發生的事故報導只有 1 例，但對於尚在應用起步階段的醫療外科機器人領域來說，可以認為它在實際應用中對事故的發生起著重要作用。因此，安全問題成為阻礙這個領域發展的一個瓶頸。儘管已經有眾多科研機構在大力研發並推廣臨床應用，但真正市場化較好的醫療機器人系統卻只有用於神經外科手術的 NeuroMate 系統和用於通用手術的 da Vinci 機器人系統等少數的幾種，相對於龐大的市場來說遠沒有普及。Davies 認為醫療機器人和工業機器人是兩個完全不同的領域。用於工業機器人的人機互動和安全分析策略主要考慮除編程調試外如何避開人和機器人的接觸問題，這些方法應用於醫療外科機器人領域是不合適的。

另外，醫療機器人的研發涉及機械、電子、電腦、控制、醫學等多個學科的技術和知識，這導致用於醫療機器人系統的設計和臨床應用面臨巨大挑戰。為此，Taylor 認為，可採用系統科學的方法解決多學科問題。但在實際的臨床過程中，醫生、護士等醫務人員以及患者、醫療機器人系統、手術室、手術流程等構成一個複雜的人機系統，在這個系統中，醫療機器人系統被作為擴展醫生技能的工具來看待，不能獨立於醫生和醫務人員之外。因此，Rau 等指出引入人機互動理論和方法到系統開發中意味著切實採取了多學科的方法，是解決上述問題最有效的途徑之一；並且，Buckle 等指出人機互動理論通常倡導採用系統的方法去解決工作和工作系統設計問題。人機互動理論和方法能夠為日益成長的基於技術依賴的手術過程和系統的最大化效率和安全提供合理的基礎。Delano 的研究表明，在醫院、醫療保障中心、醫療產品與系統設計的場合，人機互動理論或者以人為中心的設計流程的組建是既不費力也不費錢的事情。

2.3.2 人機互動的基本概念

人機互動（human-machine interaction，HMI）是一門研究系統與使用者之間互動關係的科學，屬於工效學/人因學（ergonomics/human factors）的範疇。在人機互動中，人與機器進行互動的可見部分被稱為人機界面。使用者透過人機界面同系統進行交流或操作。人機互動中的系統既可以是各種機器，也可以是電腦化的系統和軟體，還可以是其他工程技術系統。人機互動的主要用途有以下兩方面。

① 提高工作中的效率和效果，包括增強使用的方便性、降低錯誤、增加生產率；

② 提高特定期望下人的價值，包括提高安全性、降低疲勞、減輕壓力、增加舒適度、提高更多使用者的可接受性、增強工作滿意度和提高生活品質。

研究電腦化的系統和軟體的人機互動被稱作 HCI（human-computer interaction）。美國電腦協會將 HCI 定義為「一門研究人與計算系統進行互動的設計、評估、應用以及研究人與電腦系統周圍主要環境相互作用的科學」。廣義上的 HCI 是指所有包含電腦的人機互動。目前的醫療機器人系統大多是在電腦導航系統的互動下完成的，同時又需要考慮人和機器人的直接互動，因此嚴格說來醫療機器人的人機互動屬於廣義 HCI。為了不讓人產生人機互動就是狹義 HCI（人與電腦軟體操作界面的互動）的誤解，以 Helande 模型為基礎，給出了人機互動的概念模型[6]，如圖 2-8 所示。由模型可知，人機互動的過程可表述為：在環境（自然環境如照明、色彩、振動和社會環境如組織、文化、制度、法律、規範、道德等）條件的制約下，人透過感覺器官感受機器（泛指設備或工具等工作系統）的輸出資訊，並傳遞到大腦中進行資訊處理，做出決策，促使人的肌肉骨骼運動，以控制機器按照人的意志進行工作，這裡，人和機器的工作方式正好相反。人是經過「感知資訊→決策資訊→控制命令輸出」過程，即「S-O-R」（stimulate，operation，reaction）過程；而機器卻是經過「接受命令→決策處理→結果顯示」過程，即「C-O-D」（command，operation，display）過程。圖 2-8 中人與機器進行通訊與控制的部件就是人機界面，方框內容為人機互動所研究的內容[7]。

人機互動是研究人、機器、環境三者之間的聯繫。由於其固有的可實踐性以及包含滿意度的設計標準，因此屬於系統工程範疇的多學科綜合而形成的工程學科，而不是科學學科。其理論的基礎主要來源於以下幾個方面。

① 系統理論。人機互動的核心是將人、機器、環境作為一個系統來考慮其效率、安全、操作的滿意度問題，強調人在系統中的核心作用。因此，系統的功

能、組成、可靠性、控制規則、層次性，以及系統資訊的接收、儲存、處理、響應等資訊交換過程的相關理論直接為人機互動的分析提供基礎指導。

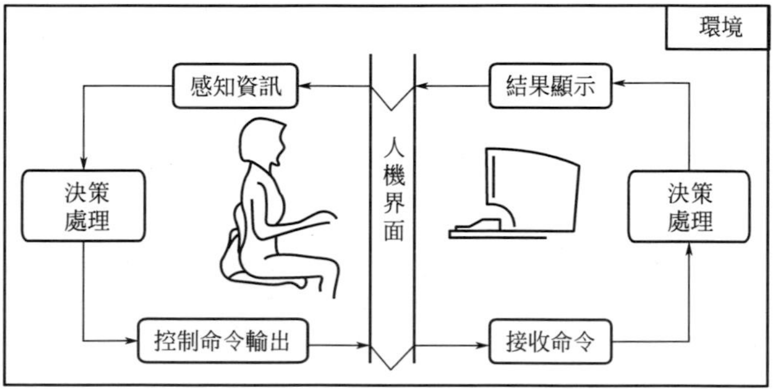

圖 2-8　人機互動的概念模型

② 認知科學。認知是指透過形成概念、知覺、判斷或想像等心理活動來獲取知識的過程，即個體思維進行資訊處理的心理功能。對認知進行研究的科學稱為認知科學。人機互動是在該理論基礎上研究人、機器、環境系統中人的工作效能及其行為特點，從而進行系統的設計。這類以研究認知行為為主的人機互動被稱作認知工效學。

③ 環境科學。環境科學是一門研究人類社會發展活動與環境演化規律之間相互作用關係，尋求人類社會與環境共同演化、持續發展途徑與方法的科學。而人機互動所研究的工作周圍的溫度、溼度、照明、色彩、污染、振動等自然環境以及組織、管理等社會環境更多的是在環境科學基礎上的應用。這類以研究自然和社會環境為主的人機互動又稱作組織工效學（或者宏工效學）。

④ 工程科學。這裡的工程科學包括機械工程、電腦工程、控制工程、管理工程、安全工程等與機器系統研究、設計、開發、製造、維修等相關的工程學科。只有了解這些學科，才能進行人機功能的匹配和互動工具的設計。對於醫療機器人系統的人機互動來說，醫學相關學科也是為其研究提供基礎理論的學科之一，在研究過程中需要由其提供支撐。

2.3.3 人機互動的運用實例

如圖 2-9 所示為 da Vinci 機器人系統的人機互動模型，這是一種典型的主從式醫療外科機器人系統的人機互動模型。該模型清晰地給出了在最大化配置醫療外科機器人系統下的一類人機界面，即醫生與手術工具、醫生與機器人、醫生與模擬系統的手術工具、醫生在虛擬實境環境與感知設備等互動形式。

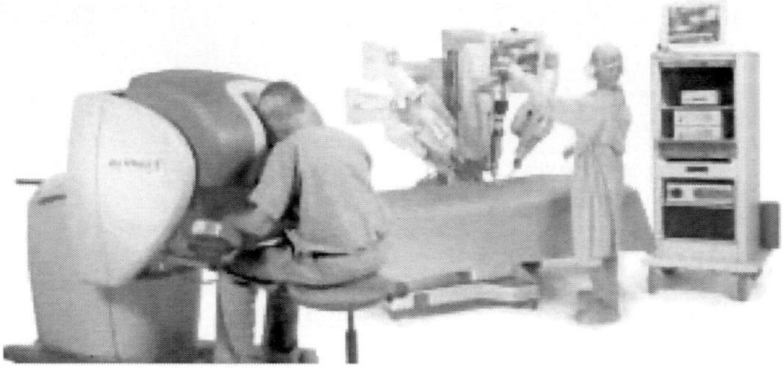

(a) da Vinci機器人應用現場

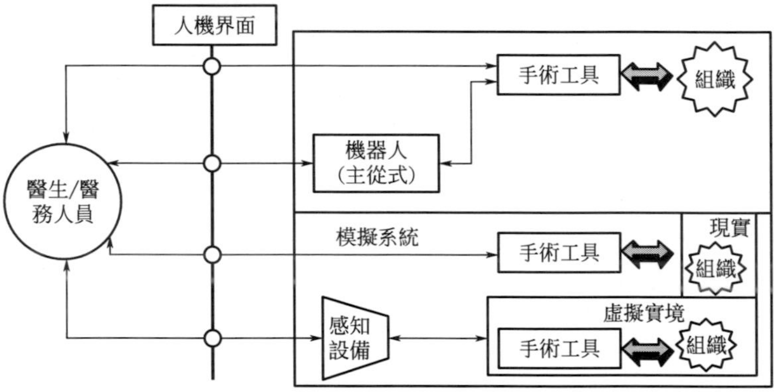

(b) 最大化配置下的系統人機互動模型

圖 2-9　da Vinci 機器人系統人機互動模型

結合人機互動的理論基礎和研究內容，將醫療外科機器人系統人機互動的研究內容分為如下 9 類。

① 研究人機系統的總體設計。在機器人加入手術室後，人機關係和人機界面發生了變化，必須充分考慮人機系統的整體效率和功能，進行系統級的設計和最佳化。

② 研究手術作業流程和效率。新的機器人系統代替傳統手術工具後，手術作業流程會發生一定的改變，因此必須進行設計和最佳化。

③ 研究手術室的布局和工作站的設計。手術室因增加了機器人系統而會改變系統的布局，同時主從端的機器人工作站也是一個設計的重點。

④ 研究改善手術工具、機器人等與人互動的界面，使操作更加符合人的需求，最合理地進行人機功能的匹配。特別是新的技術出現後，改變了以前的互動模式，給醫生帶來了不利因素。

⑤ 研究軟體的人機互動介面（狹義的 HCI）。包括虛擬實境和增強現實技術的研究、手術軟體界面的可用性等問題。

⑥ 研究機器人手術條件下，系統的安全性、可靠性以及人為失誤問題。儘管醫療外科機器人的應用在這個方面有很大的改進，但是否會產生新的問題仍需要進一步研究。

⑦ 研究醫院的組織和管理制度。醫療外科機器人應用，在醫院的管理和醫務人員的配備上都會提出新的問題，因此這也是一個很重要的研究內容。

⑧ 研究遠端即時手術。主從式手術的實現以及高效快速的網路通訊技術的發展為遠端即時手術的開展提供了可能，但也會面臨著諸如通訊延時等帶來的嚴重的人機互動問題。

⑨ 研究和制定新的醫療手術的法律、規範、標準等問題。

人機互動系統可以提高手術效率和效果，減輕患者的痛苦和醫生的工作強度。

2.4 輔助介入治療技術

2.4.1 輔助介入治療技術的背景

1990 年代以來，介入治療迅速發展，該技術是在醫學影像（如 CT、MRI、US、X 射線等）的引導下，將特製的導管、導絲等精密器械引入人體，對體內病態進行診斷和局部治療。該技術為許多以往臨床上認為不治或難治之症，開闢了新的有效治療途徑。介入治療的醫生把導管或其他器械置入到人體幾乎所有的血管分支和其他管腔結構（消化道、膽道、氣管、鼻腔等）以及某些特定部位，對許多疾病實施局限性治療，該技術還特別適用於那些失去手術機會或不宜手術的肝、肺、胃、腎、盆腔、骨與軟組織惡性腫瘤。介入治療具有不開刀、創傷小、恢復快、療效好、費用低等特點。有的學者甚至將介入與內科、外科並列稱為三大診療技術[8]。

目前介入治療方法也存在一定的問題，例如大部分介入治療是在傳統的二維影像中完成的，這就造成對病灶靶點的定位不夠準確，影響介入治療的效果；醫生長時間暴露在 X 射線、CT 等放射性的輻射下，對醫生健康造成了傷害；由於沒有對手術器械的定位，醫生往往不能一次性將手術器械準確置入病灶靶點，需要在影像的指導下逐步置入目標靶點，降低了手術的效率；手部運動的局限性以及長時間準確把握手術工具都會使醫生感到非常疲勞，而疲勞和人手操作不穩定等因素會影響手術品質；同時介入治療的技巧性高，只有經驗豐富的醫生才能進行，不易被一般醫生所掌握，限制了這項技術的廣泛應用。

2.4.2 輔助介入治療技術的基本定義

介入治療的關鍵是將精密的手術器械準確地置入到病灶靶點以達到治療的目的，這就需要解決治療前的科學設計，治療中的準確定位、穩定穿刺和器械扶持等難題。輔助介入治療技術即透過機器人輔助系統解決上述傳統的介入治療問題的方法。機器人輔助系統是利用電腦技術分析醫學影像資訊，在構建三維空間座標的基礎上應用醫用機器人實現精確定位和輔助操作[2]，從而使介入技術與機器人定位準確、狀態穩定、靈巧性強、工作範圍大及操作流程規範化等優勢相結合，減少治療中的人為因素，使介入治療更為精確、靈巧與安全，克服完全依賴於醫生經驗的弊端。

2.4.3 輔助介入治療技術的應用實例

如圖 2-10 所示為哈爾濱理工大學張永德研製的前列腺活檢機器人。整個機器人系統包括 Motoman 機器人、扎針機構小規模繼電器電路、PLC。系統操作流程：首先透過超聲儀器，獲得前列腺組織的超聲圖像數據，輸入到電腦系統；再經過軟體的專家模塊計算，生成靶點的位置數據，對機器人和活檢針穿刺最佳路徑進行規劃；最後按照生成的路徑進給，機器人到達扎針點後，扎針機構實施活檢針的進給，完成活組織檢測。其中 Motoman 機器人具有 6 個自由度，可以實現完成扎針的任意姿態；扎針機構具有 1 個自由度，用來實現活檢針的進給。

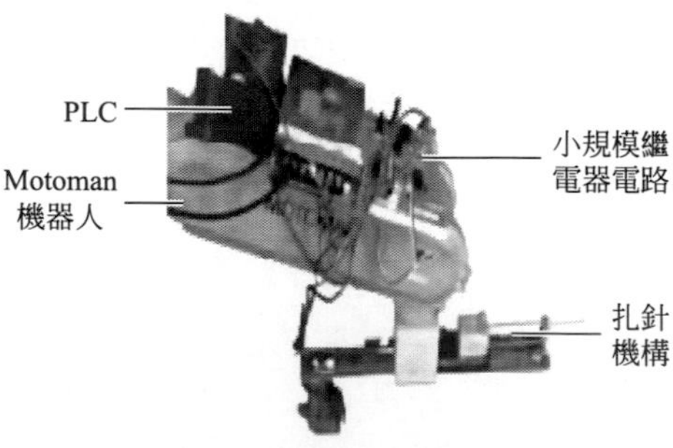

圖 2-10 前列腺活檢機器人

圖 2-11 為哈爾濱理工大學研製的 MRI 乳腺介入治療機器人。MRI 乳腺介入機器人設計為串聯機器人，共分為四個模塊，分別為定位模塊、穿刺模塊、末端執行模塊（活檢模塊）以及儲存模塊，整個機器人機構共計 7 個自由度，採用了由 PC＋單片機的上位機與下位機結合的控制方案設計乳腺介入機器人的控制系統。上位機主要能夠完成人機互動功能，便於醫生更精準地完成手術；下位機則主要負責控制驅動的部分，控制完成各軸的運動控制任務。其中控制芯片是控制器的核心部分，它決

定了控制系統的控制精度、工作效率等總體性能。

輔助介入治療技術極大地減輕了患者的痛苦，同時提高了治療效果。

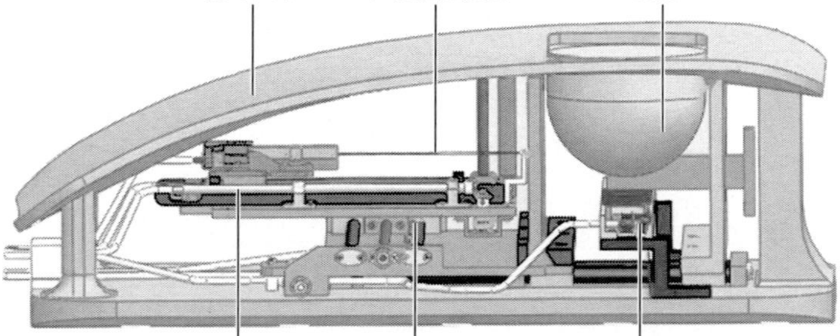

圖 2-11　MRI 乳腺介入治療機器人

參考文獻

[1] 倪自強，王田苗，劉達．醫療機器人技術發展綜述[J]. 機械工程學報，2015，51（13）：45-52.

[2] 趙子健，王芳，常發亮．電腦輔助外科手術中醫療機器人技術研究綜述[J]. 山東大學學報（工學版），2017，47（3）：69-78.

[3] 樓逸博．醫療機器人的技術發展與研究綜述[J]. 中國戰略新興產業，2017，（48）：135-136.

[4] 韓建達，宋國立，趙憶文．脊柱微創手術機器人研究現狀[J]. 機器人技術與應用，2011，（4）：24-27.

[5] 呂毅，董鼎輝．醫療機器人在消化外科的應用[J]. 中華消化外科雜誌，2013，12（5）：398-400.

[6] 侯小麗，馬明所．醫療機器人的研究與進展[J]. 中國醫療器械資訊，2013，6（1）：48-50.

[7] 杜志江，孫立寧，富歷新．醫療機器人發展概況綜述[J]. 機器人，2003，25（2）：182-187.

[8] 楊凱博．醫療機器人技術發展綜述[J]. 科技經濟導刊，2017，（34）：201.

第3章

醫院服務機器人

3.1 引言

隨著中國老年人數目逐漸遞增，同時中國殘疾人群龐大，而中國勞動力人口所占比重逐年下滑，老年人和殘疾人的護理將成為社會的重要負擔，醫護人員增速卻很緩慢，護士的工作更具壓力，為了解決上述問題，醫院服務機器人應運而生。醫院服務機器人是移動式機器人的一個分支，集成了多種感測器，能夠處理感測器噪音、誤差和定位錯誤，具備發現並避開障礙物的能力。

3.1.1 醫院服務機器人的研究背景

服務機器人是機器人家族中的一個年輕成員，應用範圍很廣，主要從事維護保養、修理、運輸、清洗、保安、救援、監護等工作。國際機器人聯合會將服務機器人定義為一種半自主或全自主工作的機器人，它能完成有益於人類健康的服務工作，但不包括從事生產的設備。主要應用領域有醫用機器人、多用途移動機器人平臺、水下機器人及清潔機器人等。服務機器人不僅產生了良好的社會效益和經濟效益，而且越來越多地改變著人類的生活方式。

醫院服務機器人是服務機器人的一種，目前在世界範圍內已應用於日常醫療護理、代替醫生實施手術、戰場救護等領域。醫院服務機器人的主要工作集中在完成一些沉重的和繁雜、枯燥的工作，如抬起患者去廁所、為失禁患者更換床單等。醫院服務機器人透過技術的發展，可以輔助護士完成食物、藥品、醫療器械、病歷等的傳送和投遞工作以及病房巡視的工作。護士助手機器人的使用，可以提高醫院的自動化水準，緩解目前一些國家醫護人員短缺的狀況，因此開展醫院服務機器人的研究具有十分重要的意義[1]。

3.1.2 醫院服務機器人的研究意義

據聯合國統計，2020 年全球人口 60 歲以上人群將達到 10 億[2]；到 2050

年，全球將有近 20 億的老年人，平均每 5 個人中就有 1 個老年人[3]。截至 2014 年底，中國 60 歲以上的老齡人口已達 2.12 億，並在以年總人口成長速度的 5 倍逐年遞增，同時中國殘疾人群龐大，2014 年殘疾人總數為 8500 萬，占人口總數的 6.07%[4]。而中國勞動力人口所占比重正在逐年下滑，老年人和殘疾人的護理將成為社會的一個重要負擔。與此構成對比的是醫院護理人員增速卻緩慢，同時護士工作也極具壓力性。為解決現有及未來的嚴重的需求對比，同時減輕醫生及護士相關壓力，海內外研究人員及公司對醫院服務機器人的相關技術在近年來開始逐步進行研究。

截至 2012 年，服務機器人已在全球形成了超過 42 億美元市場總值的產業鏈，市場占有率正逐年遞增，作為新興產業勢頭已十分明顯。中國產業調研網發布的《2015—2020 年中國服務機器人市場現狀研究分析與發展趨勢預測報告》指出：2014 年，全球專業服務機器人銷量 22163 臺，比 2013 年增加 1163 臺，銷售額達到 45.48 億美元，同比成長 8.3%；全球個人/家用服務機器人 440 臺，比 2013 年增加 40 臺，銷售額達到 12.05 億美元，同比成長 27.2%；2013 年，全球醫用服務機器人銷量 1106 臺，比 2012 年增加 33 臺。全球家用服務機器人銷量 224 萬臺，比 2012 年增加 29 萬臺。2014 年，中國服務機器人銷售額 45.56 億元，同比成長 34%；2014 年，中國投入使用的服務機器人僅少部分是國產的，大部是進口機器人。與此對比，美國服務機器人技術非常強勁，其在產業發展中占絕對優勢，占全球服務機器人市場占有率的 60%。由此可知，對醫院服務機器人關鍵技術進行研究是很有必要的。

3.2 醫院服務機器人的研究現狀

對於醫院服務機器人的研究海外起步較早，TRC 公司從 1985 年開始研製機器人，如圖 3-1 所示。它采用視覺、超聲波接近覺和紅外接近覺等感測器，作為護士助手機器人用於醫院和療養院中，能在過道和電梯內自主行駛完成物品取送等任務。Helpmate 機器人樣機於 1989 年在丹伯裡醫院進行了試驗，並且作了改進。1990 年，Helpmate 機器人作為商品進行出售。

松下電工 2002 年開始與日本滋賀醫科大學附屬醫院共同開發如圖 3-2 所示的醫院智慧跑腿機器人——HOSPI，以代替人傳遞 X 線片、樣本和藥品等。把目的地告訴機器人以後，根據事先輸入的地圖資訊，機器人就會確定合適的行走路線。機器人尺寸為 0.8m×0.6m×1.3m，質量為 120kg。工作電源為 4 塊鉛酸蓄電池，充電時間為 8h，工作時間為 7 個多小時，速度最快為 1.0m/s。機器人裝有 29 個超聲波感測器、1 個雷射雷達、8 個紅外線感測器、1 個 CCD 彩色相機。緩衝感測器布滿整個機身的下部[5]。

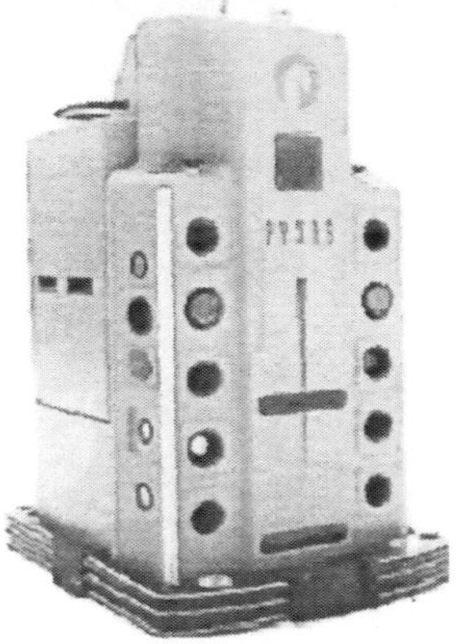

圖 3-1 Helpmate 機器人

圖 3-2 HOSPI 機器人

2003 年，美國霍普金斯醫院使用了國際上第一套遠端醫療機器人系統——PR-7，如圖 3-3 所示。它由 InTouch Health 科技公司研發，搭配 Remote Presence 控制系統，可由主治醫師在辦公室內遙控機器人，與護士共同巡視病房，進行會診服務。此外，在多對多的系統架構下，控制站與所有的機器人都可進行互連，因此只要在醫療人員的辦公室、家中或醫院裡架設控制站，即可提供不受時間限制的醫療服務。目前，美國已有專門提供醫療服務的公司 Off Site Care 利用 InTouch Health 的產品協助醫院建置遠端醫療系統。

圖 3-3 PR-7 遠端醫療機器人系統

2006 年 3 月 13 日，由日本名古屋理研生物模擬控制研究中心開發的醫用搬運工機器人「RI-MAN」首次亮相，如圖 3-4 所示。它不僅有柔軟、安全的外形，手臂和軀體上還裝有觸覺感受器，使它能小心翼翼地抱起或搬動患者。「RI-MAN」機器人高 158cm，重約 100kg，全身覆蓋著厚度約 5mm 的柔軟鞋材料。該機器人身上有 5 個部位安裝了柔軟的觸覺感測器，還配置了視覺、聽覺和嗅覺感測器，可根據聲源定位並透過視覺處理找到呼喚它的人，理解聲音指令，然後抱起模擬被護理者的人偶。此外，該機器人還能夠透過嗅覺感測器來判斷懷抱的護理對象的健康狀況。研究人員還開發了可對機器人全身進行操控的網路系統。在緊急時刻，這種機器人能像人類條件反射一樣對外界環境做出快速反應。

圖 3-4 RI-MAN 機器人

中國移動機器人技術起步較晚，在「八五」「九五」期間主要研製的是軍用機器人。在國家「十五」863 計劃中，才開始逐步展開移動機器人相關研究。在 2003 年 5 月「非典」高峰期，哈爾濱工程大學研製成功了基於圖像的無線遙控護士助手機器人，如圖 3-5 所示[6]。它能執行病區消毒，為患者送藥、送飯及生活用品等任務，還能協助護士運送醫療器械和設備、實驗樣品及實驗結果等。該機器人高 1.4m，重約 35kg，由車體、噴霧消毒器、無線遙控系統、攝影與無線圖像傳輸系統、遙控監視器等組成，能夠深入病區連續工作 2h，最多可以一次向病區內運送重達 35kg 的物品。

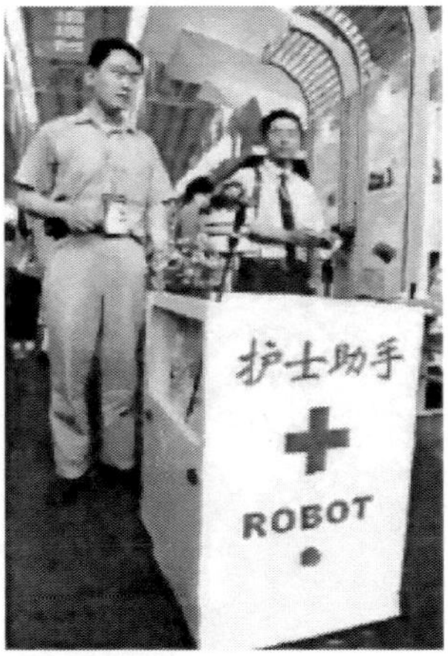

圖 3-5 護士助手機器人

2003 年，中科院自動化所研製了 CASIA-I 型服務機器人，如圖 3-6 所示。它直徑 45cm，運行最大速度為 80cm/s，可廣泛應用於醫院、辦公室、圖書館、科技館、展覽館等公共場合。

2004 年，中國海洋大學智慧技術與系統實驗室和青島醫院附屬醫院聯合研製了一臺名為「海樂福」的護士助手機器人。「海樂福」機器人透過智慧系統識別主人下達的各項指令，快速完成運送物品、導醫等任務。它是自主式機器人，能進行路徑規劃，甚至可以把飯送到患者床位上。它的全身塗滿了防水漆，從傳

圖 3-6 CASIA-Ⅰ型服務機器人

染病病房出來後，可直接使用消毒水消毒。該機器人采用了紅外導航、機器人環境模式識別和自動語言交流以及無線通訊等技術[7]。僅就室內導航定位技術而言，中國相關研究已經接近或達到世界級水準，室內導航定位相關技術也逐步取得突破性進展，比如中科大研製的「可佳」機器人（圖 3-7），其導航能力在 2015 年 RoboCup 上已取得第一名的好成績；上海交通大學陳衛東教授課題組研究的老人輪椅機器人（圖 3-8），也可實現室內平穩導航，並可以在人群比較集中的環境下完成自主避障。

圖 3-7 「可佳」機器人

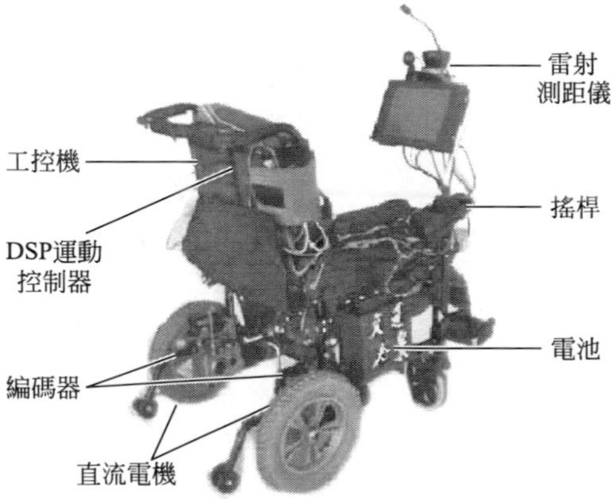

圖 3-8 上海交通大學老人輪椅機器人

3.3 醫院服務機器人的關鍵技術分析

3.3.1 醫院服務機器人室內導航技術

醫院服務機器人導航的基本任務主要有以下三個方面。

① 基於環境理解的全局定位。透過對環境中景物的理解，識別人為路標或具體的實物，以完成對機器人的定位，為路徑規劃提供素材。

② 目標識別和障礙物檢測。即時對室內地面上障礙物進行檢測或對特定目標進行檢測和識別，提高控制系統的穩定性。

③ 安全保護。能對室內地面上出現的凹陷或移動物體等進行分析，避免對機器人造成損傷。

移動機器人的導航方式常見的有：環境地圖模型匹配導航、陸標導航和視覺導航。環境地圖模型匹配導航是機器人透過自身的各種感測器來探測周圍環境，利用感知到的局部環境資訊進行局部的地圖構造，並與其內部事先儲存的地圖進行匹配。如果兩模型相互匹配，機器人即可確定自身的位置，並根據預先規劃的全局路線，採用路徑追蹤及避障技術來實現導航。陸標導航是在事先知道陸標在環境中的座標、形狀等特徵的前提下，機器人透過對陸標的探測來確定自身的位置，同時將全局路線分解成為陸標與陸標間的片段，不斷地對陸標探測來完成導航。它可分為人工陸標導航和自然陸標導航。人工陸標導航雖然比較容易實現，但它人為改變了機器人工作的環境。自然陸標導航不改變工作環境，是機器人透過對工作環境中的自然特徵進行識別來完成導航，陸標探測的穩定性及魯棒性是目前研究的主要問題。視覺導航主要完成障礙物和陸標的探測及識別。海內外應用最多的是採用在機器人上安裝車載攝影機的基於局部視覺的導航方式。P. I. Corkep 等對由車載攝影機構成的移動機器人視覺閉環系統的研究表明這種控制方法可以提高路徑追蹤精度。視覺導航方式具有訊號探測範圍寬、獲取資訊完整等優點，但視覺導航中的圖像處理計算量大、即時性差始終是一個瓶頸問題。為了提高導航系統的即時性和導航精度，仍需研究更加合理的圖像處理方法。這是未來機器人導航的主要發展方向。除了以上三種常見的導航方式外，還有氣味導航、聲音導航、電磁導航、光反射導航、視覺導航等。

自由空間法是採用預先定義的如廣義錐形和凸多邊形等基本形狀構造自由空間，並將自由空間表示為連通圖，透過搜索連通圖來進行路徑規劃，其算法的複雜程度往往與障礙物的個數成正比。該法比較靈活，機器人起始點和目標點的改變不會造成連通圖的重構，但不是任何情況下都能獲得最短路徑。柵格法將機器人工作環境分解成一系列具有二值資訊的網格單元，多採用基於位置碼的四叉樹建模方法，並透過最佳化算法完成路徑搜索。

四叉樹建模常用的路徑搜索策略有 A^*、遺傳算法等。局部路徑規劃的主要方法有人工勢場法、遺傳算法和模糊邏輯算法等。人工勢場法是 Khatib 提出的。其基本思想是將機器人的工作空間視為一種虛擬力場，障礙物產生斥力，目標點產生引力，引力和斥力的合力作為機器人的加速力，來控制機器人的運動方向和電腦器人的位置。該法結構簡單，便於低層的即時控制，在進行即時避障和平滑的軌跡控制方面，得到了廣泛的應用，但這種方法存在局部最佳解的問題，因而可能使機器人在到達目標點之前就停留在局部最優點。勢場法存在四個方面的問題：a. 陷阱區域；b. 在相近障礙物之間不能發現路徑；c. 在障礙物前面振盪；d. 在狹窄通道中擺動。遺傳算法是一種借鑒生物界自然選擇和遺傳機制的搜索算法，由於它具有簡單、健壯、隱含並行性和全局最佳化等優點，對於傳統搜索方法難以解決的複雜和非線性問題具有良好的適用性。應用遺傳算法解決自主移動機器人動態環境中路徑規劃問題，可以避免困難的理論推導，直接獲得問題的最佳解。模糊控制算法模擬駕駛員的駕駛思想，將模糊控制本身所具有的魯棒性和基於生理學上的「感知-動作」行為結合起來，適用於時變未知環境下的路徑規劃，即時性較好。

隨著電腦技術、人工智慧技術和感測技術的迅速發展以及導航算法的不斷改進和新算法的提出，移動機器人導航技術已經取得了很大的進展，但是對於應用比較複雜或通用性較高的導航方法還沒有取得重大的突破。根據機器人的工作環境和執行任務可以採用不同的導航方法。室內移動服務機器人自主執行任務時，應以最大的人員安全性及功能可靠性為條件，實現機器人室內移動過程中的障礙物的自動檢測和規避，並作出動作決策，能夠按照規則自動完成指定的任務，如遍歷工作空間等。使用感測器探測環境、分析訊號，根據精度需要可以透過適當的建模方式來理解環境。由於單個非視覺感測器獲取資訊比較少，可以採用多個或多種感測器來獲取環境資訊，再採用合理的算法分離出有用的資訊。過去幾十年裡，機器視覺的進展非常緩慢。但近幾年隨著硬體設備的飛速發展，使得當前機器人視覺導航的研究非常活躍。使用視覺感測器能夠獲取的資訊量大，而且視覺導航比較接近人的導航機理。在基於視覺資訊的自主式移動機器人導航控制研究中，遇到的主要問題是算法的複雜性與即時性的矛盾。複雜的真實世界要求視覺系統準確地提取出導航必需的環境特徵（如路標），算法的魯棒性常常由於環境噪音的影響和難以分離目標與背景而被削弱。為了提高系統的即時性和減少系統的複雜性，可以採用視覺感測器與非視覺感測器進行融合的方法。但是傳統的視覺導航單純依靠圖像，使得數據處理非常困難，因此應該在保留以前快速處理算法的基礎上增加其他資訊獲取的輔助手段。室內移動機器人要完成任務，在多數時候需要一定精度的定位。為了得到精度較高、即時性較強的移動機器人定位資訊，可以採用絕對定位與相對定位相結合、主動路標匹配定位和自動模型識別定位相結合的方法。導航數據處理根據使用感測器的不同，處理的方法有所不同。通用的方法有數據融合技術、人工智慧、神經網路、模糊邏輯、勢場法、柵格法、增強的卡爾曼濾波器等。事實上這些方法在單獨使用時很難有比較好的效果，往往一個系統的幾個部分中都使用了一種或多種數據處理方法。

未來研究方向主要有以下幾個方面。

① 更高的導航精度和即時性。為了讓服務機器人更好地完成任務，需要得到更高的導航定位精度以及更好的即時性，可以透過幾種導航技術相結合、改進資訊數據處理的算法、將絕對定位與相對定位相結合、將資訊處理算法相結合等方法實現。融合多學科知識，設計高精度、即時性的導航系統是服務機器人導航的研究趨勢之一。

② 更高的智慧化取代。隨著感測器、電腦、人工智慧等相關技術的發展，服務機器人未來的發展前景將越來越廣闊。但是目前的科技水準並不能滿足現今人們對於服務機器人的智慧化需求，這就要求服務機器人導航技術向著更為智慧化的方向發展。有學者研究將智慧空間、機器人強化學習等智慧化算法引入服務機器人導航中，這種方式提升了導航的智慧化取代。因此，研究更高水準的智慧化算法並將其引入服務機器人導航技術中以提高機器人智慧化取代是未來的一個研究趨勢。

③ 更高的導航可靠性。服務機器人需要得到較為全面的周圍環境資訊以實現更高可靠性的導航，對於這樣的需求，只採用一個感測器通常是無法滿足的，可以利用多感測器融合技術將多個感測器得到的定位資訊進行融合，從而產生更為精確的環境資訊，進而提高導航可靠性。目前，多感測器資訊融合的主要算法有 D-S 方法、Kalman 濾波法、Bayes 推理法、模糊推理方法等。目前應用較多的是將非視覺感測器與視覺感測器資訊相融合的多感測器融合方式進行導航。因此，研究更高可靠性、更高水準的多感測器融合技術相關算法也是未來的研究趨勢之一。

3.3.2 醫院服務機器人的定位與避障技術

(1) 定位技術

在移動機器人的研究中，其精確定位一直是研究的焦點問題。移動機器人導航定位的主要目的是要確定機器人在工作環境中的位置。根據定位過程的特性，移動機器人的位置估計可以歸結為相對定位和絕對定位兩種定位方法。相對定位通常可以稱為「局部位置追蹤」，是機器人在已知初始位置的條件下，利用自身所攜帶的里程計等感測器電腦器人在相鄰兩個時刻的相對位移和航向改變量，從而確定其位置。絕對定位又稱為全局定位[8]。

根據定位技術應用的場合範圍可以把定位技術分為室外定位技術和室內定位技術[9]。目前室外定位方法主要是採用全球定位系統[10]。根據所選用的設備不同，以及是否差分等情況，定位精度可以從幾十公尺到幾公分[11]。根據全球定位系統（global position system，GPS）系統的特點，其並不適合室內定位應用。為實現機器人的室內定位，主要的手段有紅外感測器、超聲感測器、雷射雷達感測器、無線感測器網路等。現在實驗室的系統利用紅外感測器實現室內定位，但其缺點會導致室內定位效果很差。兩個具有代表性的超聲定位系統分別是 Cricket Lation-support system[12] 和 Active Bat[13]，它們的整體定位精度相對紅外感測器較高，為提高精度，系統的底層設備需要增加，成本隨之大大提高。

Zigbee 技術在感測器網路中的應用日益受到重視。利用 Zigbee 技術實現定位具有一些特殊的優勢。郜麗鵬等[14] 基於技術的訊號傳播模型分析，提出了一種新的加權質心定位算法，有效提高定位精度。

現階段 RFID 作為一種新興的定位手段，越來越多地得到了廣大學者的關注和深入研究。其主要實現方法為在機器人工作環境中大面積鋪設 RFID 標籤，透過構建訊號強度模型，對移動機器人進行定位。針對目前的定位技術不能完全滿足室內定位的問題，根據讀取到的標籤座標，王勇等[15] 採用等邊三角形的質心算法計算出讀寫器的座標位置，對移動機器人的定位精度提高起到了很大的作用。鄧輝舫等釆用類似模型，對室內定位 LANDMARC 系統理論作了改進。實驗表明改進的算法比原來的算法在定位精度上提高了 10%～50%。針對 LANDMARC 系統中最近鄰居算法計算量較大、效率較低等問題，Jin Guangyao 等對室內標籤重新配置並引進一種三角機制來完善算法；Park 等對於基本的方法做出改進，透過使用讀寫器控制裝置來改變讀寫器對標籤的識讀範圍，提高了定位精度。也可以降低用於識讀定位的標籤分布密度。方毅、閆保中等對使用 RFID 定位進行了類似的研究。

同樣在視覺方面，進行機器人定位也取得了長足發展。視覺定位技術，也稱為視覺里程計，主要分為基於單目或雙目立體視覺兩種類型。其中 Nister 等[16] 提出了一種靠單目或雙目的即時視覺里程計方法，採用 Harris 算子以及非極大值抑制等方法提取角點，進行機器人的匹配定位。Yang Cheng 等[17] 設計的立體視覺里程計，在「勇氣」號與「機遇」號火星車上得到了成功應用，進一步證明了視覺定位方法的可行性和有效性；王諱強設計提出了基於視覺定位的緻密地圖構建方法以及整體視覺導航系統方案，得到了機器人精確的全局座標和路徑軌跡，並著重研究了視覺定位算法、立體視覺三維重建方法、地圖構建方法。在室內環境下，陳西博提出了一種基於 Stargazer 的頂棚紅外標籤進行服務機器人的精確定位方法，並在實際應用中取得了很好的效果。

移動機器人導航領域的建模和定位算法方面，主要有概率算法，包括擴展卡爾曼濾波器 EKF、最大似然估計 MLF、粒子濾波器 PF 以及 Markov 定位等。其中 EKF 是解決非線性系統的估計問題的好方法。粒子濾波器定位也稱 Monte Carlo 定位，基本思想是使用一組濾波器來估計機器人的可能位置處於該位置的概率，每個濾波器對應一個位置，利用觀測器對每個濾波器進行加權傳播，從而使最有可能的位置概率越來越高。Markov 定位是一種全局的定位技術，可以在沒有任何先前位置資訊的情況下定位機器人的位置。

在服務機器人的自主導航過程中，由於自身的原因往往並不知道自己所處環境中的位置，而是需要透過一些外在的定位技術來了解自己在環境中的位置。在服務機器人移動過程中，地面和障礙物的高度對其運動影響很小，所以在定位中忽略高度的變化，把環境空間看成是一個二維空間。因此服務機器人定位的最終目標就是知道自身在全局環境中的位置（x,y）和所處的方向角 θ。當前的自定位方法主要分為相對定位、絕對定位及地圖匹配定位。

① 相對定位。相對定位又稱為局部定位，是指機器人在已知初始位置和方向條件下來計算自己當前的位置和方向，是一個受到廣泛關注和研究的領域，通常包括航跡推算法和慣性導航法。

在相對定位算法中，航跡推算法是一種直接應用的定位方法，因為自身具有簡單實用和易於實現等優點而被廣泛應用。航跡推算法將它所有採樣週期內的位移相加得到機器人在這段時間內總路程，然後根據出發點的位置和方位，計算出當前的位置和方位。航跡推算法常採用的感測器有光電編碼器和里程計，其優點是在短距離內精度較高、價格低廉而且易於實現。但也有其缺點，航跡推算法的誤差可分為系統誤差和非系統誤差，一般由不同因素引起的，系統誤差是由機器人自身硬體條件的不完善性引起的，例如製造過程中兩個輪子的直徑不相等。非系統誤差主要是外力作用引起的，例如服務機器人在移動過程中車輪與地面發生摩擦，與其他物體發生碰撞等。機器人行走的路程越多，其定位誤差會越大。

慣性導航法通常採用陀螺儀、加速度計和電子羅盤等感測器實現定位。陀螺儀用來測量回轉速度，對測量值進行一次積分就可以得到角度值，加速度計用來測量加速度，對測量的值進行二次積分就可求出相應位置資訊。但是慣性導航定位精度往往不能達到要求，加速度計每次進行兩次積分才能獲得位置資訊，因此對漂移非常敏感。在一般的情況下，加速度計所測量的加速度值非常小，因此只要加速度計在水平面上稍微有點傾斜，所測的數據就會產生波動，產生較大的測量誤差。陀螺儀能夠提供更為準確的航向資訊，也必須經過積分才能得到機器人的角度資訊。因此靜態偏差漂移對陀螺儀的測量值的影響很大。相對定位算法的根本思想是透過測量距離值，然後將其累加，得到位置和角度資訊，因此時間漂移是誤差的最大來源。在測量過程中，隨著位移的不斷增加，任何一個小的誤差經過累加後都有可能變成很大誤差，所以，對於要求精度較高的場合，不適合用相對定位算法，但是通常可將它們作為其他定位方法的輔助手段，與其他定位算法相融合來獲得更可靠的位置資訊。

② 絕對定位。絕對定位就是確定當前服務機器人在全局環境中的絕對方位。把服務機器人的工作環境構造成為一個全局地圖，絕對定位就是要求服務機器人能夠知道自己在這個全局地圖中所處的位置。絕對定位經常是由若干個測量環境

資訊的感測器來實現的，這些設備包括雷射感測器、超聲波感測器、紅外感測器以及視覺感測器等。由於絕對定位技術通常透過測量服務人在全局環境中的絕對方位來實現其定位，因而可以獲得很高的定位精度。目前絕對定位技術中比較成熟的有全球定位系統（GPS）和地圖匹配定位等。GPS 是一種以空間衛星為基礎的定位與導航系統，由導航衛星、地面站組和使用者設備三個部分組成。該系統廣泛應用於智慧交通、車輛防盜以及呼叫指揮等方面。然而在室內環境中，房屋和其他的障礙物對衛星訊號的阻擋和反射，對 GPS 接收機接收訊號產生影響，不能夠很好地定位，導致定位誤差非常大，有時達到幾公尺到幾十公尺。因此，GPS 定位系統不能夠完成室內服務機器人的定位。

③ 地圖匹配定位。地圖匹配定位是根據已知的地圖來電腦器人的位置，服務機器人透過各種感測器來感知周圍的環境資訊，並構造出相應的局部環境地圖。然後用這個局部地圖和先前儲存的環境地圖進行對比，如果兩個地圖能夠相互匹配，就可以計算出服務機器人在工作環境中的具體位置和方向。地圖匹配定位技術的優點是不需要改變室內的工作環境，而是根據環境中的特定的特徵對位置進行推算。此外，為了提高機器人的定位精度，可以用一些開發好的算法來幫助機器人更好地學習和探索周圍的環境。缺點是對環境地圖要求精確，並且對環境中要匹配的特徵要求是靜態的而且是很容易辨別的。由於要求的條件比較苛刻，這項技術暫時只能適用於相對簡單的環境，比較複雜的環境很難使用。地圖匹配定位技術的關鍵是如何建立地圖模型以及相應的匹配算法。

（2）避障技術

障礙物是機器人行進過程中隨機出現的、形狀不可預知的三維物體。通俗地講，任何在機器人行進方向形成一定阻礙作用的物體都可以被稱作障礙物。即時避障能力的高低是反映移動機器人智慧水準高低的關鍵因素之一。海內外學者對即時避障問題進行了大量的研究，目前比較有效的方法主要是勢場法和柵格法等。針對障礙物及其距離的檢測主要有攝影機、超聲感測器、紅外感測器、雷射雷達等。

超聲感測器由於探測波束角過大、方向性差等，在障礙物檢測方面往往不能獲得滿意的效果。現階段，常用的障礙物檢測手段主要還是集中在雷射雷達和視覺上。雷射測距是雷射技術應用最早的一個領域，並且具有探測距離遠、測量精度高等特點。根據掃描機構的不同，又可以分為 2D 和 3D 兩種。其中李雲翀等[18] 使用 2D 雷射感測器採用角度勢場法對室外移動機器人進行了深入的研究。蔡自興等以雷射雷達為主要感測器，對移動機器人設計一種即時避障算法。該算法考慮到機器人的非完整約束，利用基於圓弧軌跡的局部路徑規劃和控制使之能夠以平滑的路徑逼近目標位置。採用增強學習的方法來最佳化機器人的避障行為，利用雷射雷達提供的報警資訊形成刺激反應式行為，實現了動態環境下避障行為，具有良好的即時反應能力。J. Borenstein 等設計了一種 VFH 方法，該方法採用柵格表示環境，由該方法控制移動機器人的避障表現出了良好的性能。

在視覺方法進行障礙物特徵提取方面，主要有基於光流分析的方法和基於立體視覺的方法。而檢測的方法主要有幀差法、背景減除法和背景模型法等。洪炳鎔等提出將機器人機載攝影頭畫面分割成不同的區域，基於 BP 網路的非線性擬合，使用擬人的動態避障方法，取得了視覺避障的良好效果。王福忠在分析立體視覺的基礎上，分別設計了視覺避障系統。海外研究上，Kyoung 讓機器人事先記憶環境中的一些圖像，然後在行進時將獲取的場景圖像與儲存的圖像進行比對，如果在某區域產生差異則表示有障礙物存在。Tylor 等提出一種 Boundary Place Graph 以搜索未知環境的方法，對環境中的物體都貼上路標，機器人避障時環繞著物體的邊界前進直到下一個路標出現。還有一種基於光流的障礙物檢測方法，該方法對運動障礙物檢測十分有效。

3.3.3 醫院服務機器人路徑規劃問題

路徑規劃主要研究的問題包括如何對環境資訊進行建模、路徑規劃算法的設計以及路徑規劃的執行。環境的建模包括兩層含義：第一是服務機器人如何獲得周圍環境的資訊；第二是如何將環境資訊表示出來，便於服務機器人進行處理。路徑規劃的核心就是在環境建模的基礎上，採用有效、簡潔的方法規劃出符合機器人要求的路徑。路徑規劃的執行和機器人的控制單元息息相關，還要考慮服務機器人的動力學特徵，如何控制機器人按規劃好的路徑行走。

根據服務機器人對環境資訊感知的程度，將路徑規劃分為全局路徑規劃和局部路徑規劃，從障礙物狀態來看，又稱全局路徑規劃為靜態路徑規劃，局部路徑規劃為動態路徑規劃。

(1) 全局路徑規劃

全局路徑規劃是服務機器人對環境中各個障礙物資訊（例如位置和形狀等）都完全已知的情況下，按照任務的要求從起點到終點規劃出一條路徑，其約束條件一般是機器人所花時間最短並且不能與障礙物發生碰撞。服務機器人在移動之前就已經規劃好路徑，因此當局部環境中發生改變，出現其他臨時障礙物，服務機器人很難適應，甚至會出現和障礙物相碰撞的危險，因此這種方法不適用於環境發生改變的情況。但是對於那些環境固定不變的情況，全局路徑規劃的研究還是具有一定的價值的。目前全局路徑規劃已經取得了很大的成果，常用的方法有柵格法、自由空間法和可視圖法等[19]。

① 柵格法。柵格法（grids）將機器人的工作環境劃分為許多具有二值資訊的網格單元，柵格用直角座標或者序號來標識，如圖 3-9 所示。整個環境被大小

相同的柵格所劃分，並用柵格來記錄所有環境的資訊。若柵格中不包含障礙物則為自由柵格，若柵格內含有障礙物則稱為障礙柵格。以此對機器人工作環境進行建模，根據環境模型透過各種最佳化算法來完成路徑規劃。柵格法以方格作為環境的基本單位，算法比較簡單，容易理解，但也有其缺點，例如柵格的劃分與所要消耗系統記憶體的多少以及路徑規劃所花費時間的長短都有很大的關係。如果柵格過大，所需要的儲存量較小，算法執行速度快，但環境的解析度下降，相反，所需要的儲存量變大，所需要的時間更長，好處是環境解析度高，便於機器人移動。

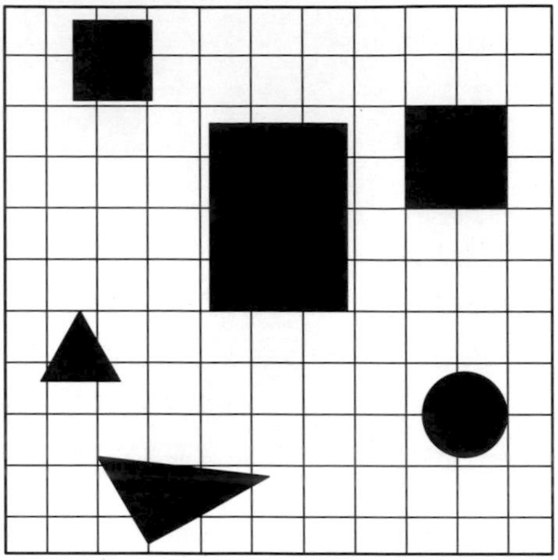

圖 3-9　柵格法

② 可視圖法。可視圖法是由麻省理工學院和 IBM 研究院提出的一種方法，如圖 3-10 所示，用凸多邊形來描述各種障礙物。在可視圖中，把障礙物膨脹，這樣機器人就可以視作一個質點，用線段將機器人、目標點以及多邊形的障礙物的各個頂點進行連接，但是要求所連接的線段都不能穿過障礙物，這些線段和障礙物就構成了一張無向圖，稱為可視圖（visibility graph）。然後路徑規劃的問題就轉化為在可視圖中找出一條從起始點到目標點最短距離的路徑。由於各個頂點之間是無碰撞連接的，所以得到的路徑也是沒有碰撞的路徑。可視圖法計算量較小，容易實現，但是當起始點和目標點改變時，可視圖就要重新進行構造。

③ 自由空間法。自由空間法的基本思想是在建立障礙物地圖時，同樣將障礙物按機器人尺寸的一半進行放大，把機器人當作質點來處理。環境中的障礙物用凸多邊形等基本形狀來進行描述，障礙物外的其他區域定義為自由空間，如圖 3-11 所示。將自由空間用一個連通圖表示，然後根據起始點對連通圖進行搜索，完成路徑規劃。這種方法的優點是如果起始點和目標點的位置發生變化，對連通圖也不會造成影響，但算法得到的路徑不一定是最短的，其複雜度也會隨著障礙物數目的增加而增加。

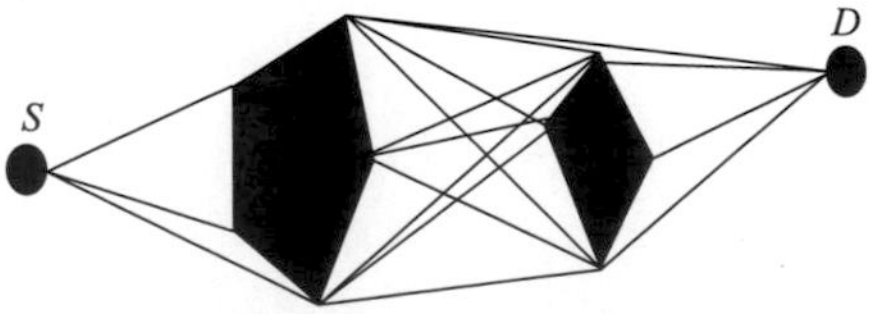

圖 3-10　可視圖法

(2) 局部路徑規劃

局部路徑規劃方法關鍵是服務機器人利用自身感測器探測當前局部環境資訊，然後根據探測的資訊即時在線地進行路徑規劃。這種路徑規劃方法使得機器人能夠即時避開局部環境中的障礙物。相比於全局路徑規劃的方法，局部路徑規劃的效率和實用性更高，對於未知變化的環境具有很強的適應能力。局部路徑規劃的主要方法有人工勢場法、模糊推理法和遺傳算法等。

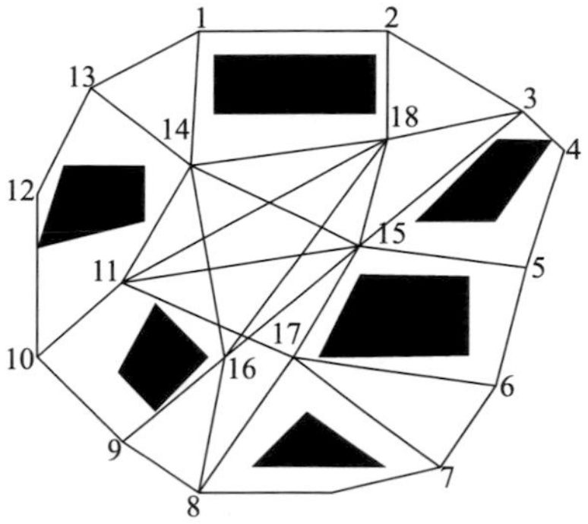

圖 3-11 自由空間法

① 人工勢場法。人工勢場法最初是由 Khatib 提出的一種虛擬力法，是重要的路徑規劃方法之一。它的基本思想是將人工勢場的數值函數引入來描述空間結構，透過勢場中的力來引導機器人到達目標。目標點對機器人產生吸引勢，障礙物對機器人產生排斥勢，機器人在勢場中受到抽象力作用，抽象力使得機器人向著目標點運動，而對障礙物則是繞過。該算法的優點是結構較其他算法簡單，機器人很容易進行即時的控制，能夠規劃出平滑無碰撞的路徑。因此，人工勢場法廣泛應用於即時避障和平滑路徑等方面。然而該方法也存在著缺點：非常容易產生局部極點和死鎖現象，在相鄰的障礙物之間不能發現路徑。

② 模糊推理法。模糊推理法的路徑規劃方法的主要思想是模仿人的駕駛經驗，透過移動機器人自身攜帶的感測器即時探測周圍環境的資訊，將可能出現的情況進行列表，然後透過查表的方式進行局部避障規劃。該方法計算量不是很大，能夠做到一邊規劃一邊探測。主要的優點是能夠根據感測器的資訊進行規劃，即時性很好，不會產生人工勢場法中的局部最小問題，能夠很好地解決動態環境下的路徑規劃問題。但其也有缺點，設計隸屬函數和制定控制規則是核心部分，而它們往往要靠人的經驗，如何設計合適的隸屬函數和控制規則是算法關鍵的問題。近年來一些研究者把神經網路技術引入模糊控制算法中，提出一種基於模糊神經網路控制的方法，取得了一定的效果，但是其算法的複雜度很高。

③ 遺傳算法。遺傳算法根據自然界的生物進化理論發展而來，是透過模擬生物進化過程來搜索問題最佳解的一種方法，利用自然界的生物進化中的選擇、變異等多種手段來求解問題。由於它是一種隨機化搜索算法，所以能得到全局最佳解的概率很大。其優點是簡單、穩定，並且能夠並行運行及具有全局最佳化等。但遺傳算法運算速度不是很快，當問題的規模比較大時，對其儲存空間和運算時間都有較高的要求，也常常容易陷入局部極值解，很難得到問題的最佳解。

遺傳算法在機器人的路徑規劃方面也有一定的運用。除了上述的路徑規劃算法外，還有其他許多路徑規劃算法，如啓發式 A* 和 D* 算法、機器視覺、強化學習法、蟻群算法以及神經網路法等。粒子群算法作為全局路徑規劃算法，是一種模擬鳥群飛行尋找食物的算法，透過鳥群之間的資訊共享使群體找到最佳解。算法中的粒子是沒有質量和體積的，並且每個粒子都有相應的行為規則，可以用來求解比較複雜的最佳化問題。和遺傳算法相似，粒子群算法也是基於種群迭代，但它沒有交叉、變異等操作。種群在解空間中根據最優粒子進行搜索和迭代。粒子群算法的優勢在於相比於其他最佳化算法更簡單，更容易實現，並且具有深刻的智慧背景，在科學研究和工程應用方面都有一定的應用。

3.4 醫院服務機器人的典型實例

3.4.1 移動式醫院服務機器人

1960 年代末，史丹佛大學研究人員研製成功名為 Shakey 的自主移動機器人，開始了移動機器人研究的先河。80 年代，一些機器人研發公司和科研院所加大對移動機器人相關技術的研究和開發，但由於電腦運行速度及感測器感知能力的限制，這些移動機器人的即時性控制不佳，一般採用遙控的方式完成相應的工作。到 90 年代，隨著電腦和感測器性能技術的跟進，室內移動機器人相關技術已經趨近於成熟，其中較有代表性的機器人有：美國研究機構 Dieter Fox 教授研製的 Rhino，美國 TRC 公司研製的 Helpmate 機器人，其已在美國、英國等地醫院得到使用；美國 PIONEER 公司推出的 Mobile Robot 系列，IROBOT 公司推出的 Irobot 系列，AETHON 推出的 TUG 系列，SWISSLOG 的 Speci Minder 機器人，日本的 RIBA Ⅱ機器人，日本松下電工的 HOSPI 機器人。這些機器人均可在不同程度上完成相應的室內導航工作，其中部分可以完成自動充電功能，尤其是 2013 年 ITOUCH 和 IROBOT 公司推出的 RP-VITA 機器人更是大放異彩。如圖 3-12 所示為全世界首臺使用了人工智慧的 Shakey 機器人，其產生於 1970 年代初，配備了當時最先進的感測器，並採用雙電腦無線控制的方式，完成機器人相關感知導航等工作。其雖可以實現導航等功能，但礙於當時電腦的計算效率，往往會用數小時的時間分析處理外部環境資訊。

隨著算法及感測器的更新，20 世紀末，研究機構 Dieter Fox 教授等研製了 Rhino 機器人，此機器人 1998 年在展覽會作為導遊機器人展出，其自帶深度攝影頭、超聲波感測器、雷射等感測器，具有語音功能，可以自由行駛於室內環境中，同時此款機器人提出的相關理論方法也成為未來研究學者研究移動機器人的基礎（圖 3-13）。在後續的近 20 年中，Dieter Fox 持續性地提出最佳化此機器人導航的各種算法。

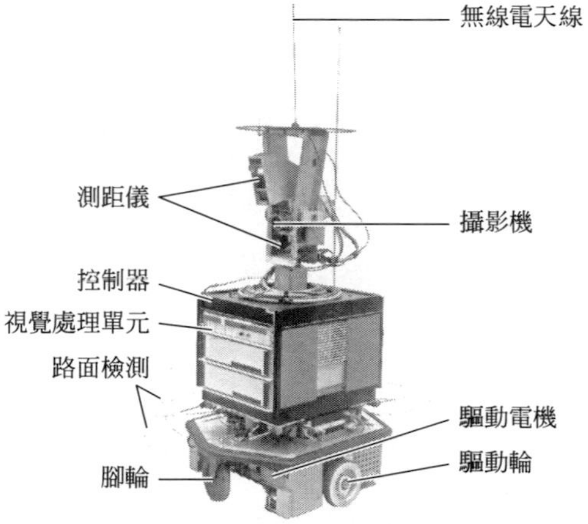

圖 3-12　Shakey 機器人

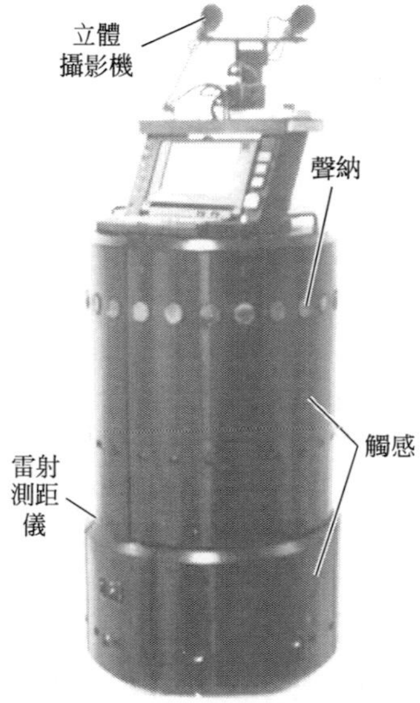

圖 3-13　Rhino 機器人

圖 3-14 所示為 TRC 公司研製的 Helpmate 機器人，其可以稱作第一臺名副其實的醫用服務機器人。這臺機器人誕生於 1993 年，並在美國和英國等醫院相繼投入使用，其機體裝有當時先進的感測器設備、超聲波、雷射掃描儀及攝影頭等，其可以利用朝向天花板的攝影機進行自主定位，可以實現在走廊中自主導航、運送貨物。

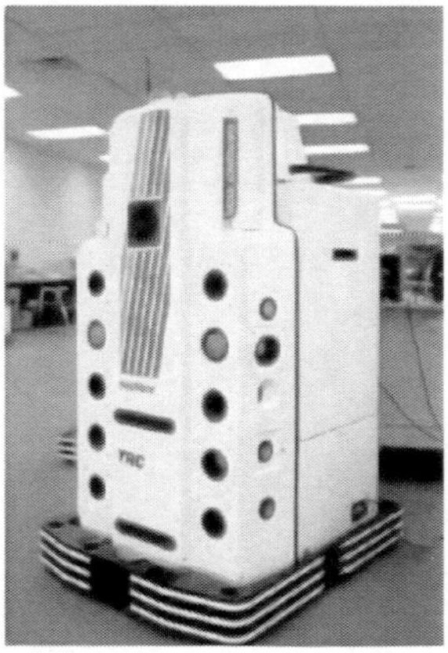
圖 3-14　Helpmate 機器人

隨著感測器技術的進一步更新，導航等相關算法提出後工程性問題的逐步解決，21 世紀初，PIONEER 公司推出 Mobile Robot 系列產品，可以完成室內、室外導航相關工作。其中室內導航機器人，包含採用雷射、超聲波導航的 Patrobot，採用超聲波導航的 PIONEER 系列的

3D-X 等機器人。由於為公司產品，其技術處於保密階段，就其導航而言，在速度控制上和定位上均有絕對的技術優勢，其速度控制可以完成長距離無障礙情況加速行駛，有障礙時快速做出避障反應，是目前海內外可使用輪式機器人導航系列中的佼佼者。

IROBOT 作為美國的另一家機器人公司，較為有名的是掃地機器人 Roomba，如圖 3-15 所示。其自帶紅外、碰撞檢測等感測器，於 2002 年開始發布並逐步完善性能，可實現在室內房間中大範圍自主移動和清掃。

圖 3-15　Roomba 機器人

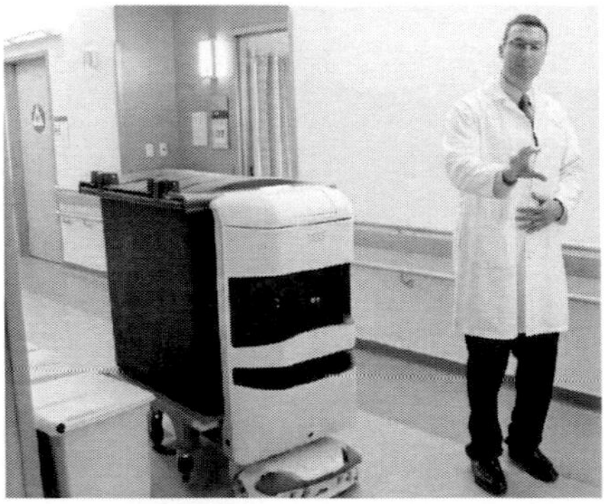

圖 3-16　TUG 機器人

這些商用機器人的出現也逐步激發著市場，逐步演化到醫院行業，圖 3-16 所示為 AETHON 推出的 TUG 機器人，其可以實現醫院內的物流傳送，載重量設計為 1000 英鎊，可以為多名患者傳送貨物，並設置了相關密碼，由專有人才可以打開。其自主導航已經由視覺為主導逐步轉為雷射導航為主導。透過無線模塊可實現與電梯及電動門通訊，完成上下樓梯及過門等工作。醫生回饋，它解決了運送效率及穩定性等問題。

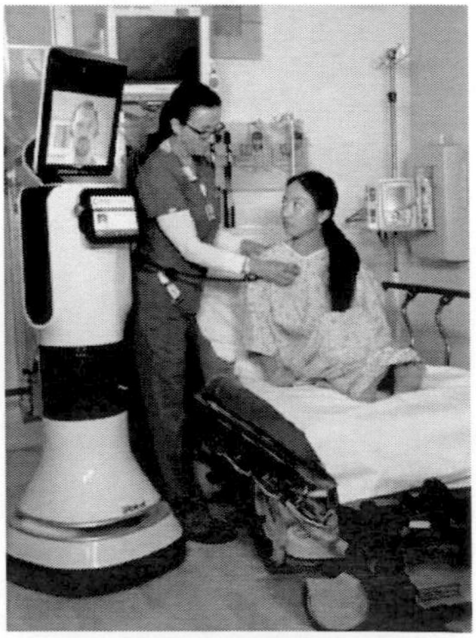

圖 3-17　RP-VITA 機器人

此外，瑞士 SWISSLOG 的 Speci Minder 機器人、日本的 RIBA Ⅱ機器人、日本松下電工的 HOSPI 機器人都是十年以內的產物。值得一提的是 IROBOT 和 ITOUCH 公司聯合推出的 RP-VITA 醫用機器人（圖 3-17），其利用導航及影片通訊等功能，可以實現醫生遠端與患者會話、檢查病理、快速醫治，已經在醫院投入使用，並獲得了醫生及患者的好評。其導航及定位除了上面提及的類似方式外，又再次添加了手動遙控功能，增加了人的參與部分。

3.4.2 自動化藥房

與中國醫療體制不同的是，很多西方國家的醫療服務和藥物供應是相互分離運作，醫院只提供醫療服務而不再下設營運藥房，絕大多數的自動化售賣設施見於藥品零散售賣店。自 1990 年代起，在現代藥品管理思想的指導下，一些西方國家的相應機構展開了藥房內藥物的自動發放這一領域的探索與研究，並且推出了諸多的自動化藥房設施，這些設施均能很好地適應其中國藥店特點。數位化藥房技術的迅速進步以及醫療保障體系的日趨完善，促使一些西方國家在藥品的自動化調劑和資訊化管理方面都取得了長足的進步，五花八門的自動化藥房設備也是層出不窮，並向市場推出了很多技術較為成熟的先進自動化藥房設備，這些設備依據自身優勢與特點都在市場上占有一席之地。根據發藥方、儲藥方式以及所適應的藥品的特徵，市場上流行的自動化藥房可歸納為以下四種典型產品。

（1）機械手搬運式自動化藥房

以該種方式運行的設備主要是依靠一個機械手來完成包裝盒類藥物的出庫及入庫，其主要工作原理是利用真空吸附和機械加持相互配合協調動作的機械手，完成藥品在特定空間內的轉移，藥品密集儲存在水平的儲藥架上，每種藥品都有自己特定的位置。該種形式的藥房自動化設備能夠實現藥品的密集儲存和智慧管理。機械手搬運式自動化藥房的典型代表是德國 ROWA 公司的自動化藥房（圖 3-18），這種被譽為「歐洲第一」的數位化智慧藥房設施在國際市場的知名度也相當高，西方的很多發達國家都在用該公司的產品，但是，由於機械手單次只能實現一盒藥品的出庫或入庫，藥品的出庫和入庫不能同時進行，所以，其工作效率會受到較大的限制，這種形式的自動化藥房設備只適用於日處理處方量較小的海外藥店，無法很好地適應藥品的發放和儲存相對集中的中

圖 3-18 德國 ROWA 公司的自動化藥房

國醫院的藥房。

(2) 儲藥槽式自動化藥房

針對 ROWA 的機械手搬運式自動化設備存在的不足，歐洲的一些公司相繼推出了儲藥槽式自動化藥房。目前，這種形式的自動化藥房是海外藥房自動化設備市場的主流產品，德國、荷蘭等國的相應公司正在搶占中國市場（圖 3-19）。這種形式的自動出藥設備基於重力落料原理和密集儲存原則，在藥品長度方向上將其擺放在一與水平面有一定傾斜角度的槽道內，透過槽道前端的特殊發藥動作機構實現藥物的發放，槽道按其寬度分為不同規格系列，可參照藥品的使用情況規劃儲存位置。由於每個儲藥槽前端都安裝有實現藥品出庫的機構，所以可以實現處方藥物的高效率發放，這種形式的設備亦可透過增加槽道的數量擴充整體儲藥量，在藥品發放和儲存上完全優於機械手式的設備。但是這種實現形式會增加整體的成本，所以對於每天處理藥品品種和數量都很大的中國醫院推廣起來有一定的困難。另外，這種形式的自動化藥房在藥品入庫方面效率低下，不能很好地匹配藥品的出庫速度，容易造成「供不應求」的現象，不適用於日處理處方量較大的中國醫院藥房。

圖 3-19 荷蘭 Robopharma 公司的儲藥槽式自動化藥房

(3) 適用於散裝藥品的自動化藥房

這種形式的設備在功能上更近似於一種藥物灌封裝機器人，其實現方式就是採用機械手抓取特定的封裝瓶，完成某種藥物的自動灌封以及貼標籤。目前這種形式的藥房自動化設備主要見於製藥公司，正漸漸成為市場的主流趨勢。該種形式的設備的代表是日本 TOSHO 公司的 Xana 全自動單劑量分包機（圖 3-20），該類型的自動化藥房在國際市場上有一定的占有率。但是中國的醫療體制與海外不同，醫

圖 3-20 Xana 全自動單劑量分包機

藥並不是分離營運的，這就限制了這種形式的自動化藥房產品在中國的發展。但是，隨著中國醫藥領域的制度創新和醫療改革的日益深入，這種形式的自動化藥房將很有可能在不久以後成為中國醫院藥房的方向。

（4）立體回轉式自動化藥房

這種設備是參照了某些工廠利用數控回轉式立體倉庫來實現零件的科學儲存與管控的模式，同時將在庫藥品相關資訊同醫院的 HIS 系統對接，並加裝一些用來保證藥房相關工作人員的操作安全的保護裝置，再結合醫院的空間規劃方案設計而成。這是一種半自動化設備，其代表產品是德國 Hanel 公司生產的設備（圖 3-21），其運行方式為，利用轉動式的傳動鏈將可移動的儲藥門鉸接，不同種類的藥物按類分別放置在不同的盛藥裝置內。發藥指令發出時，回轉式傳動鏈將相應藥品的盛藥裝置依要求轉動到藥房前面的取藥口以便醫藥操作人員的取藥或者擺藥操作。這種實現方式的設備能夠很好地實現不同包裝的藥品的儲存或者發放，但是這種藥房在取藥或者擺藥等操作時需要全部運轉，會造成很大的功耗，而且鏈傳動的效率偏低，因此藥品的出入庫效率也會受到較大的限制，另外需要工作人員的參與，也使得該種設備的運行效率很低，推廣起來很受限制。

圖 3-21　立體回轉式自動化藥房

海外一些發達國家的自動化藥房技術已經相當成熟，應用也基本普及，但適合中國情況的藥房自動化設備卻寥寥無幾。目前中國的絕大多數醫院的藥品的分發還採用傳統的手工分發模式，隨著醫改的深入，醫院藥房工作日漸繁重，相關部門科技工作者早就已經意識到藥房自動化設備的研發的必要性。中國關於藥品分發自動運行方面的相關探索最早見於航天工業部第三研究院第三十五研究所研發的基於微型電腦的盒裝藥品自動發放機。但是，受限於當時中國醫院的條件，最初研發的這些設備並未得到廣泛的推廣。中國在自動化藥房方面開展的研究大致分為以下三個重要階段。

首先是產品的自主創新階段，其標誌就是一些專利的出現，例如「旋轉藥盤架」等專利的申請。這些裝置的出現為中國藥品自動分發設備的發展開闢了先河。其後是半自動化設備的研發階段，大部分產品的研發是基於自動化售藥設備，例如深圳三九集團研製的自動化售藥設備，這種設備採用矩陣方式布局出藥動作機構，能在很大程度上提升發藥效率，同時簡化了控制系統，節約了電氣控制成本。

目前自動化藥房的發展已經進入到第三階段，這種藥房在儲存規模和發藥效率等方面都更能滿足醫院的需求。例如北京華康和蘇州艾隆等公司生產的自動化藥房，針對醫院藥房的實際情況提出合理的解決方案，這種自動化藥房更適合中國國情，能夠實現醫院藥品的自動出入庫。現階段自動化藥房研發縮小了同海外發達國家的行業的差距，標誌著中國藥房自動化設備的發展已經邁進了高速發展的百家爭鳴、百花齊放時期，具有代表性的就是蘇州艾隆研發的藥品自動分發設備（圖 3-22）和江蘇迅捷研發的智慧發藥設備（圖 3-23）。

圖 3-22　蘇州艾隆研發的藥品自動分發設備

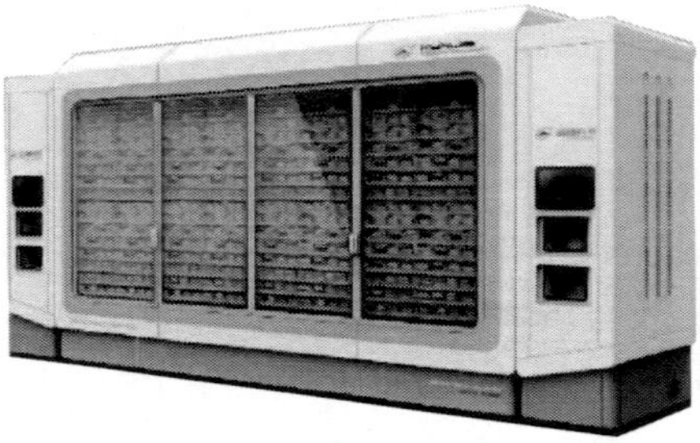

圖 3-23　江蘇迅捷研發的智慧發藥設備

參考文獻

[1] 杜志江，孫立寧，富歷新．醫療機器人發展概況綜述[J]. 機器人，2003，25 (2)：182-187.

[2] 應斌．銀色市場營銷[M]. 北京：清華大學出版社，2005.

[3] 王麗軍．動態環境下智慧輪椅的規劃與導航[D]. 上海：上海交通大學，2010.

[4] 次吉，慕明蓮．對護士現存的壓力及應對措施的探討[J]. 嶺南急診醫學雜誌，2012，3：235-236.

[5] 羅振華．醫院服務機器人室內導航算法與自主充電系統研究[D]. 哈爾濱：哈爾濱工業大學，2016.

[6] 韓金華．護士助手機器人總體方案及其關鍵技術研究[D]. 哈爾濱：哈爾濱工程大學，2009.

[7] 王立權，孟慶鑫，郭黎濱，等．護士助手機器人的研究[J]. 中國醫療器械資訊，2003，9 (4)：21-23.

[8] 石杏春．面向智慧移動機器人的定位技術研究[D]. 南京：南京理工大學，2009.

[9] 張健翀．基於射頻識別技術室內定位系統研究[D]. 廣州：中山大學，2010.

[10] 劉美生．全球定位系統及其應用綜述

（一）——導航定位技術發展的沿革中[J]. 中國測試技術，2006，32（5）：1-7.

[11] 劉基餘．衛星導航定位原理與方法[M]. 北京：科學出版社，2003.

[12] Ward A，Jones A，Hopper A. A New Location Technique for the Active Office [J]. IEEE Personal Communications. 1997，4（5）：42-47.

[13] Priyantha N B，Chakraborty A，Balakrishnan H. The Cricket Location-Support System [C]. 6th ACM International Conference on Mobile Computing and Networking（ACM MOBICOM），Boston MA，August 2000，pp. 32-43.

[14] 部麗鵬，朱梅冬，楊丹．基於 ZigBee 的加權質心定位算法的模擬與實現[J]. 感測技術學報，2010，23（1）：149-152.

[15] 王勇，胡旭東．一種基於 RFID 的室內定位算法[J]. 浙江理工大學學報，2009，26（2）：228-231.

[16] Nister，Naroditsky O，Bergan J. Visual Odometry，Proc. IEEE Computer Society Conference on Computer Vision and Pattern Recognition（CVPR 2004），Washington DC，June 2004，pp. 652-659.

[17] Cheng Y，Maimone M，Matthies L. Visual Odometry on the Mars Exploration Rovers [C]. IEEE International Conference on Systems，Man and Cybernetics，Waikoloa，Hawaii，USA，October 10-12，2005，pp. 903-910.

[18] 李雲翀，何克忠．基於雷射雷達的室外移動機器人避障與導航新方法[J]. 機器人，2006，28（3）：275-278.

[19] 王家超．醫院病房巡視機器人定位與避障技術研究[D]. 濟南：山東大學，2012.

第4章

神經外科機器人

4.1 引言

在過去的幾十年中，機器人技術已經成為介入醫療程序的有力輔助工具。目前，機器人技術已成功應用於神經外科手術中的多項外科手術領域，如立體定向和功能性神經外科、癲癇病灶的定位、內鏡腦外科、神經外科腫瘤學、脊柱手術、周圍神經手術，以及其他神經外科應用等[1]。隨著先進機器人技術（包括電腦控制技術、檢測技術、圖像處理技術、多媒體和資訊網路技術、人機介面技術、機械電子技術等）、微侵襲外科技術、神經影像技術的飛速進步，數位機器人神經外科的概念正逐漸形成，實現外科手術中所必需的精確微小定位、微小操作、手術空間的形狀監測和圖像顯示等各種功能成為可能，使得神經外科手術系統已從立體定向手術發展到開顱顯微外科手術甚至遠端手術[2]。除了神經機器人的可視化技術和觸覺回饋的改進之外，機器人神經外科學的未來也涉及奈米神經外科的進步——奈米級的神經外科手術。

4.1.1 神經外科機器人的研究背景

近年來，中國神經外科的發展進入了一個嶄新的時代，人們對神經系統疾病有了深刻的認識。基礎研究、神經保護修復手術，尤其是生長因子手術取得了重大進展，在神經幹細胞如程序性細胞死亡等神經外科臨床研究中，顯微外科技術已成為熟練的顯微外科常規手術，微創技術在腦血管疾病、腦腫瘤、脊髓神經外科等領域得到越來越廣泛的應用[3]。

在醫療外科機器人的研究中，機器人神經外科是一個重要的研究方向。神經外科手術的發展趨勢是追求安全、微創和精確，使用機器人進行神經外科手術能夠滿足這些要求，並且在微創方面獲得了傳統治療方法不可比擬的良好效果。在使用機器人之前，海內外普遍採用的是有框架腦立體定向手術，即在患者的顱骨上固定一個金屬框架，並拍攝 CT 片。醫生透過 CT 來確定病灶點在這個框架（也就是一個參考座標系）中的具體位置，並決定手術方案。手術時在患者顱骨上鑽一個小孔，將手術器械透過探針導管插入患者腦中，對病灶點進行活檢、放療、切除等手術操作。這種手術方式耗時較長，精確度不夠高，要求醫生具有較高的醫術，同時患者比較痛苦。採用機器人進行神經外科手術，利用機器人的高精度、高穩定性，按電腦中規劃好的手術路徑導航控制機器人自動完成手術，徹底改變了醫生僅憑醫療圖片和臨床經驗進行手術的局面。由於機器人系統能夠自動計算出顱部微創手術的位置和方向，精確控制各種手術器具插入的深度和手術路徑的重複性，不但沒有了固定框架給患者帶來的痛苦和給醫生帶來的操作不便，而且提高了手術的定位精度和操作的可視性，從而大大減少人為因素引起的手術誤差，最大限度地減少了手術創傷，縮短了痊癒時間，降低了醫療費用[4]。

4.1.2 神經外科機器人的研究意義

回顧神經外科百餘年的發展歷史，所走過的每一步都離不開科學技術的推動。顯微神經外科時代，在神經麻醉、神經影像、神經電生理監測、神經導航及其他相關學科輔助下，「手」的藝術已經被發揮到了極致。相對於人手的晃動，機器人可以非常穩定地實現安全操作，因此，機器人大幅提升了手術安全性。傳統手術中顱內多發腫瘤的處理難度很大，而手術創傷過大會對患者腦功能產生影響；醫學機器人可利用雷射探頭進行導航，在顱腦狹窄的視野空間中為醫生即時顯示腫瘤切除範圍和大小，選擇手術位置。顱腦穿刺過程中常需經過很多大腦組織和結構，利用醫學機器人可以在三維層面調整手術方案，避開會造成大出血的關鍵部位。此外，醫學機器人還能幫助醫生實施精準的 3D 化療及幹細胞植入技術，保證藥物能在 1～2mm 的位置上發揮作用，大大提升了手術安全性。醫學機器人可幫助醫生縮短手術時間，減少手術風險，提高神經外科手術的精準性，使患者能夠接受更加精準的微創治療，有利於減少手術創傷。

4.2 神經外科機器人的研究現狀

4.2.1 立體定向神經外科

神經外科定位定向術一般是對顱腦內可能的病變部位進行穿刺化驗、囊腫積液抽取或者對指定區域進行熱療致病變部位壞死。保證手術安全的重要條件是：安全的手術路徑規劃和手術部位的精確定位。它是透過醫學圖像診斷、規劃後，實施微創定位定向的一種手術。在採用立體定位定向術前，神經外科手術一般採用開顱的方式完成，需要全身麻醉，手術損傷大，康復時間長，易感染。立體定位定向術目前採用兩種方式完成：框架手術和無框架手術。框架手術需要在患者頭部固定一個金屬框架後採集圖像，術中要藉助該框架完成手術路徑的定位定向。安裝框架有一定的手術損傷，特別是對於兒童，若不施行全麻，有時候兒童患者不配合醫生。無框架立體定位定向術在患者頭部安裝體外標記點（fiducial markers）後，採集患者醫學圖像，一般是 CT 或 MR 體數據。在手術過程中，藉助視覺系統對體外標記點的定位，完成圖像中手術規劃路徑到機器人工作空間的轉換，由機器人完成手術規劃目標。這種方法對於患者的損傷最小，利於患者配合醫生手術[5]。近年來，許多研究小組已經證明採用機器人技術進行無框活組織檢查的可行性、安全性和準確性。

2001 年，解放軍海軍總醫院田增民神經外科團隊與北京航空航天大學中國航天技術研究所合作，研發成功「黎元 BH-600」聲控機器人，並於 2003 年 9 月 10 日，在北京海軍總醫院透過網路鏈接到相距 600km 的瀋陽醫學院附屬中心醫院手術室，成功為一位 52 歲的腦出血患者實施了中國第一例腦外科立體定向遠端遙控手術。手術實況如圖 4-1 所示。

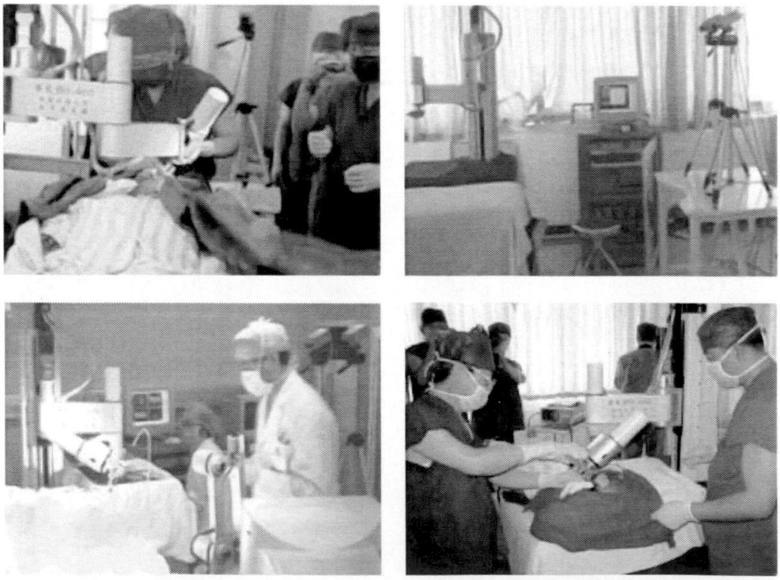

圖 4-1 「黎元 BH-600」聲控機器人北京鏈接瀋陽遙控手術實況

Haegelen 等[6] 介紹了 NeuroMate 機器人在 15 例接受機器人引導的腦幹病變立體定向活檢的患者中取得的良好效果，在總共 17 個活檢中包括 12 例採用超小腦入路，5 例採用雙斜前額入路。NeuroMate 機器人及手術過程如圖 4-2 所示。

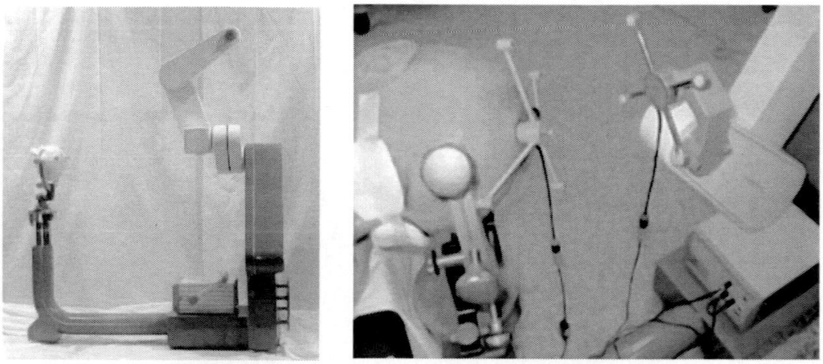

(a) (b)

圖 4-2 NeuroMate 機器人及手術過程

Bekelis 等[7] 介紹了 41 例患者使用 SurgiScope 系統（ISIS，intelligent surgical instruments&systems，Grenoble）進行立體定向圖像引導機器人活檢。SurgiScope 機器人系統如圖 4-3 所示，將活檢臂固定在 SurgiScope 顯微鏡上，使機器人主要用作儀器支架，與所選軌跡對齊。據報導，在前半部分病例中，手術時間為 54.7min，在後半部分為 34.5min，表明使用機器人輔助技術的漸進式學習曲線。

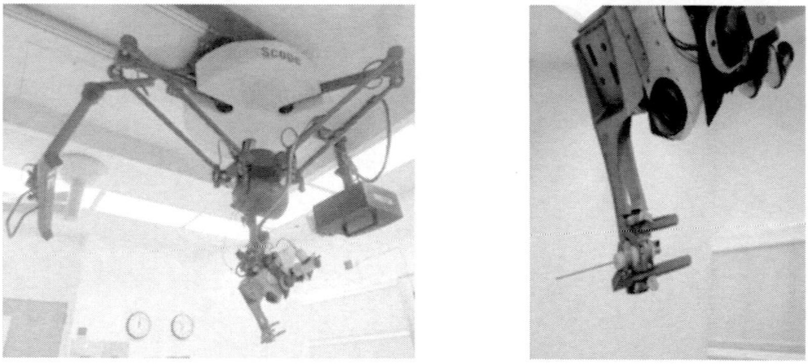

(a) (b)

圖 4-3 SurgiScope 機器人系統

Lefranc 等回顧了他們在 100 個無框立體定向活組織檢查中使用機器人 ROSA 裝置的經驗[8]。如圖 4-4 所示，ROSA 裝置的機械臂被用作儀器支架（如帶框架的弧形）；利用 ROSA 裝置的活檢過程如圖 4-5 所示，機器人手臂沿著計劃的軌跡自動定位，外科醫生透過減速器手動進行活組織檢查。結果表明，在術前計劃和術後 CT 掃描之間進行匹配後，所有活檢部位都在腫瘤靶內。在 97 名患者中建立了組織學診斷，沒有發生與手術相關的死亡或永久性發病情況。在最近的 50 次無框機器人活檢中，手術時間不到 1h，包括頭部定位、機器人安裝和懸垂，機器人與形臂相結合不到 2h。

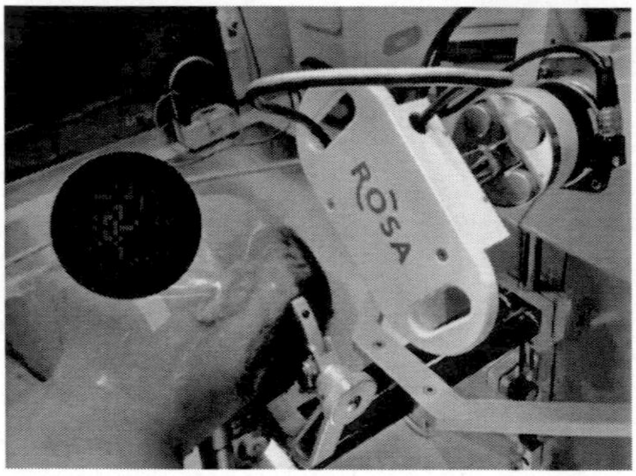

圖 4-4 ROSA 裝置

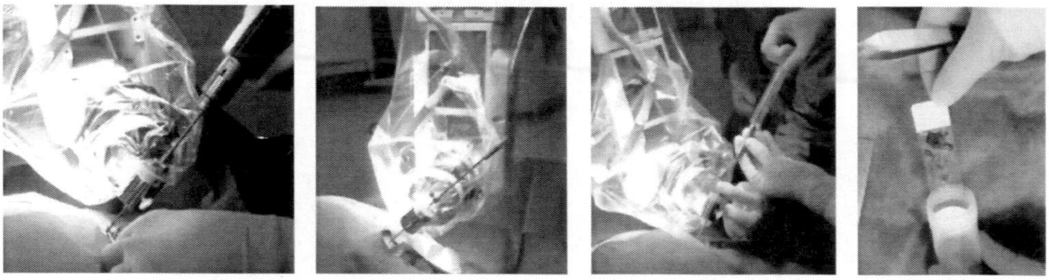

(a) (b) (c) (d)

圖 4-5 ROSA 裝置活檢過程

4.2.2 功能性神經外科及癲癇病灶定位

隨著機器人輔助立體定向神經外科活組織檢查的逐步演變，在功能性神經外科手術中已經證明了有希望的結果，例如 DBS 植入，用於癲癇竈定位的深度電極的圖像引導插入，以及癲癇病灶的機器人輔助立體定向雷射消融。

在使用 NeuroMate 神經外科機器人（Renishaw-Mayfeld）的體外研究中，Varma 和 Eldridge[9] 在大量 113 個 DBS 植入系列中顯示出 1.29mm 的準確度。2015 年，Daniel 等[10] 量化了 NeuroMate 機器人在 17 個連續患者中 30 個基底神經節目標（13 個蒼白球內部，10 個丘腦底核，7 個腹側中間核）的運動障礙，驗證了基於框架 DBS 程序應用的準確性。實驗數據表明 NeuroMate 神經外科機器人的體內應用精度小於 1mm，至少類似於立體定位框架臂的準確性。

機器人技術在功能性神經外科手術中的另一個成功應用是深度電極的圖像引導插入，用於頑固性癲癇患者癲癇竈的術中定位。一項開創性的機器人輔助手術研究表明，與使用機器人技術之前的手術相比，三名患者成功植入了記錄電極，並且手術時間明顯縮短[11]。2008 年，Spire 等[12] 介紹了使用 SurgiScope 機器人放置顱內深度電極進行癲癇手術，如圖 4-6 所示。

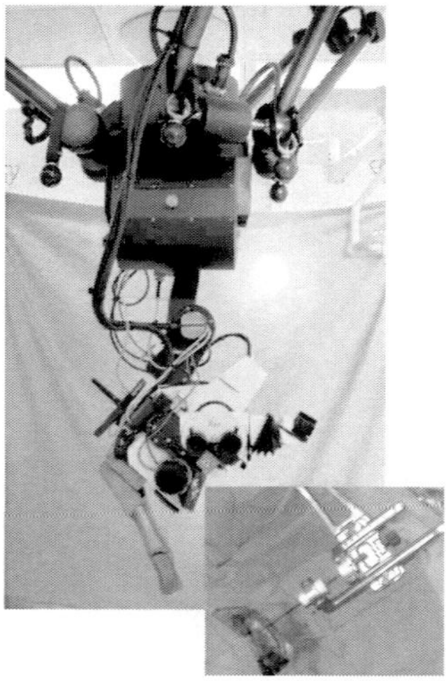

圖 4-6　SurgiScope 機器人顱內深度電極植入

2013 年，Cardinale 等[13] 發表了一項關於 500 個立體腦電圖（SEEG）程序的大型研究，包括在由 NeuroMate 機器人系統輔助的一系列 1050 個基於框架的電極植入中研究定位誤差。實驗結果表明 SEEG 是一種安全、準確的癲癇區侵入性評估方法。傳統的 Talairach 方法，透過多模式規劃和機器人輔助手術實現，允許從表面和深層腦結構直接電記錄，提供最複雜的耐藥性癲癇病例的基本資訊。

2014 年，Gonzalez-Martinez 等[14] 介紹了他們在 2014 年使用 ROSA 機器人對一名 19 歲女性進行機器人輔助立體定向雷射消融術的手術情況，該患者具有 10 年難治性局竈性癲癇病史。作者強調該手術是微創、快速和安全的，患者只有極小的不適，經過短暫治療即可出院。

4.2.3 內鏡腦外科

神經內鏡檢查是治療腦積水、顱內囊性病變，做腫瘤切除或活組織檢查以及任何可以透過內鏡輔助的顯微手術方法的完善治療方式，以便在不收縮神經血管結構的情況下實現對手術器官的充分額外控制。神經內鏡檢查的一個潛在缺點和可能的併發症來源是外科醫生在顱骨內引導內鏡。內鏡可以手動移動，也可以使用機械或氣動固定裝置暫時固定。從這個意義上說，使用機器人來定位和保持內鏡，使得外科醫生能夠在非常關鍵的解剖區域內進行非常平滑和緩慢的操作。

Zimmermann 等[15] 介紹了他們使用 Evolution 1 機器人裝置（URS，universal robots，sewerin）對 6 名患有室性腦積水的患者進行機器人輔助的第三腦室造口術的早期經驗。URS「Evolution 1」精密機器人有 7 個驅動軸、1 個通用儀器介面、1 個移動預定位系統，包括控制電腦機架和觸摸操作圖形使用者界面，如圖 4-7 所示。手術過程中沒有發生與器械相關或手術相關的併發症。根據作者的經驗，內鏡手術部分的時間範圍為 17～35min。與傳統手術相比，使用機器人裝置的引導，可以更容易、更快速、更精確地針對凝血的小血管進行定位。

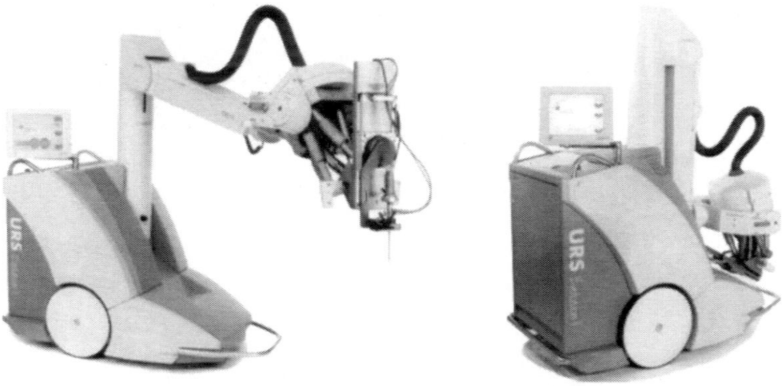

圖 4-7　URS「Evolution 1」精密機器人

機器人輔助內鏡檢查也已應用於顱底入路。J. Y. Lee 等介紹了使用達文西機器人（intuitive surgical，CA，USA）在屍體上進行顱頸交界和寰樞椎的經口機器人手術的可行性[16]，如圖 4-8 所示。2010 年，該團隊還介紹了他們使用達文西機器人輔助齒狀突切除術治療顱底凹陷的臨床經驗[17]。

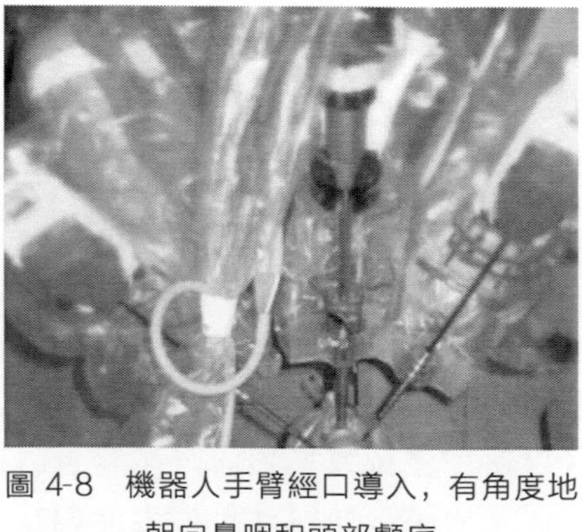
圖 4-8　機器人手臂經口導入，有角度地朝向鼻咽和頭部顱底

同時，一些科研工作者試圖驗證機器人輔助對常用鎖孔顱內手術的可行性。Hong 等[18] 報導了使用達文西機器人在屍體研究中透過眉毛皮膚切口輔助眶上額下入路的應用，如圖 4-9 所示。雖然作者得出結論認為這種機器人輔助方法可能是可行的，但他們指出了一些缺點，包括缺乏合適的器械，如存在骨刀和手臂碰撞的風險。Macus 等[19] 2014 年報導了他們對達文西機

器人在一系列鎖孔方法中的適用性的分析，例如屍體研究中的眶上額下、乙狀竇後和小腦幕下動脈。作者得出結論，達文西系統在鎖孔神經外科手術中既不安全也不可行，主要是由於缺乏觸覺回饋。

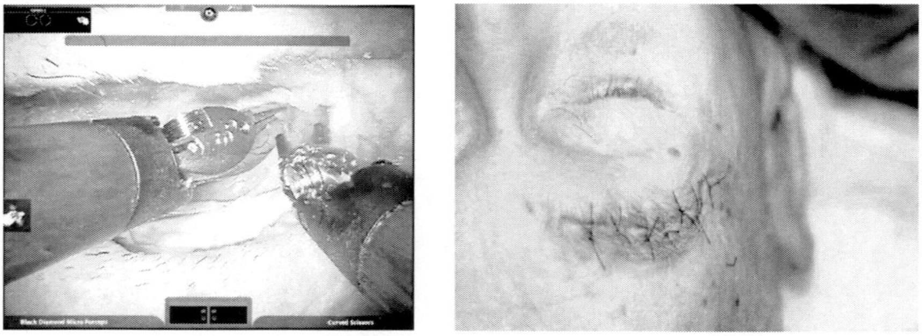

(a) (b)

圖 4-9　機器人經眉毛皮膚切口輔助眶上額下入路打開硬腦膜

4.2.4　神經外科腫瘤學

大多數神經外科機器人僅限於立體定向和內鏡腦部手術[20]。Drake 等報導了第一次將機器人技術納入腦腫瘤手術的嘗試。第一個有效納入腦腫瘤手術的神經外科機器人是 Neuroarm。Neuroarm 是一種遠端操作的磁共振兼容圖像引導機器人；它將成像技術與顯微外科手術和立體定位相結合。它包括兩個機械臂，能夠操縱透過主系統控制器連接到具有感知沉浸式人機界面的工作站的顯微外科手術工具。該系統的一個主要優點是它配備有三維力感測器，從而為外科醫生提供先進的觸覺回饋。迄今為止，據報導，Neuroarm 已被用於 60 多名腦部病變患者。2013 年，Sutherland 等報導了第一批 35 個病例[21]，涉及膠質瘤、腦膜瘤、神經鞘瘤、皮樣囊腫、膿腫、海綿狀血管瘤、髓母細胞瘤和放射性壞死。

儘管取得了這一初步進展，但具有觸覺回饋的機器人技術仍處於起步階段，尚未與神經外科實現完全整合。

4.2.5　周圍神經手術

機器人輔助神經外科手術的另一種可能應用是周圍神經外科手術。由於消除了擾亂操作運動的生理性震顫，也可以透過使用機器人來改善周圍神經外科修復，這也得益於運動的增加，這提高了這種運動的精確度[22]。

Melo 等[23] 使用達文西機器人進行轉移腋神經和肱三頭肌長頭神經的手術，

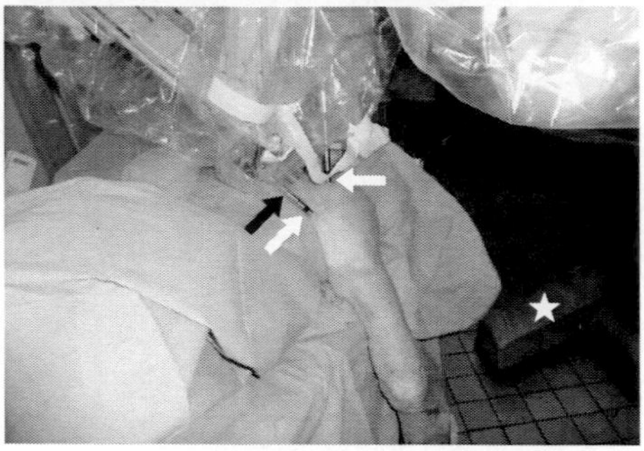

圖 4-10 達文西轉移腋神經和肱三頭肌長頭神經的手術

證明了使用達文西機器人改善周圍神經手術修復的可行性，消除了醫生生理上震顫擾亂手術動作，提高了手術精確度。Miyamoto 等介紹了他們在臂叢神經手術中使用達文西機器人的臨床經驗，描述了 6 例神經移位手術將肱三頭肌長頭神經轉移到到腋神經，具有良好的臨床術後效果，如圖 4-10 所示。

同時，機器人也可以輔助周圍神經的腫瘤手術。Lequint 等報導機器人輔助周圍神經腫瘤手術取得了良好的效果[24]。此外，Deboudt 等證實了 2 例機器人輔助腹腔鏡切除周圍神經神經鞘瘤的可行性[25]。

4.2.6 其他神經外科應用

機器人技術在神經外科領域不斷發展，在過去幾年中，機器人輔助程序系統獲得了更多領域的應用。除了以上介紹外，一些科研工作者報告了不同方面的應用。例如，Lollis 和 Roberts[26,27] 已經證明了使用 SurgiScope 將心室導管置於小腦室環境中的良好效果。Barua 等[28] 已經證明了使用 NeuroMate 機器人（Renishaw Plc，Gloucestershire，UK）準確和安全地將小直徑導管輸送到大腦進行化療的可行性。最後，Motkoski 等[29] 報導了他們使用機器人輔助神經外科雷射的初步臨床經驗。

4.3 神經外科機器人的關鍵技術

4.3.1 神經外科導航系統與定位技術

神經外科導航系統（neurosurgery navigation system，NNS）透過將現代影像、空間定位、先進電腦等技術結合，使醫師能夠在術前充分評估患者情況並詳細規劃手術路徑、方案。在術中可透過對手術器械的精確導航，使外科手術更加微創化。還可透過對手術過程中數據的記錄分析，在術後進行手術評估。因此，神經外科導航系統對於提高手術成功率、減少手術創傷、最佳化手術路徑等具有十分重要的意義。

一個典型的神經外科導航系統主要由三個部分組成：成像裝置、三維定位裝置和圖形工作站。成像裝置如 CT 或 MRI 等，用於對患者進行術前的數據採集；圖形工作站把採集到的切片序列數據進行三維建模和可視化處理；三維定位裝置即時追蹤手術器械上標誌點的空間位置資訊。圖 4-11 為 Medtronic 公司的神經外科導航系統。

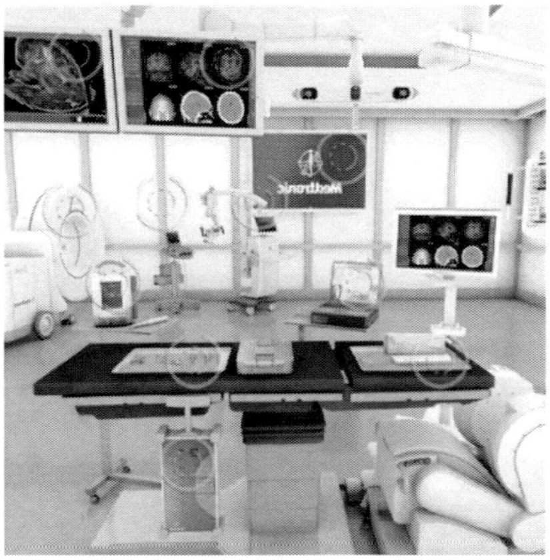

圖 4-11 Medtronic 公司的神經外科導航系統

神經外科導航系統的主要特點如下。

① 高度的可視化程度。StealthStation 可視化神經系統如圖 4-12 所示。

a. 使用自動三維分割工具創建腫瘤模型、白質束、皮質表面和血管；

b. 透過 3D 模型的自動混合，快速可視化結構和解剖結構；

c. 使用虛擬開顱手術和虛擬內鏡工具規劃的手術方法；

d. 合併來自 CT、MRI、CTA、MRA、fMRI、PET 和 SPECT 的圖像。

② 人機互動。人機互動如圖 4-13 所示，類似於智慧手機或平板電腦，使軟體易於學習和使用。

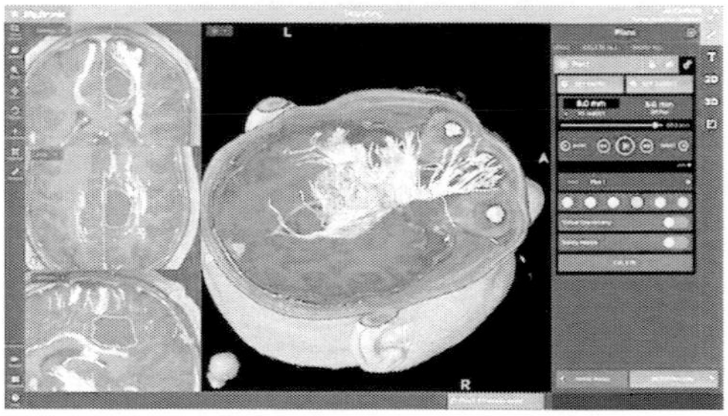

圖 4-12 StealthStation 可視化神經系統

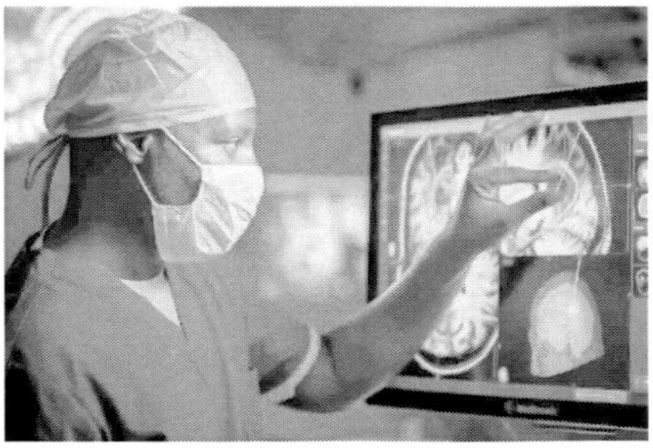

圖 4-13 人機互動方式

③ 簡化的患者病灶標記。

a. 自動檢測基準點；

b. 使用觸摸和追蹤技術改進標記點，包括使用 O-arm™ 手術成像系統自動註冊；

c. 準確的匹配資訊如圖 4-14 所示。

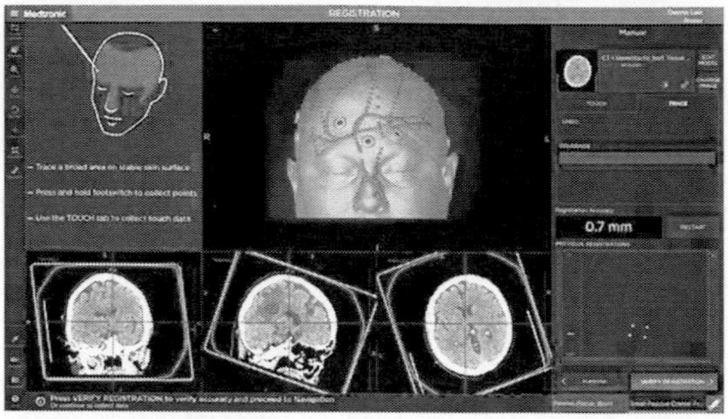

圖 4-14　將基準點和解剖點與表面匹配的追蹤技術相結合

手術導航系統中定位技術用於手術過程中手術器械的定位和追蹤，使醫生能夠在電腦上直覺地看到手術器械和組織結構的位置關係。它的定位精度直接影響到整個導航系統的精度[30]。在手術導航系統 20 多年的發展歷程中，手術定位技術也是在不斷改進，從最初的關節臂定位到超聲定位，再到光學定位和電磁定位，定位技術的精度在不斷提高和完善[31]。常用的定位方式如下。

① 關節臂定位。關節臂定位由多個關節組成，手術中，透過計算關節的相對運動來確定機械臂的位置。其優點是定位原理簡單直覺，可以被動地約束或制動，使之按手術規劃的路徑和位置執行。缺點是只能在很小的手術空間中操作，使用較笨拙，連接部分定位誤差累加，精度差，目前已趨淘汰。

② 超聲定位。超聲定位是利用超聲波的空間傳播特性，透過測量超聲波在各組織中的傳播時間來確定目標的位置。其優點是一種無接觸技術，系統可同時對多個目標的位置進行檢測。其缺點是超聲波束的方向性差，易受干擾，定位精度差。

③ 電磁定位。電磁定位在醫學上的應用還比較新，它透過發射源線圈和接收器感應線圈之間的電磁感應關係，得到兩者之間的位置關係，從而達到空間定位的目的。其優點是系統結構緊湊，便攜性強，成本低，無光線阻擋問題。缺點是受外界電磁干擾影響嚴重，對於手術空間任何金屬物體都十分敏感，影響定位精度。

④ 紅外定位。又稱光學導航（optical navigation），它基於視覺立體定位的原理，透過多個相機從不同角度獲取同一目標的多張圖，再計算目標在不同圖上的視差，確定目標的空間位置。其優點是輕巧、靈活、數據採集快、定位精度高、可靠性好，已成為目前手術導航系統中應用最廣泛的一類定位裝置，如加拿大 NDI 公司生產的紅外線定位裝置，Medtronic 公司的 Stealth Station 系統，德國 AECUPIA 公司的 Ortho-Pilot 系統。

4.3.2 神經外科機器人遠端互動技術

神經外科機器人遠端交換技術使外科醫師可以在異地透過遙控操作系統控制手術現場的機器人完成手術。遠端操作外科機器人系統涉及廣泛的高新技術領域，如在遠端醫療中需要傳送數據、文字、影片、音訊訊號和圖像等大量的醫學資訊，即時性、可靠性要求高，對通訊網路有很高的要求，特別是需要對遙控操作環境中的通訊延遲進行分析和補償，以克服通訊的延時性。

內鏡圖像處理任務是一種可選輔助功能，其可透過圖像處理的手段將病灶區域的某些資訊更加清晰顯著地展示在醫生眼前，以方便醫生的判斷和操作。此外，基於圖像處理還可實現一些視覺引導功能，比如透過點觸圖像畫面即可控制調整內鏡所聚焦的手術部位。而 IO 設備觸發事件響應則主要處理一些輔助按鈕、腳踏板等設備的中斷觸發事件，用於實現手術機器人的一些調整功能。

手術臺車控制系統的主要任務是根據醫生主控制臺的動作命令，實現對各從操作手的即時運動控制，從而完成相應的手術操作。首先，手術臺車控制系統需要根據控制命令進行從操作手逆運動學求解。在求得各個關節的角度控制量後，臺車控制系統將透過 CAN 總線控制從操作手的各個關節完成相應運動，並同時監測各個關節的運動狀態，回饋回醫生主操縱臺控制系統。為了提高機器人輔助微創手術的安全可靠性，在實際應用時通常還會增加另一套冗餘控制系統來同時監控從操作手的運動狀態，以防止臺車控制系統失效時從操作手發生誤動作而對患者造成傷害。除了上述任務之外，手術臺車控制系統也需完成一些 IO 設備觸發事件的響應處理。

4.3.3 神經外科機器人精準定位技術

醫療機器人，特別是神經外科機器人，不同於一般工業機器人，具有對安全性和容錯性要求很高、追求絕對定位精度、不允許透過示教編程來實現運動控制等特點。這無疑給機器人的控制系統提出了較高的要求。因此，以機器人控制系統的安全可靠性為研究重點，以機器人定位精度的提高為目的，以獲得臨床手術的圓滿完成為宗旨，對神經外科機器人控制系統進行研究開發尤為必要。

精準定位是神經外科機器人系統最重要的性能指標。要使神經外科機器人系統完全取代立體定向框架，其定位精度必須與立體定向框架相當，即小於 1mm。對於功能神經外科手術，如帕金森病的治療，這樣的精度是必須保證的。然而，對於一些精度要求不太高的神經外科手術，如腦出血治療、腦組織活檢、粒子植入等，2～3mm 的精度也是可以接受的。如已經商業化的 NeuroMate 系統，定位精度均方值為 1.95mm±0.44mm[32]；同樣商業化的 PathFinder 系統，定位精度的平均值為 2.7mm[33]。

引起神經外科機器人系統定位誤差的因素可以分為兩部分：靶點映射誤差和機器人絕對定位誤差。靶點映射誤差是將病灶點位置從醫學圖像空間映射到機器人空間時引起的誤差，它導致所給出的病灶點空間位置不準確。機器人標定可以提高機器人絕對定位精度，透過對影響機器人精度的幾何因素和非幾何因素進行建模和參數辨識，用盡量準確的模型描述機器人的運動[34]。為了彌補機器人標定參數多、運動學方程複雜、非幾何因素難以考慮等不足，一些研究者考慮用神經網路的方法對機器人定位誤差進行補償，常用的有關節座標的神經網路補償和直角座標位置的神經網路補償兩種方式[35]。

4.4 神經外科機器人實施實例

4.4.1 Neuroarm 手術系統

大腦是人體內最為嬌嫩的器官，功能精密而複雜，對疾病定位的準確性和手術操作的精確性要求極高。從 Broca 腦功能分區的提出，到氣腦造影、碘油造影、超聲、顯微鏡、CT、MRI、神經導航的應用，神經外科的發展史可以說是不斷追求準確性和精確性的歷史。機器人輔助神經外科萌芽在 1980 年代，但受當時科學技術水準的限制，雖然提高了定位的準確性，但是其進行操作的安全性難以保證，所以沒有得到廣泛的應用。隨著科技的進一步發展及轉化醫學理念的提出，2007 年新一代神經外科手術機器人 Neuroarm 問世，標誌著機器人輔助神經外科技術的再次興起[36]。

(1) Neuroarm 的設計理念和研發團隊

Neuroarm 是一款磁共振兼容（MRI-compatible）-影像引導（imageguided）-電腦輔助（computer-assisted）的手術機器人系統。設計理念是加拿大卡爾加里大學神經外科系 Garnette Sutherland 教授在 2001 年提出的。研發團隊中還包括麥克唐納・迪特維利聯合有限公司（MacDonald Dettwiler and Associates Ltd.，MDA）。在此之前，Garnette Sutherland 教授曾經帶領自己的團隊研發了一套術中磁共振系統（iMRI），MDA 則具有開發太空機器人的技術背景，其中最著名的是國際空間站上所應用的 Candarm 系統。將太空機器人技術整合到 iMRI 系統中，最終造就了 Neuroarm，整個研發過程歷時 5 年。2008 年 5 月 12 日，Neuroarm 成功地為 1 例 21 歲的女性患者實施了嗅溝腦膜瘤切除術。這是世界上第 1 例由機器人完成的腦腫瘤手術[37]。

（2）Neuroarm 系統的組成

Neuroarm 系統由 2 條工作臂（manipulator）、1 個註冊臂（registration arm）、2 個高清外景攝影機（field camera）、1 個可移動基座（movable base）、1 個遠端工作站（remote work station）及 1 個系統控制箱（system control cabinet）組成，製作材料以鈦、聚醚醚酮和聚甲醛為主，可在 3T 磁場中正常工作，而不影響術中 MRI 圖像的品質。移動基座為工作臂、註冊臂和外景攝影機提供支撐。工作臂採用仿人體手臂設計，設有「肩」「肘」「腕」三大關節，7 個自由度（degree of freedom），遠端可以握持手術機械，如圖 4-15 所示。手術器械和工作臂末端之間設有高精度及高靈敏度的感受器，用來將器械尖端的壓力及扭轉力資訊傳送到控制手柄。高清外景攝影機位於工作臂的兩側，採集影片資訊並傳送到遠端工作站的 3D 顯示器上。顯微鏡主鏡下的影片資訊則傳送到遠端工作站的另一個 3D 顯示器上。遠端工作站安裝在毗鄰手術室的房間內，採用中央集控型的設計，集視覺、觸覺和聽覺資訊於一體，使操作者可以獲得近乎手術現場的感官體驗，如圖 4-16 所示。除了高清外景攝影機和顯微鏡所提供的視覺資訊外，工作站還設有 2 個可觸摸顯示屏，分別用來展示 2D 或 3D 的 MRI 圖像，及反映整個 Neuroarm 系統工作狀態的虛擬圖像。觸覺資訊來自控制手柄，目前仍限於壓力及扭轉力資訊，工作臂的空間位置資訊尚無法獲得；操作者透過控制手柄來操控手術器械。聽覺資訊來自通訊頭盔，能將操作者和手術室內的助手及護士連接起來，還能傳遞手術操作所產生的各種聲音資訊[38]。

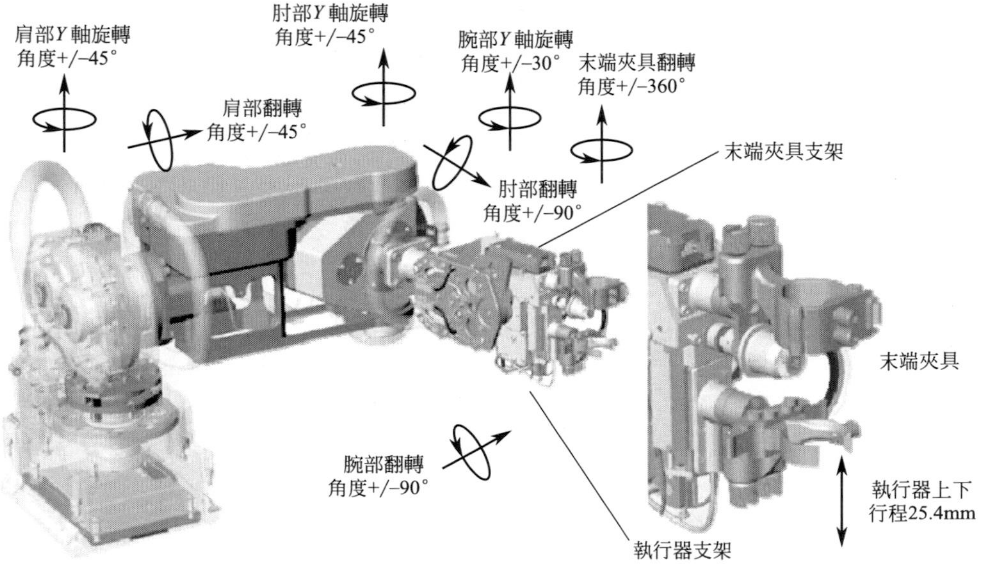

圖 4-15　Neuroarm 系統的機械臂

(3) Neuroarm 的臨床應用

圖 4-16　Neuroarm 系統的遠端工作站

根據報導，Neuroarm 目前已經完成了 35 例顯微神經外科手術（無立體定向手術），所涉及的疾病種類有腦膜瘤、低級別膠質瘤、高級別膠質瘤、神經鞘瘤、皮樣囊腫、轉移癌、腦膿腫、海綿狀血管瘤、放射性壞死及髓母細胞瘤，不包括動脈瘤和動靜脈畸形。總體時間平均 7 小時，其中準備時間 2 小時（主要是 iMRI 採集圖像和手術計劃的制定），從開顱到關顱的時間平均為 4.5 小時。Neuroarm 在術中位於主刀的位置，由於兩側的位置被高清外景攝影機所占據，所以助手只能位於對面。雖然居於主刀的位置，但並非一次性獲得了所有的主刀權限，直到第 4 例患者 Neuroarm 才開始切除腫瘤，但它的學習曲線非常陡直，很快便可以實現完全切除腫瘤，並安全地分離腫瘤和腦組織界面。術中應用 Neuroarm 的平均時間為 1 小時。術後沒有感染的報導。術後當時和 3 個月後的隨訪數據顯示，患者的 KPS 評分多數獲得改善，部分維持不變，沒有降低的報導[21]。

(4) Neuroarm 的優缺點

和人的手相比，機器人有 3 個天然優勢：第一，準確性高，肌肉的細微顫動在高倍顯微鏡下會變得異常明顯，一定程度上限制了操作的準確性，工作臂可以透過電腦精確控制，將顫抖過濾掉，這樣可以保證操作的準確性；第二，精確性高，目前人手的操作精度在毫米水準，而 Neuroarm 的操作水準可以達到微公尺級別，這在處理腫瘤和正常腦組織邊界的時候有很大的優勢，結合其他方面的技術有望使腫瘤的切除程度在現有基礎上更進一步；第三，不存在耐力問題，無需考慮術者對操作體位舒適性的需要。

除以上天然優勢之外，Neuroarm 在設計上還有其獨特優點：第一，可以在採集 MRI 圖像的同時進行操作，做到了真正意義上即時影像引導下的精確操作；第二，可以預先設置禁區（no-go zones），確保操作在安全的範圍內進行，對病變周圍正常腦組織具有重大的保護意義。

Neuroarm 的最大缺點是靈活性差。一方面是因為人和器械之間的感覺運動環路需要經過電腦的處理；另一方面是因為操作者需要經過思考，將自然、本能的運動反應轉化為對控制手柄的操作指令，才能使器械完成相應的動作。目前靈活性方面的欠缺主要由手術助手來完善。另外，工作臂缺乏本體感受器，不能將自身的空間位置資訊回饋給操作者，雖然高清外景攝影機和系統工作狀態虛擬顯示屏可以在視覺上部分彌補這一不足，但這無疑延遲了反應速度。觸覺回饋資訊的完善是下一步需要改進和提高的地方。

4.4.2 ROSA 機器人輔助系統

腦深部電極植入（DBS）手術前，在擁有強大軟體支持的 ROSA 系統下，將術前計劃與定向引導整合於一體，在手術過程中，將頭部與系統固定，註冊後將掃描資訊輸入 ROSA 機器人輔助系統（如圖 4-17 所示），系統的三維融合軟體進行人腦虛擬三維空間重建，自動定位電極植入所需的顱骨鑽孔部位及方向，設定出靶點並模擬手術路徑，從而精確地得出深部電極植入方案，如圖 4-18 所示。在醫生的操控下，ROSA 的 6 關節機械臂能夠實現精準、高效的模擬靶點驗證，微電極植入等步驟，透過驗證得出術前註冊誤差精確到 0.61mm。術中電生理訊號理想，經微電極宏刺激後患者震顫和僵直症狀改善明顯，達到預期目標。

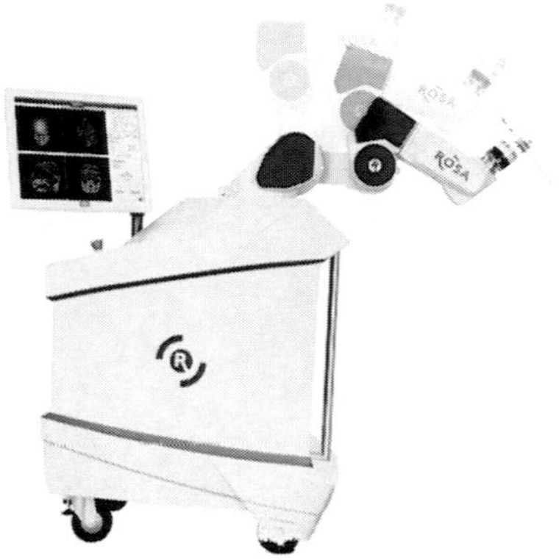

圖 4-17　ROSA 機器人

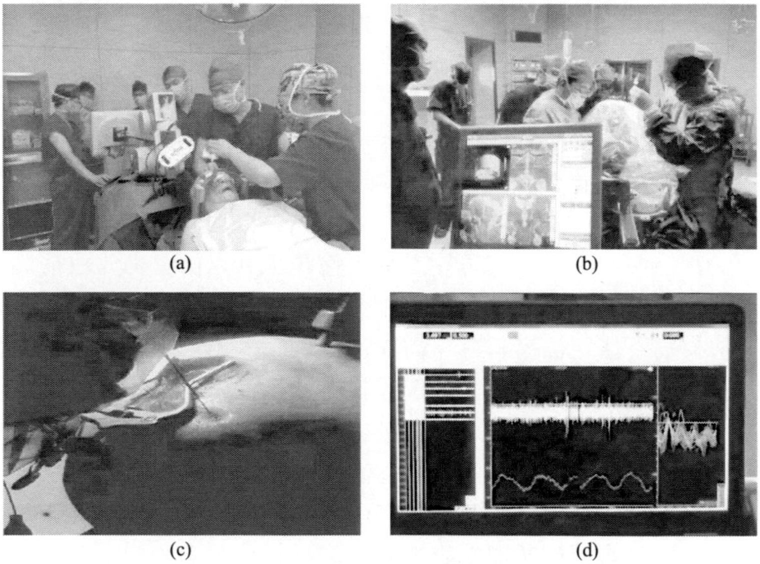
(a) (b) (c) (d)

圖 4-18　ROSA 系統腦深部電極植入手術

立體定向腦電圖（SEEG）是近年來在國際上興起的一種全新的癲癇病灶定位技術，可以揭秘癲癇網路，有助於精確定位癲癇竈，是藥物難治性癲癇患者的最佳選擇。在 ROSA 手術機器人輔助下進行局麻狀態的 SEEG 顱內電極植入術，透過 ROSA 的智慧導航進行雷射驗證，進而將電極精準植入到指定靶點，如圖 4-19 所示，誤差小於 0.5mm。由於不使用立體定向頭架，減去了反覆拆裝頭架的複雜步驟，為 13 根電極的精準、安全、快速植入提供了有利條件，大幅縮短了 SEEG 手術的時間。

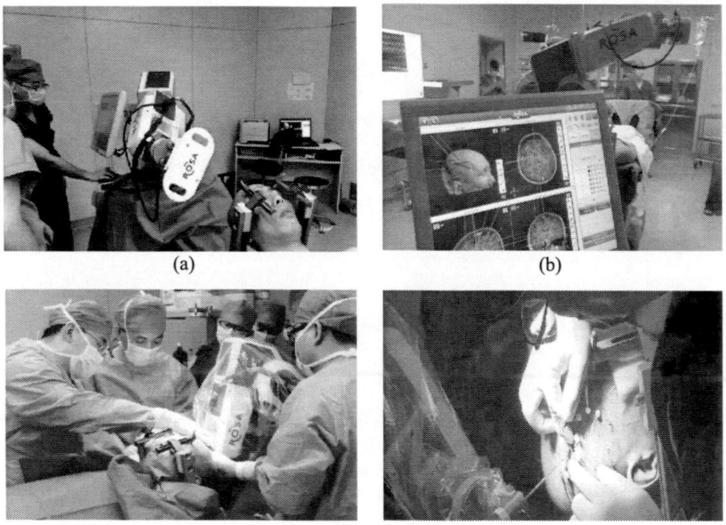

(a) (b) (c) (d)

圖 4-19　ROSA 系統立體定向腦電圖顱內電極植入術

利用 ROSA 系統進行手術具有以下特點。

① 顱內電極埋置，傳統方法有局限。癲癇病灶的準確定位是取得良好手術效果的關鍵。在早期，定位癲癇病灶主要依賴頭皮腦電圖，但是由於腦電訊號經過頭皮和顱骨時衰減嚴重，加上發作時肌電活動的影響，約 38％的患者在所有無創檢查評估後仍不能定位癲癇竈。顱內電極埋置的出現給這部分患者帶來了希望。它的優點是不受頭皮、顱骨、肌電和日常活動的干擾，清晰地顯示腦電圖的細微變化過程，靈敏度高；不足之處是患者必須要承擔開顱手術放置電極的痛苦和手術風險，如顱內出血、腦水腫、腦脊液漏和感染等。

經典的有框架立體定向技術提升了顱內電極植入手術水準，使創傷更小、風險降低，方便了深部電極從頭部雙側植入，但操作仍相對複雜，並且在適用範圍上受到一定限制。

機器人無框架立體定向手術輔助系統（robotized stereotactic assistant，ROSA）將手術計劃系統、導航功能及機器人輔助器械定位和操作系統整合於一體，是立體定向發展和電腦技術廣泛應用相結合的產物，它給顱內電極埋置手術帶來了新技術革新。

② 三維融合，定位精確更安全。ROSA 機器人輔助系統中的三維融合軟體，不僅可以更準確地設定靶點，同時可以準確得出手術最優方案。患者經過初步的術前評估定位，提出致癇竈可能的定位範圍，確定顱內電極所需覆蓋的區域。之後應用造影劑進行 3D 的 MRI 掃描，僅需儲存一兩個掃描序列的資訊即可。在手術過程中，將頭部與系統固定，註冊後將掃描資訊輸入 ROSA 機器人輔助系統，系統的三維融合軟體進行人腦虛擬三維空間重建，自動定位每根電極植入所需的顱骨鑽孔部位及方向，設定出靶點並模擬手術路徑，並根據植入路徑長度選用合適的深部電極，從而精確地得出深部電極植入方案。

三維技術在設定每根顱內電極植入的軌跡時，會盡量遠離影像顯示的重要功能區和血管密集區，如圖 4-20 所示。ROSA 機器人輔助系統的這一優勢，有助於避開顱腦內重要結構，避免電極以切線方向入顱，避開靠近顱底顱骨氣房增多、感染風險增強的部位，提高手術安全性。同時，機器人界面以及計劃軟體允許垂直矢狀面和任意角度的多種置入路徑，因此，電極植入路徑的識別與角度選擇範圍更廣。

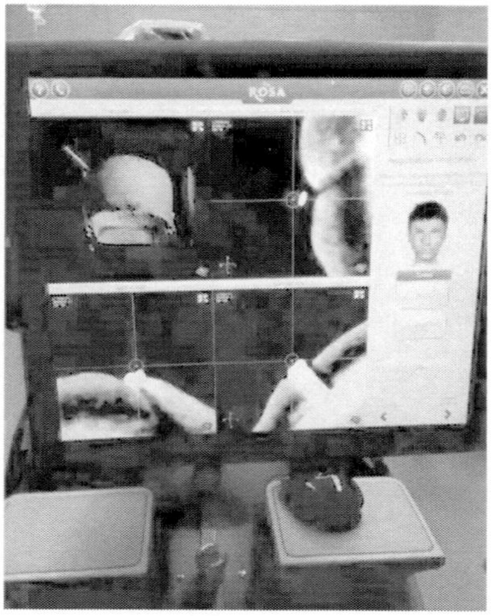

圖 4-20　三維技術

③ 無框架，擴大手術範圍。ROSA 機器人立體定向輔助系統不使用立體定向頭架，不受框架自身誤差和安裝框架誤差的影響，這種無框架設計擴大了手術適用範圍，如圖 4-21 所示。ROSA 機器人輔助系統採用塑形枕固定頭部，避免了安裝框架對顱骨菲薄和顱骨缺損患者的傷害，使得這類患者可以得到最佳診治，尤其在兒童患者中更具優勢。首都醫科大學三博腦科醫院癲癇中心於 2012 年引進亞太地區首臺 ROSA 機器人無框架立體定向手術輔助系統，應用該設備實施電極植入手術的最小患者為 4 歲。手術過程順利，術後無任何併發症，透過顱內電極監測，明確了癲癇病灶，手術效果良好。

由於不使用頭架，ROSA 機器人減少了對患者的侵入性，減輕了患者緊張和恐懼心理。對於手術操作者來說，無框架設計讓術者的術野和操作空間擴大，避免了框架對電極植入操作的限制，尤其是腦內多個病灶的患者，採用無框架的 ROSA 機器人輔助系統進行手術更加適合。

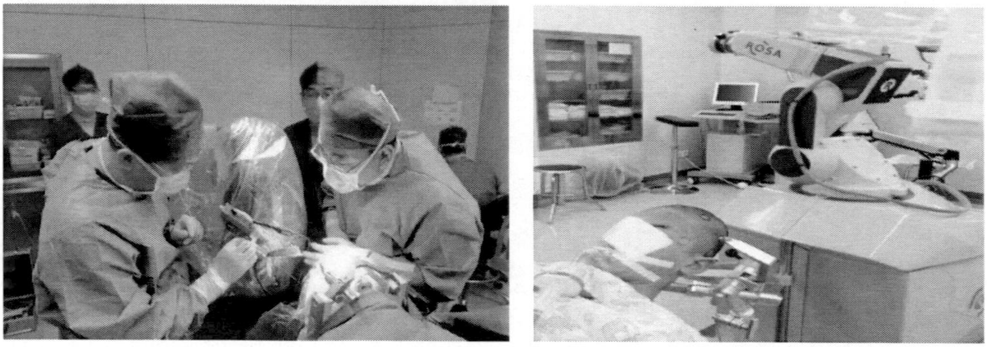

圖 4-21　無框架手術

④ 新嘗試，機器人輔助手術初顯價值。自 2012 年開始，三博腦科醫院癲癇中心嘗試應用 ROSA 機器人輔助系統在亞太地區首先開展了微創的立體定向腦深部電極植入手術。到 2013 年 9 月，隨訪時間超過 6 個月的有 40 例藥物難治性癲癇病例，在 ROSA 引導下顱內電極植入，其中單側植入電極的 29 例，雙側植入電極的 11 例。其中 1 例在電極植入過程中出現顱內出血，開顱止血後待擇期再進行顱內電極植入；39 例順利完成了電極植入並進行了影片腦電監測。植入電極後無腦脊液外漏、顱內血腫、電極折斷和死亡病例發生，1 例患者出現頭皮感染（感染率為 2.6%）。39 例完成監測的患者中致癇竈位於單側的 34 例；致癇竈位於雙側的 3 例（1 例行雙側海馬電刺激術，1 例行 VNS 手術，1 例調整抗癲癇藥物）；致癇竈不明確的 2 例。局竈性切除手術 31 例，非切除性手術 4 例，其中迷走神經刺激術 1 例、單純島葉熱灼 1 例、雙側海馬電刺激 1 例以及單純多腦葉皮質熱灼 1 例。4 例未行手術（2 例待擇期手術，1 例未記錄到臨床發作，1 例為發作期雙側放電調整抗癲癇藥物治療）。31 例行局竈性切除術的患者，術後隨訪手術效果為 Engel-Ⅰ級者 28 例，Engel-Ⅱ者 1 例，Engel-Ⅲ者 2 例。

術者可在術前一天完成電極植入方案計劃，手術時間大大縮短。每根電極植入時間小於 10min，降低了患者創傷和風險。ROSA 擁有強大的軟體支持，術前計劃與定向引導整合於一體，術中可根據情況更改電極植入方案，而術後復查 CT，與術前 MRI 相融合分析，可見各電極末端位置與植入術前計劃靶點位置基本一致，誤差小於 1mm，是一種安全、高效、微創的電極。

參考文獻

[1] Zamorano L, Li Q, Jain S, et al. Robotics in Neurosurgery: State of the Art and Future Technological Challenges[J]. Int J Med Robot, 2010, 1(1): 7-22.

[2] 孫君昭，田增民．神經外科手術機器人研究進展[J]. 中國微侵襲神經外科雜誌，2008，13(5)：238-240.

[3] 張達．簡述神經外科手術及其併發症[J]. 世界最新醫學資訊文摘，2018，18(65)：294.

[4] 吉祥子．神經外科手術機器人導航定向系統的研究[D]. 錦州：遼寧工學院，2007.

[5] 魏軍，曹愛增，胡磊，等．神經外科機器人輔助手術系統[J]. 濟南大學學報（自然科學版），2007，21(2)：104-107.

[6] Haegelen C, Touzet G, Reyns N, et al. Stereotactic Robot-guided Biopsies of Brain Stem Lesions: Experience with 15 Cases[J]. Neurochirurgie, 2010, 56(5): 363-367.

[7] Bekelis K, Radwan T A, Desai A, et al. Frameless Robotically Targeted Stereotactic Brain Biopsy: Feasibility, Diagnostic Yield, and Safety[J]. Journal of Neurosurgery, 2012, 116(5): 1002-1006.

[8] Lefranc M, Capel C, Pruvot-Occean A S, et al. Frameless Robotic Stereotactic Biopsies: A Consecutive Series of 100 Cases[J]. Journal of Neurosurgery, 2014, 122(2): 1-11.

[9] Varma T R K, Eldridge P. Use of the NeuroMate Stereotactic Robot in a Frameless Mode for Functional Neurosurgery[J]. The International Journal of Medical Robotics and Computer Assisted Surgery, 2006, 2(2): 107-113.

[10] Daniel V L, Philippe P, Denys F. In Vivo Measurement of the Frame-based Application Accuracy of the Neuromate Neurosurgical Robot[J]. Journal of Neurosurgery, 2015, 122(1): 191.

[11] Eljamel M S. Robotic Neurological Surgery Applications: Accuracy and Consistency or Pure Fantasy[J]. Stereotactic and Functional Neurosurgery, 2009, 87(2): 88-93.

[12] Spire W, Jobst B, Thadani V, et al. Robotic Image-guided Depth Electrode Implantation in the Evaluation of Medically Intractable Epilepsy[J]. Neurosurgical Focus, 2008, 25(3): E19.

[13] Cardinale F, Cossu M, Castana L, et al. Stereoelectroencephalography: Surgical Methodology, Safety, and Stereotactic Application Accuracy in 500 Procedures[J]. Neurosurgery, 2013, 72(3): 353-366.

[14] Gonzalez-Martinez J, Vadera S, Mullin J, et al. Robot-Assisted Stereotactic Laser Ablation in Medically Intractable Epilepsy[J]. Neurosurgery, 2014, 10(2): 167-173.

[15] Zimmermann M, Krishnan R, Raabe A, et al. Robot-assisted Navigated Endoscopic Ventriculostomy: Implementation of a New Technology and First Clinical Results[J]. Acta Neurochirurgi-

ca, 2004, 146 (7): 697-704.

[16] Lee J Y K, O'Malley B W, Newman J G, et al. Transoral Robotic Surgery of Craniocervical Junction and Atlantoaxial Spine: a Cadaveric study[J]. J Neurosurg Spine, 2010, 12 (1): 13-18.

[17] Lee J Y, Lega B, Bhowmick D, et al. Da Vinci Robotassisted Transoral Odontoidectomy for Basilar Invagination [J]. ORL J Otorhinolaryngol Relat Spec, 2010, 72 (2): 91-95.

[18] Hong W C, Tsai J C, Chang S D, et al. Robotic Skull Base Surgery Via Supraorbital Keyhole Approach: a Cadaveric Study[J]. Neurosurgery, 2013, 72 (Suppl 1): A33-A38.

[19] Marcus H J, Hughes-Hallett A, Cundy T P, et al. da Vinci Robot-assisted Keyhole Neurosurgery: a Cadaver Study on Feasibility and Safety[J]. Neurosurgical Review, 2014, 38 (2): 367-371.

[20] Arata J, Tada Y, Kozuka H, et al. Neurosurgical Robotic System for Brain Tumor Removal [J]. International Journal of Computer Assisted Radiology & Surgery, 2011, 6 (3): 375-385.

[21] Sutherland G R, Lama S, Gan L S, et al. Merging Machines with Microsurgery: Clinical Experience with NeuroArm [J]. Journal of Neurosurgery, 2013, 118 (3): 521-529.

[22] Nectoux, Eric, Taleb, et al. Nerve Repair in Telemicrosurgery: An Experimental Study[J]. Journal of Reconstructive Microsurgery, 2009, 25 (04): 261-265.

[23] Melo P M P D, Garcia J C, Montero E F D S, et al. Feasibility of an Endoscopic Approach to the Axillary Nerve and the Nerve to the Long Head of the Triceps Brachii with the Help of the Da Vinci Robot[J]. Chirurgie De La Main, 2013, 32 (4): 206-209.

[24] Mini-Invasive Robot-Assisted Surgery of the Brachial Plexus: A Case of Intraneural Perineurioma [J]. Journal of Reconstructive Microsurgery, 2012, 28 (7): 473-476.

[25] Constance D, Jean-Jacques L, Thibault R, et al. Pelvic Schwannoma: Robotic Laparoscopic Resection [J]. Neurosurgery, 2013, 72 (3): 2-5.

[26] Lollis S S, Roberts D W. Robotic Catheter Ventriculostomy: Feasibility, Efficacy, and Implications [J]. Journal of Neurosurgery, 2008, 108 (2): 269-274.

[27] Lollis S S, Roberts D W. Robotic Placement of a CNS Ventricular Reservoir for Administration of Chemotherapy[J]. British Journal of Neurosurgery, 2009, 23 (5): 516-520.

[28] Barua N U, Hopkins K, Woolley M, et al. A Novel Implantable Catheter System with Transcutaneous Port for Intermittent Convection-enhanced Delivery of Carboplatin for Recurrent Glioblastoma[J]. Drug Delivery, 2016, 23 (1): 167-173.

[29] Motkoski J W, Yang F W, Lwu S H H, et al. Toward Robot-assisted Neurosurgical Lasers[J]. IEEE Transactions on Biomedical Engineering, 2013, 60 (4): 892-898.

[30] Ram Z, Cohen Z R, Harnof S, et al. Magnetic Resonance Imaging-guided, High-intensity Focused Ultrasound Forbrain Tumortherapy[J]. Neurosurgery, 2006, 59 (5): 949-956.

[31] Stadie A T, Kockro R A, Serra L, et al. Neurosurgical Craniotomy Localiza-

tion Using a Virtual Reality Planning System Versus Intraoperative Image-guided Navigation[J]. International Journal of Computer Assisted Radiology and Surgery, 2011, 6(5): 565-572.

[32] Li Q H, Zamorano L, Pandya A, et al. The Application Accuracy of the NeuroMate Robot—A Quantitative Comparison with Frameless and Frame-based Surgical Localization Systems[J]. Computer Aided Surgery, 2002, 7(2): 90-98.

[33] Morgan P S, Carter T, Davis S, et al. The Application Accuracy of the Pathfinder Neurosurgical Robot[C]. International Congress Series, 2003: 561-567.

[34] Roth Z, Mooring B, Ravani B. An Overview of Robot Calibration[J]. IEEE Journal on Robotics and Automation, 1987, 3(5): 377-385.

[35] 夏凱，陳崇端，洪濤，等．補償機器人定位誤差的神經網路[J]. 機器人，1995，17(3)：171-176，183.

[36] 吳震，洋長存．手術機器人在神經外科領域的應用及展望[J]. 中國醫學文摘（耳鼻咽喉科學），2014，29(3)：145-148.

[37] Sutherland G R, Wolfsberger S, Lama S, et al. The Evolution of NeuroArm[J]. Neurosurgery, 2013, 72(2): 27-32.

[38] Sutherland G R, Latour I, Greer A D, et al. An Image-guided Magnetic Reason Ance-compatible Surgical robot[J]. Neurosurgery, 2003, 63: 286-292.

第5章

血管介入機器人

5.1 引言

血管介入技術（vascular interventional technique）是在醫學影像設備的導引下，透過導管/導絲將精密器械經血管對體內病變進行診斷或局部治療。數位醫學影像擴大了醫生的視野，導管/導絲延長了醫生的雙手，醫生可以在不切開人體組織的條件下（微創手術的創口小，有的僅有公尺粒大小），就可治療過去必須手術治療或內科治療療效欠佳的疾病，尤其對心血管疾病治療方面更具有得天獨厚的優勢。目前在數位減影心血管造影術（digital subtraction angiography，DSA）引導下的血管介入手術需醫生全程暴露在射線下完成，雖有嚴格的防護措施，但也增加了對醫生體力的消耗，從而大大影響手術的精度，並且給長期工作在射線下的醫護人員帶來了很高的職業風險。因此，人們設想用機器人來代替醫生在射線下進行血管介入手術。

5.1.1 血管介入機器人的研究背景

國家心血管病專家委員會主任委員高潤霖院士在中國心臟大會（China Heart Congress 2014，CHC2014）中指出：「中國每 5 名老年人中就有 1 例心血管病患者，每 10 秒鐘就有 1 人死於心血管病。」目前治療心血管疾病的最有效的方法就是進行血管介入手術，及時的手術治療可大大降低患者死亡風險。心血管介入手術均是操作導管/導絲將精密醫療器械送到病灶，下面以心血管支架植入術為例介紹心血管介入手術的一般步驟，如圖 5-1 所示。

① 穿刺針經切口刺入皮膚，迅速將導絲插入針管，並送入血管內，如圖 5-1(a) 所示。

② 拔去針管，導絲留在血管內，醫生將導管套到導絲上，並沿導絲向前推進，直至導管尖接近切口，如圖 5-1(b) 所示。

③ 導管在導絲的支撐下進入皮膚的皮下組織再進入血管，如圖 5-1(c) 所示。

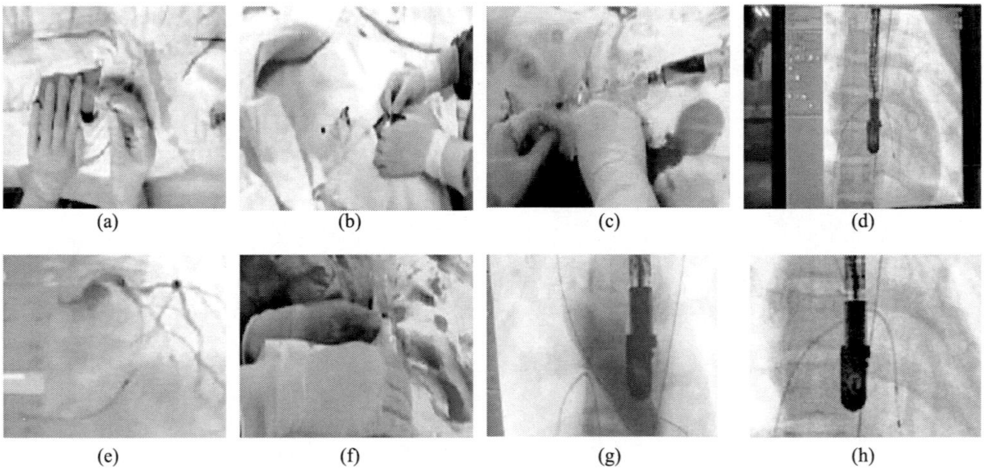

圖 5-1　血管介入手術步驟

④ 在 DSA 圖像指引下，觀察導管在血管內的前進路徑以及導管尖頭的位置，適時調整導管的方向與位置，如圖 5-1(d) 所示。

⑤ 在確定導管位置正確後，可進行主動脈造影，明確血管病變位置，如圖 5-1(e) 所示。

⑥ 在 DSA 圖像引導下，進行導管診斷及治療操作，對導管上附帶的球囊充氣以擴張堵塞的血管，如圖 5-1(f) 所示。

⑦ 在 DSA 圖像監控下，在血管狹窄處放置支架，支撐起狹窄的血管，如圖 5-1(g) 所示。

⑧ 從 DSA 圖像可觀察冠狀動脈恢復血供，從血管內緩慢將導管拔出，如圖 5-1(h) 所示。

從以上手術步驟可以看出，血管介入手術主要有以下 3 點。

① 導管、導絲的輸送。血管介入手術最為關鍵的就是將導絲準確輸送到病灶所在位置。傳統導絲依賴於醫生對近端的推送回拉、旋撚來控制導絲的遠端使其進入目標血管。由於人體內血管曲折複雜，在操作導絲過程中不可避免地與血管內壁碰撞，近端的力和扭矩不能很好地傳遞到遠端，從而使醫生失去對導絲的控制。

② 醫生的操作。醫生手術的環境極差，醫生不僅要忍受鉛衣重量所帶來的疲憊感，還要承受沒有鉛衣保護的部位（如手、眼等）上的 X 射線照射。長此以往，醫生遭受的 X 射線會影響自身的健康，並且醫生在操作過程中，其手腕、肘和肩膀的運動均會造成導管端部的位置誤差及顫抖，致使精度不易保證。而且，操作導

管的技術要求過高，需要對醫生進行專業的培訓，而且學習週期較長。

③ 導航。在 X 射線成像技術獲得的圖像中，軟組織對比度較差，不易區分血管和組織。而且二維圖像疊加了所有的組織和器官，無法分辨血管系統的三維空間結構以及導管相對於血管的位置關係，使得醫生很難確定導管是否進入靶血管。此外，手術過程中頻繁地照射 X 射線所產生的輻射對患者和醫生都會造成巨大的傷害。

由於治療對象的特殊性，操作醫生在手術過程中手部不能抖動過大，因此手術時醫生要精神高度集中，這樣很容易造成醫生的疲勞，從而無法保證手術的效率和效果，並且在進行手術過程中醫生穿著重達幾十千克的防護鉛衣在 DSA 下工作，因此血管介入醫生也被形象地稱為「鉛衣人」，並且醫生經常一場手術下來就精疲力盡。長期工作在放射線環境，就算醫生身穿保護作用的鉛衣也難免受到 X 射線照射。醫生所受的照射劑量與不同介入手術的工作參數、出束時間（開啓放射線時間）與手術類型、醫生的熟練程度等有關，其平均透視時間見表 5-1[1]。

表 5-1 部分介入手術的平均透視時間 min

手術名稱	熟練用時	一般用時	平均用時
冠脈造影	2.57±1.37	5.01±3.23	3.75±2.55
冠脈並置 1 支架	9.8±6.1	19.3±9.8	16.3±10.7
肝動脈化療栓塞	5.7±3.3	10.8±5.6	7.1±5.3
室上速射頻消融術	8.1±6.6	25.7±21.3	19±15.5
全腦血管造影	6.1	14.4	8.5
食管支架	10.8	12.7	8.2

覃志英對腦血管造影、冠狀動脈造影和肝動脈栓塞術 3 種類型 67 例介入手術患者進行照射劑量監測，其中腦血管造影 12 例，冠狀動脈造影 37 例，肝動脈栓塞術 18 例。此 3 種手術中的急診和重症病例予以排除，不予監測就進入手術中，結果發現醫生眼部、左手和左腳表面受照劑量均較其他部位大。在肝動脈栓塞術中，左手最高劑量達到 1936.14μSv；甲狀腺、左胸部和會陰部在有防護情況下表面受照劑量均比較低，且均低於無防護情況（見表 5-2）[2]。

從結果看來，一次手術醫生眼睛的輻射量還是很大，這是因為術者眼睛的保護很薄弱，長久以往對醫生的健康有很大的影響。根據國家職業衛生防護標準，醫用 X 射線工作者不應超過下述劑量限值：連續 5 年內平均年有效劑量當量 20mSv；任何一年中有效劑量 50mSv；眼睛體劑量每年 150mSv；其他單位器官或組織劑量每年 500mSv。

診療人數以某三甲醫院為例，年手術量可接近 1800 多臺，每組介入術者每年將進行 900～1000 臺手術[3]。

表 5-2　3種介入手術中醫生各監測部位表面受照劑量情況（$\bar{x}$）　μSv

手術名稱	監測部位								
	眼部	甲狀腺		左胸部		會陰部		左手	右手	左腳
		圍脖內	圍脖外	鉛衣內	鉛衣外	鉛衣內	鉛衣外			
冠狀動脈造影術	3.5～ 209.6 (56.0)	3.9～ 208.4 (23.5)	13.4～ 298.0 (58.1)	4.8～ 194.2 (22.3)	5.2～ 319.8 (73.5)	2.2～ 345.0 (22.0)	14.3～ 502.9 (86.5)	7.8～ 599.7 (77.4)	5.1～ 323.8 (40.3)	16.6～ 776.1 (82.8)
肝動脈栓塞術	53.3～ 374.7 (100.7)	13.3～ 272.3 (43.1)	35.7～ 937.5 (82.1)	4.7～ 152.5 (42.9)	8.2～ 961.2 (67.0)	5.9～ 163.8 (46.3)	25.5～ 1114.6 (69.2)	19.2～ 1936.1 (77.6)	6.7～ 243.3 (66.6)	15.3～ 187.0 (74.2)
腦血管造影	55.7～ 207.4 (86.2)	52.5～ 93.3 (59.2)	44.7～ 85.5 (67.7)	38.0～ 181.5 (61.4)	40.0～ 181.5 (85.9)	38.8～ 75.3 (54.9)	64.2～ 181.7 (93.9)	56.8～ 335.9 (100.9)	53.7～ 363.0 (77.9)	48.6～ 297.9 (92.3)

5.1.2 血管介入機器人的研究意義

隨著機器人技術的發展，機器人輔助醫生手術變得越來越普遍，手術機器人的出現降低了醫生的工作強度，並且大大提升了手術精度。達文西手術機器人的出現更是加快了機器人代替醫生這一進程。首先，導管作為介入手術最基本的工具，其可操控性能逐步提高。目前已經出現了多種類型的智慧導管，其遠端形狀能夠根據需要進行改變，到達預期位置同時適應人體血管和組織的解剖結構。並且導管的尺寸越來越小，能夠進入細小曲折的血管。前端還可集成各種感測器，以獲得介入過程中的位置、力和流速等資訊[4]。其次，電腦控制的外科手術機器人也越來越多地用於代替醫生進行現場操作。最後，DSA、3D-X 射線、電腦斷層掃描（computed tomography，CT）、核磁共振（magnetic resonance，MR）、超聲（ultrasonography，US）等醫學成像技術逐漸發展，使得人們能夠獲得即時人體組織器官的三維圖像，輔助醫生進行手術操作。

機器人輔助血管介入技術是未來血管介入治療發展的重要方向，醫生可以透過遠端操控機器人來精確完成血管介入手術。該技術的問世不僅僅是把操作移到了手術室外，更重要的是實現操作的精確性和可控性。利用數位操作平臺和可準確適應血管走行角度的多關節導管，醫生可根據即時回饋對導管的位置和姿態進行準確調整，從原理上改變了目前單純憑藉醫生的手感進行操作，使血管介入手術跨入數位時代。

5.2 血管介入機器人的研究現狀

海外科學家已經在血管介入手術機器人方面取得了令人矚目的成績，美國、德國和加拿大等國家已研製出多種手術機器人產品，血管介入手術機器人正在逐步形成一種新的高階技術醫療器械產業。

2002 年底，美國 Stereotaxis 公司與德國 Siemens 公司聯合推出了數位平板磁導航血管造影系統，它為患者提供了一個新的護理標準，提高了常規血管介入治療手術的效率及效能，實現了電腦控制的精度及手術的自動化，使得手術介入器械更為準確方便地進入病變血管部位。

2006 年，以色列海法醫心血管疾病研究所的 Beyar 等開發出一套用於心血管介入手術的微創機器人，整個系統包括床邊裝置（bedside unit）和操作控制裝置（operatorcontrol unit），如圖 5-2(a) 所示。床邊裝置安裝在手術床的上方，實現引導線的軸向（前進—後退）和旋轉運動。該床邊裝置由導引管（guiding catherter）、Y 形連接器（Y-Connector）、導絲（wire）、導絲導引裝置（wire nagivator）、導管器具（device）和導管導引裝置（device navigator）組成，如圖 5-2(b) 所示。導管和導絲的運動由一對摩擦輪帶動，另有一對被動摩擦輪位於驅動摩擦輪後面，用來監測送絲裝置的傳動狀態，防止導管、導絲在運動過程中打滑。醫生可在遠端操作控制裝置來完成導管、導絲的方向和位置調整，圖 5-2(c) 為控制裝置[5]。

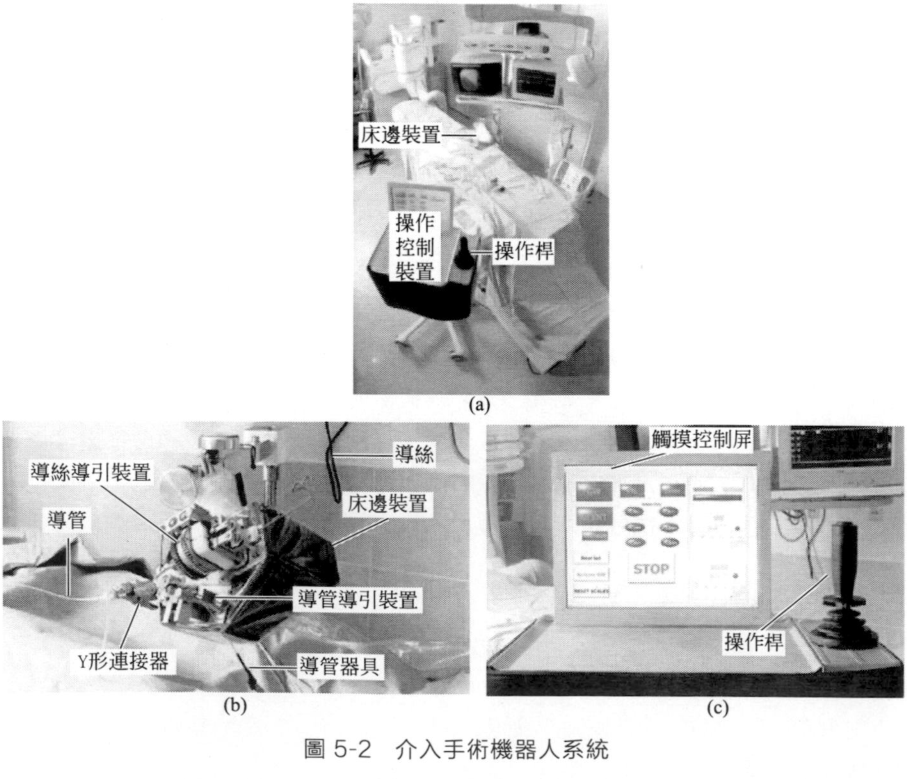

圖 5-2　介入手術機器人系統

意大利博洛尼亞大學的 Marcelli E，Cercenelli L，Plicchi G 設計了一款遠端操縱的導管操作機構，如圖 5-3 所示，圖 5-3(a) 為機器人主體、控制界面及操作手柄，圖 5-3(b) 為利用該系統進行實驗。該系統在導管的頂端加裝一個力感測器來測量導管前進所遇到的阻力。力感測器採集的數據為導管推進提供資訊，並能為導管是否與心內膜接觸提供指示資訊，可以防止在手術過程中對心肌組織造成損傷[6]。

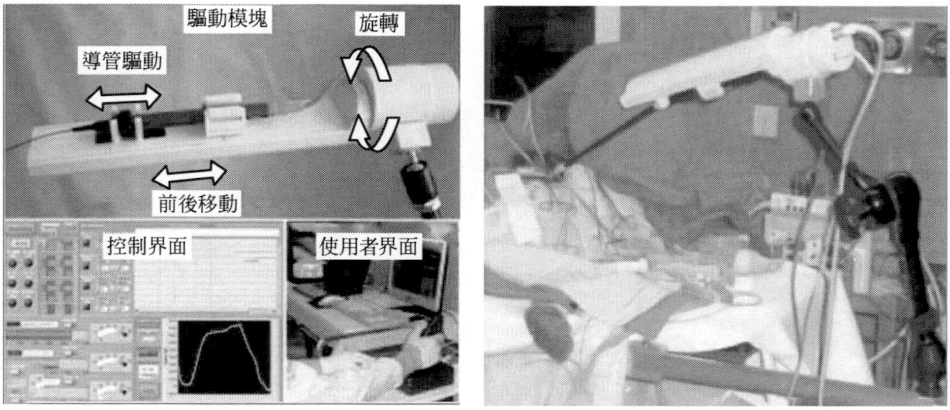

(a) (b)

圖 5-3 Marcelli 等設計的血管介入機器人系統

日本國立香川大學的郭書祥團隊對血管介入做了很多研究，2012 年提出一款主從控制血管介入手術系統，該系統的主動端具有軸向和徑向兩個自由度，由左把手、右把手、電機和直線滑臺等組成，如圖 5-4(a) 所示；從動端同樣也有這兩個自由度，由導管夾持機構、直流電機和換臺等組成，如圖 5-4(b) 所示。在主動端上有控制導管夾持機構開合開關，並在從動端上安裝有力感測器，可以在主動端即時進行力回饋[7~9]。

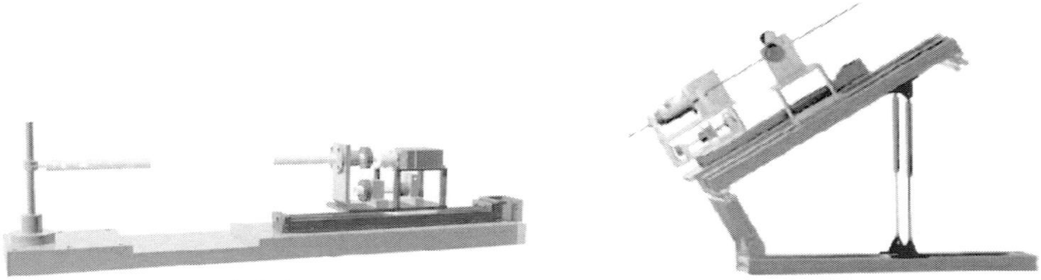
(a) 主動端 (b) 從動端

圖 5-4 血管介入主從控制系統

基於以上研究，郭書祥團隊在 2017 年提出一種基於 VR 的機器人輔助導管訓練系統，該系統由虛擬環境和觸覺設備組成。該觸覺設備由上述主動端在左把手上加裝阻尼器改造而成，如圖 5-5 所述。透過對該設備左右把手的操作可以在虛擬環境中同步控制導管，軸向誤差為 0.74mm 以內，徑向誤差為 3.5°以內，並且在操作端加裝了力回饋裝置[10]。

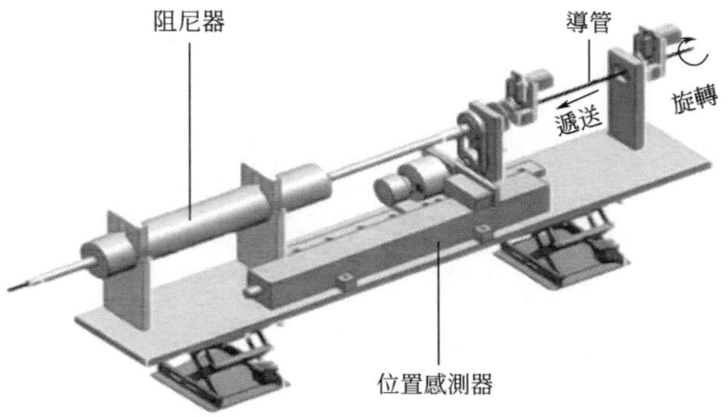

圖 5-5　虛擬血管介入觸覺操作器

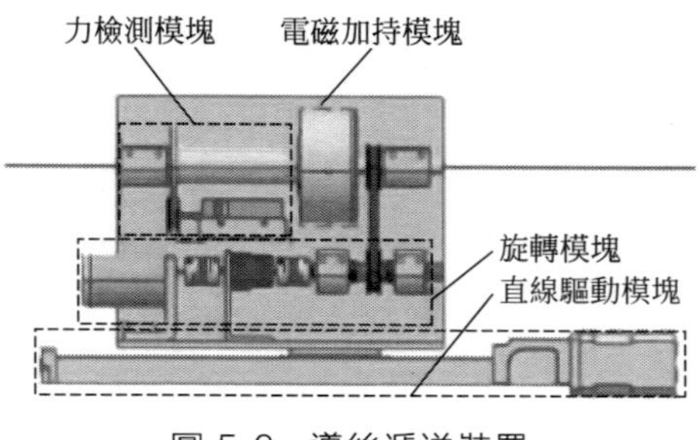

圖 5-6　導絲遞送裝置

同時，他們提出一種導絲遞送裝置，該裝置分為旋轉模塊、力檢測模塊、直線驅動模塊和電磁加持模塊，如圖 5-6 所示。在旋轉模塊裝有力矩感測器，可以測量導絲遞送過程中的力和力矩，採用電磁鐵和彈簧構成的加持模塊加持導管，這種結構可減少由於加持力過大而導致導管破壞的狀況的發生。當加持模塊夾緊時，可透過旋轉模塊和直線模塊來驅動導管[11,12]。

2018 年該團隊提出一種對導管、導絲分別控制的遠端控制血管介入機器人（RVIR）。該機器人分為線性驅動模塊和旋轉模塊兩部分。線性驅動模塊由四部分組成：支撐板、移動單元、張緊單元和直線驅動單元，如圖 5-7(a) 所示，其驅動採用柔索驅動，其中張緊單元可調整柔索張緊力。旋轉模塊分為導管旋轉模塊和導絲旋轉模塊，其中導絲/導管旋轉模塊由電磁離合器、電機、導管抓緊器和力感測器等組成，如圖 5-7(b) 所示為其整體圖和其內部結構圖。導管抓緊器基於錐形夾緊原理設計，可有效抓住導管而不會損傷它的表面，當電磁離合器關閉時可對導管進行旋轉操作。設計了一個導絲/導管輔助支撐機構夾持導管的末端而不干擾其運動，該機構安裝在一個滑塊上並可以自由移動同時可抓緊導絲，其結構如圖 5-7(c) 所示，整體機構如圖 5-7(d) 所示[13,14]。

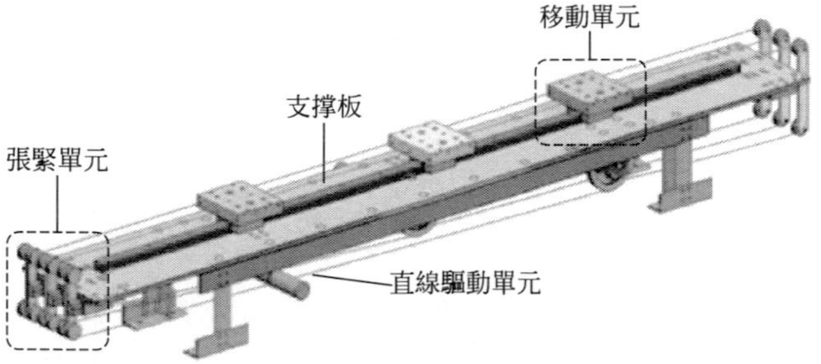

(a) 線性驅動模塊

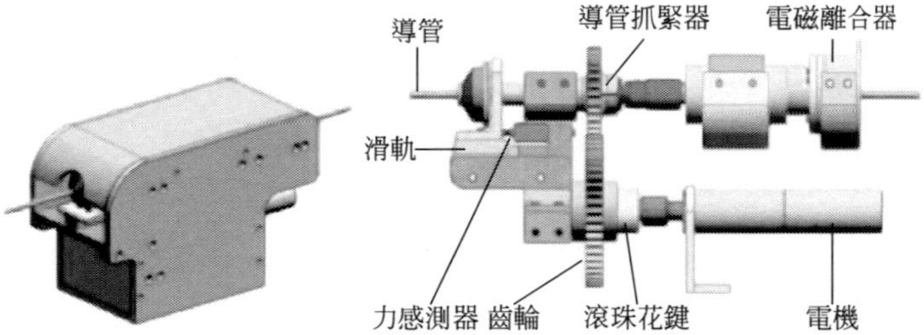

(b) 旋轉模塊

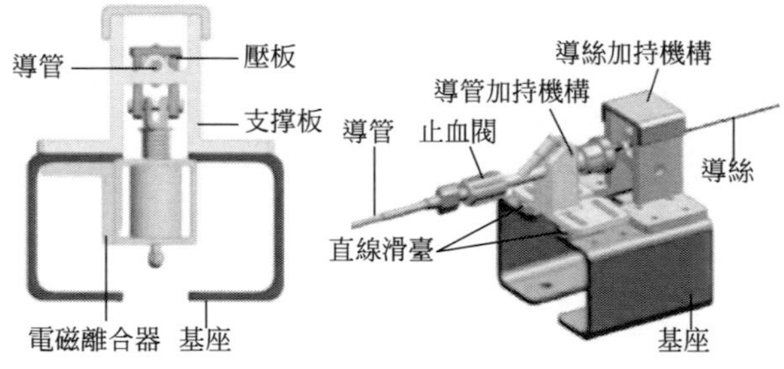

(c) 導絲/導管輔助支撐機構

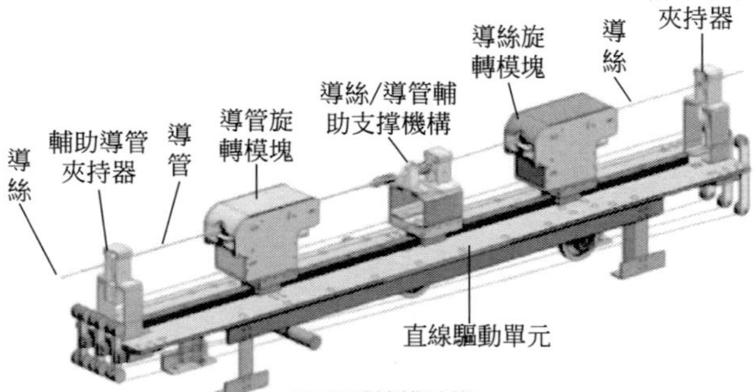

(d) 整體機構結構

圖 5-7　RVIR 結構

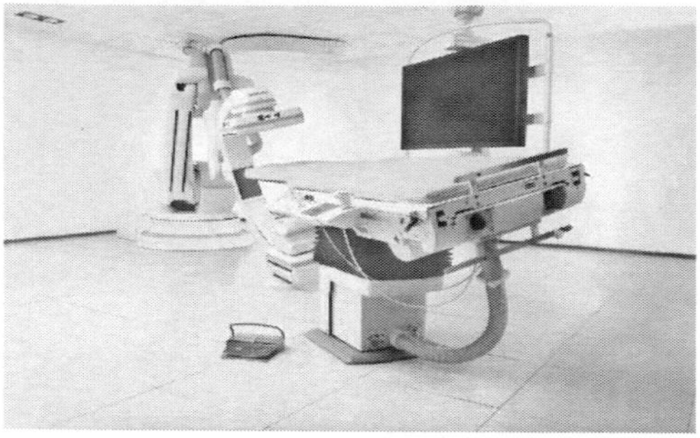

圖 5-8 Artis Zeego Ⅲ系統

2007 年，Siemens 公司推出了全新的多軸全方位機器人式血管造影和治療 Artis Zeego 系列機器人 Artis Zeego Ⅲ系統。如圖 5-8 所示，該系統採用 8 軸落地機架設計，C 臂與功能強大的現代機器人的有機結合為醫生提供了移動自由。該系統還配備了獨創性的大容量、大視野平板 CT 重建功能以及血管造影軟組織成像技術（DynaCT），在僅 6s 的時間內可進行大範圍 3D 重建，透過它可獲得更好的圖像品質，並減少運動的僞影和造影劑的使用，並且具有 3D 路徑圖引導、3D 穿刺立體定位等最先進的臨床功能，為醫生術前診斷、術中規劃、術後評估提供了精確、高效的一體化平臺，還可根據臨床需求選配多種檢查床（標準床、步進床、傾斜床、OR 床、外科手術床）。

Catheter Robotic 公司研發的 Amigo 遠距離導絲輸送系統如圖 5-9 所示，該系統包括主端的操作手柄、從側的手術導管操作器及醫學圖像採集顯示系統，透過一個手持控制器完成對導管的輸送、撤回操作，透過兩個旋轉按鈕分別控制導絲夾持端的旋轉和智慧導管的擺動，在手術時醫生只需在遠端看著 DSA 顯示螢幕來操控手中控制器即可完成手術。但該套系統缺乏力和扭矩的回饋資訊。

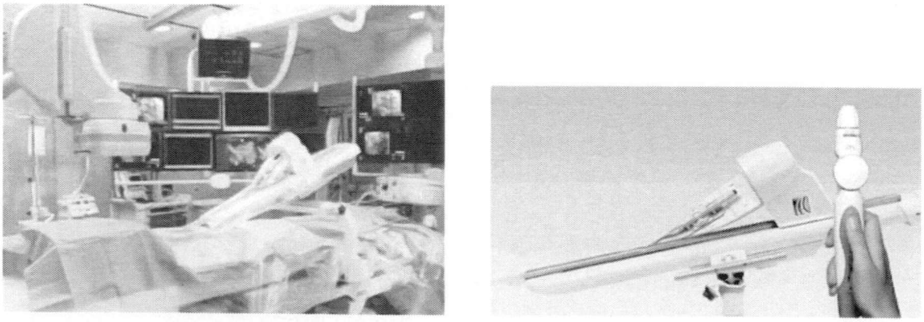

(a) (b)

圖 5-9 Amigo 遠距離導絲輸送系統

美國的 Corindus 公司開發的經皮冠狀動脈介入治療（PCI）輔助機器人系統 CorPath200，也是美國食品藥品監督管理局批准的首款可實施外周血管介入術的機械器械，如圖 5-10 所示，該系統由兩部分組成：導絲/導管輸送裝置和遠端控制臺。其中，導絲/導管輸送裝置需要由機械臂輔助定位，遠端控制臺能夠移動到手術室的任意位置。床旁操作單元為模塊式設計，由安裝在手術床護欄上的可靈活移動的機械臂和一次性操控盒組成，操控盒與機械臂末端的驅動介面相連，盒內的動力裝置分別操控指引導管、導絲和球囊或支架，接收指令完成推送、牽拉和旋轉動作，細微動作可以精確到 1mm。CorPath200 的手術控制單元為移動工作站式的鉛防護工作艙，不僅可以將手術控制單元放置在手術區域的任何地方或 DSA 控制間，而且可以使介入醫生不需要穿著鉛衣，坐在射線屏蔽良好的工作艙內遙控完成手術。手術控制單元採用觸摸屏控制臺和兩個操縱桿對手術器械和 DSA 設備進行操控，控制艙內配有壓力泵介面和造影劑注射系統，另外，工作艙內監視器可以即時查看手術攝錄、心電監護、血流動力學參數等。但是 CorPath200 缺乏觸覺力回饋，大大限制了其使用[15]。

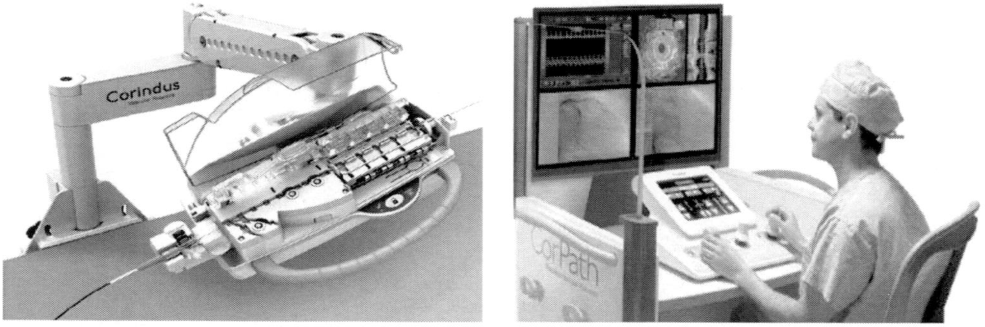

(a) (b)

圖 5-10 CorPath200 PCI 輔助機器人系統

中國的相關研究還停留在實驗室階段。哈爾濱工業大學研製了一種可參與血管介入手術的高精度導管驅動機械裝置，如圖 5-11 所示。該裝置由小驅動齒輪、大從動齒輪盤、一個齒輪組（一對外嚙合摩擦輪，垂直於大從動齒輪盤）、步進電機組成。齒輪組固定在大從動齒輪圓盤上，摩擦輪夾緊導管，透過步進電機帶動齒輪組嚙合轉動，實現導管在血管中前進/後退。透過與小驅動齒輪連接的步進電機，帶動大從動齒輪圓盤旋轉，摩擦輪夾緊導管並隨大從動齒輪圓盤一起轉動，實現導管

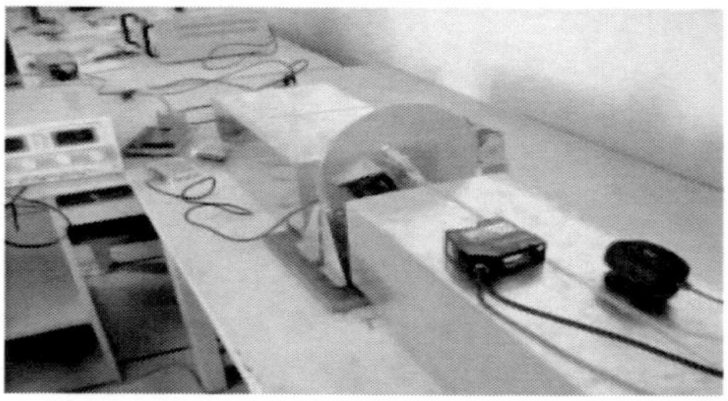

圖 5-11 血管介入手術導管驅動裝置

在血管中的旋轉動作[16]。

北京科技大學的曹彤等設計了一款主從式遙操作血管介入機器人，並設計了控制系統。該機器人的從動端採用模塊化設計理念，分為軸向進給模塊和周向旋轉模塊：軸向進給模塊由電機、傳動齒輪副及摩擦滾輪等組成；周向旋轉模塊由電機、傳動齒輪副及主軸等組成。其從動端機構如圖 5-12(a) 所示。主動端為醫生的操作平臺，考慮到醫生對導管的操作習慣，將主控端也設計為兩自由度的機構，醫生透過旋轉或軸向推拉手柄控制從端導管的運動，主動端機構示意圖如圖 5-12(b) 所示。該機器人能達到 1mm 的運動控制精度和 0.44ms 的主從運動即時性[17]。

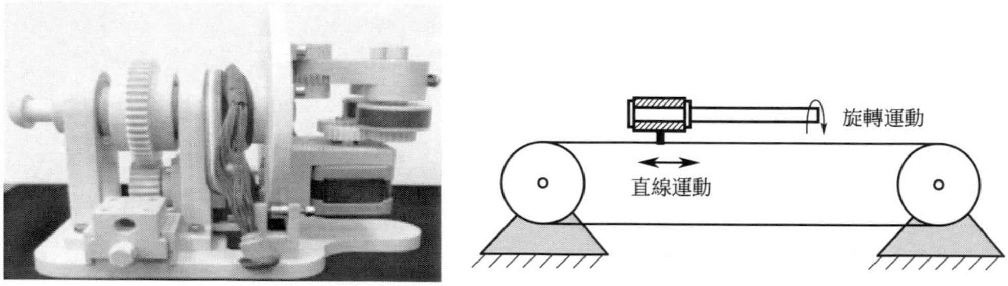

(a) 從動端機構　　(b) 主動端機構

圖 5-12　機器人末端執行器

第二軍醫大學、海軍總醫院和北京航空航天大學聯合研發了一款血管介入機器人 VIR，它由機械推進系統、圖像導航及操控系統和機器人多角度把持系統三部分組成。機械推進系統如圖 5-13(a) 所示，位於患者端的機械推進系統能夠模擬人手的動作，透過齒輪的旋轉，完成導管的直線前進、後退或旋轉運動。

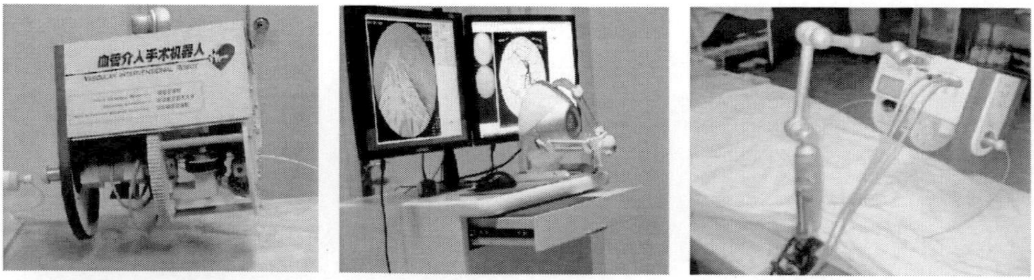

(a) 機械推進系統　　(b) 圖像導航及操控系統　　(c) 機器人多角度把持系統

圖 5-13　機械推進系統、圖像導航及操控系統和機器人多角度把持系統

圖像導航及操控系統如圖 5-13(b) 所示，包括操作手柄和主控站。醫生透

過操作手柄向位於患者端的機械推進系統發出指令，實現導管的運動控制。影像重建系統包含視覺定位系統、DSA 圖像校正軟體、基於多角度 DSA 圖像的血管三維重建軟體。視覺定位系統透過追蹤兩個與 DSA 成像系統有固定幾何關係的追蹤標記來確定 C 臂 X 光源和影像增強器的空間座標。DSA 圖像是 X 射線減影圖像，為避免失真變形，保證手術導航精度，需要進行失真校正才能用於導航定位。最後，根據多角度的 DSA 圖像，重建三維的血管立體影像。可將二維投影融合於重建的三維影像，實現導管的即時定位及導航。

機器人多角度把持系統如圖 5-13(c) 所示，它包含五個可自由活動的液壓關節，可以固定於手術臺的任何角度。醫生可以根據穿刺血管的走行方向，調整機器人的固定位置[18]。

中科院自動化研究所的侯增廣等基於介入醫生用大拇指和食指操作導絲的方式，設計了一種主從式遠端控制的血管介入機器人送絲系統。該系統主要包括操作手柄、送絲機構（圖 5-14）以及上位機，送絲機構包括主動輪和被動輪，分別模仿醫生的大拇指和食指。在主動輪和被動輪夾緊導引導絲後，當主動輪繞軸線旋轉，透過摩擦帶動被動輪也繞軸線旋轉，從而推動導絲沿軸向運動，主動輪改變旋轉方向實現對導引導絲的前送或回撤；當主動輪和被動輪分別沿軸線平移，且運動方向相反時，如主動輪沿軸線往下運動，而被動輪沿軸線往上運動，透過摩擦傳動方式帶動導引導絲發生周向旋轉。若主動輪和被動輪均改變平移運動的方向，則相應改變導引導絲的旋轉方向。主動輪和被動輪都具有繞軸線旋轉和沿軸線平移 2 個自由度，且被動輪還具有夾緊方向的第 3 個自由度。在夾緊方向上，主動輪和被動輪之間的夾緊力大小可根據介入器械的不同而進行調整，主動輪和被動輪的最大間距為 5mm，該距離足夠夾持不同直徑大小的導絲和導管。此外，導引導絲的沿軸向運動和繞軸線旋轉在機械結構上是解耦的，因此送絲機構能夠同時前送和旋轉導引導絲。由於送絲機構直接和介入器械接觸，必須保持其清潔無菌，同時還要防止血液沿導管流入送絲機構影響其功能。為便於消毒和

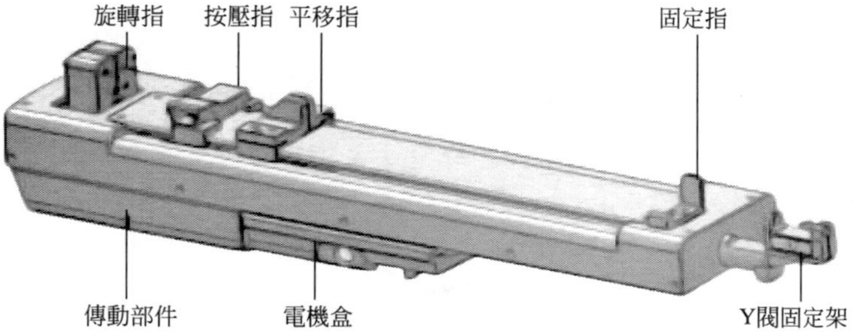

圖 5-14　送絲機構

清潔，送絲機構與介入器械直接接觸的部件（如主動輪、被動輪、支撐架等）都設計為易於拆卸的一次性部件，在每完成一例手術後能夠方便快速地替換。為疏導手術中沿導管外流的血液以保證送絲機構內部電機的正常工作，對送絲機構進行了外觀設計和保護，其中包含血液疏導裝置以及密封橡膠圈。操作手柄中包含一個直流電機，當導絲機構力感測器檢測到導絲前進的阻力時，下位機會給直流電機輸出一個相應的電流達到力回饋的效果[19,20]。

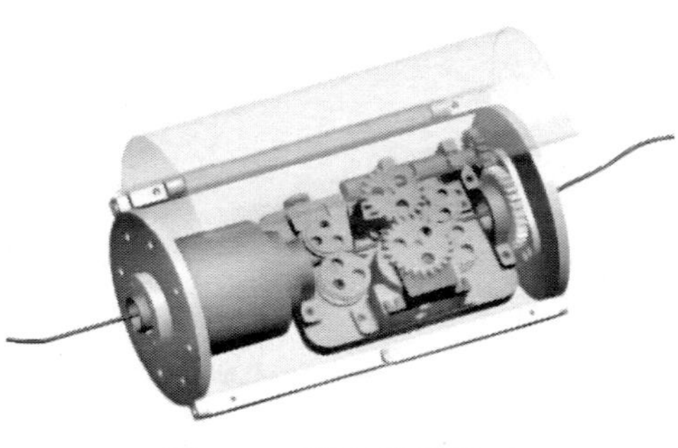

圖 5-15　送絲機構模型

燕山大學的楊雪提出了一種新型的心血管微創介入手術機器人系統。該機器人的機械系統包括定位機械臂、推進機構、操作裝置三部分。實驗表明，該機器人系統能夠輔助醫生完成血管介入手術中的導管/導絲/球囊/支架的推送回拉、捻旋等操作，具有可測量前端阻力、可分離消毒、可人工干預且易於操作的優點[21]。圖 5-15 為其送絲機構模型圖。

哈爾濱工業大學的劉浩設計了一款由形狀記憶合金（shape memory alloy，SMA）和鋼絲驅動的可操控導管機器人，並研製了一款圖像引導軟體，實現在對血管 2D 切片數據三維重建基礎上的導航路徑規劃、漫遊導航和碰撞檢測，將感測器獲得的位姿資訊即時顯示到導航圖像中實現定位，提取決定導向的關鍵幾何資訊，輔助導管機器人進行導向[22]。圖 5-16 為該機器人的整體結構及其橫截面圖。

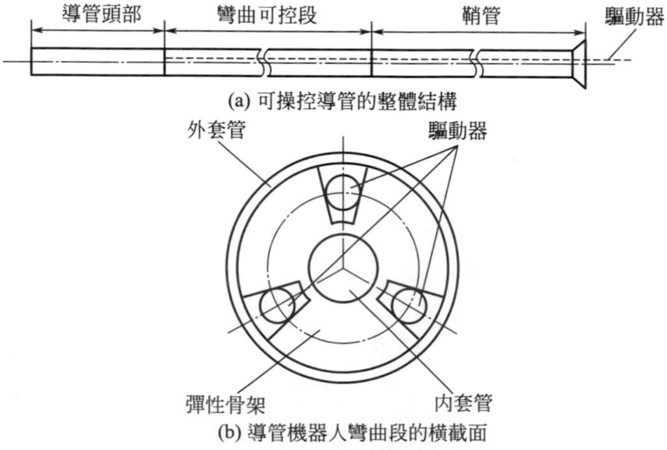

(a) 可操控導管的整體結構

(b) 導管機器人彎曲段的橫截面

圖 5-16　可操縱導管機器人

上海交通大學的李盛林設計了一款介入機器人導管插入機構，如圖 5-17 所示。機器人使用摩擦輪結構實現導管的直線運動，用齒輪對嚙合傳動實現導管的旋轉運動。當遞送步進電機帶動摩擦輪轉動時，從動摩擦輪在摩擦力作用下隨著摩擦輪一起轉動，導管在兩摩擦輪的擠壓作用下向前運動。摩擦輪和從動摩擦輪位置可由彈簧進行調節，將導管穿過兩個摩擦輪，擰緊鎖緊螺母時，從動摩擦輪透過滑塊在導軌上朝向摩擦輪運動，從而可以夾緊導管。小齒輪是固定在旋轉步進電機的旋轉軸上的。當旋轉步進電機旋轉時，小齒輪跟隨著一起旋轉，從而驅動大齒輪實現旋轉運動。導管是被摩擦輪、從動摩擦輪緊緊夾住，而在此時摩擦輪、從動摩擦輪相對於大齒輪是不動的，即可以看作兩個摩擦輪和大齒輪是固連在一起的，從而實現了導管的旋轉運動。當旋轉步進電機轉向反向時，導管也就向相反的方向旋轉[23]。

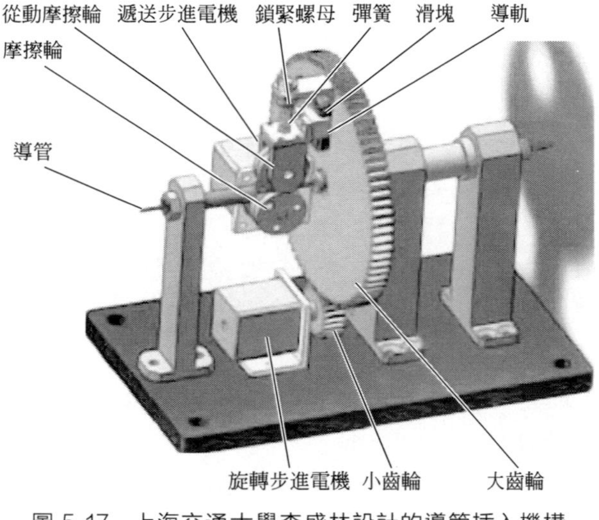

圖 5-17 上海交通大學李盛林設計的導管插入機構

5.3 血管介入機器人的關鍵技術

5.3.1 血管介入機器人機械結構

血管介入手術機器人是以微創血管介入手術為應用背景，透過機械結構來實現導管運動並對其進行即時控制，從而將醫生從放射環境解放出來。但是血管介入手術機器人並不能夠獨立地進行手術操作，它只是幫助醫生將非人力可為的微小手術空間映射為醫生可以進行手術操作的較大範圍工作空間。手術機器人僅僅是一個載體，醫生是藉助於機器人的手來執行手術的，因此在設計時還應充分考慮醫生在使用手術機器人時的便利性、舒適性以及靈活性等特點。由於血管介入手術是在 DSA 下進行的，由於受到手術空間有限以及手術室的射線工作環境等相關因素的影響，所設計的血管介入手術機器人在保證具有較高安全性的條件下，還應具有結構簡單、移動方便、操作簡單靈活、精確度高、使用材料不應對 DSA 掃描產生影響等特點。

人體血管細長狹窄且分支較多，形狀不規則，導管/導絲的推進動作難度較大，人工手動送管是採用大拇指和食指夾持導管向前遞送，且上下搓動兩個手指，實現對導管/導絲的捻旋，捻旋的目的是改變導管彎頭的方向，使其進入到正確的分支血管中。為此，推進機構的設計就是要完成直線推進/回拉和捻旋兩個動作。設計的關鍵在於動作的實現及其可靠性的保證，同時，靈活性、剛度、工作空間和定位精度是血管介入手術機器人的關鍵指標，其目的是在保證機器人滿足任務工作空間要求的同時，提高機器人的剛度和靈活性。

目前血管介入手術機器人多設計為床旁系統，它包括導管/導絲輸送模塊和導管/導絲姿態調整模塊，後者為前者提供一個平臺，在較大範圍上進行空間位置的定位。並且機構大都採用藉助摩擦輪搓動導管/導絲向前進的方式，這種遞送方式不可避免地會出現打滑現象，從而影響機構遞送導管導絲的精度，因此在使用中多數在摩擦輪上加裝壓緊彈簧，但這種傳動方式對測量導絲阻力帶來了不便。

因此把機器人的結構主要劃分為兩大部分：末端執行器模塊和機器人姿態調整模塊，完成的任務如下。

① 末端執行器。包括導絲/導管輸送和調整模塊完成導管/導絲的推送和旋捻動作，能較好地配合完成動作，並且具有支撐導管的功能。

② 姿態調整機構。在手術前對機器人的位姿進行調整，並保證機器人有一個良好的手術位置。現有結構一般為被動式，即需要醫生手動調整機器人到合適位置。

③ 實際中，需藉助 DSA 造影設備獲取的圖像來完成介入手術，採集手術的圖像，操作者根據圖像控制機器人完成手術。

5.3.2 血管介入機器人導航技術

傳統的心血管介入手術是在患者腹股溝區的股動靜脈、鎖骨下靜脈、橈動脈進行穿刺，把導絲透過穿刺點送入到相應的血管或靶器官之中，然後術者在數位血管造影系統的引導下透過對動靜脈血管的手感，小心謹慎地逐漸將導絲送入相應的部位，然後根據手術的要求，送入相應的治療材料（電極、球囊、支架或封堵器等）[24]。介入手術的圖像導航技術分為術前圖像導航和術中圖像導航。術前圖像如CT、MR等，其圖像品質很高，包含的資訊量大，可以清晰地顯示患者體內組織器官的解剖結構，但無法即時地顯示其功能資訊，並且缺少與患者的對應關係；術中圖像如正電子發射型電腦斷層顯像（PET）和DSA，可以即時地反映出患者體內組織器官的功能資訊，但圖像品質較差，不能清晰地顯示機體的形態結構，因而不適合用於精細操作。在實際手術過程中還需要定期拍攝術中圖像（二維圖像，如超聲）來觀察導管運動狀況以進行術中圖像導航，為便於觀察導管空間位置並和術前規劃進行對比，就需要將二維圖像與術前的三維圖像進行匹配，將術中圖像與術前圖像進行融合疊加顯示。

就目前來說，這種二維與三維圖像的匹配一般依靠外科醫生自己，但由於患者血管組織、器官的運動和形變及造影劑的稀釋，使圖像的匹配增加了難度。這也催生了對三維血管影像的需求。三維血管影像可多角度顯示病變，更易於醫生觀察診斷。海內外均已展開了一些三維血管影像方法的研究，如螺旋CT血管造影（SCTA）、電子束CT血管造影、三維MRA、三維B超、旋轉DSA等方法。另外，依靠磁力定位系統來標定超聲探頭或其他手術器械，獲得其空間座標，從而使所獲得的二維圖像與術前三維圖像進行配準來定位手術器械的位置。磁場的定位追蹤技術利用了磁感測器等測量設備測量空間中指定位置的磁感應強度，再利用這些數據，計算出感測器到磁源的相對位置和方向。根據磁源形式不同，分為靜磁場和交變的電磁場兩種。利用靜磁場的定位技術的優勢在於實現簡單，但容易受到周圍環境中其他磁場或者其他磁性物體的干擾，適用的定位範圍也比較小；利用電磁線圈（使用交變的訊號來激勵）定位技術的優點是，可以使用特殊的訊號頻率以及有效的訊號處理方法來減少磁性物體或環境磁場的干擾，從而提高精度，而且該方法的定位範圍比較大，多用於醫療方面[25]。

但是由於磁導航系統昂貴，一個配備有磁導航系統的電生理導管室的造價是常規電生理導管室的3倍左右，這是磁導航系統在中國普及遇到的最主要的障礙之一。並且，使用電磁定位來跟蹤血管介入手術的導航系統，空間配準非常困難。只有透過空間配準建立圖像座標系和患者座標系之間準確的轉換關係，導航系統才能即時地向操作醫師展示術前構建的手術器械模型和解剖模型間的位置關係，進而為其提供真實環境下手術器械和患者體內組織器官的位置資訊，否則，整個圖像導航系統是無效的。

5.3.3 血管介入機器人的安全

機器人在血管介入手術過程中應避免對醫生、患者、周圍環境造成意外損害，因此，系統的安全監控是一個不容忽視的問題。這就需要一個基於多資訊融合的自主多層安全監控平臺，當機器人出現異常情況時，系統自主或半自主地採取安全防範措施或者對醫生報警。血管介入機器人需要考慮以下問題：(a) 設計血管介入機器人系統的硬體和軟體時均要設置保護措施，以保證發生特殊情況時(如突然斷電)，機器人的各個關節可以立即停止，不會對醫生和患者構成傷害，並且在機器人工作失效時，醫生可以手動完成手術；(b) 進行介入手術時，要使血管機器人和醫生協調配合、不發生碰撞，這就需要在設計機器人之前仔細考慮機器人的工作環境；(c) 在介入手術之前，必須對手術區域進行消毒，這就需要將血管介入機器人進行模塊化設計，並且保證送絲機構便於裝卸、易於消毒；(d) 在控制層面，要採用容錯技術和故障診斷技術，自動完成故障診斷、報警。因此，系統設計的主要內容包括血管介入機器人本體的精度、電機的精度、感測器的測量精度、血管介入機器人的控制算法、三維圖像導航精度。這不是基於一個學科就能解決的問題，需要多學科交叉共同解決。

5.3.4 基於虛擬技術的手術模擬

心血管介入手術是一項非常複雜、耗時的精細手術，需要操作醫生有精湛的手術技能。手術前，醫生需進行大量介入手術訓練，並且掌握手術技巧以保證手術順利完成。傳統的訓練方式有：在捐獻屍體上訓練，但其來源有限，不能滿足大量醫生長期訓練的要求，而且屍體不能呈現出與活體一樣的生物體特徵，影響訓練效果；使用已有的人體模型進行訓練，但現今的模型多為橡膠材質，無法達到生物學模擬的要求，缺乏活體的真實感；用動物訓練，但動物與人類生物體結構有很大差異，不能提供好的訓練環境和模擬手段；患者志願者實驗，雖然在人體上進行介入手術訓練效果更佳，但是這樣一種訓練方式只能在單一的患者上操作一次，並且需要一名介入手術熟練的醫生從旁指導並全程監控手術過程，以避免給患者帶來不良反應。進一步來講，在患者身上進行心血管介入手術訓練要耗費大量的治療設施與設備等，將大大提高培訓成本，並且培訓嚴重依賴患者活體，有很大的時間和地域局限性。此外，這種傳統的在患者身上訓練的培訓模式，由於手術過程有一定風險，已逐漸不被接受。美國食品藥品監督管理局早在2004 年就決定，在人體血管網路循環系統中做高風險、高難度手術的醫生，其手術操作技能在手術前必須經培訓並且達到精通水準，同時也首次提出手術技能的培訓可以使用虛擬實境手術模擬系統。基於虛擬實境技術的血管介入手術醫生訓練系統為解決血管介入手術的訓練問題提供了新的方法。

基於虛擬實境技術的血管介入手術訓練系統是一項新型的多學科交叉的研究領域。系統的完成涉及多學科的融合，其中主要包括醫學、力學、電腦技術、感測器技術、自動控制技術等。整個系統致力於實現虛擬實境技術和圖形學技術的融合，達到模擬和重現血管介入手術的過程。其技術優點如下：手術場景直覺再現，利用電腦技術透過幾何建模、物理建模、生物學模擬可以逼真再現手術現場；醫生可以反覆訓練，針對感染性較高或放射治療的手術，可以有效保護醫生的安全；透過術前培訓可最佳化手術方案、降低手術風險、提高病患治癒率；系統可以進行多次重複使用，降低長期訓練的成本。

基於 VR 技術的血管介入手術醫生訓練系統主要由以下幾個部分組成。

① 虛擬模型和環境的幾何建模以及視覺渲染。先由三維建模軟體對虛擬模型進行繪製，之後透過血管綁定和蒙皮為實現血管動畫提供相應的條件。

② 實現碰撞檢測。碰撞檢測是實現系統力回饋的重要前提和基礎。在分析了各種碰撞檢測方法的優缺點後，選取合適的碰撞包圍盒，計算碰撞點位置，計算相應力回饋，為系統力回饋提供基礎。

③ 根據需要建立實現力回饋的物理模型。物理模型的建立是現階段海內外研究的重點，根據不同的研究對象，需要建立不同的物理模型，設置不同物理參數和不同的動力學方程，以便能夠更好地計算出相應物理環境的力。當導管與血管模型發生碰撞時，電腦根據先前設定的物理模型，根據獲得的相應位置資訊，計算出力回饋。

④ 人機互動。人機互動是指操作者透過電腦對硬體設備的資訊共享。本系統中醫生的操作只有軸向位移和徑向旋轉兩個方式。當醫生操作主端時，主端操作器透過串口提供電腦相應的運動資訊，然後透過電腦處理，將運動資訊傳遞給虛擬環境中的對應模型，實現虛擬模型的即時跟蹤，與此同時，當導管和血管模型發生碰撞時，電腦計算並傳遞力回饋，實現觸覺臨場感。依據以上的四個主要環節，該血管介入手術醫生訓練系統分別為實現血管動畫、碰撞檢測確定受力點、軟組織形變、力覺的雙向資訊互動等提供基礎，以此使系統具有高度的沉浸感，能夠很好地再現整個手術過程。

碰撞檢測是虛擬實境系統的基礎，亦是計算回饋力的前提，碰撞檢測的即時性、精確性和穩定性將直接影響到虛擬實境系統的後續處理，更有可能對整個手術模擬的性能產生巨大的影響[26]。目前，根據實體對象模型的不同，碰撞檢測算法大致可以分為兩類：空間剖分法和層次包圍盒法。兩種方法均試圖透過減少需要相交測試的對象數目或者基本幾何元素的數目來提高檢測效率。

空間剖分法的中心思想是將虛擬空間按區域劃分成體積相等的小單元格，碰撞檢測只發生在占據有相同或相鄰的單元格的幾何對象之間，由於需要進行單元格劃分，因此更適用於分布比較均勻以及分布比較稀疏的幾何對象之間的碰撞檢測。

層次包圍盒法的核心在於用體積略大而幾何特性簡單的包圍盒來近似地描述

複雜的幾何對象，從而只需對包圍盒重疊的對象進行進一步的相交測試。這種方法採用了層次結構模型，能夠盡可能減少相交測試的幾何對象的數目，大大提高了算法的即時性。此外，層次包圍盒可以無限地逼近幾何對象，精確地描述對象的幾何特性[26]。常見的包圍盒方法有以下幾種：AABB 包圍盒（axis-aligned bounding box），包圍球（sphere），方向包圍盒 OBB（oriented bounding box）以及固定方向凸包 FDH（fixed directions hulls 或 k-DOP），如圖 5-18 所示。

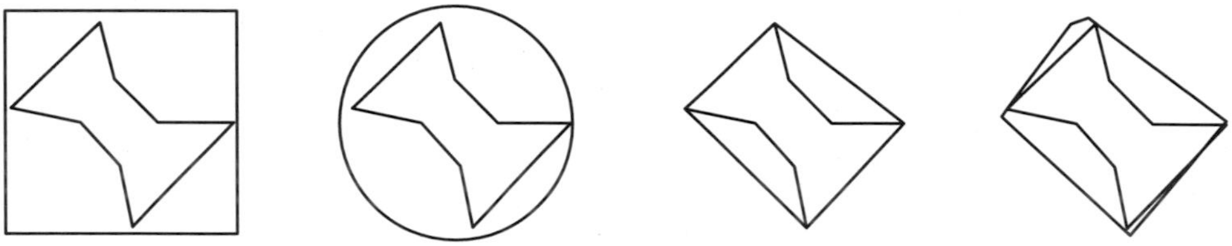

圖 5-18　常見的包圍盒方法

AABB 是應用最早的包圍盒，如圖 5-18(a) 所示。AABB 構造比較簡單，但儲存空間小，緊密性差，尤其對不規則幾何形體時冗餘空間很大，但 AABB 相交測試的簡單性，因此 AABB 得到了廣泛應用，還可以用於軟體對象的碰撞檢測。包圍球為包含該對象的最小的球體，如圖 5-18(b) 所示。包圍球是比較簡單的包圍盒，而且當對象發生旋轉運動時，包圍球不需做任何更新。但它的緊密性是比較差的，因此較少使用。OBB 是 Gottschalk 在 1996 年提出的 RAPID 系統中首先使用的，如圖 5-18(c) 所示，它是包含該對象且相對於座標軸方向任意的最小的長方體。OBB 的最大特點是它的方向具有任意性，但其相交測試很複雜，並且它的緊密性比較好，可以大大減少參與相交測試的包圍盒的數目，因此總體性能要優於 AABB 和包圍球。但 OBB 不適用於包含軟體對象的複雜環境。FDH(k-DOP) 是一種特殊的凸包，如圖 5-18(d) 所示，它繼承了 AABB 簡單性的特點，但要具備良好的空間緊密度。FDH 比其他包圍體更緊密地包圍原物體。FDH 相對於上面三種包圍盒其緊密性是最好的，同時其相交測試算法比 OBB 要簡單得多，可以用於軟體對象的碰撞檢測。

在虛擬介入手術過程中，導管相對於血管的位置和方向都在時刻發生變化，預處理過程中構造的包圍盒樹是在初始位置和初始狀態下的。導管運動後，初始的包圍盒樹已經不再適用。如果每次發生變化時都重新構造樹，將會影響碰撞檢測的速度。因此需要一種合理的方式實現對原始樹進行較快的更新，得到當前狀態下對象的包圍盒樹，以便進行快速準確的碰撞檢測[27]。

基於圖像的碰撞檢測方法一般將三維幾何物體透過圖形處理器投影繪製到圖

像平面上，降維得到二維的圖像空間，然後在圖像空間中透過對保存在各類緩存中的資訊進行查詢和分析，檢測出物體之間是否發生干涉。然而多數基於圖像空間的碰撞檢測算法僅能在凸體間進行碰撞檢測，而且其繪製過程往往直接針對物體進行，缺乏必要的最佳化手段，其性能不夠理想。

在虛擬手術中，引入力回饋，可以使手術醫生不僅能夠看到所要手術的器官，而且能感覺到此器官。醫生透過操作介入手術設備與虛擬實境構建的軟體環境進行互動，透過虛擬實境構建的虛擬手術環境獲得視覺圖像回饋，透過力回饋設備獲取力的回饋。基於介入虛擬手術系統，實習醫生透過使用模擬介入手術器械來學習合熟練介入手術的操作手法，使操作者體驗到逼近於真實手術操作的感覺，並培養他們應對手術中各種突發意外病況的能力。然而傳統的介入虛擬手術系統往往缺乏力回饋資訊或者力覺回饋精度較差，醫生通常只能依賴視覺回饋得到的資訊進行模擬手術訓練。儘管視覺圖像資訊能滿足醫生在一定程度上進行許多手術，但缺乏力回饋的系統模擬效果仍不能很好地再現實際手術。如果能獲得準確的力覺回饋資訊，醫生將能夠真實地「感受」到人體組織的特性，便於醫生識別人體組織，使手術更為精準。在介入虛擬手術系統中添加力回饋單元，能幫助訓練人員「體驗」到真實手術的感覺，必然能顯著降低醫生培訓週期。

力回饋的原理為人體的力覺是一種本體感受[28]，是當人手與周圍物體產生互動作用時人體從肌肉和肌腱等組織感知到的資訊。本質上來講，運動和力是密不可分的，力覺回饋是對運動的一種感覺。因此，從力回饋的實現角度來看，應從相對運動和力兩個方面進行研究。從力回饋設備工作原理的角度來看，力回饋實質上是一種機構表現出來的作用於操作者的反作用力。力回饋設備是將虛擬實境軟體中計算得到的矢量力學數據透過力覺回饋裝置輸出的一定大小和方向的回饋力。力回饋裝置通常由多自由度機械結構、運動資訊感測器、執行元件、驅動器、控制器以及各個層次上運行的軟體程序等組成[29]，力回饋技術原理如圖 5-19 所示。感測器採集運動部件的位置、速度、加速度等資訊，經處理後傳遞給電腦中的虛擬軟體，根據參數—回饋力關係進行計算，生成控制訊號，驅動力回饋機構產生回饋力，這樣操作者就可以透過力回饋機構體驗到即時的力回饋效果。

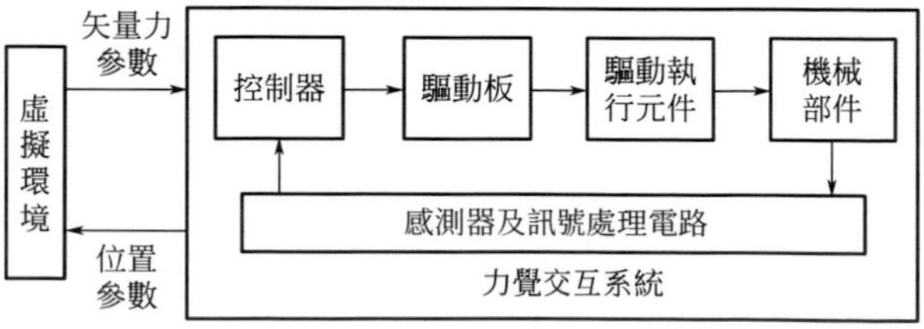

圖 5-19　力回饋技術原理

5.4 應用實例

［實例 1］美國 Hansen Medical 公司研發的用於冠狀動脈介入及消融治療的 Sensei 系統和用於輔助介入治療外周血管介入術的 Magellan 智慧導絲/導管系統。

Sensei 導管機器人系統包括 Sensei 控制臺［圖 5-20(a)］和導管推送系統［圖 5-20(b)］，能夠自由靈活地控制導管進入難以到達的血管部位。該系統驅動機構是由摩擦輪夾緊導管，並透過摩擦輪的滾動帶動導管實現導管的軸向運動，周向運動也是由外部的旋轉裝置帶動導管做旋轉運動。該系統還能智慧地判斷摩擦和阻力部位，辨別相應的受力變化，給操作者不斷地提供力回饋資訊，保證病人的安全。

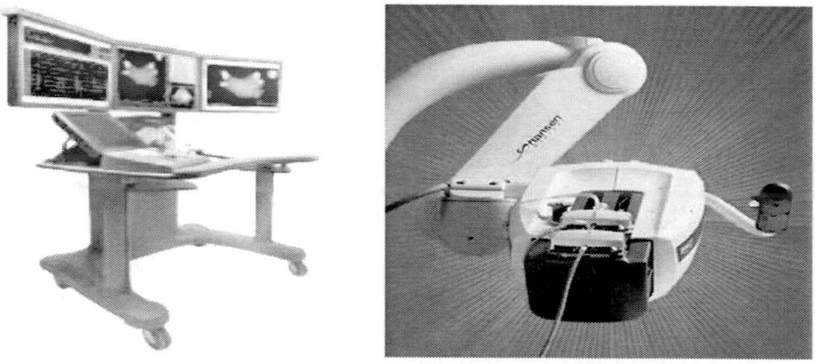

(a)　　(b)

圖 5-20　Sensei 控制臺和其導管推送系統

醫生工作站包括顯示生理數據的顯示屏、3D 引導系統（透視圖像）和高效的三維手操作桿，如圖 5-21 所示。此外，即時的導管定位、導管的壓力、透視

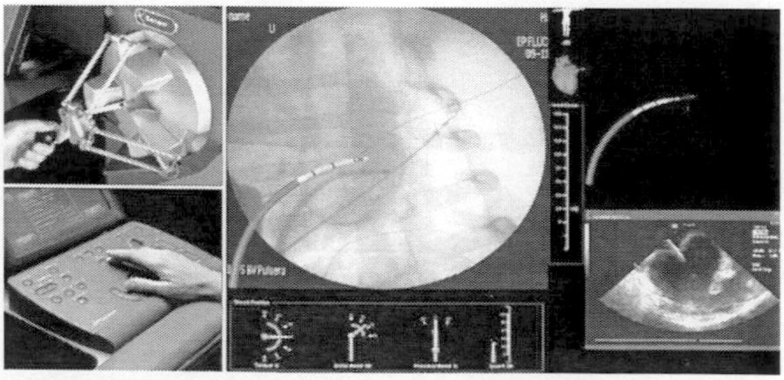

圖 5-21　Sensei 的醫生工作站

視圖以及心內超聲心動圖都在操控臺上顯示。導管運動控制器（左上角）與醫生工作站的控制面板一起，遠端引導導管，在中央控制視圖（中）上可以看到。右側為導管資訊和心內超聲圖像。

此外，該機器人系統使用的導管也是特製可轉向導管，稱為 Artisan sheath，如圖 5-22 所示。它分為內外可操控導管，外導管由兩個相隔 180°拉力線分開控制，它為內導管提供穩定的基座，內導管也是由兩個拉力線控制。四個正交拉線使內導管在 x 和 y 方向上偏轉，以使其能夠到達由 275°和 10cm 的環形工作區內的任何地方。該導管也能在導管頂端採集力資訊，並回饋給操作醫生，但因其價格昂貴而未被廣泛使用。

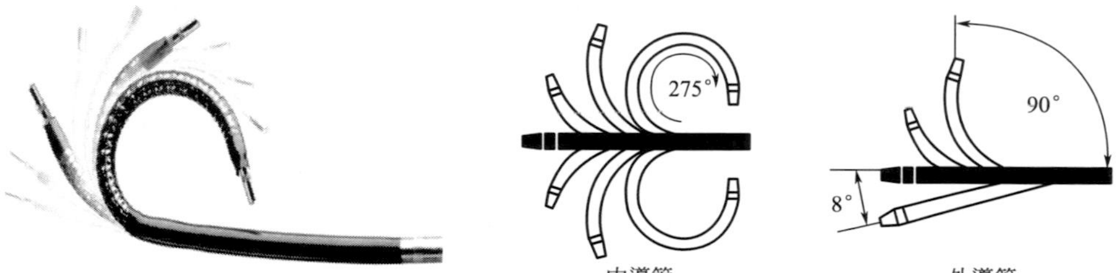

圖 5-22　Artisan 內外導管系統

Magellan 機器人系統是在 Sensei 系統基礎上開發而成的，其增加了硬體和軟體集成，以控制導管額外彎曲、導絲運動及機器人關節運動，並配合改進的操控導管系統和多關節機器人遠端導管控制器（RCM）。該系統由遠端控制系統、導絲輸送系統和控彎導管組成，如圖 5-23 所示。在臨床中，由於血管解剖形態的千奇百怪，醫生為了把導絲/導管送到靶動脈需不斷地旋轉手中的導絲，而 Magellan 系統只需按下彎曲按鈕即可實現導管遠端的彎曲，也可以透過 3D 手柄來實現導管遠端的三維彎曲。

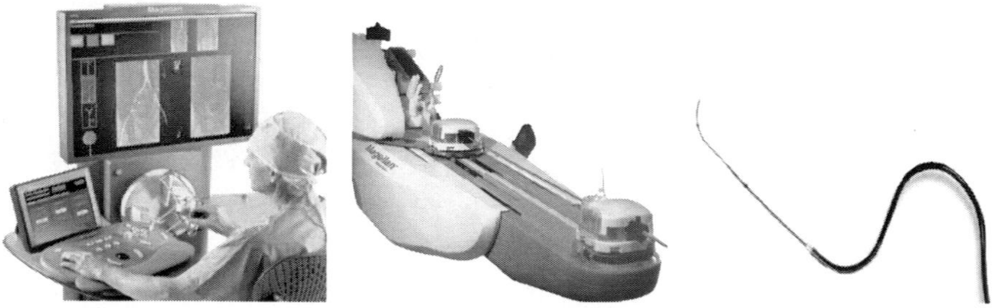
(a)　(b)　(c)

圖 5-23　Magellan 血管介入系統

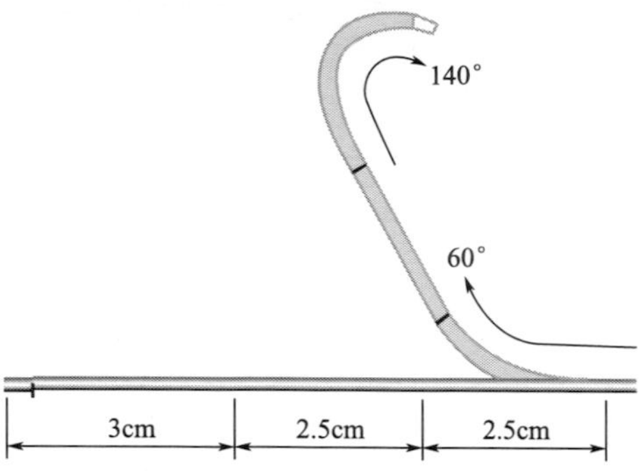

圖 5-24　Magellan 系統智慧導管

相比於 Artisan 導管系統，Magellan 系統智慧導管（如圖 5-24 所示）更為精細，直徑要小很多，且成角能力更強，有 6 個自由度操作功能，同時進一步增強了組織觸覺和視覺回饋。

［實例 2］Epoch 是美國 Stereotaxis 公司提出的一套解決方案，由 Niobe 磁導航系統、Vdrive 機器人導航系統和 Odyssey 資訊管理系統組成。

磁導航系統（magnetic navigation system，MNS）全稱磁力輔助導航介入系統，用磁場來引導磁導管的行進方向。它由半球形磁體、推進系統、控制系統、操作系統及軟體等部分組成。Epoch 的 MNS 具體包括以下幾個部分。

① Niobe 磁導航系統　如圖 5-25 所示。置於胸廓兩側的永久磁體材料為釹-鐵-硼複合物，每個磁體又由 200 餘個小磁體構成。磁場強度為 0.08～0.1T，透過控制磁體位置的變化來改變磁力線的方向，從而可以改變磁導管的方向，可使導管頭進行 360°旋轉，實現更準確的移動。導管是特製的磁導管，3 塊非常小的磁鐵被包埋在導管的遠端，這樣導管的方向就能被體外的磁場所控制。當兩側的磁體旋轉時，在磁場範圍內可產生不同強度和方向的磁場力，使得磁導管在不同的磁矩的作用下，改變導管遠端的運動方向。由於採用了新的技術，減少了 80％的反應時間。

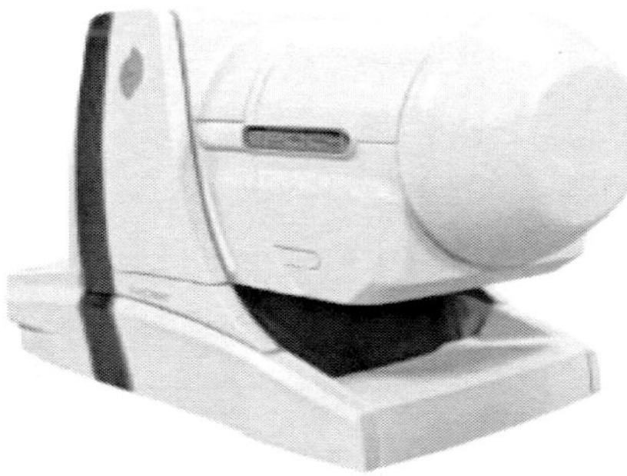

圖 5-25　Niobe 磁導航系統

② Cardiodrive 導管推進器　由齒輪驅動器和遙控操縱桿組成，根據設定的導管彎曲與進退方向。導管的前進與後退由自動推進系統完成，在控制室醫生用操縱桿來對導管進行控制，其進退的快慢和距離由電腦控制，最終導管按照醫生設定的目標方向或靶點位置行進，可以實現偏轉 1°及進退 1mm 的精確定位，控制導管進退和方向全部靠控制室的操縱桿、鼠標或觸摸屏遙控完成，使得手術變得既簡單又準確。

③ Navigant 人機互動界面軟體系統　由高速電腦硬體和圖形互動處理軟體組成工作站，整合各種心臟影像，控制磁體自由旋轉角度，計算、預設和儲存導航球的綜合向量，由綜合向量調控體內磁性導管的彎曲、旋轉與進退方向。操作者可在導管室外電腦螢幕的三維虛擬心臟或心臟解剖影像上，藉助方向導航、靶點導航和解剖標誌導航實現對磁性導管的遙控操作。透過註冊 X 射線影像至人機互動界面，可以將 CARTO 三維標測系統完成的三維影像即時顯示在註冊的 X 射線影像上，從而可以減少醫患的 X 射線曝光量（圖 5-26）。同時，因導管的操控可以由鼠標或推送桿完成，在完成心臟導管的植入後，醫生可以卸下鉛衣，在導管室外的操作間完成心律失常的標測和消融，大大減少醫生的鉛衣負荷，減少職業病的發生。

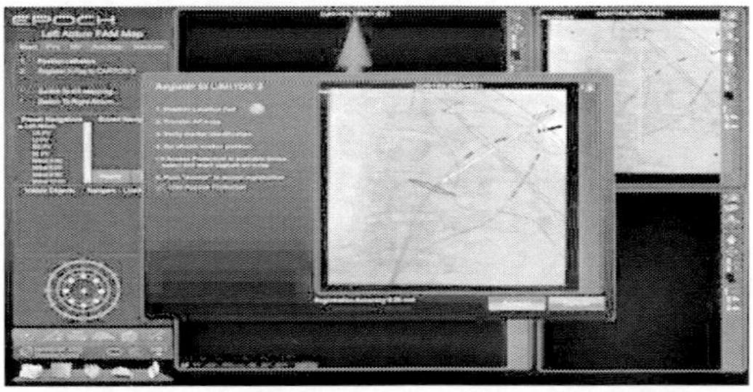

圖 5-26　註冊 X 射線到磁導航系統，模擬即時 X 射線界面，減少 X 射線曝光量

該系統的優點包括診斷和治療設備的控制更精確，減少醫生和患者在 X 射線下的曝光。由於電腦控制和數位自動化大大提高了手術效率和準確性，醫生只需透過簡單地移動鼠標即可完成手術。

Vdrive 機器人導航系統與 Niobe 磁導航系統搭配使用，為診斷中導航和保持穩定性提供了保障。Vdrive 機器人不僅保證了導管的精確移動，而且增加了臨床效益，並減少了對醫生、工作人員和患者的輻射劑量，大大減輕了醫生的勞動強度，降低了醫生的健康風險。圖 5-27 為 Vdrive 的三種型號。

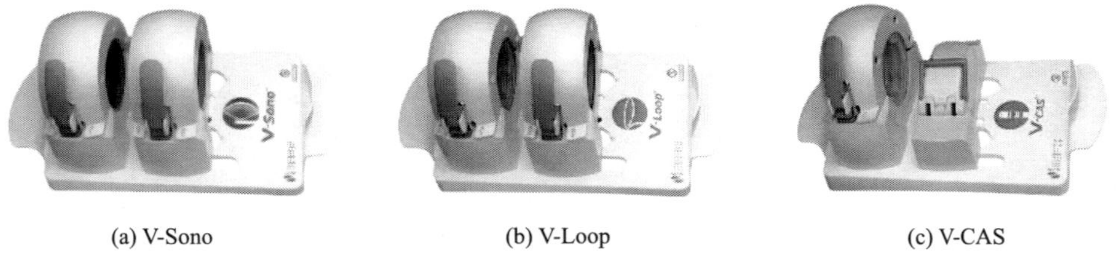

(a) V-Sono　(b) V-Loop　(c) V-CAS

圖 5-27　Vdrive 的三種型號

在醫院中，醫療設備通常由多個供應商所提供，當使用這些設備檢測患者各項電生理值時，由於各個廠商所使用的資訊傳輸標準不同，臨床數據常常丟失和無法獲取，並且由於不同科室對患者的病例檢查缺乏統一的保持措施，經常會產生病例丟失的情況。Odyssey 系統將大量的臨床實驗室資訊整合，如圖 5-28 所示，醫生只需要一塊螢幕和一套鼠標和鍵盤控制。這樣使得醫生能夠在 Odyssey 系統中觀看患者每一次診斷的相關資訊，最大限度地提高診斷效率。

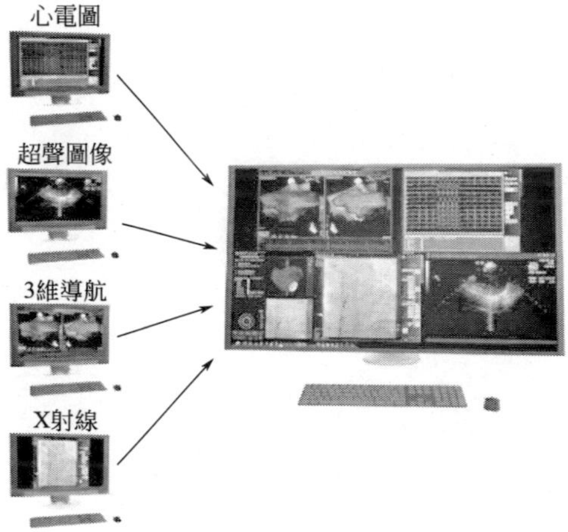

圖 5-28　Odyssey 系統操作臺

參考文獻

[1] 於曰余．正確使用數位減影血管造影機減少介入手術中的輻射吸收劑量[J]. 中國醫學裝備，2012，9(6)：72-74.

[2] 彭慧，李雪琴，王曉濤，等．DSA 介入醫師受照劑量評價及管理探討[J]. 核安全，2017，16(3)：30-34.

[3] 韋宏曠，唐孟儉，覃志英，等．對介入放射手術中醫生和受檢者受照劑量的研究[J]. 中國醫學裝備，2016，13(9)：37-39.

[4] French P J，D. Goosen J F L T. Sensors in Medicine and Health Care：Sensors Applications in Sensors for catheter applications[M]. Wiley Online Library，2006：125-131.

[5] Beyar R，Gruberg L，Deleanu D，et al. Remote-Control Percutaneous Coronary Interventions：Concept，Validation，and First-in-humans Pilot Clinical Trial

[J]. 2006，47（2）：296-300.

[6] Marcelli E，Cercenelli L，Plicchi G. A Novel Telerobotic System to Remotely Navigate Standard Electrophysiology Catheters [J]. Computers in Cardiology，2008，35: 137-140.

[7] Guo Jian，Guo Shuxiang，Xiao Nan，et al. A Novel Robotic Catheter System with Force and Visual Feedback for Vascular Interventional Surgery[J]. International Journal of Mechatronics and Automation，2012，2（1）：15-24.

[8] Song Yu，Guo Shuxiang，Yin Xuanchun，et al. Design and Performance Evaluation of a Haptic Interface Based on MR Fluids for Endovascular Tele-Surgery[J]. Microsystem Technologies，2018，24（2）：909-918.

[9] Guo Shuxiang，Yu Miao，Song Yu，et al. The Virtual Reality Simulator-based Catheter Training System with Haptic Feedback[C]. IEEE International Conference on Mechatronics and Automation，Takamatsu，Kagawa，Japan，August 23，2017，pp. 922-926.

[10] Guo Jian，Guo Shuxiang. Design and Characteristics Evaluation of a Novel VR-based Robot-assisted Catheterization Training System with Force Feedback for Vascular Interventional Surgery[J]. Microsystem Technologies，2017，23（8）：3107-3116.

[11] Zhang Linshuai，Guo Shuxiang，Yu Huadong，et al. Electromagnetic Braking-Based Collision Protection of a Novel Catheter Manipulator[C]. IEEE International Conference on Mechatronics and Automation，Takamatsu，Japan，August 6 - August 9，2017，pp. 1726-1731.

[12] Zhang Linshuai，Guo Shuxiang，Yu Huadong，et al. Design and Performance Evaluation of Collision Protection-based Safety Operation for a Haptic Robot-assisted Catheter Operating System[J]. Biomedical Microdevices，2018，20（2）：22.

[13] Bao Xiaoqiang，Guo Shuxiang，Xiao Nan，et al. Operation Evaluation in-human of a Novel Remote-controlled Vascular Interventional Robot[J]. Biomedical Microdevices，2018，20（2）：34.

[14] Bao Xiaoqiang，Guo Shuxiang，Xiao Nan，et al. A Cooperation of Catheters and Guidewires-based Novel Remote-controlled Vascular Interventional Robot [J]. Biomedical Microdevices，2018，20（1）：20.

[15] Corindus Announces Results of First-in-Human Clinical Study of CorPath 200 System [OL]. 2010.

[16] Feng Weixing，Chi Changmin，Wang Huanran，et al. Highly Precise Catheter Driving Mechanism for Intravascular Neurosurgery [C]. IEEE International Conference on Mechatronics and Automation，Luoyang，China，June 25-June 28，2006，pp. 990-995.

[17] 曹彤，王棟，劉達，等．主從式遙操作血管介入機器人[J]. 東北大學學報（自然科學版），2014，35（4）：569-573.

[18] 賈博，田增民，盧旺盛，等．遙操作血管介入機器人的實驗研究[J]. 中國微侵襲神經外科雜誌，2012，17（5）：221-224.

[19] 奉振球，侯增廣，邊桂彬，等．微創血管介入手術機器人的主從互動控制方法與實現[J]. 自動化學報，2016，42（5）：696-705.

[20] 奉振球．微創血管介入手術機器人系統的設計與控制[A]. 中國自動化學會控制理論專業委員會、中國系統工程學會．

第三十二屆中國控制會議論文集（D卷）.

[21] 楊雪．心血管微創介入手術機器人系統研究[D]. 秦皇島：燕山大學，2014.

[22] 劉浩．導管機器人系統的建立及其關鍵技術研究[D]. 哈爾濱：哈爾濱工業大學，2010.

[23] 李盛林，沈傑，言勇華，等．介入式手術機器人進展[J]. 中國醫療器械雜誌，2013，37(2)：119-122.

[24] 楊雪峰，孟照輝．磁導航技術在心血管介入手術中的應用與評價[J]. 醫學綜述，2013，19(24)：4512-4514.

[25] 尤曉赫．無線膠囊內鏡的精確定位追蹤技術[D]. 杭州：浙江大學，2017.

[26] 魏迎梅，王涌，吳泉源，等．碰撞檢測中的層次包圍盒方法[J]. 電腦應用，2000，20(S1)：241-244.

[27] 王曉榮．基於 AABB 包圍盒的碰撞檢測算法的研究[D]. 武漢：華中師範大學，2007.

[28] Johan T，Jan W. Tactile Sensing in Intelligent Robotic Manipulation-a Review [J]. Industrial Robot-An International Journal，2005，32(1)：64-70.

[29] Kanagaratnam P，Koawing M，Wallace D T，et al. Experience of Robotic Catheter Ablation in Humans Using a Novel Remotely Steerable Catheter Sheath [J]. Journal of Interventional Cardiac Electrophysiology，2008，21(1)：19-26.

第6章

腹腔鏡機器人

6.1 引言

1991年，中國引進腹腔鏡膽囊切除術（LC）並獲得成功，標誌著現代微創技術在中國的萌芽[1]。短短十幾年，腹腔鏡下胃、小腸、結腸、直腸、肝、脾以及多器官聯合切除術也相繼獲得成功。婦科在腹腔鏡下的卵巢、輸卵管與子宮切除術，泌尿科在腹腔鏡下完成腎上腺切除、腎切除術等也陸續被報導。隨著微創手術的迅速發展，腹腔鏡外科手術為現代外科的發展帶來了巨大變革。腹腔鏡外科手術範圍正逐步涉及更為複雜的手術領域，手術模式也向更精確、更精細、無創化和多資訊導向的智慧化轉變，高科技的發展促進了微創外科技術的不斷進步，腹腔鏡外科機器人就在這新世紀的發展良機中應運而生[2]。在微創手術中，腹腔鏡操作機器人負責代替醫生完成對腹腔鏡的操作，因此需要對腹腔鏡機器人系統展開相關研究，使機器人能夠滿足微創手術任務要求。

6.1.1 腹腔鏡機器人的研究背景

腹腔鏡是一種帶有微型攝影頭的器械，用於腹腔內檢查和治療[3]。其實質上是一種纖維光源內鏡，包括腹腔鏡、能源系統、光源系統、灌流系統和成像系統，如圖6-1所示。在完全無痛情況下應用於外科患者，可直接清楚地觀察患者腹腔內情況，了解致病因素，同時對異常情況做手術治療。腹腔鏡手術又被稱為「鎖孔」手術。運用腹腔鏡系統技術，醫生只需在患者實施手術部位的四周開幾個「鑰匙孔」式的小孔，無需開腹即可在電腦螢幕前直觀患者體內情況，施行精確手術操作，手術過程僅需很短的時間。

腹腔鏡手術是一門新發展起來的微創方法，是未來手術方法發展的一個必然趨勢。隨著工業製造技術的突飛猛進，相關學科的融合為開展新技術、新方法奠定了堅定的基礎，加上醫生越來越嫻熟的操作，使得許多過去的開放性手術現在已被腔內手術取而代之，大大增加了手術選擇機會。腹腔鏡手術多採用2～4孔操作法，其中一個開在人體的肚臍上，避免在患者腹腔部位留下長條狀的疤痕，恢復後，僅在腹腔部位留有 1～3 個 0.5～1cm 的線狀疤痕，可以說是創面小、痛楚小的手術，因此也有人稱之為「鑰匙孔」手術。手術現場如圖 6-2 所示。

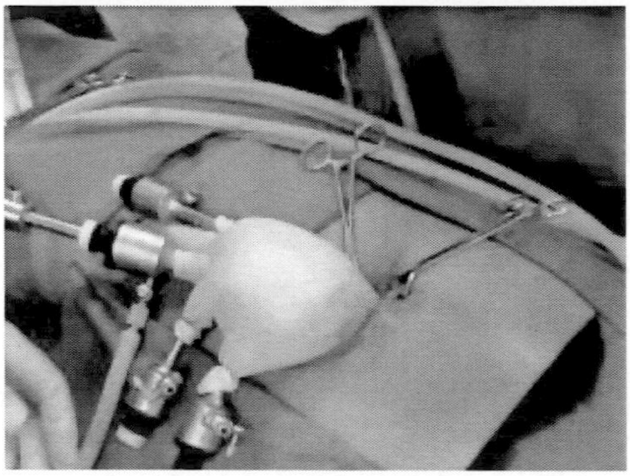

圖 6-1　纖維光源腹腔鏡

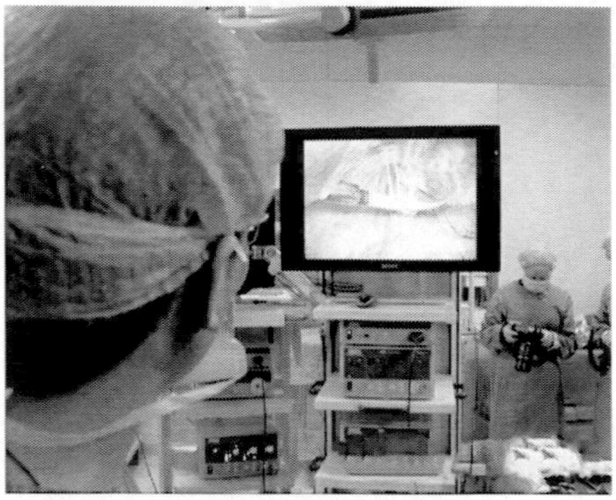

圖 6-2　腹腔鏡手術現場

腹腔鏡微創手術與傳統手術相比，深受患者的歡迎，尤其是術後瘢痕小又符合美學要求，青年患者更樂意接受，微創手術是外科發展的總趨勢和追求目標。目前，腹腔鏡手術的金標準是膽囊切除術，一般地說，大部分普通外科的手術，腹腔鏡手術都能完成，如闌尾切除術，胃、十二指腸潰瘍穿孔修補術，疝氣修補術，結腸切除術，脾切除術，腎上腺切除術，還有卵巢囊腫摘除、宮外孕、子宮切除等，隨著腹腔鏡技術的日益完善和腹腔鏡醫生操作水準的提高，幾乎所有的外科手術都能採用這種手術。

新型的腹腔鏡手術是現代高科技醫療技術用電子、光學等先進設備原理來完成的手術，是傳統剖腹手術的跨時代進步，它是在密閉的腹腔內進行的手術：攝影系統在良好的冷光源照明下，透過連接到腹腔內的腹腔鏡體，將腹腔內的臟器攝於監視螢幕上，手術醫師在高科技顯示屏監視、引導下，於腹腔外操縱手術器械，對病變組織進行探查、電凝、止血、組織分離與切開、縫合等操作。它是電子、光學、攝影等高科技技術在臨床手術中應用的典範，具有創傷小、併發症少、安全、康復快的特點。近幾年來，外科腔鏡手術發展很快，可同時檢查和治療，是目前最先進、最尖端的微創技術，在治療外科疾病中的應用已越來越受到人們的矚目，並得以快速發展。

6.1.2　腹腔鏡機器人的研究意義

隨著傳統腹腔鏡技術的廣泛應用，現代外科進入了微創化時代。但傳統腹腔鏡設備的局限性，極大地限制了微創外科的進一步發展。新出現的機器人輔助腹腔鏡技術，超越了傳統外科與腹腔鏡技術的局限性，其卓越的三維視野以及更好的靈巧性，能夠安全完成更精細和複雜的操作，因而外科機器人技術正逐步滲透到外科各亞專科領域，預示著微創外科新紀元即將來臨。

據估計，微創手術全球的潛在市場超過 35 億美元。僅在美國，每年有 700 萬個手術可以採用微創手術進行治療，但只有大約 100 萬個手術應用了微創手術機器人，因此微創手術機器人及其裝備市場潛力巨大。

近年來，腹腔鏡手術技術在中國的大中型城市中被廣泛採用，在技術上位於世界前列，而且中國的機器人技術也是世界一流水準，但是中國在腹腔鏡手術機器人方面的研究尚處於起步階段，很多技術研究還是空白。雖然有個別醫院嘗試引進了海外先進智慧輔助醫用機器人，並進行了一些手術的應用，但手術個例較少。腹腔鏡輔助機器人的發展作為外科機器人發展過程中的一個重要的分支，在中國尚處於起步階段，任重道遠。因此，對於研究腹腔鏡手術的專用機器人的整機設計製造具有非常重要的意義。

6.2 腹腔鏡機器人的研究現狀

6.2.1 腹腔鏡機器人的海外研究現狀

英國 Armstrong Healthcare 中心在 1998 年研製了 EndoAssist 機器人輔助內鏡操作系統[4]，機器人如圖 6-3(a) 所示，操作系統如圖 6-3(b) 所示。外科醫生透過戴在頭上的操作器來同步控制內鏡的移動，獲取可視化的病灶組織圖像。

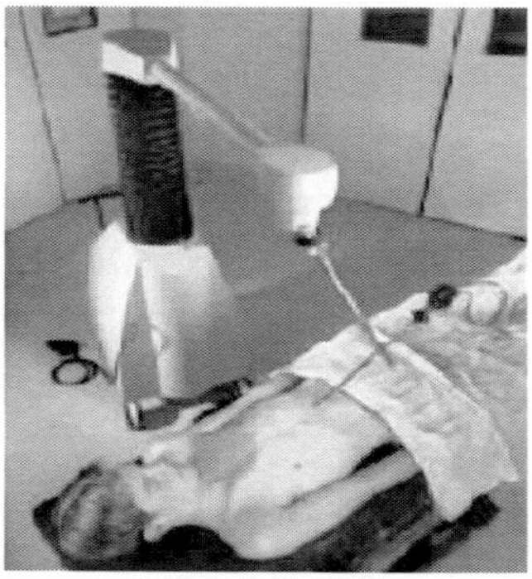

(a) EndoAssist機器人

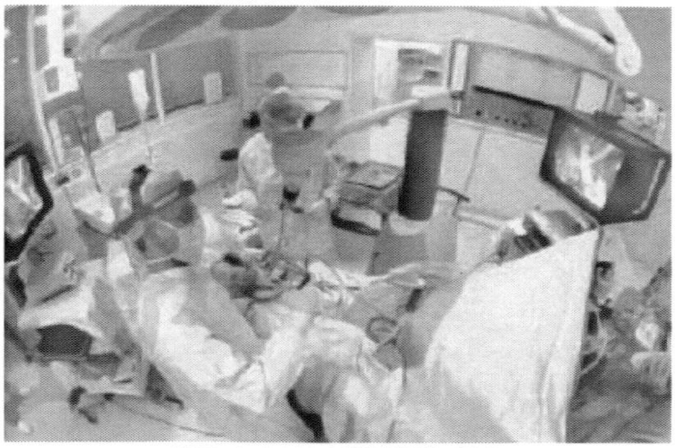

(b) EndoAssist內窺鏡操作系統

圖 6-3 EndoAssist 機器人及其操作系統

只有啓動腳踏板開關的時候才允許內鏡移動，這樣可以允許醫生的頭部在非工作的狀態下自由移動。透過測量醫生所佩戴操作器內的線圈感應電勢，來檢測醫生的頭部運動，並以此控制機器人運動，達到操作內鏡的目的。

Computer Motion 公司最初於 1991 年研製的具有語音識別功能的手術機器人 AESOP（automated endoscopic system for optimal positioning），也是世界上第一臺透過 FDA 認證的商業化系統。微創腹腔鏡手術過程中協助醫生把持腹腔鏡，該系統採用語音控制方式，手術前預先錄入醫生的聲音，手術中醫生透過語音對該機器人下達命令，控制機器人移動腹腔鏡。AESOP 外科手術系統實現了手術中腹腔鏡的把持，消除了由於醫生疲勞產生的圖像震顫，使手術成像更為清晰，然而由於採用語音控制，機器人識別醫生的命令有延遲，手術效率不高。稍後該公司對 AESOP 進行改進和最佳化，相繼推出 AESOP1000、AESOP2000、AESOP3000，如圖 6-4 所示[5~7]。

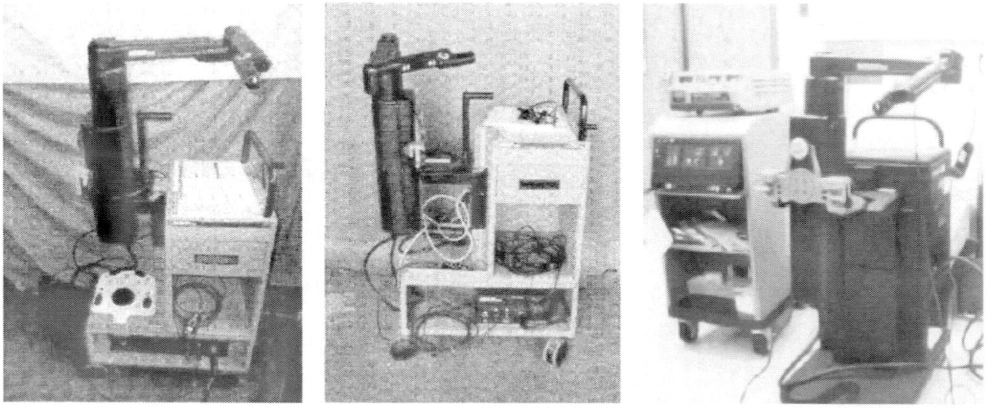

(a) AESOP1000　(b) AESOP2000　(c) AESOP3000

圖 6-4　手術機器人系統

作為 AESOP 外科手術系統的後繼者，1998 年該公司研製的基於主從控制的 ZEUS 系統（如圖 6-5 所示），成為該系列機器人的經典。該系統配備了三條機械臂，其中包含兩條用於夾持手術器械的相互對稱的機械臂和一條高自由度的持鏡機械臂，由於採用主從控制的方式，醫生可以容易地實現遠端手術。該機器人能夠消除手術時的顫抖，使得內鏡定位更加精確和穩定，機械臂為冗餘 7 自由度，能模擬人手臂的運動功能，代替醫生完成對腹腔鏡的操作[8]。機械手臂採用串口通訊，控制方式為速度控制，控制介面為語音，ZEUS 外科手術機器人系統採用的持鏡臂控制方式繼承於 AESOP 外科手術系統，為改進的 AESOP3000 語音控制系統，但同 AESOP 外科手術系統具有同樣的缺點。

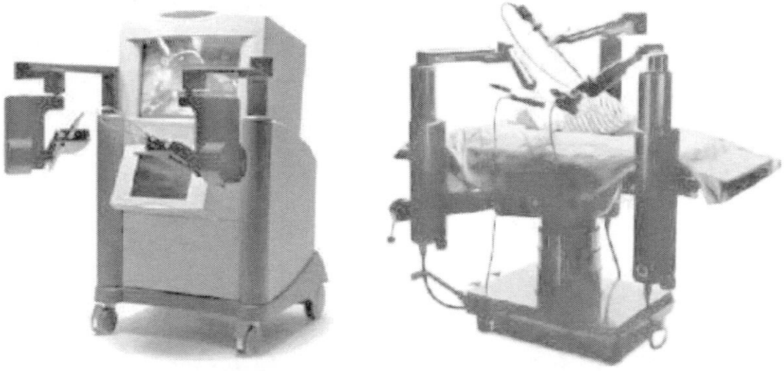

圖 6-5　Computer Motion 公司的 ZEUS 系統

後來，Intuitive Surgical 公司收購 Computer Motion 公司，並成功開發出 da Vinci 手術機器人系統[9]，如圖 6-6 所示，該機器人透過了 FDA 認證且目前已經商品化。同 ZEUS 機器人系統一樣，da Vinci 機器人系統的機械臂也具有 7 個自由度，能夠消除手術時的顫抖且具有自動糾錯功能。da Vinci 機器人不僅能夠應用到腹腔鏡手術，還可以輔助實施胸腔鏡手術、心臟手術、泌尿手術、婦科手術等多種手術。隨後 Intuitive Surgical 公司與 IBM、MIT 以及 HeartPort 公司合作進一步開發該系統，同時奧林巴斯公司為 da Vinci 系統提供了一套新型的 12mm 內鏡設備，使得 da Vinci 機器人系統不斷更新和完善。

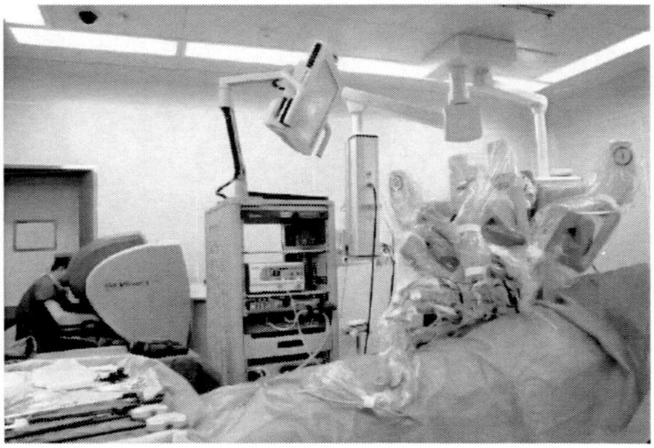

圖 6-6　da Vinci 手術機器人系統

2014 年，該公司推出了新的 da Vinci Xi 系統[10]，該系統取得了良好的臨床實驗效果，如圖 6-7 所示。

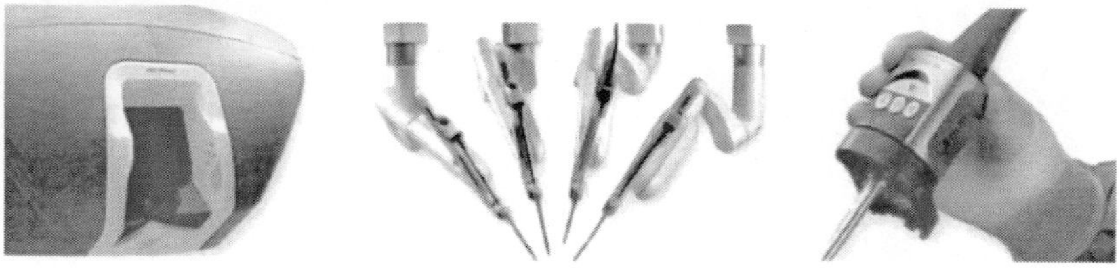

圖 6-7　da Vinci Xi 外科手術系統

IBM 公司與瓊斯・霍普金斯大學醫學院聯合研製 LARS 系統，如圖 6-8 所示[11]。該系統機械臂安裝在具有三維直線運動自由度的平臺上，平臺位於可鎖定的四輪小車上。機械臂末端的機構可使機械臂夾持醫療器械做四個運動：三個轉動和一個插入運動。該系統對機械臂的控制方式有兩種，一種為透過專門設計的操作桿進行操作，另一種為在醫生參與下的主動視覺引導。醫生透過安裝於手術工具上的微型操作桿對 TV 顯示器上的對象（病灶、手術工具等）進行點取操作，系統將透過圖像分析，識別其中被選取的對象，移動內鏡使被選取的對象位於視野中央，並能進行追蹤和其他輔助操作。該系統具有較強的圖像處理功能，可對手術圖像進行儲存以及在圖像之間進行快速切換。目前該系統正處於臨床實驗階段，並已成功地進行了膽囊切除手術和腎切除手術。

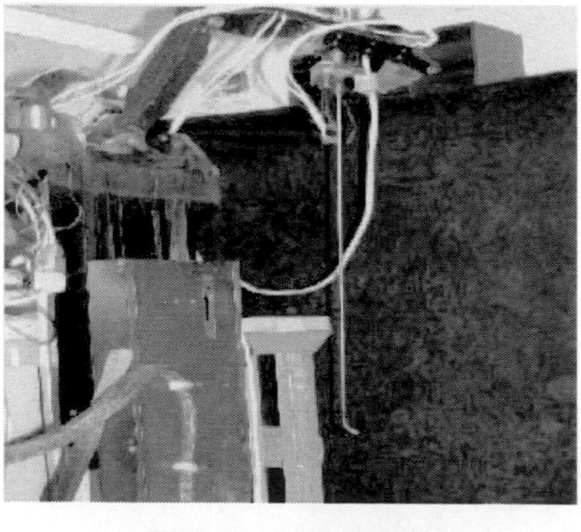

圖 6-8　LARS 系統

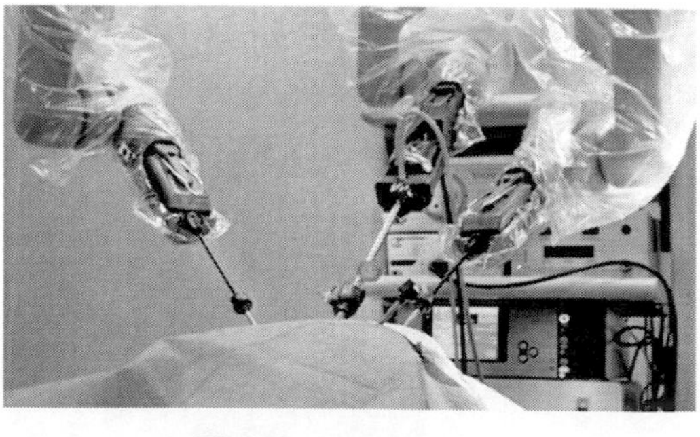

圖 6-9　Telelap Alf-X

2016 年，歐洲研發的 Telelap Alf-X 已透過歐盟標準（CE mark），其特點為有觸覺回饋及眼睛追蹤系統，目前正在申請美國 FDA 批准，如圖 6-9 所示。Telelap ALF-X 的手術功能與 da Vinci 類似，與 da Vinci 形成競爭。其主要特點在於力覺感知和回饋，使醫生能夠感覺到手術器械施加在手術組織上的力，這將使得手術操作更加安全可靠。另外，系統還可以對醫生眼球進行跟蹤，以自動對焦和調節攝影頭視角範圍，顯示醫生眼睛感興趣的區域[12]。

與 Telelap Alf-X 同樣發展迅速的還有英國的 FreeHand 機器人，該機器人具有結構緊湊、體積小巧、安裝方便、價格低廉等優點，但其不足是其機械臂為被動式設計。它主要用於對攝影頭固定和支撐，為醫生實施腹腔手術提供即時高清圖像，醫生可以根據需要手動調節攝影頭位姿。FreeHand 機器人如圖 6-10 所示。

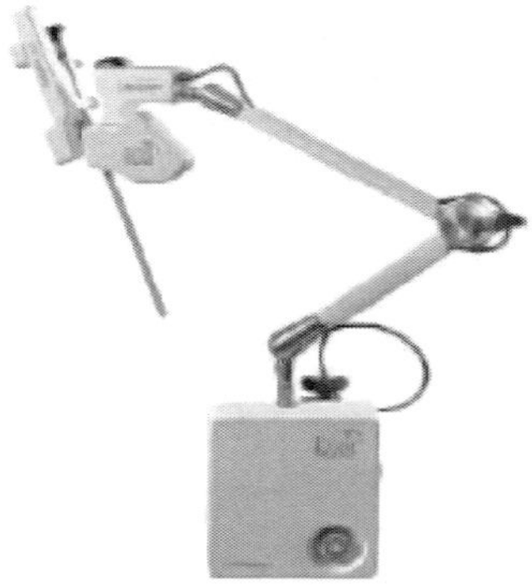

圖 6-10　FreeHand 機器人

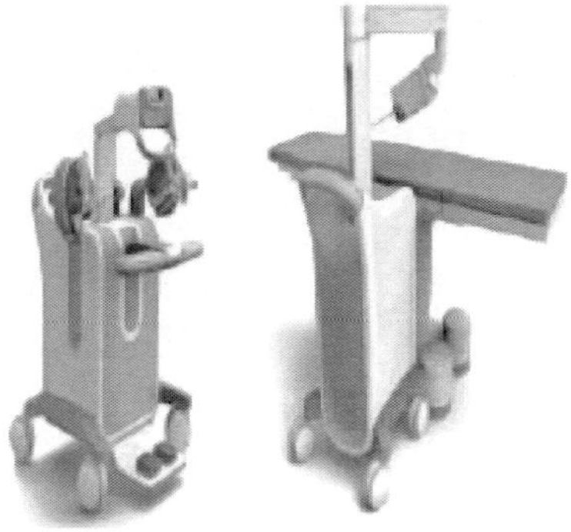

圖 6-11　SPORT 機器人

由加拿大 SPORT 公司研發的 SPORT 機器人是一款結構簡單的腹腔手術機器人系統，它只有一個機械臂，如圖 6-11 所示。它由主端控制臺和執行工作站組成。主端控制臺包括 3D 高清可視化系統、互動式主端控制器；執行工作站提供了 3D 內鏡、機械臂、單孔操作器械等。整個系統結構較 da Vinci 簡單，占用的手術室空間相對較小，價格也較便宜，是目前 da Vinci 的主要競爭者。

內布拉斯加州大學林肯分校的 Amy Lehman、Carl A. Nelson 等學者研製了面向 LESS 的協作助手機器人 CoBRASurge（如圖 6-12 所示）。該機器人的基座透過一個空間斜齒輪組機構（具有 4 個自由度）保證手術器械部分能夠非常自然靈活的進入體內，手術器械部分分別有兩個機械臂，每個機械臂肩部有 2 個轉動自由度，腕部有 1 個轉動自由度和 1 個移動自由度，左臂上裝有夾子，右臂上裝有灼燒器。兩臂上的電機均採用帶有編碼器的直流永磁伺服電機，電機採用 PID 控制。整個系統採用主從控制方式，外科醫生透過操作主手能夠實現手術器械的靈活操作。該機器人整體尺寸較大，所進行的實驗均是在體外且需要額外增加照明攝影裝置[13,14]。

同年，該校的 Jason Dumpert、Amy C. Lehman、Nathan A. Wood 等學者又針對機器人的核心部位進行了改進，設計了如圖 6-13 所示的 NOTES 機器人模型。該機器人有兩個機械臂和一個主體，每個機械臂具有 3 個自由度，左臂實現夾持，右臂實現灼燒功能，主體部分嵌入一對立體視覺攝影系統用於視覺回饋，主體部分還裝有磁鐵，用於手術操作時機器人的定位。每個關節處裝有編碼器且電機採用 PID 控制[15]。

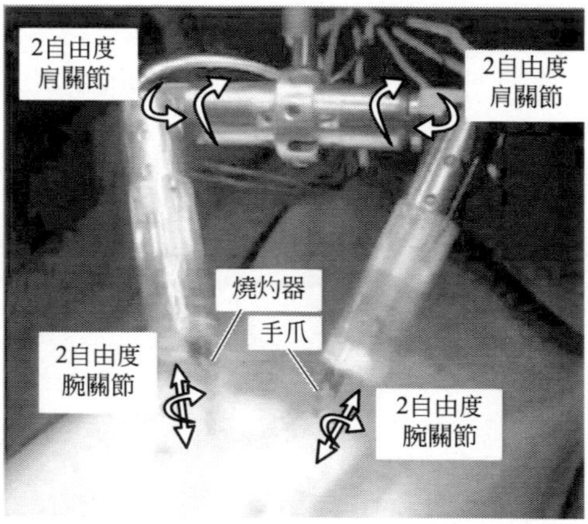

圖 6-12　CoBRASurge 機器人

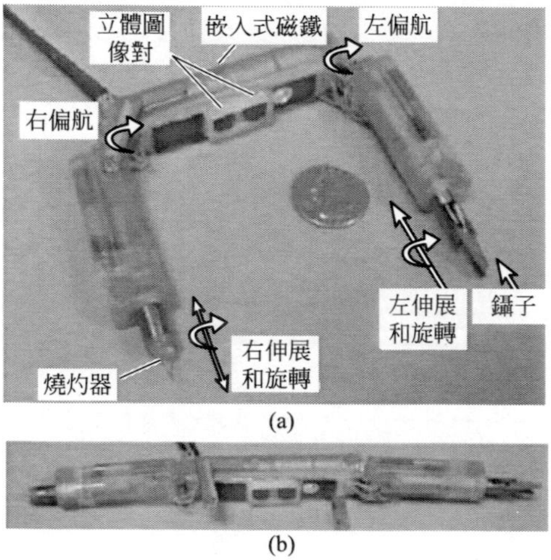

圖 6-13　NOTES 機器人模型

日本慈惠會醫科大學的 Naoki Suzuki、Asaki Hattori 等學者於 2010 年提出了一種蝎子型的手術機器人，如圖 6-14 所示，該機器人可用於單孔微創腹腔手術和自然孔手術[16]。新加坡南洋理工大學機械航天學院機器人研究中心的 Phee Soo Jay、Low Soon Chiang 等學者於 2009 年也研製了一種主從單孔腹腔鏡機器人，如圖 6-15 所示。這兩種機器人都是透過驅動絲傳動的方式進行手術器械操作的，受到材料特性的限制，手術器械的運動範圍受到限制[17]。

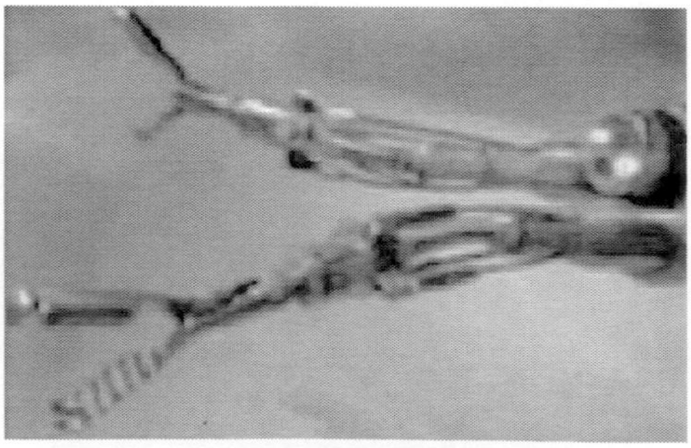

圖 6-14　日本蝎子型腹腔手術機器人

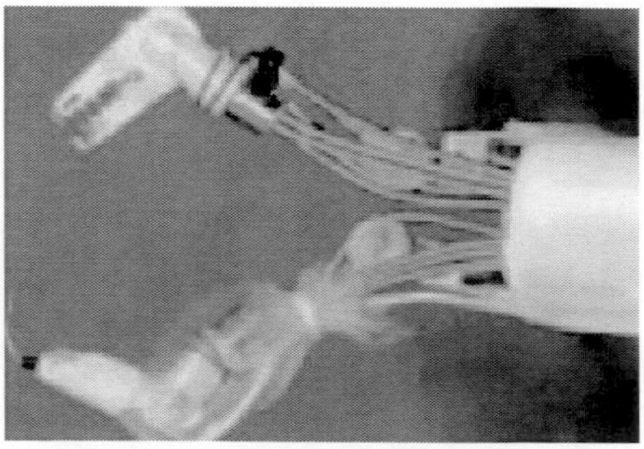

圖 6-15　主從單孔腹腔鏡機器人

2010 年，內布拉斯加州大學醫學中心的 Dmitry Oleynikov 和 Shane Farritor

從尺寸小型化和成本廉價化的理念出發，設計了一款可以透過一個切口完全進入人體內部的腹腔鏡手術微型 vivo 機器人，如圖 6-16 所示。圖 6-16(a) 是該機器人安裝在一個平臺上進行臨床試驗，圖 6-16(b) 是主操控平臺，包括主手和顯示系統。該機器人包括中間照明攝影模塊和兩個機械臂，整個機器人可透過一個切口進入患者體內。照明模塊裝有 LED 燈和兩個攝影頭，能夠將採集到的手術區域的圖像資訊即時傳送到體外顯示屏上，每個機械臂具有 2 個自由度，關節之間的電機採用 PID 控制，一個機械臂上裝有夾子，另一個機械臂上裝有高頻電刀，醫生根據螢幕上的視野資訊透過手柄控制機械臂進行手術。該機器人已經經過了臨床試驗，其結果表明：該機器人提高了手術區域的清晰度和深度，增加了手術操作的靈活性和手術效率，但是整機的尺寸較大，無法感知手術時的力覺，控制起來較困難[18,19]。

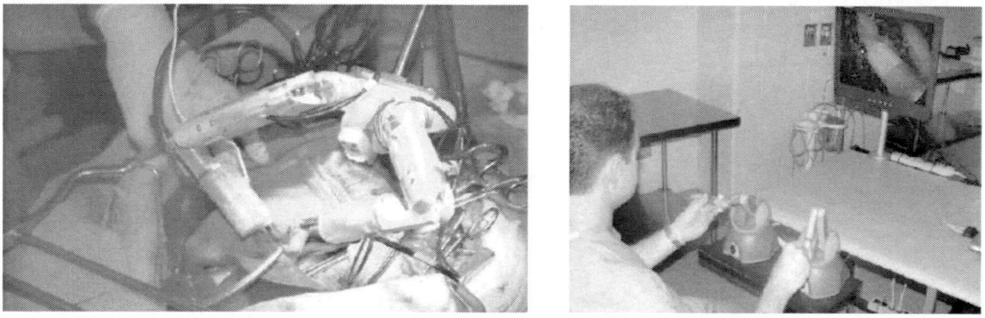

(a) 臨床實驗中的機器人　(b) 主操控平臺

圖 6-16　內布拉斯加州大學的微型 vivo 機器人

6.2.2 腹腔鏡機器人的中國研究現狀

2009 年，中國哈爾濱工業大學機器人研究所在「863 計劃」的資助下，由付宜利等設計研製了腹腔鏡微創手術機器人系統[20]。該系統可替代手術助手扶持、移動腹腔鏡，為醫生提供穩定的手術區域圖像，並可以按照預先規劃的軌跡夾持腹腔鏡運動到患者體表切口處，並以一定姿態插入患者體內；按照手術醫生命令即時調整腹腔鏡姿態，為醫生輸出理想手術視野，如圖 6-17 所示。其控制系統採用 PC 機和運動控制板卡相結合的方式。開始工作時，電腦首先規劃機器人末端軌跡，然後透過運動控制板卡控制伺服電機，驅動機器人手臂達到目標位姿。

同年，南開大學的鞠浩以腹腔鏡微創手術機器人控制系統為研究對象[21]，針對機器人本體主從操作手「異構」的特點以及腹腔鏡微創手術要求，設計了基於 DSP＋FPGA 的嵌入式硬體系統平臺，在分析主從手映射關係的基礎上設計了主從映射算法，在腹腔鏡微創手術機器人上實現了 1000Hz 的即時主從映射，如圖 6-18 所示。

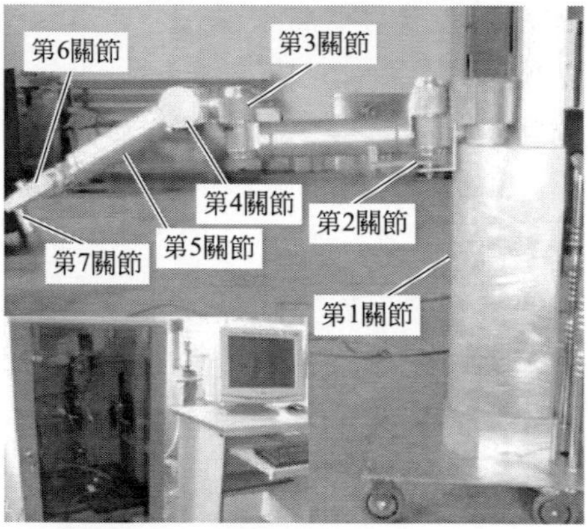

圖 6-17　哈爾濱工業大學研製的腹腔鏡機器人

圖 6-18　南開大學研製的腹腔鏡機器人

由哈爾濱工業大學杜志江教授等研製的微創腹腔外科手術機器人系統是一種類似 da Vinci 系統的手術機器人系統，如圖 6-19 所示，該系統已經完成了 15 例活體動物的膽囊的切除實驗，在手術中實現了膽囊的夾取、牽拉、剝離等操作，是中國在外科手術系統研製上的一個突破[2]。該系統還在控制算法、三維腹腔鏡成像上取得了一些突破。但是該系統在腹腔鏡的視野控制上仍然採用與 da Vinci 系統相同的「腳踏板」控制方式。

圖 6-19　微創腹腔外科手術機器人系統

目前中國對於手術機器人的研究還主要集中在手術機器人構型、主從控制算法、手術過程規劃等的研究上，對於腹腔鏡的自動導航方法研究較少。

6.3 腹腔鏡機器人的關鍵技術

6.3.1 腹腔鏡機器人持鏡手臂設計

微創手術特點是醫療器械只能透過患者體表切口運動，並且一般只具有 4 個自由度。它要求機器人系統中用於操作醫療器械的機構有足夠的自由度和運動空間。因此，微創手術機器人一般為具有多自由度的關節式機器人。為了便於控制，機器人運動機構可設計成機械手臂和手腕，前者實現機械手腕的手術部位的定位，後者實現對醫療器械的操作。滿足微創手術插入點限制的機器人腕部機構成為微創手術機器人的研究重點。

東京大學研製了一種新型的 5 連桿機構用於操作內鏡[22]，如圖 6-20 所示，透過醫生頭部運動可操作內鏡按照醫生動作運動，機器人所有零件及相應的連桿可以輕易拆卸，利於機器人的消毒。目前該機器人已經成功完成對豬膽囊切除的操作。為了避免手術機構尺寸較大的缺點，華盛頓大學研製了一種小巧球面運動機構[23,24]，如圖 6-21 所示。該機構的特點是所有旋轉運動的軸線都交於球心一點。這樣將手術插入點與該球心點相重合時，滿足微創外科手術對插入點限制的手術需求。根據該球形機構的運動學、雅可比矩陣進行結構最佳化，給出了最終的結構尺寸。

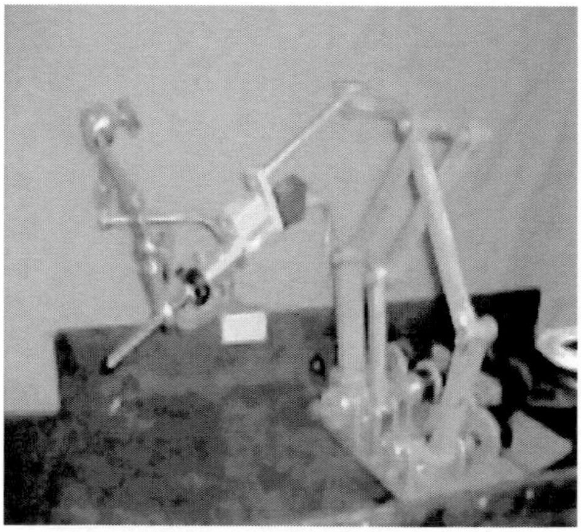

圖 6-20 5 連桿機構

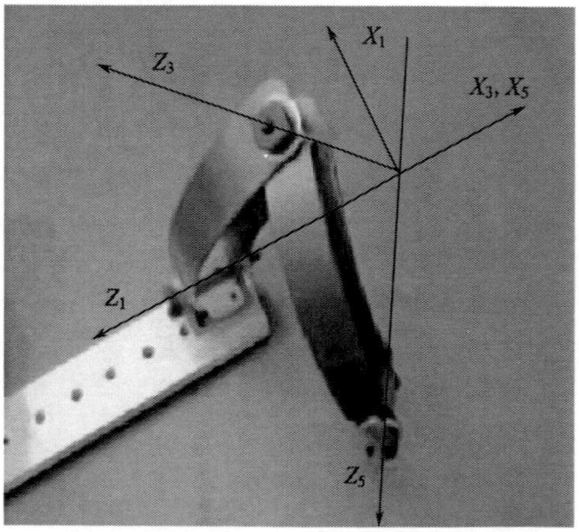

圖 6-21 球面運動機構

為了模擬外科醫生的手術過程，哈爾濱工業大學所設計的機器人本體具有兩個機械臂，分別位於視覺單元的兩側，相當於醫生的兩個手臂，兩個手臂上分別裝有手術器械[25]。醫生手術過程中，最重要的動作是分離組織，暴露病灶體，並對病灶體進行灼蝕。因此，一個機械臂上設計有夾持機構，另一個機械臂上設計有電刀插座，可更換系列化醫用電刀。兩個機械臂既可以分居視覺單元兩邊工作，又可以和視覺單元以分散的形式獨立工作。每個機械臂裡分別裝有一個下位機控制系統，機械臂與上位機的通訊採用無線通訊的方式。機械臂單元設計方案如圖 6-22 所示。

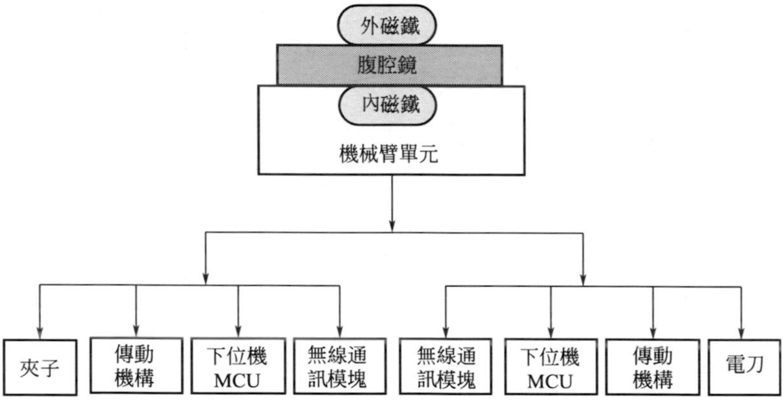

圖 6-22　機械臂單元設計方案

6.3.2 腹腔鏡機器人的運動規劃及控制技術

腹腔鏡機器人的運動規劃是滿足一定的物理約束條件下，機器人運動到達預期的位置及方向所產生的運動和執行的動作序列。機器人領域最常見的物理約束條件是避免與環境中的其他物體發生碰撞[26]。機器人運動規劃包括路徑規劃和軌跡規劃兩個部分。機器人路徑規劃是指在相鄰序列點之間透過一定的算法搜索一條無碰撞的機器人運動路徑，不考慮機器人位形的時間因素。機器人軌跡規劃是使機器人在規定時間內，按一定的速度及加速度，在路徑的約束下輸出機械手末端執行器各離散時刻的位姿序列，實現從初始狀態移動到規定的目標狀態。

機器人的軌跡規劃大致可分為兩種：笛卡爾空間規劃方法和關節空間規劃方法。

① 在笛卡爾空間軌跡規劃中，作業是用操作臂末端執行器位姿的笛卡爾座標節點序列規定的，這種軌跡規劃的優點是概念直覺、易於理解，但是涉及大量的笛卡爾空間和關節空間的轉換，計算量較大。

② 機器人關節空間的軌跡規劃方法不必在笛卡爾座標系中描述兩個路徑點之間的路徑形狀，計算量小、效率高。但由於關節空間法僅受關節速度與加速度的限制，且關節空間與笛卡爾座標空間之間並不是連續的映射關係，因此不會發生機構的奇異性問題。

冗餘機器人運動規劃可以克服非冗餘機器人的諸多缺陷，如提高操作靈活度、克服奇異性、迴避障礙以及改善運動學和動力學性能等。然而，這些多餘的自由度使得該類機器人為欠定系統，運動規劃相對困難，很難用傳統的規劃方法進行研究。為此，學者們從不同的角度來研究相應的規劃算法，使機器人獲得良好的動態控制品質。算法大致可分為以下兩類。

① 基於運動學逆解本身來研究運動規劃，如梯度投影法和擴展空間法等。這類基於雅可比矩陣的僞逆的算法計算量很大，效率低。

② 從運動學正解出發來完成運動規劃。Sung 以正運動學方程為約束條件，用最佳化理論來求最佳解。Joey 用遺傳算法來完成軌跡規劃，但這種迭代變量隨機產生的迭代方法的收斂性無法保證。運動控制是指在複雜條件下，將預定的控制方案、規劃指令轉變成期望的機械運動。

在伺服系統中應用的控制策略大致歸納如下。

① 傳統的控制策略　傳統的控制策略如 PID 回饋控制、解耦控制等，在伺服系統中得到了廣泛應用，其中 PID 控制算法蘊含了動態控制過程中的過去、現在和未來的資訊，而且其配置幾乎為最優，具有較強的魯棒性，是伺服電機控制系統中最基本的控制形式，其應用廣泛，並與其他新型控制思想結合，形成了許多有價值的控制策略。

② 現代控制策略　在對象模型確定，不變化且為線性的條件下，採用傳統控制策略是簡單有效的。但在高精度微進給的高性能場合，就必須考慮對象的結構與參數變化，各種非線性的影響，運行環境的改變以及環境干擾等時變和不確定因素，才能得到滿意的控制效果。因此，現代控制策略在伺服系統的研究中引起很大重視，出現了自適應控制、變結構控制、魯棒控制和預見控制等多種先進控制策略。

在微創手術中機器人所作用的對象是患者，因此要仔細分析機器人進行微創手術的動作，充分利用上述各種運動規劃和控制策略，使機器人運動滿足微創手術需求。

6.3.3 腹腔鏡機器人的自動導航方法

腹腔鏡機器人的自動導航有助於提升微創腹腔鏡手術機器人的自動化程度，提高手術效率。目前海內外學者提出的方法主要有以下幾類。

① 基於視線跟蹤的方法。Goldberg 等[27] 提出了一種離線方法預測人的意圖來控制腹腔鏡手術機器人持鏡臂運動和相機的變焦，該方法預測變焦放大圖像的準確率為 65%，而且這種方法對於先驗資訊的依賴度高，目前無法實現即時導航。如圖 6-23 所示，Hansen 等[28] 透過預設的環形標記預測使用者的意圖，當使用者注視環形標記上的預設字母時，系統將該字母移動到圖像中心，並且根據注視的時間確定其縮放程度。

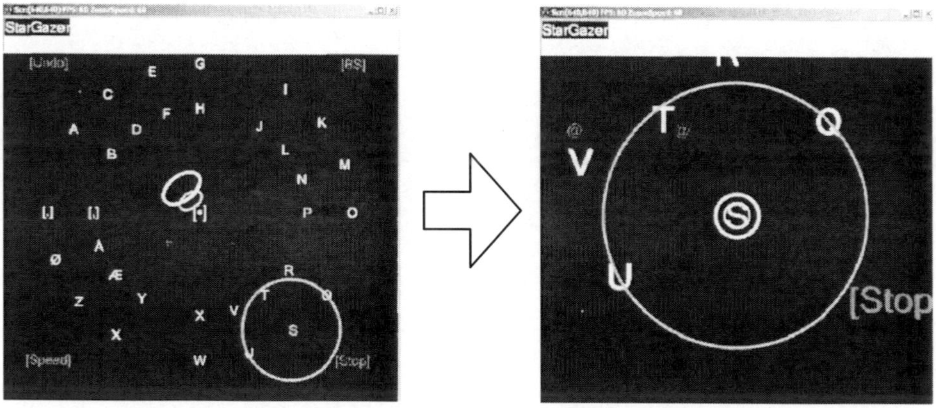

圖 6-23　基於標記的視線跟蹤方法

② 基於腹腔鏡視覺的方法。在傳統的腹腔鏡手術過程中，由於沒有機械臂的參與，系統的回饋只有腹腔鏡圖像，所以基於腹腔鏡視覺的導航方法也得到了研究。Omote 等[29] 將視覺技術引入到了腹腔鏡手術機器人的自動導航中，該方法採用基於邊緣檢測、閾值分割的方法來實現手術器械在圖像中的追蹤，以此引導持鏡臂運動，透過實驗證明該方法能夠縮短 30%的手術時間。如圖 6-24 所示，Azizian[30]、King[31] 等基於腹腔鏡圖像中手術器械的位置提出了一些腹腔鏡視野的調節準則，搭建了模擬的腹腔鏡手術環境，對其進行了實驗分析。此外，許多學者研究了手術器械在腹腔鏡圖像中的位置、姿態、運動軌跡等參數的識別方法[32,33]，對於確定手術狀態、制定腹腔鏡視野的調節準則有一定的意義。

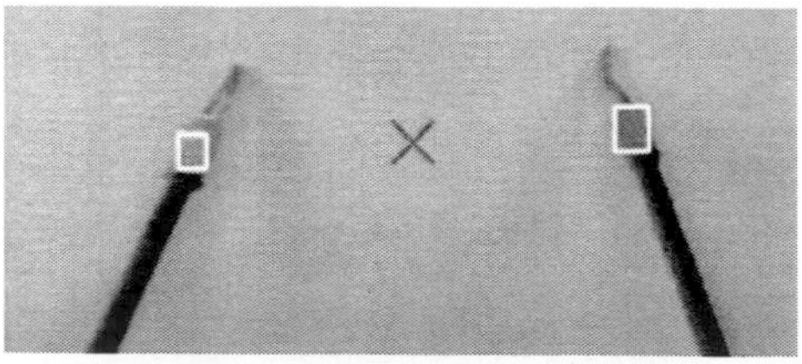

圖 6-24　腹腔鏡視野的調節

③ 基於運動學的方法。在主從式控制的手術機器人系統中（如 da Vinci 系統），手術器械的位置、速度、加速度資訊可以透過感測器獲取，綜合利用這些

資訊為視窗追蹤自動導航提供了另一種途徑。Mudunuri[34] 透過對手臂進行運動學建模，結合持鏡臂、持械臂之間的位置關係，實現了持鏡臂自動導航。於凌濤等[35,36] 在持鏡臂運動學的基礎上，提出了一種透過控制手術視野參數，調整手術視野的方法。Reiley 等[37] 透過研究現有的持械機械臂引導持鏡機械臂運動的方法，提出訓練持鏡機械臂有助於搭建人機互動系統。

運動學方法主要透過手臂之間的座標關係獲得所需的手術器械參數，對於一些持鏡機械臂系統與持械機械臂系統組合的外科手術機器人系統，必須預先標定各系統之間的位置關係，此外運動學追蹤方法也存在機械延時、需要對手術器械的軌跡進行預測等問題。

④ 基於位置感測器直接測量的方法。採用感測器技術檢測手術器械位置的方法也有很多，電磁追蹤系統是一個研究方向，通常用來檢測手術器械的位置和姿態。磁通量感測器安裝在手術器械前端，如圖 6-25 所示，它可以檢測到場頻訊號發生器所產生的磁場，一個問題是磁場會對手術環境產生干擾，不利於手術的順利進行[38]。慣性測量裝置也可以用於檢測手術器械的位置、速度和加速度，但是存在誤差累計的問題，而且其中一些感測器可能與手術機器人的其他感測器產生干擾。

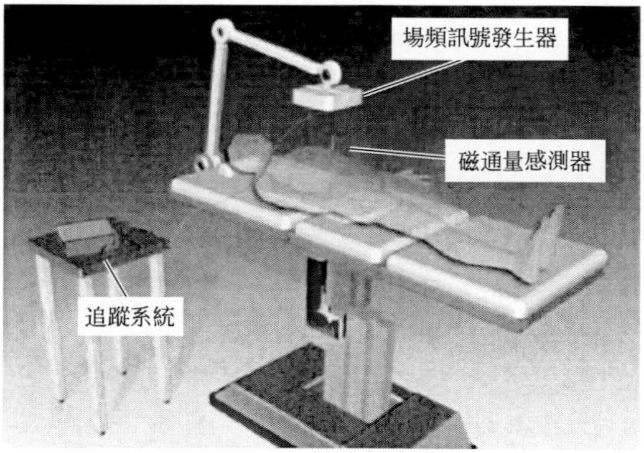

圖 6-25　電磁追蹤系統

6.3.4 腹腔鏡機器人的空間位置確定

在微創手術過程中，由於手術室中的手術臺在術中是不易移動的，當出現所需要的器械操作超出機器人的有效工作空間時，不能透過移動手術臺來達到操作目的，需要保證將手術器械放置在能夠到達患者的病灶處，才能使用手術器械完成可達的病灶點處的手術操作。因此，在術前規劃好機器人相對於手術臺的空間位置是非常重要的。

此外，在手術室中醫生需要做大量的術前準備工作，不能透過反覆試驗來獲取機器人較佳的位置，目前，對機器人空間位置的確定多採用離線規劃的方法來獲取。V. F. Muñoz 等透過 C 空間的概念對腹腔鏡手術中機器人的位置規劃進行了研究，在對 6 種基本的腹腔微創手術的研究中，將醫生簡化為圓柱形模型，在經過相應的位置規劃算法和碰撞檢測後，給出微創手術中機器人基座相對於患者的理想位置，最後給出了相應的規劃模擬，驗證了提出的機器人位置規劃算法的有效性[39]；Wei Yu 提出靈活度的概念，並將其作為最佳化算法的價值函數，使用遺傳算法對機器人位置規劃做了詳細的研究，最後對 9DOF 擬人型手臂進行了模擬，也取得了較為良好的效果[40]。

6.3.5 腹腔鏡機器人的虛擬實境技術

在臨床上不經任何檢測而直接應用機器人進行手術的風險性非常高，最好的檢測方法就是建立相應的虛擬實境系統。虛擬實境技術應用到機器人微創手術中可使醫生更直接、深入地進行微創手術的術前規劃和模擬，同時還可以作為醫生的醫療教育培訓平臺，實現全社會的醫療資源共享。在虛擬實境模擬系統中集成先進的力回饋感測技術，可以使醫生在模擬手術時具有真正工作時的感覺，為臨場感技術的解決提供了有效的途徑。

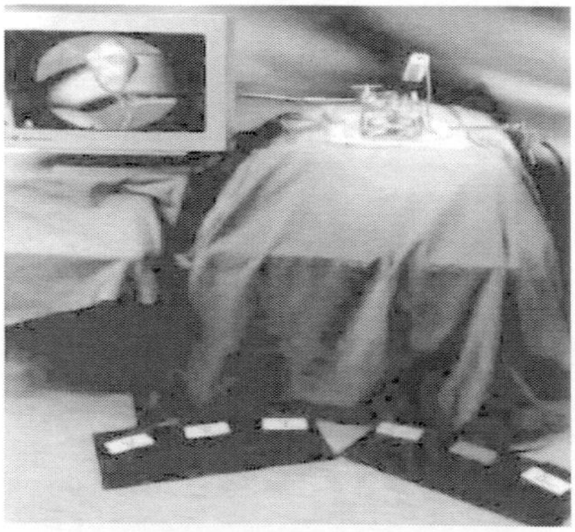

圖 6-26 基於 KISMET 軟體的微創手術訓練系統

德國的 Forschungszentrum Karlsruhe 研究所利用自己研發的三維圖像模擬軟體 KISMET，開發了微創手術訓練系統[41]，如圖 6-26 所示。該系統利用虛擬實境技術，能快速準確地生成手術場景以及發生病變的器官組織模型。透過外科手術模型之間的形變能完成模擬夾鉗、切削、凝結、縫合、注射等基本操作。除此之外，還可以完成手術區域的沖洗和引流操作。

為了最佳化手術器械在患者體內的插入位置及機器人相對於患者的初始位置，法國 CHIR 醫療機器人研究組利用虛擬模擬技術對此問題進行了研究，開發了 INRIA 系統[42]。系統方案包含規劃、確認、模擬、傳輸、檢測及模擬分析等階段。每一階段的目的依次是：根據相關技術指標規劃插入點和機器人位置，自動確認所規劃的位置，使能干涉模擬，傳輸規劃結果到手術室，檢測模擬資訊，最後對模擬資訊進行分析。該模擬系統如圖 6-27 所示。

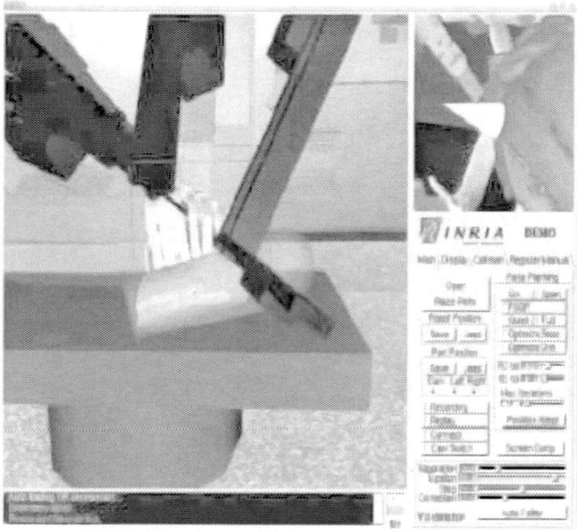

圖 6-27　INRIA 微創手術模擬系統

6.4 腹腔鏡機器人的介入實例

腹腔鏡機器人被用於完成心臟外科、泌尿外科、胸外科、肝膽胰外科、胃腸外科、婦科等相關的微創腹腔鏡手術。與常規開放性手術相比，腹腔鏡機器人手術可以有效地減少患者創傷、縮短患者康復時間，同時可以減輕醫生疲勞。但由於手術過程中醫生不能直接接觸患者和手術器械，也不能直接觀察手術區域，醫生所獲取的資訊相對減少，這需要醫生對手術操作方式和經驗進行轉變。其中，具有代表性的腹腔鏡機器人有美國 Intuitive Surgical 公司的 da Vinci 系統，中國天津大學研製的「妙手」系統。

6.4.1 da Vinci 系統

達文西（da Vinci）機器人手術系統以麻省理工學院研發的機器人外科手術技術為基礎[43]。Intuitive Surgical 與 IBM、麻省理工學院和 Heartport 公司聯手對該系統進行了進一步開發。da Vinci 系統是一種高級機器人平臺，其設計的理念是透過使用微創的方法，實施複雜的外科手術。da Vinci 系統是世界上僅有的、可以正式在腹腔手術中使用的機器人手術系統，也是目前最複雜和最昂貴的外科手術系統之一。

da Vinci 是目前應用最為廣泛的醫療機器人系統，在全球範圍內已完成超過 200 萬例手術，售出 3000 多臺。目前已開發出五代系統：標準型（1999 年）、S 型（2006 年）、Si 型（2009 年）、Si-e 型（2010 年）和 Xi 型（2014 年）。最新的 Xi 型系統進一步最佳化了 da Vinci 的核心功能，提升了機械臂的靈活性，可覆蓋更廣的手術部位；此外，da Vinci Xi 系統和 Intuirive Surgical 公司的「螢火蟲」螢光影像系統兼容，這個影像系統可以為醫生提供即時的視覺資訊，包括血管檢測，膽管和組織灌注等。da Vinci Xi 系統還具有一定的可擴展性，能有效地與其他影像和器械配合使用[44]。

對於 da Vinci 系統來說，它的手術器械屬於消耗品，使用 10 次以後必須更換，每套 1000～2000 美元，這都不是普通醫院所能承受的價格。雖然使用機器人進行微創手術較傳統方法更為複雜，且機器人系統價格較高，但機器人微創手術以其特有的優點開始在中國推廣起來。

解放軍總醫院於 2007 年初引進了「達文西 S」機器人系統，並建立了中國第一個全機器人心臟外科的技術團隊。到目前為止，解放軍總醫院已完成機器人心臟手術 100 餘例，術後患者均順利恢復，無併發症發生[45]。2008 年 6 月 27 日，中國首家微創機器人外科中心在解放軍總醫院成立；2009 年 2 月 23 日，第二砲兵總醫院用 da Vinci 機器人切除左肝手術獲得了成功，揭開了微創手術機器人在我海外科手術領域應用新的篇章。由於缺乏自主知識產權和核心技術，微創手術機器人系統無法實現國產化。因此，研製微創手術機器人系統，占領高階醫療器械市場，不僅可以滿足醫生和患者的需要，還可以將其產業化，發展為一個新的經濟成長點。研製高性能、低成本的微創手術機器人系統迫在眉睫。鑒於以上原因，應根據腹腔微創手術的臨床環境，分析微創手術中的任務特點，研究設計適合微創手術的腹腔鏡操作機器人。da Vinci 機器人系統如圖 6-28 所示。

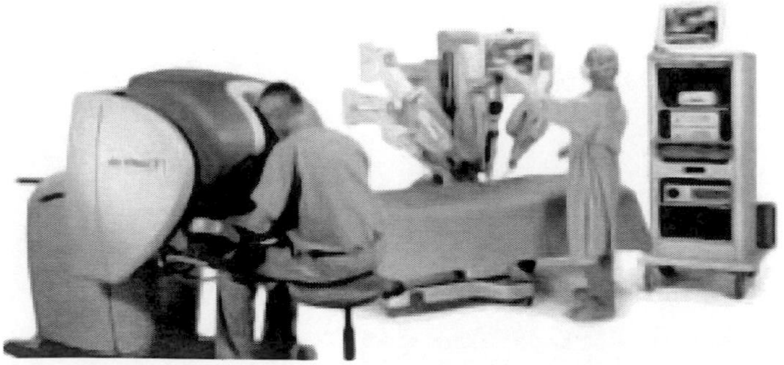

圖 6-28　da Vinci 機器人系統

da Vinci 系統由三部分組成，即外科醫生控制臺、床旁機械臂系統、成像系統[46~49]，如圖 6-29 所示。

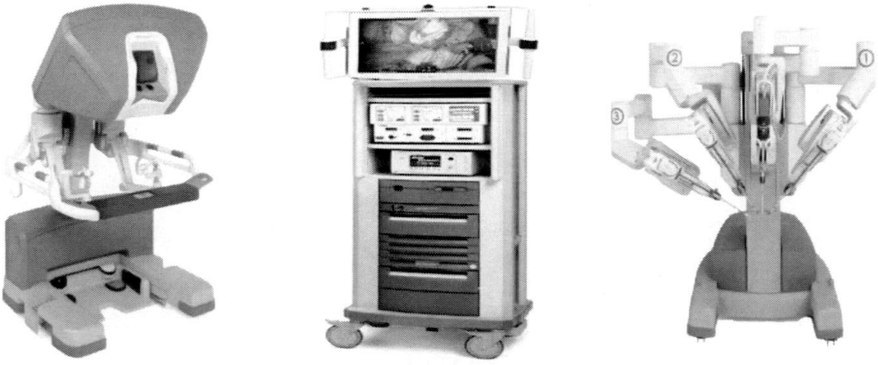

(a) 外科醫生控制臺　(b) 成像系統　(c) 床旁機械臂系統

圖 6-29　da Vinci 系統組成

外科醫生控制臺是 da Vinci 系統的控制中心，由電腦系統、監視器、控制手柄、腳踏控制板及輸出設備組成。外科醫生控制臺的操作者坐在消毒區域以外，透過使用控制手柄來控制手術器械和立體腔鏡。術者透過雙手動作傳動手術臺車上模擬機械臂完成各種操作，從而達到術者的手在患者體內做手術的效果。同時可透過聲控、手控或踏板控制腹腔鏡。術者雙腳置於腳踏控制板上配合完成電切、電凝等相關操作。da Vinci 系統讓術者在微創的環境裡可以達到開放手術的靈活性。

成像系統（video cart）內裝有外科手術機器人的核心處理器以及圖像處理設備，在手術過程中位於無菌區外，可由巡回護士操作，並可放置各類輔助手術設備。外科手術機器人的內鏡為高解析度三維（3D）鏡頭，對手術視野具有 10 倍以上的放大倍數，能為主刀醫生帶來患者體腔內三維立體高清影像，使主刀醫生較普通腹腔鏡手術更能把握操作距離，更能辨認解剖結構，提升了手術精確度。

床旁機械臂系統（patient cart）是外科手術機器人的操作部件，其主要功能是為器械臂和攝影臂提供支撐。助手醫生在無菌區內的床旁機械臂系統旁邊工作，負責更換器械和內鏡，協助主刀醫生完成手術。為了確保患者安全，助手醫生比主刀醫生對於床旁機械臂系統的運動具有更高優先控制權。

da Vinci 系統對傳統的腔鏡手術均能高效、高品質地完成，用於治療泌尿外科、肝膽胰腺科、胸外科、肛腸科、婦科等多科室的相應疾病，尤其是一些普通手術沒法做的、風險難度較高的疾病，具體病種如肝膽胰腺外科的肝膽結石、肝膽腫瘤、胰腺腫瘤，婦產科的子宮腫瘤、卵巢腫瘤，心外科的冠心病、先心病，泌尿外科的前列腺癌、腎腫瘤、膀胱腫瘤等。表 6-1 列出了 da Vinci 系統與傳統手術、腔鏡手術的比較，相信隨著醫學、生物工程技術的發展，該系統會越來越完善，必將成為造福人類的利器。

表 6-1 da Vinci 系統與傳統手術、腔鏡手術的比較

	傳統開放手術	腹腔鏡手術	達文西機器人手術
眼手協調	自然的眼手協調	眼手協調降低，視覺範圍和操作器械的手不在同一個方向	圖像和控制手柄在同一個方向，符合自然的眼手協調
手術控制	術者直接控制手術視野，但不精細，有時受限制	術者須和持鏡的助手配合，才能看到自己想看的視野	術者自行調整鏡頭，直接看到想看的視野
成像技術	直視三維立體圖像，但細微結構難以看清	二維平面圖像，解析度不夠高，圖像易失真	直視三維立體高清圖像，放大 10～15 倍，比人眼更清晰
靈活性和精準程度	用手指和手腕控制器械，直覺、靈活，但有時達不到理想的精度	器械只有 4 個自由度，不如人手靈活、精確	模擬手腕器械有 7 個自由度，比人手更靈活、準確
器械控制	直覺的同向控制	套管逆轉器械的動作，醫生需反向操作器械	器械完全模仿術者的動作，直覺的同向控制
穩定性	人手存在自然的顫抖	套管透過器械放大了人手的震顫	控制器自動濾除震顫，使得器械比人手穩定
創傷性	創傷較大，術後恢復慢	微創，術後恢復較快	微創，術後恢復較快
安全性	常規的手術風險	常規的手術風險外，存在一些機械故障的可能	常規的手術風險外，死機等機械故障的概率大於腔鏡手術系統
術者姿勢	術者站立完成手術	術者站立完成手術	術者採取坐姿，利於完成長時間、複雜的手術

6.4.2 「妙手」系統

緊跟國際研究尖端，天津大學的王樹新教授等在 2004 年研製出了「妙手」系統[50]。該系統可以完成直徑 1mm 以下的微細血管的剝離、剪切、修整、縫合和打結等各種手術操作，而且具有一定的力回饋能力。但作為中國第一代外科手術機器人，其結構設計、控制方式、資訊回饋技術都不太成熟。

2014 年，第二砲兵總醫院（現火箭軍總醫院）與天津大學開展醫工合作研究，在「妙手」系統的基礎上，開發了新一代國產機器人手術系統「妙手 S」系統（MicroHand S system），並開展了動物實驗和初期臨床應用研究，並且在中南大學湘雅三醫院成功為三位病患成功實施了手術，取得了成功[51]。為進一步驗證「妙手 S」系統遠端手術的安全性和有效性，經第二砲兵總醫院倫理委員會審查同意後開展了實驗。

傳統概念的遠端醫學（telemedicine）包括遠端醫療會診、遠端醫學教育、遠端醫療保健諮詢系統等。機器人遠端手術是將微創手術機器人技術應用於遠端手術，是遠端醫學中最為複雜的部分，使外科醫生可為患者實施手術而不受地域的限制，該技術無論在民用還是軍用方面都具有重要的實際應用價值。如圖 6-30 所示，新一代的系統運用系統異體同構控制模型構建技術，成功解決了立體視覺環境下手、眼、器械運動的一致性，其執行機構較 da Vinci 系統小，系統的靈活性更強，其機械手臂上具有虛擬力觸覺回饋能力，能夠將手術器械的觸覺回饋給醫生，但是在腹腔鏡的視野控制上依然採用主從切換的控制方式。

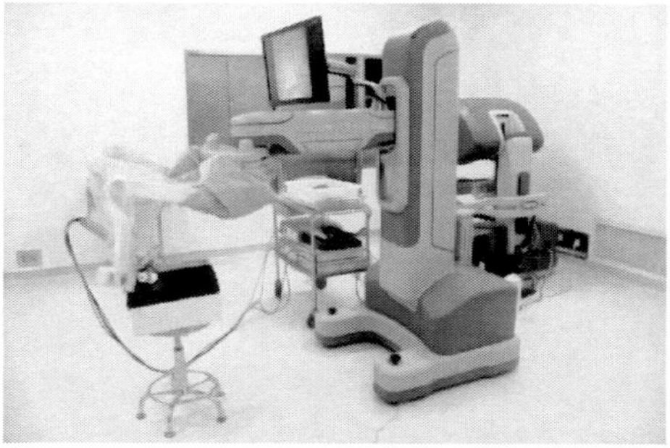

(a) "妙手S" 手術機器人

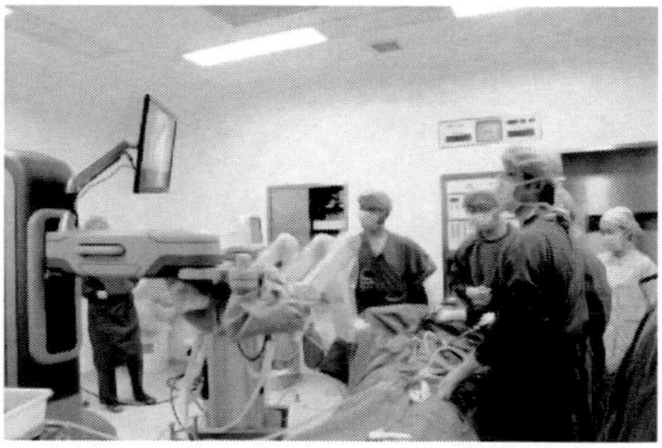

(b) 醫院手術現場

圖 6-30　天津大學「妙手 S」手術機器人及手術現場

2015 年 7 月 18 日，天津大學與第二砲兵總醫院合作，對「妙手 S」手術機器人系統進行遠端動物實驗，如圖 6-31 所示。

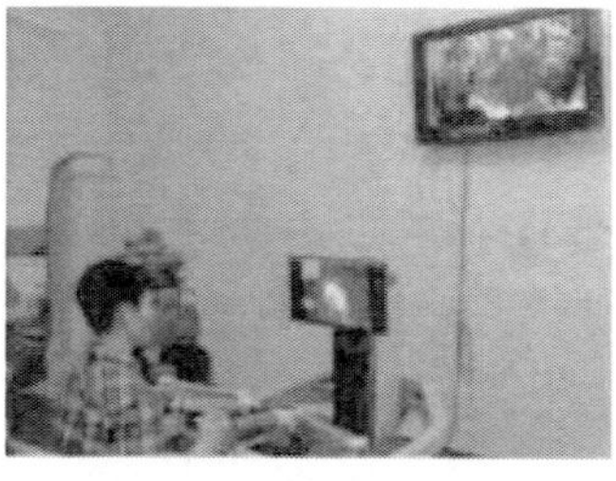

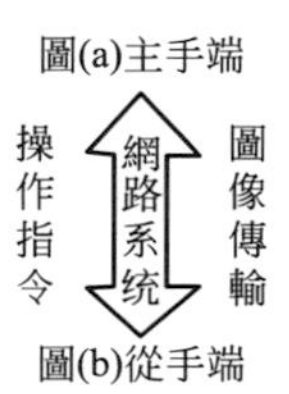

(a) 天津大學機器人實驗室
遠端控制臺，主刀手術操作

(b) 第二炮兵總醫院機器人外科
實驗室，本地助手手術操作

圖 6-31　遠端動物實驗手術安排

機器人主手放置於天津大學機械工程學院實驗室，機器人從手放置於第二砲兵總醫院機器人外科實驗室，兩地相距 118km，主從手之間採用 10M 帶寬的商用網路（VPN）作為連接鏈路。採用實驗豬作為實驗對象，分別進行了膽囊切除、胃穿孔修補和肝臟楔形切除術。實驗豬採取仰臥姿，固定於自製的手術床上，4 個直徑為 12mm 的 Trocar 置於實驗豬的腹腔上部，醫生依據臨床手術經驗確定 Trocar 擺放位置，其中左側和右側對稱放置的 Trocar 分別作為機器人的兩個工具通道，中間的 Trocar 放置內鏡，右下側的 Trocar 作為助手輔助的工具通道，整體 Trocar 以肝門部為中心呈扇形分布。

實驗中首先完成膽囊切除手術，具體過程如下。

①「妙手 S」系統開機調試，網路通訊調試。

② 氣管插管全麻成功後，常規消毒，鋪巾，臍下穿刺建立氣腹，氣腹壓力設置在 12mmHg（1mmHg＝0. 133kPa），以肝門部為手術區域中心，按扇形分布布置機器人 Trocar，連接從手端機器人器械臂。

③ 遠端主手端操作。

④ 測試網路時間延時，測試結果顯示平均延時小於 250ms。

⑤ 進行機器人遠端膽囊切除，游離膽囊管及膽囊動脈，夾畢後切斷，順行法切除膽囊，仔細剝離膽囊床漿膜，避免損傷肝臟，避免切破膽囊壁。

⑥ 順利切除膽囊後，本地操作取出膽囊。

本次動物（豬）實驗順利完成遠端機器人膽囊切除、胃穿孔修補、肝臟楔形切除術。膽囊切除手術時間為 50min，術中出血 5ml。在胃穿孔縫合手術中，手術工具更換為兩把針持，主要評估遠端手術縫合操作，手術時間為 20min，術中出血 0ml。在肝臟楔形切除手術中，再次將工具更換為組織抓鉗和高頻電刀，主要評估遠端手術的電切、電凝功能，實驗獲取的肝葉活檢樣本由助手經 Trocar 孔取出，手術時間為 30min，術中出血 15ml。術中無周圍臟器的損傷，手術過程中有一定的延時效應，但基本不影響實驗順利完成。機器人遠端手術操作過程中未出現明顯抖動或其他機器人系統不穩定等情況。

6.5 未來展望

經過 20 多年的發展，腹腔鏡機器人手術已經日趨成熟。相較於常規開放性手術，腹腔鏡機器人手術有著手術創傷小、術後疼痛輕、住院時間短、美容效果好等特點。通常的腹腔鏡機器人手術透過 3～5 個 5～12mm 的小孔來完成手術。隨著機器人技術在臨床應用的積累和探索，為了進一步減小手術切口，降低感染的可能性，單孔腹腔鏡手術（single-incision laparoscopic surgery，SILS）和自然通道腹腔手術（natural orifice transluminal endoscopic surgery，NOTES）成為當前的研究焦點。

SILS 需要在患者體表打開一個 10～20mm 的切口，然後利用這單一的切口完成所有的手術操作。NOTES 是指運用內鏡透過人體的胃、直腸、陰道等自然腔道到達腹腔進行手術。但由於 SILS 和 NOTES 的入路手段和操作器械手段較之前的手術方式有了很大改變，現有的腹腔鏡機器人機構不能滿足手術需求，新型機構的研究便成為當前的研究焦點。2014 年 4 月，針對 SILS 的 da Vinci Sp［圖 6-32(a)］獲得了美國食品藥品監督管理局的許可，其手術執行機構由一個 3D 高清攝影頭和三個手術臂組成，是目前唯一商用化的 SILS 型機器人。另外比較典型的系統還有哥倫比亞大學開發的 IREP［圖 6-32(b)］和帝國理工學院的 i-snake［圖 6-32(c)］。IREP 可以透過直徑為 15mm 的鞘管進入腹部，透過 21 個驅動關節控制兩個靈巧臂和一臺立體視覺模塊。每個靈巧臂由一個兩段的連續性機器人、一個平行四邊形機構和一個腕關節組成。i-snake 的直徑只有 12.5mm，長度可延伸到 40cm，可以由醫生手持或是固定到手術臺上，其設計初衷不是取代 da Vinci 系統，而是開發一種易於手持、更加小巧智慧的手術機器人[52]。

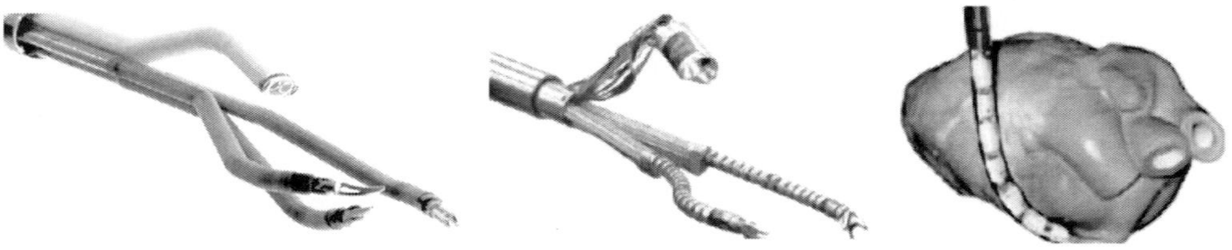

(a) da Vinci Sp　(b) IREP　(c) i-snake

圖 6-32　單孔或自然孔機器人

微創機器人手術是現代外科的發展方向。da Vinci 腹腔鏡機器人是目前最先進的腹腔鏡手術機器人系統，它能夠使手術更加精準、更加穩定，但是並沒有達到完美的狀態，還需要進一步研發。

那麼，新一代機器人應該是怎樣的呢？我們設想，也許未來醫生能夠將一個很小的機器蟲放置在患者的血管或者肚子裡把手術做完，但就目前而言，這一設想實現起來仍存在諸多困難。但我們仍然希望下一代機器人要有思維、看得透、摸得著。

有思維，是指機器人能夠像「阿爾法狗」一樣可以學習，具有學習功能。在為患者進行幾次手術之後就能夠知道這個手術該怎麼做，同時還可以在手術遇到危險的時候給醫生一些提醒。未來還可以把患者的治療數據上傳，輸入到機器人的大腦裡面，與原有數據進行對比，從而可以給醫生提供手術方案參考或者對手術步驟做一些提示。在未來這些都是很有價值的。

看得透，是指醫生透過超聲、CT、MR 影像學得到病灶立體的影像。從影像中能夠得到一些有用的資訊，如腫瘤在哪裡、怎麼切，將這些資訊加在一起，就知道腫瘤在某一位置可以切得更深，從而避免一些損傷。現在已經有一些很好的成像技術，例如有一種眼球跟蹤技術，醫生的眼睛往左邊看，圖像視野就移向左邊，往右邊看，圖像視野就移向右邊，往後看，視野就離開，這些技術應該很快就能夠用在機器人上。

摸得著，主要是指透過力回饋技術使操作者獲得作用力的回饋。在未來，這種力回饋是必不可少的。現在已有很多手術設備，當它們碰到組織器官的時候，已經可以感覺到組織器官的硬度和彈性等。如超聲系統具有彈性成像功能，可以透過超聲的彈性成像功能辨認出組織性質，這一技術未來一定會發展得更好。

隨著相關技術和應用需求的發展，理想化的腹腔鏡手術機器人還應具備以下特點。

① 設計人性化。操作平臺符合人手力學特點，具有更豐富的感覺回饋。

② 數據傳輸即時化。感覺回饋及操作指令消除時差阻滯。

③ 軟體支撐智慧化。醫生可隨時介入。

④ 價格平民化。購置價格、維修費用合理，使用花費在普通民眾經濟能力承受範圍內，便於在世界範圍普及推廣。

參考文獻

[1] 王偉，王偉東，閆志遠，等．腹腔鏡外科手術機器人發展概況綜述[J]. 中國醫療設備，2014，29(8)：5-10.

[2] 謝德紅，杜燕夫，李敏哲，等．機器人輔助下的腹腔鏡手術[J]. 腹腔鏡外科雜誌，2002，7(2)：67-68.

[3] Finlay P A，Ornstein M H. Controlling the Movement of a Surgical Laparoscope[J]. IEEE Engineering in Medicine and Biology，1995，14(3)：289-291.

[4] Shew S B，Ostlie D J，Iii G W H. Robotic Telescopic Assistance in Pediatric Laparoscopic Surgery[J]. Pediatric Endosurgery & Innovative Techniques，2003，7(4)：371-376.

[5] Butner S E，Ghodoussi M. Transforming a Surgical Robot for Human Telesurgery [J]. IEEE Transactions on Robotics & Automation，2003，19(5)：818-824.

[6] Kraft B M，Jäger C，Kraft K，et al. The

AESOP Robot System in Laparoscopic Surgery: Increased Risk or Advantage for Surgeon and Patient[J]. Surgical Endoscopy & Other Interventional Techniques, 2004, 18(8): 1216-1223.

[7] Ballester P, Jain Y, Haylett K R, et al. Comparison of Task Performance of Robotic Camera Holders EndoAssist and Aesop[J]. International Congress Series, 2001, 1230(1): 1100-1103.

[8] 徐兆紅，宋成利，閆士舉．機器人在微創外科手術中的應用[J]. 中國組織工程研究，2011，15(35)：6598-6601.

[9] 杜祥民，張永壽．達文西手術機器人系統介紹及應用進展[J]. 中國醫學裝備，2011，8(5)：60-63.

[10] Brahmbhatt J V, Gudeloglu A, Liverneaux P, et al. Robotic Microsurgery Optimization[J]. Archives of Plastic Surgery, 2014, 41(3): 225-230.

[11] Taylor R H, Funda J, Eldridge B, et al. A Telerobotic Assistant for Laparoscopic Surgery[J]. IEEE Engineering in Medicine and Biology Magazine, 1995, 14(3): 279-288.

[12] Gidaro S, Buscarini M, Ruiz E, et al. Telelap Alf-X: A Novel Telesurgical System for the 21st Century[J]. Surgical technology international, 2012, 189(4): 20-25.

[13] Fleming I, Balicki M, Koo J, et al. Cooperative Robot Assistant for Retinal Microsurgery[C]. 11th International Conference on Medical Image Computing and Computer-assisted Intervention, New York, NY, United states, September 6-10, 2008, pp. 543-550.

[14] Lehman A C, Tiwari M M, Shah B C, et al. Recent Advances in the CoBRA-Surge Robotic Manipulator and Dexterous Miniature in Vivo Robotics for Minimally Invasive Surgery[J]. Proceedings of the Institution of Mechanical Engineers, Part C: Journal of Mechanical Engineering Science, 2010, 224(7): 1487-1494.

[15] Dumpert J, Lehman A C, Wood N A, et al. Semi-autonomous Surgical Tasks Using a Miniature in Vivo Surgical Robot[C]. Proceedings of the 31st Annual International Conference of the IEEE Engineering in Medicine and Biology Society: Engineering the Future of Biomedicine, Minneapolis, MN, United states, September 2-6, 2009, pp. 266-269.

[16] Suzuki N, Hattori A, Tanoue K, et al. Scorpion Shaped Endoscopic Surgical Robot for NOTES and SPS with Augmented Reality Functions[C]. 5th International Workshop on Medical Imaging and Augmented Reality, 2010, pp. 541-550.

[17] Phee S J, Low S C, Huynh V A, et al. Master and Slave Transluminal Endoscopic Robot (MASTER) for Natural Orifice Transluminal Endoscopic Surgery (NOTES) [C]. Proceedings of the 31st Annual International Conference of the IEEE Engineering in Medicine and Biology Society: Engineering the Future of Biomedicine, Minneapolis, MN, United states, September 2-6, 2009, pp. 1192-1195.

[18] Dmitry Oleynikov, Shane Farritor. Robotic Telesurgery Research[A]. Maryland: U. S. Army Medical Research and Materiel Command Fort Detrick, March 2010.

[19] Wortman T D, Strabala K W, Lehman A C, et al. Laparoendoscopic Single Site Surgery Using a Multi Functional

Miniature in Vivo Robot[J]. International Journal of Medical Robotics and Computer Assisted Surgery, 2015, 7 (1): 17-21.

[20] 付宜利，潘博，楊宗鵬，等．腹腔鏡機器人控制系統的設計及實現[J]. 機器人，2008，30 (4): 340-345.

[21] 鞠浩．腹腔鏡微創外科手術機器人控制系統研究[D]. 天津: 南開大學，2009.

[22] Kobayashi E, Masamune K, Sakuma I, et al. A New Safe Laparoscopic Manipulator System with a Five-bar Linkage Mechanism and an Optical Zoom [J]. Computer Aided Surgery. 1999, 4 (4): 182-192.

[23] Lum M J H, Rosen J, Sinanan M N, et al. Kinematic Optimization of a Spherical Mechanism for a Minimally Invasive Surgical Robot[C]. IEEE International Conference on Robotics and Automation, New Orleans, LA, United states, April 26-May 1, 2004, pp. 829-834.

[24] Rosen J, Lum M, Trimble D, et al. Spherical Mechanism Analysis a Surgical Robot for Minimally Surgery-analytical and Experimental Approaches [J]. Studies in Health Technology and Informatics, 2005, 111: 422-428.

[25] 馬騰飛．磁錨定腹腔內手術機器人的設計與視覺伺服實驗研究[D]. 哈爾濱: 哈爾濱工業大學，2015.

[26] 王小忠，孟正大．機器人運動規劃方法的研究[J]. 控制工程，2004，11 (3): 280-284.

[27] Goldberg J H, Schryver J C. Eye-gaze-contingent Control of the Computer Interface: Methodology and Example for Zoom Detection [J]. Behavior Research Methods Instruments & Computers, 1995, 27 (3): 338-350.

[28] Hansen D W, Ji Q. In the Eye of the Beholder: A Survey of Models for Eyes and Gaze [M]. IEEE Computer Society, 2010.

[29] Omote K, Feussner H, Ungeheuer A, et al. Self-guided Robotic Camera Control for Laparoscopic Surgery Compared with Human Camera Control [J]. American Journal of Surgery, 1999, 177 (4): 321-324.

[30] Azizian M, Khoshnam M, Najmaei N, et al. Visual Servoing in Medical Robotics: a Survey. Part I: Endoscopic and Direct Vision Imaging-techniques and Applications[J]. International Journal of Medical Robotics and Computer Assisted Surgery, 2013, 10 (3): 263-274.

[31] King B W, Reisner L A, Pandya A K, et al. Towards an Autonomous Robot for Camera Control During Laparoscopic Surgery [J]. Journal of Laparoendoscopic & Advanced Surgical Techniques, 2013, 23 (12): 1027-1030.

[32] Kim M S, Heo J S, Lee J J. Visual Tracking Algorithm for Laparoscopic Robot Surgery[C]. Second International Conference on Fuzzy Systems and Knowledge Discovery, Changsha, China, August 27-29, 2005, pp. 344-351.

[33] Reiter A, Allen P K, Zhao T. Appearance Learning for 3D Tracking of Robotic Surgical Tools [J]. International Journal of Robotics Research, 2014, 33 (2): 342-356.

[34] Mudunuri A V. Autonomous Camera Control System for Surgical Robots[D]. Wayne State University, 2010.

[35] Yu Lingtao, Wang Zhengyu, Sun Liqiang, et al. A Kinematics Method of

Automatic Visual Window for Laparoscopic Minimally Invasive Surgical Robotic System [C]. IEEE International Conference on Mechatronics and Automation, Takamastu, Japan, August 4-7, 2013, pp. 997-1002.

[36] 余凌濤，王正雨，於鵬，等．基於動態視覺引導的外科手術機器人器械臂運動方法[J]. 機器人，2013，35(2)：162-170.

[37] Reiley C E, Lin H C, Yuh D D, et al. Review of Methods for Objective Surgical Skill Evaluation [J]. Surgical Endoscopy, 2011, 25(2): 356-366.

[38] Franz A M, Haidegger T, Birkfellner W, et al. Electromagnetic Tracking in Medicine-a Review of Technology, Validation, and Applications [J]. IEEE Transactions on Medical Imaging, 2014, 33(8): 1702-1725.

[39] Muñoz V F, Fernández L J, Gómez-de-Gabriel J, et al. On Lapaproscopic Robot Design and Validation[J]. Integrated Computer-Aided Engineering, 2003, 10(3): 211-229.

[40] Yu W. Optimal Placement of Serial Manipulators [D]. The University of Iowa, 2001.

[41] Kuhnapfel U, Cakmak H K, Maab H. Endoscopic Surgery Training Using Virtual Reality and Deformable Tissue Simulation. Computer and Graphics (Pergamon), 2000, 24(5): 671-682.

[42] Adhami L, Maniere E C, Boissonnat J D. Planning and Simulation Robotically Assisted Minimal Invasive Surgery [J]. Lecture Notes in Computer Science, 2000, 1935(1): 624-633.

[43] 沈周俊，王先進，何威，等．達文西機器人輔助腹腔鏡前列腺癌根治術的手術要點[J]. 現代泌尿外科雜誌，2013，18(2)：108-112.

[44] Wilson T G. Advancement of Technology and its Impact on Urologists: Release of the Da Vinci Xi, a New Surgical Robot [J]. European Urology, 2014, 66(5): 793.

[45] 王翰博，孫鵬，趙勇．達文西機器人手術系統的構成及特點[J]. 山東醫藥，2009，49(39)：110-111.

[46] 喻曉芬，王知非，洪敏．達文西機器人手術系統的手術配合[J]. 中國微創外科雜誌，2015，(6)：570-573.

[47] 姚寶瑩．神奇的達文西機器人[J]. 首都醫藥，2009，(19)：40-42.

[48] 張宇華，洪德飛．微創胰十二指腸切除術：從腹腔鏡到達文西機器人手術系統[J]. 中華消化外科雜誌，2015，14(11)：980-982.

[49] 張偉．達文西機器人手術系統——原理、系統組成及應用[J]. 中國醫療器械資訊，2015，(3)：24-25.

[50] 韓寶平，闞世廉，陳克俊，等．顯微外科手術機器人——「妙手」系統的研究及動物實驗[C]. 第八屆全國顯微外科學術會議暨國際顯微外科研討會，青島，中國，2006年9月，pp. 195-197.

[51] 俞慧友，蔣凱．國產手術機器人「妙手」回春[N]. 科技日報，2014-04-06(001).

[52] Ding Jienan, Goldman Roger E, Xu Kai, et al. Design and Coordination Kinematics of an Insertable Robotic Effectors Platform for Single-port Access Surgery [J]. IEEE/ASME Transactions on Mechatronics, 2013, 18(5): 1612-1624.

第7章

膠囊機器人

7.1 引言

膠囊機器人是一種能進入人體胃腸道進行醫學探查和治療的智慧化微型工具，是體內介入檢查與治療醫學技術的新突破。它自帶攝影頭（圖像感測器）、微型芯片和無線傳輸裝置。被患者服下後，膠囊機器人可以依靠人體胃腸的蠕動或者外部場能的驅動在腸胃中運動，對腸胃道進行多角度的拍照，來記錄消化道及胃腸的細微病變，供醫生進行診斷參考。檢查完畢後，它會自動透過消化道排出體外[1]。膠囊機器人應用於臨床能減輕患者痛苦，縮短康復時間，降低醫療費用。

7.1.1 膠囊機器人的研究背景

人體的消化系統負責對攝入的營養物質進行消化與吸收，一旦發生病變，將直接影響人體體質和健康。胃腸道疾病是常見的消化系統疾病，主要包括食管、胃、小腸和大腸的器質性或功能性疾病。胃腸道集營養吸收、廢物排出和人體免疫功能於一體，極易受到細菌和病毒的侵擾，發生炎症和細菌性痢疾；此外，胃腸道的先天性結構異常、手術後病變、血管性疾病、寄生蟲疾病和免疫性疾病等病症在臨床上也時有發生[2]。由於現代生活與工作節奏快，壓力大，人們的膳食結構被改變，再加上環境污染和食品安全等一系列問題，導致全世界消化系統疾病發病率以每年 2% 的速度上升，中國的發病率增速是全球平均水準的兩倍[3]。而且，消化系統疾病的癌變率高，占全部癌症病例的一半以上。世界衛生組織資料顯示，常見的 5 種消化系統癌症（胃癌、食管癌、肝癌、胰腺癌、大腸癌）在中國的發病率與死亡率均高於同期全球平均水準和其他發展中國家水準，其中，胃癌以每年近 40 萬的新發病例，居中國惡性腫瘤首位；腸癌的每年新發病例約為 13 萬～16 萬人，且有逐年上升趨勢[4]。

目前，胃腸道疾病的臨床治療存在預警困難、早期診斷率低和中晚期治療效果差等挑戰。因此，對其檢查和診斷的技術成為當代醫學工程研究的焦點。胃腸道檢查常用的方法有間接成像和直接觀測兩種[5,6]。間接成像如：小腸鋇劑造影、腹部電腦斷層掃描、數位減影血管造影、磁共振成像以及B超等方式，受外界影響因素較多，診斷敏感性較低。直接觀測是利用消化道內鏡（胃鏡或腸鏡）直接進入胃腸道，採集圖像或取樣，甚至進行部分手術治療，這種方式可由體外控制，同時比間接成像更直覺，因而被用作主要的臨床診斷方法。

在人類對消化道疾病的研究與探索過程中，內鏡發揮了不可替代的作用，相關技術也得到迅速發展。從最初的硬管式內鏡、光導纖維內鏡，到1980年代的電子內鏡，內鏡技術在胃腸道臨床診斷中的應用越來越廣泛，但是，內鏡仍然很難達到胃腸道的一些特殊部位，而且在彎曲的腸道中，醫生插入內鏡操作有可能引發患者的疼痛感甚至出血，因此很多患者排斥胃腸內鏡檢查[7]。

而21世紀初面世的膠囊機器人，不但實現了對人體的低侵入無創診查，降低了患者痛苦和手術風險，還可以深入探查狹長多曲的小腸，完成傳統內鏡無法實現的任務。作為消化道疾病無創診療的研究焦點，胃腸道膠囊內鏡隨著微機電、訊號處理和材料等技術的進步，已發展成一個全新的科研領域[8]。隨著技術的不斷完善，膠囊機器人將會取代現有的各種胃腸道診療方式，成為最便捷、安全、有效的胃腸道診療手段。

7.1.2 膠囊機器人的研究意義

中國是胃病大國，其發病率約占總人口的20%，且胃癌死亡率居全球首位。由於胃癌發病隱匿，近半數患者無特異或報警症狀，導致超過85%的患者確診時已為中晚期，從而使多數患者失去手術機會，因此每年做一次胃部檢查已成為一種健康新趨勢。傳統內鏡通常採用插入式內鏡，耐受性差，且檢查區域有限，診斷準確度低，無法對空腸遠段和小腸等部位進行檢查，人們往往「談胃鏡色變，望胃鏡卻步」。

膠囊機器人的誕生，解決了許多醫學上的盲區，縮短了胃腸檢查的時間，提高了檢測效率，醫生更容易發現病變位置和原因，為醫生提供了切實可靠的依據，讓醫生更容易對症下藥。隨著膠囊機器人轉彎控制、姿態和可視化調整、能源供給等問題的解決，其治療效果和安全性可靠性將會進一步提高，並且能夠減輕患者的痛苦，縮短手術後的康復時間，降低醫務人員的勞動強度，節省人力，對以後醫療水準的提高，醫療手段的擴展具有深遠的意義[9]。

7.2 膠囊機器人的研究現狀

7.2.1 被動式膠囊機器人

早期的膠囊機器人只能依靠胃腸蠕動在胃腸中運動，不能夠自主運動，因此被稱為被動式膠囊機器人。2000 年，以色列 Given Imaging（GI）公司首次生產出了被動式膠囊機器人——M2A，開創了無創介入式微型診療技術開發的新領域[10]。隨後，GI 公司對產品進行了差異化和專業化的定位，將 M2A 定位於小腸專用檢查內鏡，並在 M2A 的基礎上，開始繼續完善和開發消化道其他部位的專用膠囊機器人。2001 年起，GI 公司相繼推出 PillCam 系列膠囊機器人，這些膠囊機器人尺寸為 ϕ11mm×31mm（後期改進至 ϕ11mm×27mm），質量約 4g，工作時間為 6～8 小時，其外觀如圖 7-1 所示[11,12]。

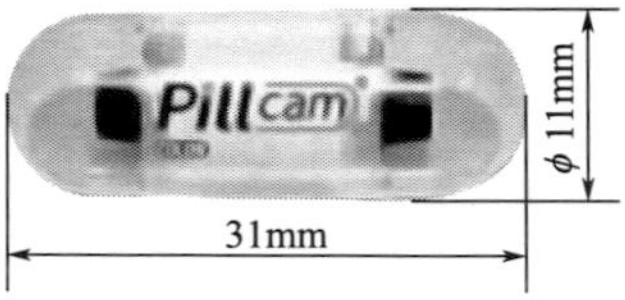

圖 7-1 PillCam 膠囊內鏡外觀

日本 RF System Lab 公司經過數年研究，於 2001 年 12 月推出了首個不需要使用電池的被動式膠囊機器人——Norika3，如圖 7-2 所示。該膠囊機器人具有更小的體積，內部集成的 CCD 鏡頭可以拍攝高達 41 萬畫素的圖片。機器人的能量供應透過無線傳輸，由機器人內部的三對線圈和患者穿戴的裝有同樣三組對應線圈的外部設備透過磁感應的方式實現，解決了電池供能不足的問題，也減輕了膠囊機器人的負載。此外，Norika3 膠囊機器人還具有藥物噴灑和活檢組織取樣的功能。

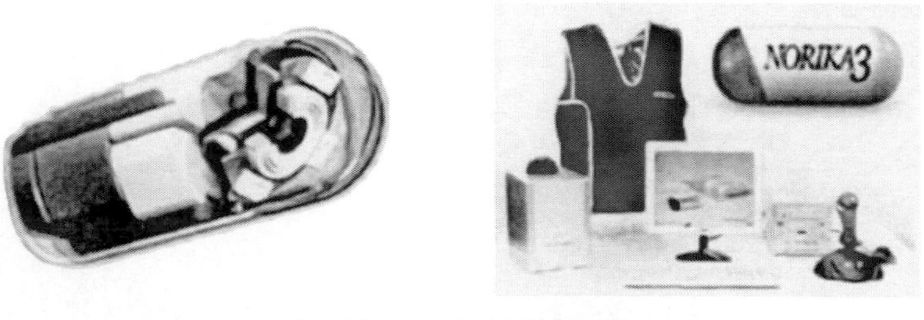

圖 7-2 Norika3 膠囊內鏡

相對於 Given Imaging 公司的 M2A 或 PillCam 系列膠囊內鏡，Norika3 具有

自身獨特的優勢和不同，如表 7-1 所示。Norika3 具有更小的體積，更加方便吞服且具有更好的透過能力，採用體外線圈感應傳輸能源，能更持久地工作，攝影頭視角和焦距皆可調整，能更加準確細緻地觀察病變部位，成像更加清晰，提高了診斷的準確性。

表 7-1　M2A 膠囊內鏡與 Norika3 對比

產品	M2A(Given Imaging)	Norika3(RF System Lab)
尺寸	ϕ11mm×26mm	ϕ9mm×23mm
成像技術、畫素	CMOS、19 萬	CCD、41 萬
幀率	2～3 張/s	30 張/s
鏡頭視角調整	不支持	支持
焦距調整	不支持	支持
動力源	內置電池體	外線圈感應傳輸
續航能力	電池續航有限,工作時間短	不受電源限制,可長時間工作

2015 年 12 月，RF System Lab 公司推出了新一代膠囊機器人 Sayaka[13]，如圖 7-3 所示。其尺寸與 Norika 一樣，但其內部結構有很大改變。受飛翔在天空中鳥類俯瞰大地的啓發，Sayaka 將攝影頭布置於內鏡中段，並在感應線圈產生的電流帶動下每隔 12s 旋轉一次，膠囊在腸道內穿梭的同時，每秒可拍攝 30 張照片的攝影頭能將整個消化道 360°完整無遺地拍攝下來，並透過內置天線發送到外部接收裝置，將這些圖片儲存到儲存介質 SD 卡中；Sayaka 擁有比 Norika 更高的成像解析度，輸出的圖像既可以拼接成完整的消化道平面圖，也可以合成為三維立體影片，醫生可以身臨其境般對消化道進行檢查。

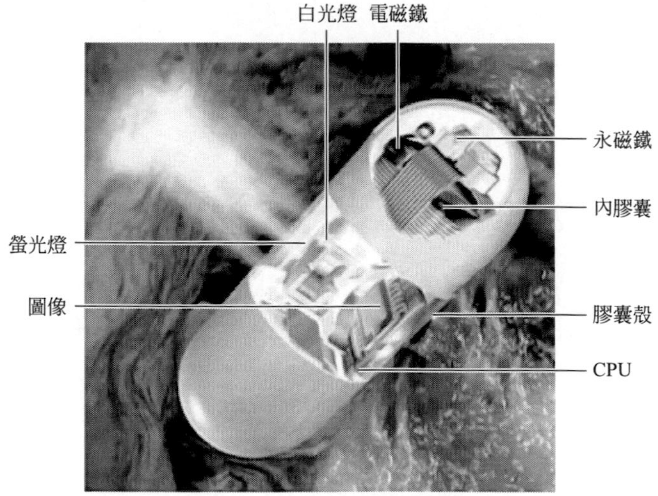

圖 7-3　Sayaka 膠囊內鏡

世界上首次開發出臨床內鏡的奧林巴斯醫療系統集團（Olympus Medical Systems Corporation），也於 2005 年推出一種應用於小腸診斷的膠囊內鏡 Endo Capsule，其外形如圖 7-4 所示。該膠囊內鏡外徑為 11mm，長度為 26mm，其拍攝視角為 145°（2013 年 2 月在歐洲、沙烏地阿拉伯、新加坡等地上市的 Endo Capsule 10 System 膠囊內鏡將視角增加 15°～160°，新一代的膠囊內鏡擴大了拍攝檢查的範圍）。該產品從 2005 年開始，相繼於歐洲、美國、日本等地得到生產與銷售許可。

2005 年上市的 OMOM 膠囊機器人是中國第一顆具有完全自主知識產權的膠囊機器人[14]，同時也是世界上第二顆投入臨床使用的膠囊機器人（比 Norika3、Endo Capsule 都要早）。OMOM 膠囊機器人的尺寸為 ϕ13mm×27.9mm，持續運行時間可達 7～9h，採用 CCD 成像技術，拍攝視角為 140°，能量由充電電池提供，其外形如圖 7-5 所示。

圖 7-4　Endo Capsule 膠囊機器人外形

圖 7-5　OMOM 膠囊機器人外形

上述被動式膠囊機器人避免了傳統內鏡檢查可能對胃腸道造成損傷的風險，實現了無創診療，同時在診療過程中大大減少了患者的痛苦。然而，實際應用中仍存在著明顯的功能性缺陷。為了克服這些弊端，科研工作者開始積極研製新一代具有自主運動能力的主動式膠囊機器人。

7.2.2 主動式膠囊機器人

主動式膠囊機器人透過自身集成的微型移動裝置，在光滑彎曲、具有黏彈性的非結構胃腸道環境中行走。為了保證膠囊機器人靈活、高效地透過複雜的腸道環境，研究者設計了眾多新穎的微型移動機構。

奧林巴斯醫療系統集團與西門子公司合作開發出一款磁導航膠囊內鏡（magnetically guided capsule endoscopy，MGCE）胃內檢查系統[15]，該套系統包含膠囊內鏡、磁導航系統、圖像處理與資訊導航系統，如圖 7-6 所示。該系統膠囊內鏡在向外部傳輸拍攝圖像的同時，能夠在外部磁場的控制下進行相應的旋轉與傾斜，以及橫向與縱向的定位，並能夠在感興趣的部位進行高清晰畫質停留拍攝，從而可以對該部位進行更深入的觀察與診斷[16]。

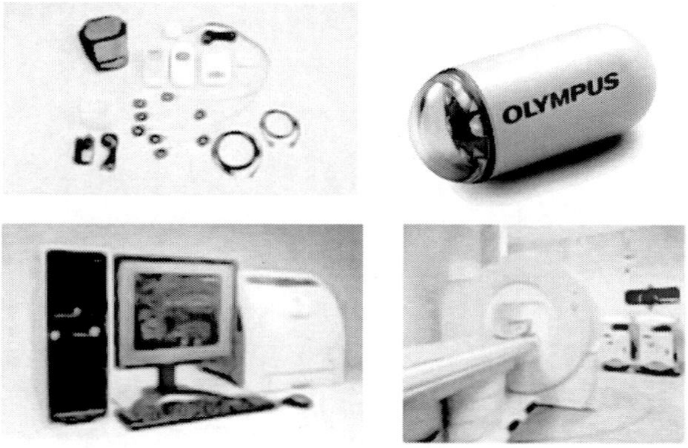

圖 7-6　Endo Capsule 膠囊機器人及檢測配件

意大利 Sant’Anna 大學 P. Valdastri、R. J. Webster Ⅲ等研製了具有腿移動機構的中尺度膠囊機器人[17]，其具體結構如圖 7-7 所示。該機器人所含的移動機構由 12 條腿組成，結構緊湊，在低能耗的條件下機器人足部能夠獲得較大的牽引力。這 12 條腿分為兩組，每 6 條構成一組，並分別由直流無刷電機透過齒輪傳動帶動一個微型螺桿進行驅動。透過螺桿的旋轉，帶動螺母往復運動，從而分別使每組腿同時伸縮，完成膠囊機器人的行走。研究者對機器人的運動機構進行了靜力學和動力學的分析，對設計參數進行了最佳化，並進行了機器人的步態規劃，透過實驗驗證了該機器人在腸道中行走的可行性。

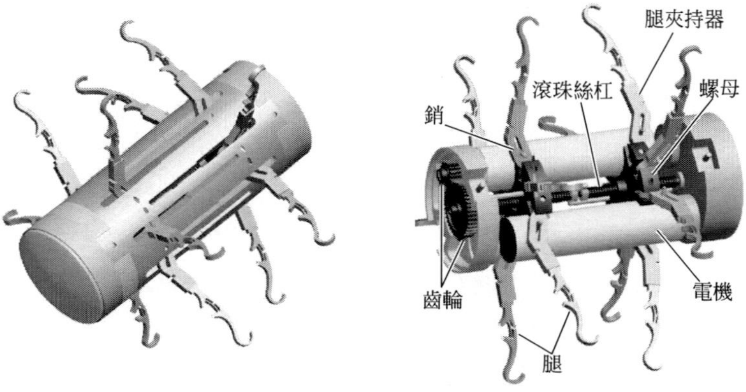

滾>

圖 7-7　腿式膠囊機器人具體結構

韓國科學技術研究所 Sungwook Yang 和 Jinseok Kim 等提出並設計了划槳式膠囊機器人[18,19]，如圖 7-8 所示。該膠囊機器人由主體、多個槳、一個安裝著槳的移動源、一根螺桿和一個直徑為 6mm 的有刷直流電機組成，其總長度為 43mm，直徑為 15mm。當直流電機驅動螺桿旋轉時，安裝著槳的移動源由於受到機器人主體上鍵槽的限制無法旋轉，只能沿螺桿軸線平移。移動源向後運動的同時，機器人的槳張開與腸道接觸，透過螺桿螺母傳動推動機器人主體前進。當移動源向前移動時槳收縮，機器人整體不動。重複上述動作，便可實現機器人沿腸道的行走。透過活體實驗測量，機器人行走時的速度可達 28.4cm/min。遺憾的是，膠囊機器人在行走過程中其槳末端難免會對胃腸道黏膜表面造成一定損傷。

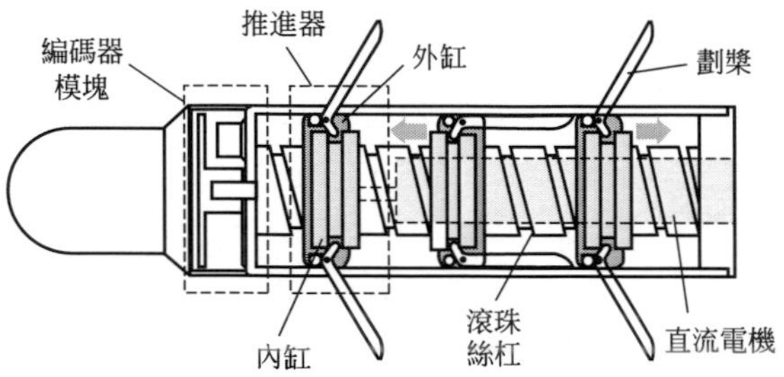

圖 7-8 划槳式膠囊機器人

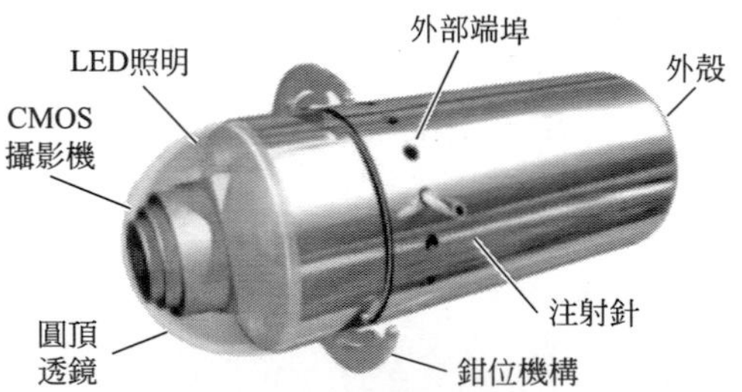

圖 7-9 靶藥物釋放膠囊機器人結構

英國倫敦大學帝國理工學院 Stephen P. Woods 等設計了一種具有胃腸道內定點靶藥物釋放功能的膠囊機器人[20]。該膠囊機器人具有兩個新穎的子系統：一個是微定位機構，用於釋放機器人攜帶的 1ml 靶藥物；另一個是支撐機構，用於抵抗胃腸道的自然蠕動，完成藥物的定點釋放。其結構如圖 7-9 所示，機器人的工作過程如下：首先，患者吞服該機器人；隨後，機器人經過胃到達小腸，並開始透過無線通訊向操作者傳輸圖像資訊，操作者在外部電腦上觀察即時圖像並確定施藥的靶位點；一旦機器人到達鉗位點，透過展開其上集成的支撐機構來抵抗腸道的蠕動壓力，保持位置固定，注射針從機器人周圍的孔中伸出並扎進腸道內壁中完成藥物釋放；檢查完成後，機器人透過胃腸自然蠕動排出體外。

上海交通大學研製的尺蠖式膠囊機器人結構如圖 7-10 所示，其主要由伸縮機構及兩端的鉗位機構三部分組成[21]，其中伸縮機構為雙向直線驅動，軸向行程可達 45mm，鉗位機構由連桿機構和伸縮腿組成，為減小其阻力分別試驗了銅、矽、橡膠、ABS 四種不同的材料。其結構及行走原理如圖 7-10(a) 所示，前後的徑向鉗位機構交替實現固定[22]，配合軸向伸縮機構的伸長及收縮可實現機器人軸向前進和後退。該機器人直徑 13mm，長 97mm，重 22g，需三個電機驅動，結構複雜。

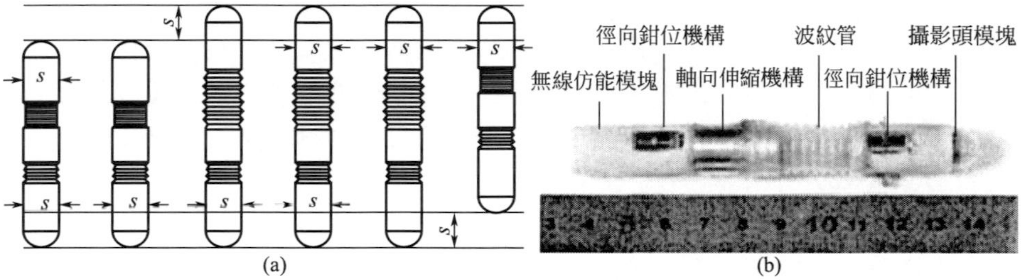

圖 7-10　尺蠖式膠囊機器人結構

日本中央大學 Daisuke Sannohe 等提出一種仿蚯蚓蠕動式膠囊機器人可用於人體小腸內的檢測[23]，如圖 7-11 所示。該機器人重 23g，當直徑為最小值 15mm 時機器人長度最大可達到 150mm，由四段人造肌肉組成，人造肌肉采用碳纖維和天然橡膠合成的細小管狀結構製作而成，材料纖維方向與機器人軸平行。當通入空氣後，人造肌肉中具有較強彈性的橡膠成分就會發生伸展，而碳纖維薄片成分在軸向幾乎不伸長，於是人造肌肉就會沿徑向擴張成球形，結構如圖左所示。按一定的順序通入氣體即可實現各段肌肉的伸長或縮短，採用不同的通氣順序可實現三種不同的運動類型[24]。

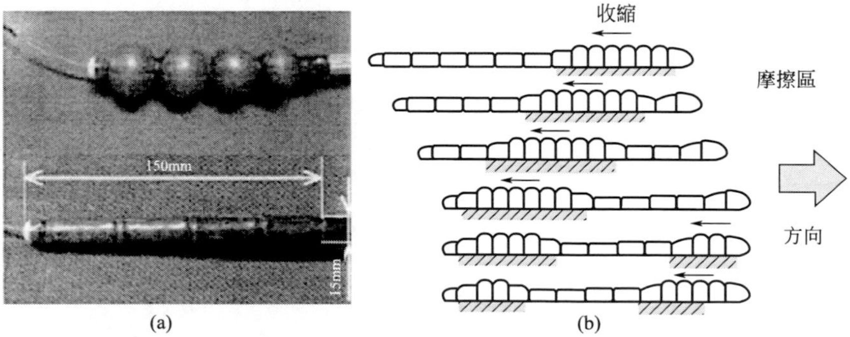

圖 7-11　仿蚯蚓蠕動式膠囊機器人原理

7.3 膠囊機器人的關鍵技術

7.3.1 膠囊機器人的微型化技術

微機電系統技術的不斷提高，為膠囊機器人微型化的發展帶來了曙光。利用這種技術能實現對膠囊機器人的主動驅動機構的集成，從而帶動內鏡的觀察由被動式驅動轉變為主動式驅動，使醫護人員對人體內部的觀察能更得心應手。[25]

各國的研究人員都積極地尋找一種適合微型膠囊機器人使用的主動驅動模塊的設計方法。目前成功應用到機器人試驗的動力源主要有三類：形狀記憶合金、氣壓驅動、電機驅動。

① 就形狀記憶合金而言，其對應的動力源模塊便於小型化，但模塊由加熱伸展和冷卻收縮產生動力的機理在實際應用上所花費的時間較長，產生一定的反應延遲。

② 就氣壓驅動而言，其動力源模塊在相同的容積下能產生更大的動力，但模塊小型化所需的技術十分複雜，成本較高，同時氣壓驅動亦對患者帶來了潛在的危險。

③ 就電機驅動而言，動力源模塊的小型化十分簡易，但是 CCD 影像感應器、DSP 芯片對強磁場都很敏感，而電磁原理的電機在運轉時產生的磁場會對於圖像感測器造成干擾，故需要在圖像傳回到輸出設備前考慮透過屏蔽或圖像處理消除影片中的磁場噪音。

微型化技術對於推動膠囊機器人的發展有著深遠的影響，上述的三種動力源都在不同的方向上有著成熟的應用，對微型膠囊機器人的研製和臨床應用有著巨大的促進作用。

7.3.2 膠囊機器人的密封技術

膠囊機器人在伸縮和平移過程中，腸道中的消化液可能會進入到驅動機構內部，造成電池、電動機或控制電路的短路。因此，為了保護電路和機械系統的安全性，有效的密封設計對於膠囊機器人來說是必要的。

腿式膠囊機器人採用的是熱塑性聚氨酯彈性體橡膠（thermoplastic polyurethanes，TPU）薄膜密封，如圖 7-12 所示。TPU 薄膜將膠囊機器人包裹住，其厚度僅為 0.02mm，可有效防止外部物質的進入。此外，用膠將腿部末端與薄膜固定住，防止腿部機構在薄膜內出現打滑現象。在裝配過程中，需要為腿部機構的平移運動預留出足夠的活動空間，降低薄膜對腿部機構的阻力。該設計在基本不改變運動模式的前提下，可起到有效的密封保護作用[26]。

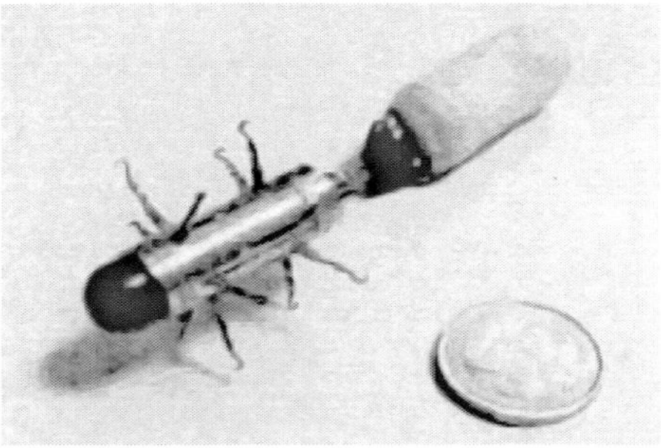

圖 7-12 腿式膠囊機器人 TPU 薄膜密封

尺蠖式內鏡膠囊機器人採用的是分段密封技術，如圖 7-13 所示[27,28]。該機器人由驅動器、前後兩個鉗制油囊、波紋管、無線能量接收模塊、微型攝影頭以及電路部分組成。微型攝影頭和電路部分密封在頭倉；驅動器、油泵、無線能量傳輸模塊密封在尾倉；前後油囊分別密封在頭倉和尾倉表面，透過油管和油泵連接；波紋管連接前後外殼，並用膠密封。整個膠囊機器人是完全密閉的。驅動器由無線能量傳輸供能，在直流電機的驅動下輸出油囊的徑向擴張和收縮、膠囊的伸長和縮短，並透過控制芯片控制運動時序。機器人集成了驅動系統、微處理系統、微通訊系統，可在外部操控下進入人體腸道進行檢測，在工作時分別透過天線和發射線圈與外界進行通訊。

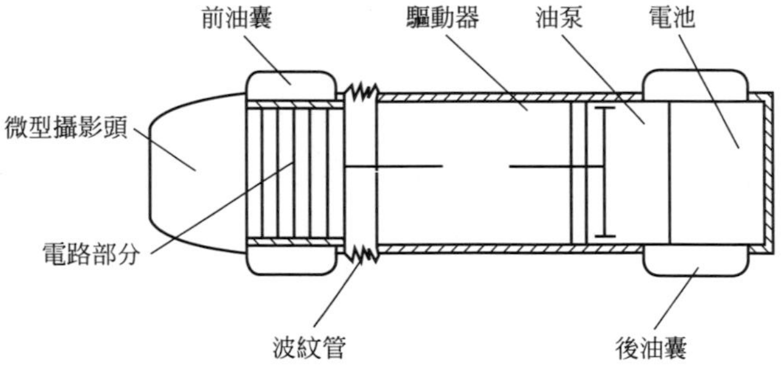

圖 7-13 尺蠖式膠囊機器人分段密封技術

7.3.3 膠囊機器人的能源供給技術

無線供電技術應用於醫學領域，最早是在經皮能量傳輸系統當中。在大量試驗中，發現經皮能量傳輸系統沒有對實驗對象的生理狀況造成明顯影響，系統的傳輸效率也能達到 90%以上[29]。但是經皮能量傳輸系統方案，在體內的接收線圈體積過大，傳輸距離過小。對於消化道中的膠囊機器人，因為人體胸腔、腹腔的阻隔作用，所以發射線圈和接收線圈之間的距離通常要在 20cm 左右。而且膠囊機器人在腸道內蠕動，其姿態和位置也隨時發生變化，使得發射端與接收端的耦合程度也將隨時變化不定。所以經皮能量傳輸系統方案不適用於膠囊機器人。

目前，共有兩種方式可實現對膠囊機器人的無線供能：一是從生物體內部獲取能量；二是從體外供電，實現無線電能傳輸。

① 從生物體內部獲取能量。人體本身就擁有巨大的能量，如果能從相應體內能量場（比如溫度）中獲得足夠的能量並轉化為電能，而不對人體產生有害的生理影響，是一種較為理想的辦法。美國麻省理工學院的無線供能實驗室正在進行這方面的研究，但目前效果還遠不能滿足需求[30]。另外，在人體內部運動過程中，各個部位不可避免地會發生振動，這也是重要的能量來源。Lim 等設計了一種基於電荷的由機械能到電能轉換系統，最大可以獲得 100μW 的電能[31]。Al-Rawhani 等設計了一種自我供能的訊號處理器，主要是利用人體運動過程中的振動，帶動線圈切割磁力線而產生電能，平均輸出功率能達到 400μW[32]。

可以看出，這種內部供能方式較為簡單安全，但所獲得的能量在 μW 級，適用於能耗極低的應用場合，對於非常簡單而且短暫的檢測完全可以勝任，但是想做到功能的高度集成以及精準的測量，還是很困難的[33]。

② 體外供電方式，實現無線電能傳輸。外部供電方式就是透過體外發射裝置和體內接收裝置共同實現的電能無線傳輸。體外發射裝置體積相對不受限制，那麼較容易實現大功率傳輸，如果能有效地設計裝置，提高傳輸效率和穩定性，就能獲得足夠的電能。因此這種方式被認為是解決相應問題的最具前景、最有效的方案。

韓國翰林大學的 Munho Ryu 等進行了相應的膠囊機器人電能傳輸問題研究[34~36]，他們主要研究了能量接收線圈的面數和負載阻抗匹配對接收功率的影響[37,38]，設計了三維能量接收線圈，以減小接收線圈姿態變化對接收功率的影響，如圖 7-14 所示。在接收線圈在姿態變化的情況下可平均接收 300mW 的能量。

(a)

(b)

圖 7-14　三維能量接收線圈

比利時魯波天主教大學的 Bert Lenaerts 等[39,40] 也開展了這方面的研究，他們設計的無線電能傳輸系統樣機如圖 7-15 所示。其中，發射線圈使用絞合線來降低線圈內阻，初步實現了 150mW 的無線電能傳輸。

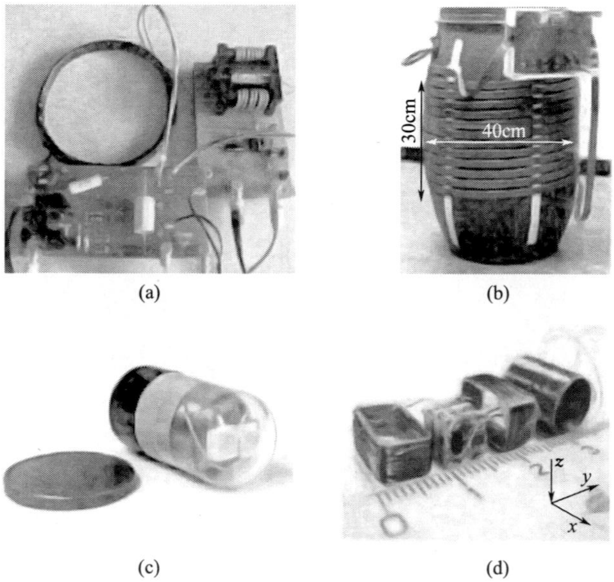

圖 7-15 Bert Lenaerts 等研發的無線電能傳輸系統

2010 年，上海交通大學的顏國正等設計了應用於影片膠囊內鏡的無線供電系統[41]，對比了亥姆霍茲發射線圈、三維接收線圈的傳輸效果，建立了人體電磁模擬模型，證明了能量傳輸系統的安全性，如圖 7-16 所示。

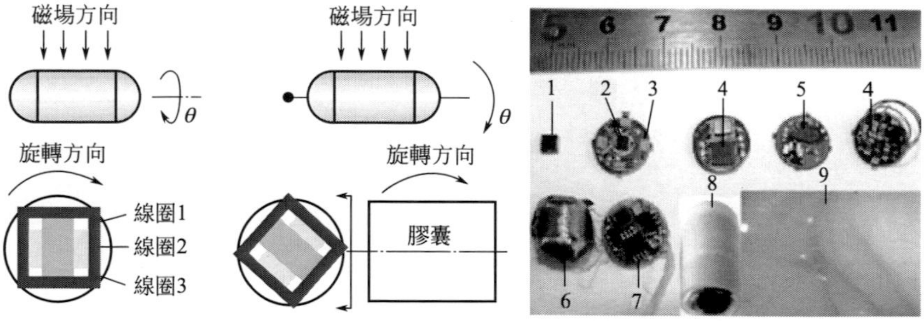

圖 7-16 上海交通大學膠囊內鏡無線供電系統

海內外近期研究均獲得了一定的成果，推動了面向膠囊機器人的無線供電技術的發展。但是，這些研究還是初步的、局部的，並沒有完整的、系統性的、理論性的研究成果。比如，在實際應用中，發射端電路存在失諧問題，發射端功率、效率較低，頻率提高時性能下降，發射線圈發熱，以及由於發射線圈和接收線圈之間的耦合度很弱，所以耦合效率低等問題，這些研究均未給出明確的解決方案。另外，無線供電中發射線圈產生的電磁場是否會對人體組織產生不利的影響，程度有多大，如何評價，也鮮有學者對其進行研究。因此，針對膠囊機器人的無線能量傳輸技術，在諧振穩定性、輸出功率、效率、耦合效率、人體安全性評測指標等方面還存在著大量需要深入探究的問題。

7.3.4 膠囊機器人的驅動技術

(1) 被動式驅動

GI 公司生產的 M2A 是被動式驅動機器人的典型代表[42]。該膠囊機器人的結構尺寸為 $\phi 11mm \times 27mm$，具體結構由透明外殼、光源、微型攝影機、電池、天線、LED 照明、發射模塊和感測器八個部分組成。機器人外部具有光滑的外殼，便於患者吞服，依靠胃腸道的自然蠕動前進，對胃腸道內壁進行圖像拍攝，所得圖像被無線傳輸到體外，供醫生進行診斷分析。隨後，該公司在此基礎上陸續推出了 PillCam 系列膠囊機器人，如圖 7-17 所示。

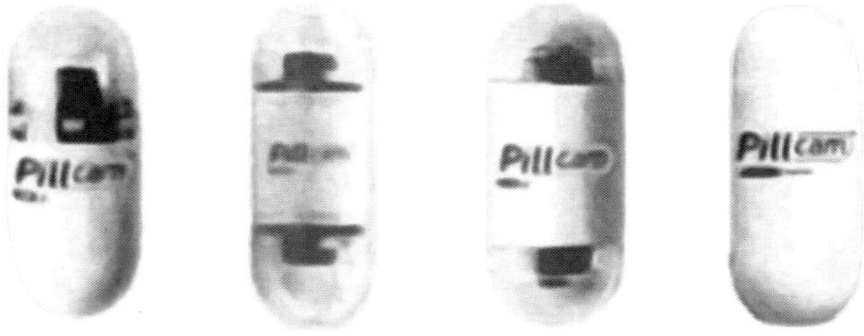

(a) (b) (c) (d)

圖 7-17 PillCam 系列膠囊機器人

早期的膠囊機器人只能依靠胃腸道蠕動進行運動，因而其並非真正意義上的機器人。首先，被動式膠囊機器人無法在人體胃腸道中實現加速前進、拋錨定點觀察以及返回可疑病變區域進行重複觀察等功能。其次，被動式膠囊機器人照片拍攝的能量由其自身攜帶的微型電池供應，為了減少機器人的整體尺寸便於患者吞服，在結構設計過程中微型電池的體積受到限制，因此電池能量制約著機器人工作時間。第三，被動式膠囊機器人直徑較小並且無法主動控制，當其到達腸道坍塌以及褶皺較多的隱蔽區域時無法順利透過，會產生機器人長時間滯留體內的風險[43]。

(2) 主動式驅動

主動式驅動膠囊機器人主要分為電能驅動式、磁能驅動式兩大類。

① 電能驅動式。電能驅動式膠囊機器人透過膠囊機器人自身集成的微型移動裝置，在光滑彎曲、具有黏彈性的非結構胃腸道環境中行走。為了保證膠囊機器人靈活、高效地透過複雜的腸道環境，研究者設計了眾多新穎的微型移動機構。從這些運動機構所需的電能來源來看，電能驅動式膠囊機器人大致可分為兩類：一類是自身攜帶微型電池提供電能的膠囊機器人，另一類是透過無線能量傳輸來提供電能的膠囊機器人。

土耳其薩班吉大學的 Ahmet Fatih Tabak 提出帶螺旋尾巴的仿生遊動機器人，如圖 7-18 所示[44]。機器人能量由 Li-Po 電池供應，該電池由頭部呈半球形的 0.75mm 厚度的石英玻璃蓋進行密封保護。直流電機安裝在塑膠密封圈上，其轉子嵌入鋁合金機械式聯軸器中形成轉動關節，聯軸器的另一端帶有兩個凹槽與硬銅線繞制的尾巴相連。

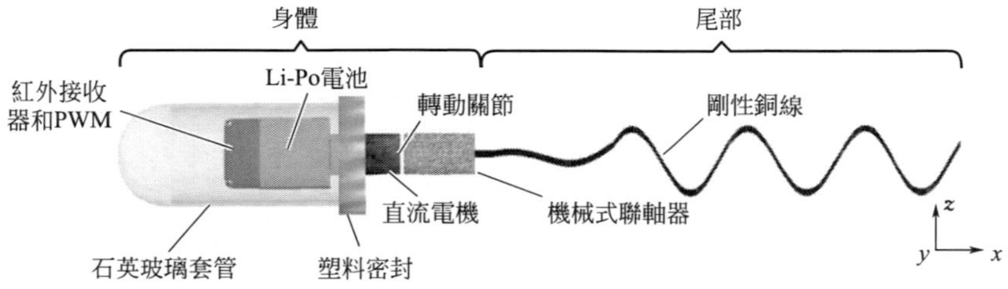

圖 7-18　仿生遊動機器人結構

上海交通大學開發了無線能量系統為膠囊機器人供能，如圖 7-19 所示。在機器人的軸向運動機構中集成了無線能量傳輸系統的接收線圈，該線圈與外部系統中的發射線圈透過電磁耦合原理實現能量傳輸[45]。

綜上，不難發現電能驅動式膠囊機器人存在著如下弊端：

a. 電能驅動式膠囊機器人的結構十分複雜，機器人內部包含電池、電機、複雜的傳動機構以及控制器等。為便於患者吞服，膠囊機器人的整體尺寸受到嚴格的限制，而上述零部件的存在需要額外的空間，這無疑會增加機器人的尺寸，不利於機器人的微型化。

b. 大多數電能驅動式膠囊機器人在胃腸道中行走時，都需要與胃腸道內壁接觸來獲得前進的作用力，因此可能會對胃腸道產生損傷，妨礙膠囊機器人的臨床應用。

c. 電能驅動式膠囊機器人在檢查過程中受到能量的限制，若用電池供電，鑒於電池儲存電能有限，無法進行長時間工作。即使採用無線能量傳輸的供能方式，由於無線傳輸效率較低，也無法完全保證膠囊機器人供能充足，故採用電驅動式膠囊機器人完成人體胃腸道的遍歷檢查存在困難。

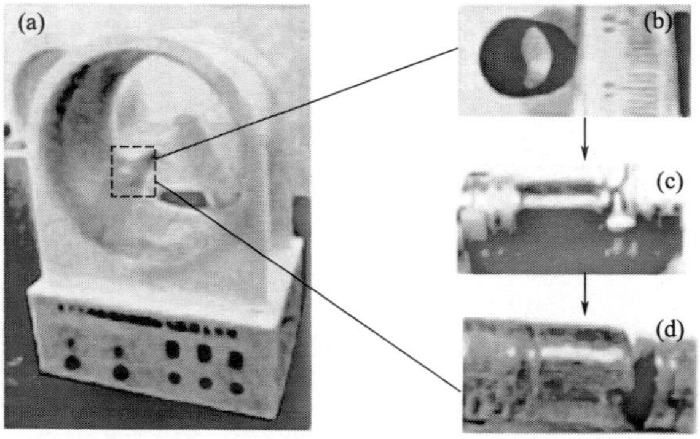

圖 7-19　仿尺蠖膠囊機器人無線能量系統

d. 電能驅動式膠囊機器人的姿態無法得到有效控制，由於人體胃腸道為非結構化環境，存在著褶皺、坍塌等情況，這使得機器人難以透過。並且，機器人姿態不可控，給胃腸道內的定點觀察、施藥、提取活檢組織切片等後續作業帶來困難。

② 磁能驅動式。由於外部磁場可以實現膠囊機器人的主動行走及姿態的控制，完成胃腸道無創診療，並且可以直接提供機器人運動所需的能量，因此磁能驅動式膠囊機器人更加便於臨床應用。目前，海內外研究的磁能驅動式膠囊機器人所採用的磁操作系統有兩類：永磁體系統和電磁系統。永磁體系統為梯度磁場，依靠磁力驅動機器人行走；電磁系統產生的磁場為均勻磁場或者梯度磁場，透過磁力矩和磁力驅動機器人完成旋轉、平移、翻滾等運動。

美國卡內基梅隆大學 Sehyuk Yim 等研發了具有藥物釋放功能的永磁體驅動軟膠囊機器人，如圖 7-20 所示[46,47]。機器人工作時，操作人員控制外部永磁體旋轉產生磁力矩，驅動機器人在胃表面滾動行走，同時透過機器人拍攝的圖像對胃腸道進行即時觀察。當發現病變位置時，外部永磁體停止旋轉，依靠內外磁鐵間的磁力作用使機器人停留在期望位置，並且在外部磁體的吸引下機器人沿軸向受到擠壓變形，完成藥物的釋放。

為了避免永磁體梯度磁場可能使機器人對胃腸道造成衝擊的風險，同時為保證機器人在行走過程受到恆定的磁力矩，增加機器人姿態調整和轉彎行走的靈活性、連續性及穩定性，研究者嘗試使用均勻磁場來驅動和控制膠囊機器人。

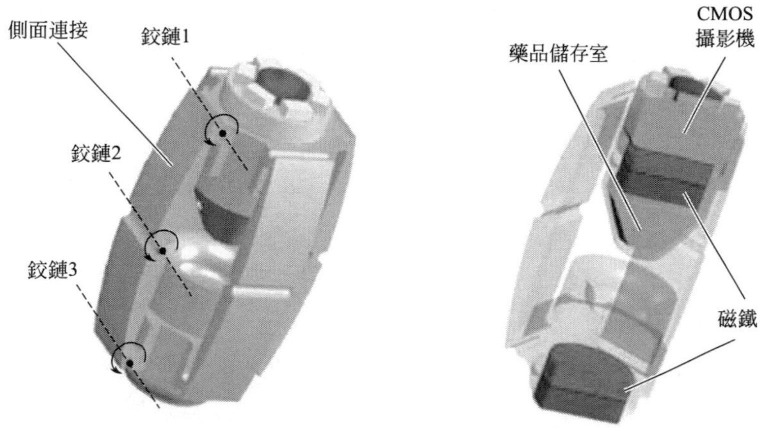

圖 7-20　軟膠囊機器人結構及藥物釋放

7.3.5 膠囊機器人的定位與智慧控制

膠囊機器人的定位系統負責獲得膠囊內鏡當前的位置，供控制系統使用。控制系統主要負責規劃膠囊內鏡微機器人的運動路徑，控制外部導向磁場的方向，給出控制電機轉速的合適的指令等，從而控制膠囊內鏡微機器人的運動速度、運動方向以及啓停膠囊的攝影功能等。

在定位系統設計中採用多感測器磁定位方法。在膠囊內鏡微機器人運動空間的周圍放置多個磁感測器，透過多個感測器所獲得的訊號，經過一定的算法處理得到膠囊內鏡微機器人當前的位置和姿態。膠囊機器人定位系統如圖 7-21 所示[48]。

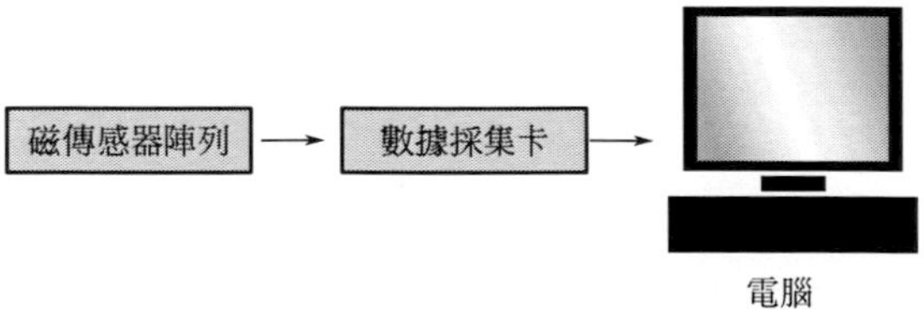

圖 7-21　膠囊機器人定位系統

外部控制系統以一臺電腦為核心，系統結構如圖 7-22 所示。電腦透過 DA 卡控制 PWM 模塊產生適當占空比的 PWM 波，透過射頻發射模塊調制後發出。當膠囊內鏡機器人收到攜帶 PWM 波的射頻訊號後，經過解調控制內部電機啓停、改變轉速等。電腦上裝有串口擴展卡，分別用於控制三個電源的電流，使得三對亥姆霍茲線圈中產生指定大小和方向的導向磁場，從而控制膠囊微型機器人的運動方向。實際構造的系統如圖 7-23 所示。

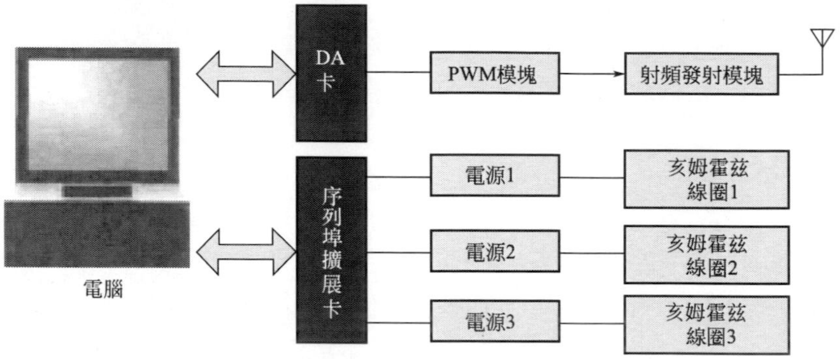

圖 7-22　膠囊機器人體外控制系統結構

若能徹底解決上述五大關鍵技術難題，膠囊機器人就能代替醫生完成大量的醫療操作。膠囊機器人可以進入機體內部完成診斷，向病變組織準確地釋放藥物，避免傳統藥物治療對正常組織產生的副作用，也可以對組織進行取樣等。不僅如此，它還可以進入動脈內清除脂肪塊，減小血栓發病的可能。安裝上手術裝置，膠囊機器人甚至可以對一些腫瘤進行微型移除手術。相比傳統的醫療方法，膠囊機器人治療方法具有高效、對人體傷害小、康復時間短等優點，在醫療領域有不可估量的意義。

圖 7-23　磁場調控系統

7.4 膠囊內鏡機器人實施實例

7.4.1 PillCam 膠囊機器人

以色列的 GI 公司從 1991 年開始膠囊機器人的研發工作，經過二十餘年的不懈努力，已經推出多代膠囊機器人產品，並廣泛應用於臨床，取得了良好的治療效果。其中性能最好的當屬 PillCam 系列膠囊機器人，包括用於小腸檢查的 PillCam SB、用於結腸黏膜檢查的 PillCam COLON、用於食道檢查的 PillCam ESO。下面以 PillCam COLON 膠囊機器人為例，介紹 PillCam 系列膠囊機器人的系統組成、使用流程和注意事項。

（1）系統組成

PillCam COLON 膠囊機器人診斷系統主要由 PillCam COLON 膠囊、Given 數據記錄儀、RAPID 工作站組成。PillCam COLON 膠囊內部集成了 LED 照明、鏡頭、CMOS 元件、電池、發射器和天線等部件，在其光滑的表面沒有任何其他線纜，如圖 7-24(a) 所示。在 PillCam COLON 膠囊的頭尾各有一個攝影頭，以 2 幀/s 的速度進行拍攝，拍攝視角可達 156°，景深為 0～30mm，電池一次充滿電可以工作 9 個小時。Given 數據記錄儀由陣列感測器和 10GB 記憶體的 2C 型數據記錄儀組成，陣列感測器貼在患者腹部用來即時地採集數據，數據記錄儀負責對採集到的數據進行記錄，如圖 7-24(b) 所示。RAPID 工作站主要包括 RAPID5 分析軟體和 RAPID 即時監視器，RAPID5 分析軟體對膠囊即時採集到的圖像數據進行分析處理，並生成報告，RAPID 即時監視器則即時監控拍攝到的畫面，如圖 7-24(c) 所示。

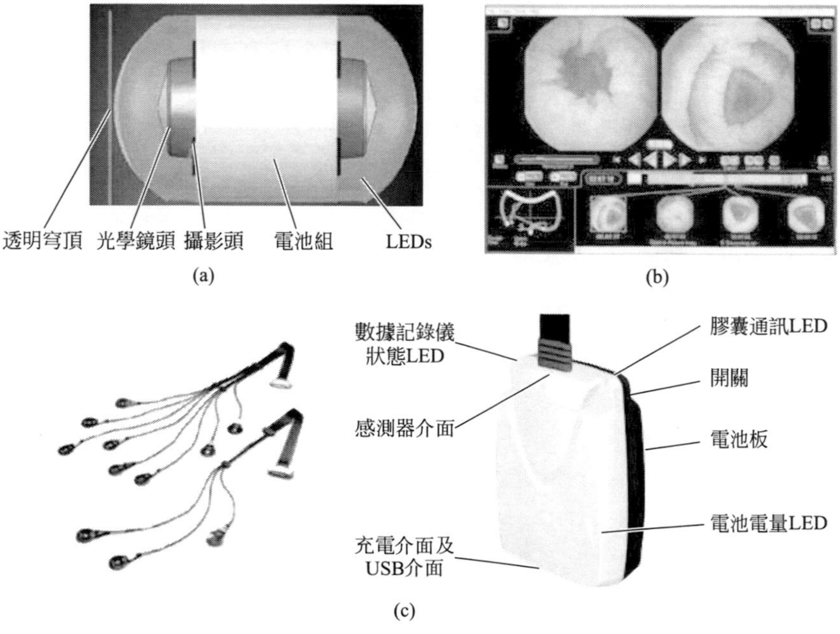

圖 7-24　PillCam COLON 膠囊機器人診斷系統組成

PillCam COLON 膠囊機器人的工作原理：被檢查者透過口服吞入 PillCam COLON 膠囊，在腸道部位的腹部貼附上陣列感測器用於接收膠囊發射出的訊號，膠囊隨消化道的蠕動而前進，攝影頭在電池的驅動下開始工作，並以一定頻率拍攝消化道內壁的圖像，透過內置發射裝置將進行訊號處理後的圖像資訊發射到外部接收裝置——Given 數據記錄儀，接收到的訊號經 RAPID 工作站處理後即可得到膠囊所拍攝的消化道內壁圖像，供醫護人員進行診療與醫治。

（2）使用流程

PillCam COLON 膠囊機器人完整的檢查流程包括檢查前準備、檢查過程中的儀器使用以及檢查後的身體狀態監測，具體過程如下。

① 檢查前一日進食清淡、易消化的半流食（如大公尺粥），禁食牛奶及乳製品、有色食物、肉、湯類等。

② 檢查當天早上禁食，進行抽血、上腹部彩色都卜勒超音波檢查、TTM 檢查後，服清腸劑 1L，以每 15～20min 一杯（250mL）的速度喝完。

③ 喝完後，不再飲水，多走動，進行彩色都卜勒超音波、DR、心電圖、人體成分分析、雙能 X 射線骨密度、中醫經絡監測檢查（總體時間控制在 60min），檢查結束後觀察大便排出情況，呈清水樣方可接受檢查。

④ 在醫生指導下吞服膠囊，佩戴接收器。

⑤ 確定膠囊在體內正常運作後，繼續其他臨床科室的檢查。

⑥ 檢查結束前始終佩戴數據記錄儀及黏性貼片，檢查過程中遠離強磁場、電場環境，避免劇烈活動等可能影響數據記錄儀工作的情況。

⑦ 8h 內（以吞服膠囊時間計算）盡量少飲食，可在膠囊進入小腸後 2h 喝少量水、4h 進食少量乾性無色食物，如麵包、饅頭等，勿進食牛奶及奶製品等，8h 後可恢復正常飲食。

⑧ 吞服膠囊後，每隔一段時間觀察數據記錄儀右上方藍色指示燈是否閃爍（1s 閃爍 2 次），8h 內閃爍異常，及時告知檢查醫生，吞服膠囊 12h 後藍色指示燈停止閃爍是正常的，小心摘去黏性貼片，送回設備。

⑨ 檢查完成後 72h 內，注意觀察膠囊是否已經排出，如數日後無法確認是否排出，可進行腹部 X 線檢查確認，期間密切關注是否有腹部不適。

⑩ 檢查報告於 10 個工作日內出來。

（3）注意事項

1）檢查前注意事項

① 受檢者簽署知情同意書後開始進行腸道準備。

② 記錄儀在檢查前充滿電。

③ 受檢者開始正式接受膠囊內鏡檢查前，一定要保證清腸最後一次排泄物為清水樣，不能有殘渣，如仍然有殘渣，需告知操作醫生。

④ 受檢者若為老年人或者已知的消化動力比較弱的受檢者，建議受檢者在正式開始檢查前的適當時間口服嗎丁啉或接受甲氧氯普胺注射。

⑤ 正式開始檢查前，啓用膠囊時，注意要讓膠囊在體外拍攝幾幅圖片，然後再讓受檢者吞服。

2）檢查中注意事項

① 受檢者在吞服膠囊 2h 後可進少量水（100mL 以下），待即時監視中膠囊進入小腸 2h 後，受檢者可進少量簡餐，並告知受檢者需等檢查全部結束後方可恢復進食。受檢者如有腹痛、噁心、嘔吐或低血糖反應等情況，應立即通知醫生，及時予以處理。

② 受檢者在整個檢查過程中，不能脫下穿戴在身上的圖像記錄儀，不能移動記錄儀位置。

③ 膠囊內鏡檢查期間，受檢者可正常活動，但避免劇烈運動、屈體、彎腰及可造成圖像記錄儀天線移動的活動，切勿撞擊圖像記錄儀。避免受外力的干擾。不能接近任何電磁波區域，如 MRI 或業餘電臺，在極少情況下因電磁波干擾而使某些圖像丟失，從而造成需要重新檢查。

④ 檢查期間還需每 15min 觀察一次記錄儀上的 ACT 指示燈或進行即時監視，如閃爍變慢或停止，則立即通知醫生，並記錄當時的時間，同時也需記錄進食、飲水及有不正常感覺的時間，一起交給醫生，檢查結束。

3）檢查後注意事項

① 膠囊內鏡工作 8h 後且膠囊停止工作後可由醫生拆除設備，如受檢者是自行解下設備歸還，還應詳細地指導其在解除圖像記錄儀時注意後邊的天線陣列。

② 在持放、運送、自行拆除所有設備時要避免衝擊、振動或陽光照射，否則會造成數據資訊的丟失。

③ 受檢者注意觀察膠囊內鏡排出情況，膠囊排出前切勿接近強電磁區域，勿做 MRI 檢查。一般膠囊內鏡在胃腸道內 8～72h 後隨糞便排出體外，若受檢者出現難以解釋的腹痛、嘔吐等腸道梗阻症狀或檢查後 72h 仍不能確定膠囊內鏡是否還在體內，應及時聯繫醫師，必要時進行 X 射線檢查。

7.4.2 OMOM 膠囊內鏡機器人

中國重慶金山科技集團從 2001 年開始即對膠囊機器人技術展開了研究，並於 2002 年被科技部列入國際合作重點項目，同時也被國家「863 計劃」先進製造與自動化領域 MEMS 重大專項給予扶持，不久後通過國家食品藥品監督管理總局的認證許可。OMOM 膠囊機器人的上市，標誌著中國膠囊機器人技術的發展達到世界領先的水準。與其他膠囊機器人相比，OMOM 膠囊機器人具有其核心優勢：首創便攜式膠囊內鏡姿態控制器，操作簡單，易上手，培訓時間短，占地面積小，無空間限制，隨時隨地開展檢查；兼容全球 5000 家醫院 OMOM 膠囊內鏡系統，只需升級軟體即可與姿態控制器聯合使用膠囊胃鏡；高清智慧影像；圖像品質得到專家認可，圖像光亮度自動調節，智慧防抖技術。下面從 OMOM 膠囊機器人的系統組成、使用流程和注意事項等方面介紹 OMOM 膠囊機器人。

（1）系統組成

OMOM 膠囊機器人系統主要由膠囊胃鏡、便攜式姿態控制器、圖像記錄儀、臺車式影像工作站組成。最新一代的 OMOM 膠囊尺寸更小，為 $\phi 11\text{mm} \times 25.4\text{mm}$，質量小於 6g，採樣頻率 2fps，有效能見距離為 0～35mm，最長工作時間為 12h，其外形如圖 7-25(a) 所示。便攜式姿態控制器用來調整膠囊胃鏡在胃中姿態，使其拍攝到需要檢查部位的圖像，如圖 7-25(b) 所示。圖像記錄儀穿戴在患者身上，用來記錄由膠囊內鏡發出的胃部圖片資訊，如圖 7-25(c) 所示。臺式影像工作站對圖像記錄儀採集到的圖片進行分析處理，幫助醫生做出診斷，如圖 7-25(d) 所示。OMOM 膠囊機器人的工作原理：患者吞服OMOM後，OMOM隨著消化道蠕動依次經過食道、胃、十二指腸、空腸與迴腸、結

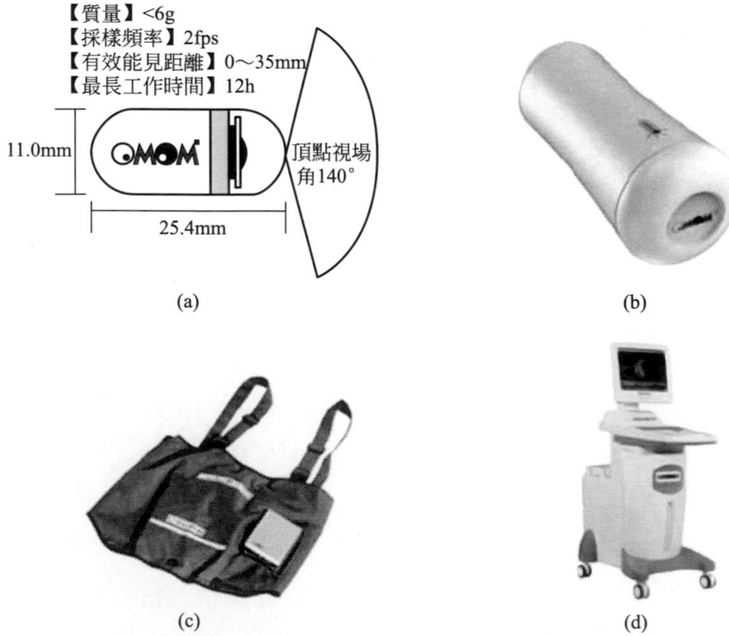

圖 7-25　OMOM 膠囊機器人系統組成

腸、直腸，與此同時，攝影頭對所經過的消化道以 2～15fps 的頻率進行連續拍攝，並且將拍攝得到的圖像訊號數位化後傳輸到身上所穿戴的圖像記錄儀，圖像記錄儀可以將數位訊號轉化為圖像訊號並進行儲存，儲存後的圖像透過影像工作站即可由醫生對患者消化道病情進行診斷。

(2) 使用流程

OMOM 膠囊機器人檢查流程如圖 7-26 所示，其具體過程如下。

1) 檢查標準

① 檢查前一天醫生告知受檢者注意事項（包括流質飲食/檢查當天早上禁食）。

② 醫生準備好檢查當天所需記錄儀，保證記錄儀電量充足。

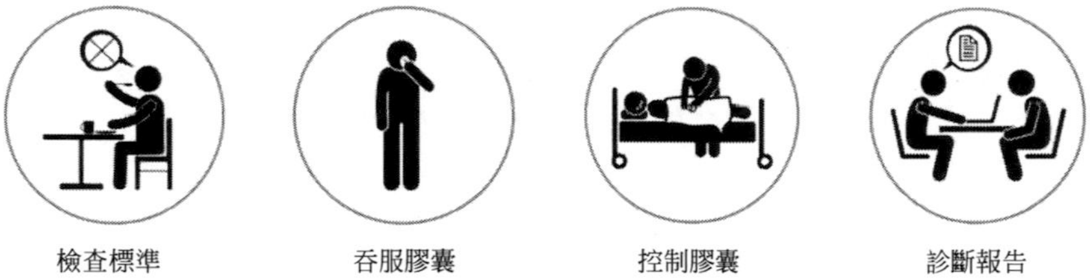

圖 7-26 OMOM 膠囊機器人檢查流程

2) 吞服膠囊

① 受檢者穿戴記錄儀，吞服膠囊，並飲用一定量的清水。

② 受檢者臥於檢查床接受檢查。

3) 控制膠囊

① 醫生在體外用控制器控制膠囊在人體內的方向和位置。

② 透過影像工作站即時觀察胃部黏膜病變，並採集圖像保存到影像工作站。

③ 15min 即可完成胃部檢查。

4) 診斷報告

① 檢查完成後，脫下受檢者身上的圖像記錄儀。

② 醫生根據影像工作站採集保存圖像，出具臨床診斷報告。

(3) 注意事項

1) 檢查前兩日

① 進行膠囊內鏡檢查的前兩日，開始進食醫生規定的易消化食物。

② 從進行膠囊內鏡檢查的前一日中午 11：00 後進食無渣食物，18：00 後進食全流食物，20：00 後禁食（除必須服用的藥品外）。

③ 在進行膠囊內鏡檢查前 24h 禁菸。

2) 進行檢查的當日

① 按照醫囑進行腸道準備，腸道準備結束的標誌為 3～5 次清水樣便；

② 按約定時間到達醫院接受膠囊內鏡檢查，並穿寬鬆服裝；

③ 配合檢查醫生按照天線調節圖穿戴圖像記錄儀。

3）吞服膠囊後

① 待膠囊在即時監視進入十二指腸後，方可離開醫生的視線。

② 待膠囊進入小腸 2h 後，可以少量進食，乾性食品（麵包、蛋糕）為佳，盡量少喝水，檢查完畢後才能恢復正常進食，必須遵循上述飲食規定，除非檢查醫生另有規定，如果在行膠囊內鏡檢查期間出現腹痛、腹瀉、噁心等症狀，盡快聯繫檢查醫生。

③ 吞服膠囊後，不能靠近任何強電磁場源，如核磁共振設備及非專業的無線電設備等。

④ 膠囊內鏡檢查持續大約 8h，根據醫生指示確定是否結束，在此期間不要脫下圖像記錄儀，避免圖像記錄儀與其他物品發生碰撞。

⑤ 在膠囊內鏡的檢查過程中，需注意觀察電量指示，通常情況下，記錄儀電量可維持 8～10h 的檢查，如出現電量顯示不足且報警的情況下，盡快給記錄儀充電。

⑥ 在膠囊內鏡的檢查過程中應避免任何劇烈的運動（如騎自行車），並且盡量避免俯身和彎腰。

4）完成檢查後

① 按醫生的指導在檢查結束時歸還設備，需小心愛護圖像記錄儀，它儲存著檢查數據。

② 如果不能確定膠囊是否排出體外，並且出現無法解釋的噁心、腹痛及嘔吐，盡快聯繫檢查醫生，如需要可進行 X 射線腹部檢查。

③ 檢查完到膠囊未排出體外前，切不可做核磁共振成像檢查，這有可能對腸道和腹腔造成嚴重損害，如果不能確定膠囊是否排出，應聯繫檢查醫生進行鑒定，必要時進行 X 射線檢查。

參考文獻

[1] 李之．「膠囊機器人」[J]. 現代物理知識，2011，(4)：75.

[2] 莫劍忠．江紹基胃腸病學[M]. 上海：上海科學技術出版社，2014.

[3] 尹紫晉．威脅國人生命的十大疾病[J]. 臨床醫學工程，2005，(6)：4-8.

[4] 全國腫瘤防治研究辦公室．中國腫瘤死亡報告：全國第三次死因回顧抽樣調查[M]. 北京：人民衛生出版社，2010.

[5] 李踐韜，王惠南．膠囊內窺鏡的研究進展[J]. 中國醫療設備，2005，20(2)：36-37.

[6] 謝翔．膠囊內窺鏡系統原理與臨床應用[M]. 北京：科學出版社，2010.

[7] 許國銘．消化內鏡的世紀回顧與展望[J]. 當代醫學，2001，7(5)：27-28.

[8] 石煜．人體胃腸道腔內診療微系統無線能量傳輸關鍵技術及其應用研究[D]. 上海：上海交通大學，2015.

[9] 李傳國．主動可控式內窺鏡膠囊機器人的研究[D]. 上海：上海交通大學，2010.

[10] Meron G D. The Development of the Swallowable Video Capsule（M2A）[J]. Gastrointestinal Endoscopy，2000，52（6）：817-819.

[11] Swain P，Iddan G J，Meron G，et al. Wireless Capsule Endoscopy of the Small Bowel：Development，Testing，and First Human Trials[C]. Proceedings of Biomonitoring and Endoscopy Technologies，Amsterdam，Netherlands，July 5 - July 6，2000，pp. 19-23.

[12] Nakamura T，Terano A. Capsule Endoscopy：Past，Present，and Future [J]. Journal of Gastroenterology，2008，43(2)：93-99.

[13] The Next Generation Capsule Endoscope-Sayaka [EB/OL]. [2001-12-01]. http：//rfsystemlab. com/en/sayaka/index. html.

[14] 佚名．我自主研發「囊內窺鏡」投放市場[J]. 中國科技投資，2005，(8)：8.

[15] 佚名．磁導航膠囊內窺鏡胃檢查系統[J]. 中國醫療器械雜誌，2010，34（3）：163.

[16] Keller H，Juloski A，Kawano H，et al. Method for Navigation and Control of a Magnetically Guided Capsule Endoscope in the Human Stomach[C]. 4th IEEE RAS and EMBS International Conference on Biomedical Robotics and Biomechatronics，Rome，Italy，June 24-June 27，2012，pp. 859-865.

[17] Valdastri P，Webster Ⅲ R J，Quaglia C，et al. A New Mechanism for Mesoscale Legged Locomotion in Compliant Tubular Environments [J]. IEEE Transactions on Robotics，2009，25（5）：1047-1057.

[18] Yang S，Park K，Kim J，et al. Autonomous Locomotion of Capsule Endoscope in Gastrointestinal Tract[C]. 33rd Annual International Conference of the IEEE Engineering in Medicine and Biology Society，Boston，MA，United states，August 30，- September 3，2011，pp. 6659-6663.

[19] Kim H M，Yang S，Kim J，et al. Active Locomotion of a Paddling-based Capsule Endoscope in an in Vitro and in Vivo Experiment（with videos）[J]. Gastrointestinal Endoscopy，2010，72（2）：381-387.

[20] Woods S P，Constandinou T G. Wireless Capsule Endoscope for Targeted Drug Delivery：Mechanics and Design Considerations [J]. IEEETransactions on Biomedical Engineering，2013，60（4）：945-953.

[21] Lin W，Yan G. A Study on Anchoring Ability of Three-leg Micro Intestinal Robot[J]. Engineering，2012，4（8）：477-483.

[22] 林蔚，顏國正，陳宗堯，等．徑向伸長可控的微型腸道蠕動機器人[J]. 高技術通訊，2012，22(5)：510-515.

[23] Sannohe D, Morishita Y, Horii S, et al. Development of Peristaltic Crawling Robot Moving Between Two Narrow, Vertical Planes[C]. 4th IEEE RAS and EMBS International Conference on Biomedical Robotics and Biomechatronics, Rome, Italy, June 24 - June 27, 2012, pp. 1365-1370.

[24] Adachi K, Yokojima M, Hidaka Y, et al. Development of Multistage Type Endoscopic Robot Based on Peristaltic Crawling for Inspecting the Small Intestine[C]. IEEE/ASME International Conference on Advanced Intelligent Mechatronics, Budapest, Hungary, July 3 - July 7, 2011, pp. 904-909.

[25] 施志東．具有擺頭機構的膠囊機器人微型化設計[D]. 哈爾濱：哈爾濱工業大學，2012.

[26] 邵琪，劉浩，楊臻達，等．微型腿式膠囊機器人的設計與分析[J]. 機器人，2015，37 (2)：246-253.

[27] Cuschieri A. Minimally Invasive Surgery: Hepatobiliary-pancreatic and Foregut [J]. Endoscopy, 2000, 32 (4): 331.

[28] Macfadyen B V, Cuschieri A. Endoluminal Surgery[J]. Surgical Endoscopy, 2005, 19 (1): 1-3.

[29] Balouchestani M, Raahemifar K, Krishnan S. Low Sampling-rate Approach for ECG Signals with Compressed Sensing Theory[J]. Procedia Computer Science, 2013, 19 (19): 281-288.

[30] Pentland A. Wearable Information Devices[J]. IEEE Micro, 2001, 21 (3): 12-15.

[31] Lim E G, Wang J C, Wang Z, et al. Wireless Capsule Antennas [C]. Proceedings of the International MultiConference of Engineers and Computer Scientists 2013, Kowloon, Hong kong, March 13 - March 15, 2013, pp. 726-729.

[32] Al-Rawhani M A, Beeley J, Chitnis D, et al. Wireless Capsule for Autofluorescence Detection in Biological Systems [J]. Sensors and Actuators B: Chemical, 2013, 189: 203-207.

[33] 黃湛鈞．基於 E 類逆變器的膠囊機器人無線供電系統研究與設計[D]. 瀋陽：東北大學，2014.

[34] 梁華錦．膠囊內窺鏡驅動系統的設計與研究[D]. 廣州：華南理工大學，2012.

[35] Rivera D R, Brown C M, Ouzounov D G, et al. Compact and Flexible Raster Scanning Multiphoton Endoscope Capable of Imaging Unstained Tissue[J]. Proceedings of the National Academy of Sciences of the United States of America, 2011, 108 (43): 17598-17603.

[36] Huprich J E, Fletcher J G, Fidler J L, et al. Prospective Blinded Comparison of Wireless Capsule Endoscopy and Multiphase CT Enterography in Obscure Gastrointestinal Bleeding [J]. International Journal of Medical Radiology, 2011, 260 (3): 744-751.

[37] Lee Y U, Kim J D, Ryu M, et al. In Vivo Robotic Capsules: Determination of the Number of Turns of its Power Receiving Coil[J]. Medical & Biological Engineering & Computing, 2006, 44 (12): 1121-1125.

[38] Bourbakis N, Giakos G, Karargyris A. Design of New-generation Robotic Capsules for Therapeutic and Diagnostic Endoscopy [C]. IEEE International Conference on Imaging Systems and Techniques, 2010, pp. 1-6.

[39] Lenaerts B, Puers R. An Inductive Power Link for a Wireless Endoscope[J]. Biosensors & Bioelectronics, 2007, 22 (7):

1390-1395.

[40] Carpi F, Kastelein N, Talcott M, et al. Magnetically Controllable Gastrointestinal Steering of Video Capsules[J]. IEEE Transactions on Biomedical Engineering, 2011, 58(2): 231-234.

[41] 辛文輝，顏國正，王文興．膠囊內窺鏡無線供能模塊的研製[J]. 上海交通大學學報，2010，44(8)：1109-1113.

[42] Eliakim R. Wireless Capsule Video Endoscopy: Three Years of Experience [J]. World Journal of Gastroenterology, 2004, 10(9): 1238-1239.

[43] Sun H, Yan G Z, Ke Q, et al. A Wirelessly Powered Expanding-extending Robotic Capsule Endoscope for Human Intestine[J]. International Journal of Precision Engineering & Manufacturing, 2015, 16(6): 1075-1084.

[44] Tabak A F, Yesilyurt S. Experiments on In-channel Swimming of an Untethered Biomimetic Robot with Different Helical Tails[C]. 4th IEEE RAS and EMBS International Conference on Biomedical Robotics and Biomechatronics, Rome, Italy, June 24-June 27, 2012, pp. 556-561.

[45] Yim S. Design and Analysis of a Magnetically Actuated and Compliant Capsule Endoscopic Robot[J]. 2011, 19(6): 4810-4815.

[46] Yim S, Sitti M. Design and Rolling Locomotion of a Magnetically Actuated Soft Capsule Endoscope[J]. IEEE Transactions on Robotics, 2012, 28(1): 183-194.

[47] Yim S, Goyal K, Sitti M. Magnetically Actuated Soft Capsule with the Multimodal Drug Release Function[J]. IEEE/ASME Transactions on Mechatronics, 2013, 18(4): 1413-1418.

[48] 徐建省，張亞男，劉波，等．一種主動型無線膠囊內窺鏡微機器人[J]. 中國醫療器械資訊，2015(10)：1-5，33.

第8章

前列腺微創介入機器人

8.1 引言

前列腺癌是男性生殖系統最常見的惡性腫瘤，隨著經濟的快速發展，人們工作強度、生活壓力的加大，飲食結構及飲食習慣的改變，中國男性前列腺癌的發病率有所增加。前列腺的介入通常分為兩類。第一類為前列腺組織活檢。前列腺組織活檢為前列腺癌檢查提供了活體組織細胞學診斷依據，提高了診斷的可靠性，並且降低了誤診率，很大程度上避免了因誤診而耽誤病情，為患者的治療贏得了寶貴的時間。第二類為前列腺近距離放射性治療，即粒子植入。它具有靶向性強、創傷小、療效確切的特點，在海內外已成為治療早期前列腺癌的標準手段[1]。由於前列腺介入手術患者術勢的特殊，需要醫生在狹小的範圍內進行高強度的工作，醫生易疲勞、易抖動，使手術時間延長並造成惡性循環；並且在介入手術中醫生容易出現手和圖像引導不協調的現象，使患者出現危險。機器人的出現為解決這些問題帶來了曙光。

8.1.1 前列腺微創介入機器人的研究背景

在世界範圍內，前列腺疾病已逐漸成為男性面臨的主要疾病，並且前列腺癌更是常見的男性惡性腫瘤。全球新診斷的前列腺癌患者約占新增癌症病例總數的15%，成為全球範圍內男性第二常見的癌症[2]。據統計，中國前列腺癌的發病率在近二十年間成長了超過 10 倍，每年新發病例達 330 萬例，成為威脅中國男性健康的重要疾病[3]。

臨床上認為前列腺活檢是診斷前列腺癌（PCa）的黃金標準[4]。前列腺活檢方式主要有兩種：經直腸式前列腺活檢和經會陰式前列腺活檢。雖然二者檢出的陽性率沒有顯著區別[5]，但經會陰的前列腺活檢術由於其介入過程更容易保持較好的衛生環境，所以併發症少於經直腸穿刺前列腺[6]。

前列腺癌的治療有根治性切除、外放療、近距離治療、激素治療等手段。由於近距離治療中的前列腺粒子植入放療具有創傷小、併發症少等優點，成為前列腺癌患者的不二選擇。2000 年，只有不到 5%的患者採用植入粒子近距離放射性治療前列腺癌，但是由於其優勢明顯，2005 年這個比例上升到 35%[7]，現在則有 60%的患者接受這種手術療法。前列腺粒子植入一般也是採用經會陰進行粒子植入，相比於活檢只是在最後的操作上有所差異。這僅僅會造成手術機構上的細微差異，而手術過程沒有差異。下面以傳統的經會陰前列腺活檢手術為例介紹前列腺微創介入手術技術。

經會陰前列腺活檢微創手術步驟如下。

① 患者取膀胱截石位。

② 常規消毒並進行會陰部浸潤麻醉。

③ 在會陰中心至肛門中點處偏外 0.5cm 進針，左手食指插入直腸內（或使用超聲波）引導穿刺針進入包膜內。

④ 透過超聲將穿刺針穿至病變部位，扣動穿刺槍扳機，然後把穿刺針拔出，推出針芯後即見前列腺組織。

傳統的由超聲引導經會陰前列腺穿刺活檢的操作過程相比於粒子植入複雜程度低，但需要手持粒子植入設備透過導向板將粒子一顆一顆地植入靶點，如圖 8-1 所示。一次性植入粒子數量為幾十到一百個不等，所以手術的以下缺點更為明顯。

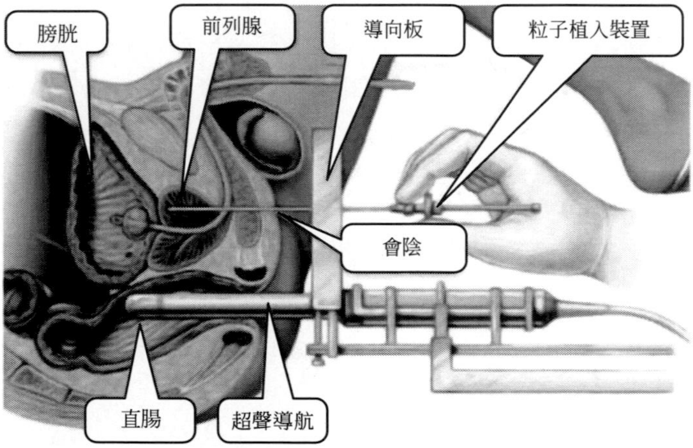

圖 8-1　傳統經直腸超聲引導的前列腺粒子植入

① 定位精度低，以至於導致患者需要承受更多的穿刺活檢針數，使其痛苦程度大大增加。

② 靈活性較差，為了保證扎針精度，加入了導向板，同時也限制了活檢針的刺入姿態。

③ 由於粒子植入量較大，醫生易疲勞，連續工作能力差。

④ 醫生在放射粒子環境下工作，對其身體有較大傷害。

⑤ 活檢取樣的結果受操作者水準的限制。

隨著虛擬實境和人機互動技術逐漸發展成熟，機器人技術已經發展到智慧機器人時期。醫療機器人的出現，使前列腺癌治療手術從單純依靠經驗豐富的醫生發展到依靠圖像和智慧控制平臺的機器人介入手術治療。與此同時，人們也想利用機器人輔助系統克服上述人工手術的缺點。海內外已有許多機器人研究所致力於前列腺癌活檢和粒子植入手術機器人輔助系統的研發，如目前使用廣泛的達文西手術機器人進行根治性前列腺切除也已經作為泌尿外科的治療前列腺癌的手段選擇之一。雖然達文西手術機器人缺乏觸覺回饋系統，但其可放大 6～10 倍的優異的三維影像極大地彌補了這一缺點，並且其 7 自由度機械手足以與人手相媲美，但昂貴的使用費用限制了達文西機器人的使用。由於達文西手術機器人適用於多種微創手術，因此前列腺手術的空間限制，顯得整個結構笨重。為此，很多學者提出了多種專門針對前列癌治療的小型機器人輔助治療系統，這些機器人結構緊湊、使用價格低廉，極大地滿足了病患的需要。

8.1.2 前列腺微創介入機器人的研究意義

採用機器人系統輔助醫生實施的前列腺癌近距離放射性治療術，可以極大減輕外科醫生的勞動強度，減少感染，減少醫生受放射的時長。機器人系統對採集到的當期組織圖像與術前的目標點進行對比，即時修正進針路徑，從而使病灶靶點的識別更加準確；同時機器人的空間定位技術可以實現對執行機構位置的精確控制，其定位準確度、運動穩定性和靈巧性以及長時間連續工作時的耐疲勞能力都遠非人力可比。

近幾年來，隨著科學技術水準的不斷發展，學者們針對以上問題設計了多種專用於前列腺穿刺的機器人，可以提高活檢樣本的利用率；也可以提高前列腺活檢的扎針精度和縮短手術的時間；待研究成熟後還能夠創造更多的市場價值，造福更多前列腺患者。

8.2 前列腺微創介入機器人的研究現狀

2012 年，哈爾濱理工大學的張永德等基於 TRIZ 理論設計了一款由 3-DOF 位置調整模塊和 2-DOF 姿態調整模塊組成，扎針系統由 1-DOF 進針模塊和前端把持機構模塊組成的前列腺活檢機器人，如圖 8-2 所示[8]。

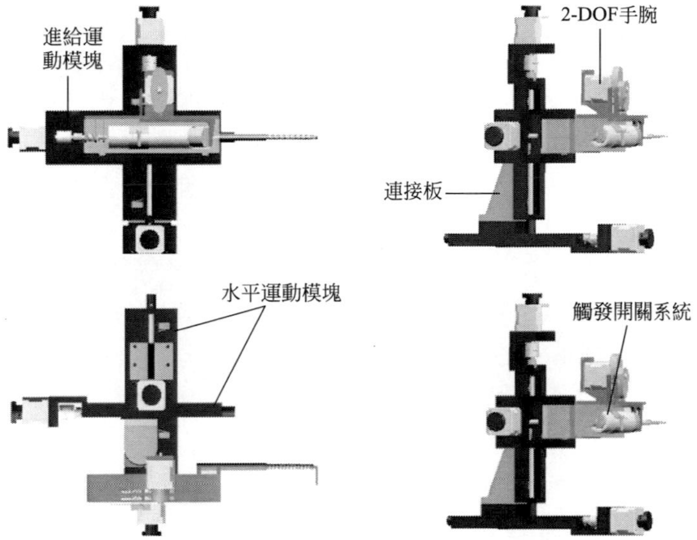

圖 8-2 全方位前列腺活檢機器人結構

2012 年，美國 Reza Seifabadi 等研製了 MRI 引導的 5 自由度氣動模塊化前列腺機器人，如圖 8-3 所示。該機器人採用前後兩個結構相同的三角架固定穿刺平臺，三角架可為等腰三角形結構，底邊有兩個移動副，以實現機器人在 X 軸方向的定位。透過改變底邊長度實現活檢針在豎直方向上的定位。這種結構在一定程度上補償了 MRI 環境對材料限制導致的結構剛度下降問題。該機器人穿刺過程採用手動操作也可自動完成，其在 3T 的磁場中使用斜尖 18G 型號穿刺針試驗時的平均誤差為 2.5mm[9]。

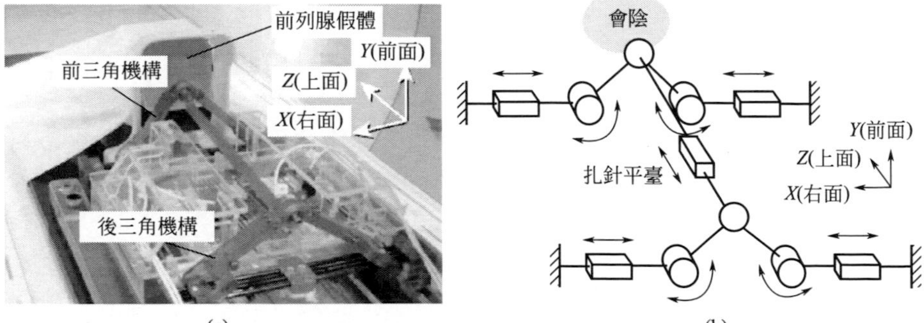

圖 8-3 MRI 引導的 5 自由度氣動模塊化前列腺機器人

2006 年，Yu[10] 和 Podder[11] 等研發了 Euclidian 單通道超聲圖像導航前列腺近距離治療機器人系統，如圖 8-4(a) 所示。該系統包括 7 自由度手術模塊，手術模塊中包括 2 自由度超聲探頭驅動裝置，3 自由度的機架，2 自由度的進針機構；機架具有 X、Y 兩個方向的移動和傾斜轉動 3 個自由度，可以覆蓋柵格的所有區域並避免耻弓骨的干涉；進針機構穿刺針可以繞自身軸線旋轉，這樣可以減少針穿刺組織的插入力，減小對組織的傷害，減小組織的變形，從而提高粒子植入精度[12]，此系統可以一次性植入約 35 個粒子，大大減少手術時間。該系統獲得 FDA 認證，穿刺針末端在 Phantom 中精度達到 0.5mm。2010 年，該團隊的 Podder[13] 等又研究了 MIRAB 多通道超聲導航前列腺粒子植入機器人系統，如圖 8-4(b) 所示，該系統包括 2 自由度針的適配器，一次可以同時扎入 16 根針，以減少粒子植入次數和時間。

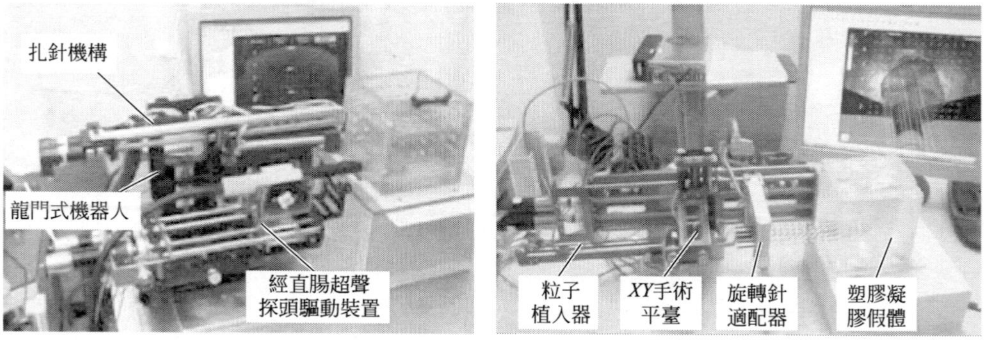

(a) Yu等研發的單通道機器人系統　　(b) Podder等研發的多通道機器人系統

圖 8-4　近距離治療機器人系統

2007 年，Fichtinger[14] 等設計了一個超聲導航前列腺粒子植入輔助機器人，該系統包括經直腸的超聲圖像驅動機構，數位化粒子植入探針定位器以及針調整機器人。針調整裝置包括 XY 平動平臺和 $\alpha\beta$ 轉動平臺，這兩個平臺分別安裝 2 個碳纖維手指，兩個手指上都裝有球鉸鏈，球鉸鏈之間固定有穿刺針導向套，導向套長為 70mm，保證針插入時的穩定性。臨床醫生透過這個輔助機器人調整好穿刺針的角度和位置，而粒子放置還是需要醫生手動執行，在超聲圖像下評估了針尖放置精度達到 1mm。

美國約翰霍普金斯大學 H. Su 等設計了一種新型的 MRI 引導下經直腸介入的 6 自由度前列腺機器人[15~21]，如圖 8-5 所示。該機器人包括 3 個自由度的平移平臺和 3 個自由度的進針驅動模塊，進針驅動模塊包括進針機構的平移運動、探針的旋轉運動和進針運動。這種獨立結構提高了目標的定位精度，減小了組織的變形和損傷。機器人控制器由多個壓電電機驅動，提供精度閉環控制，可以使機器人運動和 MR 成像同步。在該機器人系統中，研究者開發了具有光學力扭矩感測器的遠端監控觸覺系統，將其合併到 3 自由度的進針驅動模塊中，克服了針尖本體感應資訊的缺失問題，同時提高了定位精度，縮短了操作時間。

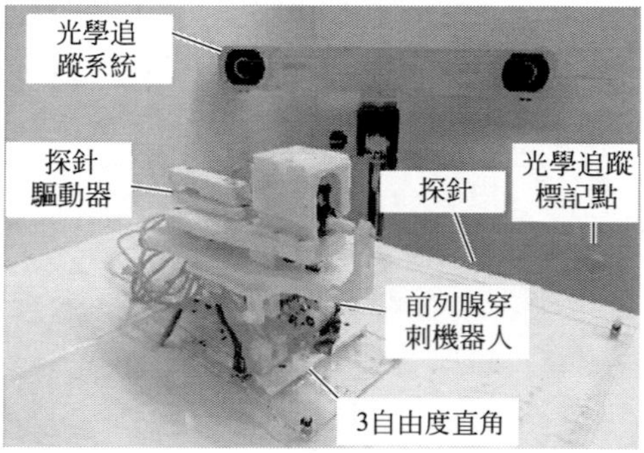

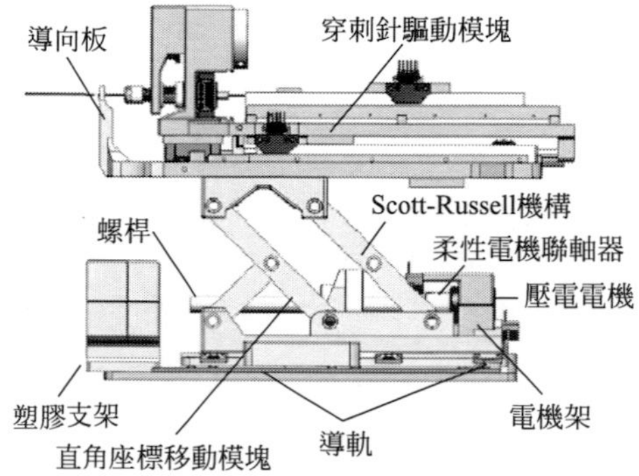

圖 8-5 H. Su 等設計的 MRI 引導的前列腺機器人

德國霍夫研究所的 L. Chen 等研製了一個專用的 5 自由度 MRI 引導的前列腺機器人[22]，如圖 8-6 所示，該機器人是串聯和並聯混合系統，由探針引導裝置、三角支撐架和底座三部分組成。下部三角支撐架與底座鉸鏈連接，提供探針引導裝置的平移運動。上部是一個串行系統，探針把持架的旋轉和偏轉運動由安裝在三角支撐架上的電機 4 和電機 5 控制，同時並行系統被其他三個電機控制。探針外殼製造成錐形，提高了患者舒適感，內部充滿摻雜了釓粉的對比劑，使探針引導的位置在 MRI 中很容易被看到，解決了塑膠在掃描中沒有訊號的問題，同時為了安全考慮，透過人工限制機器人輸出力，如果探針在任何方向的力超過 500g 時，將自動分離探針引導裝置。

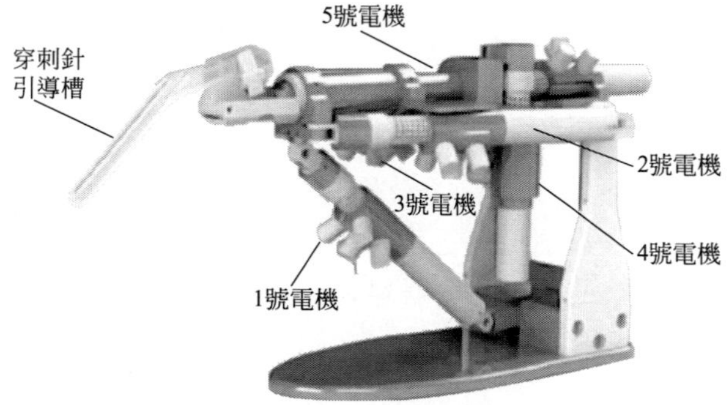

圖 8-6 L. Chen 等設計的 MRI 引導的前列腺機器人

美國史丹佛大學的 S. Elayaperumal 等設計了一個 MRI 引導的雙並聯機構的前列腺機器人[23]，如圖 8-7 所示。該機器人有兩套雙並聯移動平臺，每套移動平臺包含一個雙軸，由滑動移動關節連接，形成一個等腰三角形框架。每個主從結構的末端由移動關節連接，移動關節與針插入方向平行，允許 Z 方向的無限制的運動。該機器人具有 5 個自由度，包括 XYZ 三個方向的移動運動和由主從結構末端平衡環提供的兩個旋轉運動，兩個旋轉運動可以控制針在 X 和 Y 軸的兩個方向。整體的尺寸由患者的兩腿之間的距離空間和 MRI 掃描儀的直徑尺寸來確定。雙軸的空間、支撐的長度和移動平臺尺寸由機器人的靈巧度和機構傳遞的力的精確度所確定。

2011 年，Bax 等[24] 研製了一個超聲和穿刺針定位一體的前列腺介入治療機器人系統，該系統包括經會陰的超聲驅動裝置和穿刺針驅動裝置。穿刺針驅動裝置由兩個遠心平行四邊形機構組成，兩個遠心機構的遠心點所在直線安裝有可伸縮的針導向套，針導向套上固定穿刺針，醫生可以改變兩個遠心點所在直線姿態，而靈活地改變調整針尖與皮膚穿刺點的姿態。在瓊脂前列腺假體模型中，種子放置精度小於 1.6mm，針的軌跡偏差小於 1.2mm。

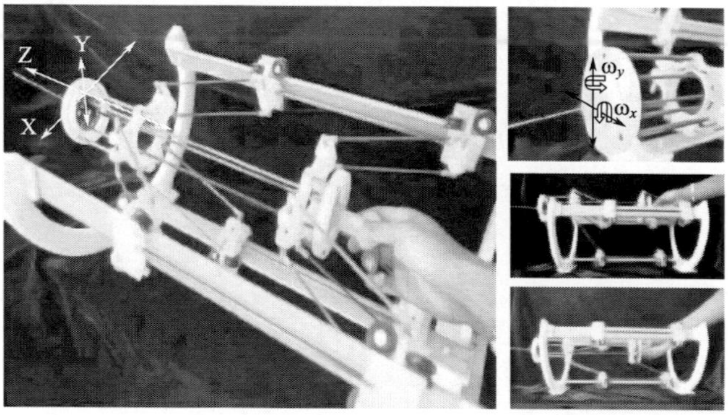

圖 8-7　S. Elayaperumal 等設計的 MRI 引導的雙並聯前列腺機器人

2012 年，天津大學姜杉等設計了一個 6 自由度基於核磁圖像導航的前列腺針刺手術機器人[25]，如圖 8-8 所示。該機器人包括穿刺層模塊、平移層模塊以及抬升層模塊。其中平移層和抬升層可以調整穿刺針的進針角度，並採用超聲波電機驅動，桿件採用工程塑膠聚甲醛材料，能滿足核磁兼容要求。

上海交通大學的孟紀超[26] 於 2012 年提出了一臺磁共振兼容的 6 自由度前列腺穿刺定位機器人。其結構如圖 8-9 所示。該機器人採用串並混聯機構設計，包括定向、定位、穿刺三個部分。其中，定位裝置採用 SCARA 型機器人，具有 5 個自由度；定向裝置為一個並聯機構，具有 3 個自由度；穿刺裝置具有 1 個自由度，由齒輪齒條機構實現。

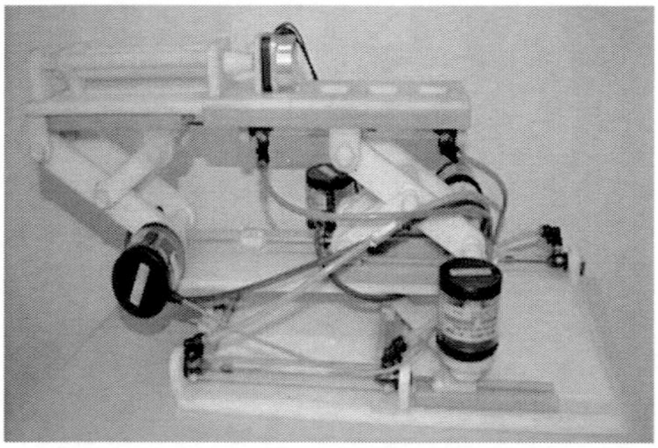

圖 8-8 核磁兼容氣動針刺手術機器人樣機

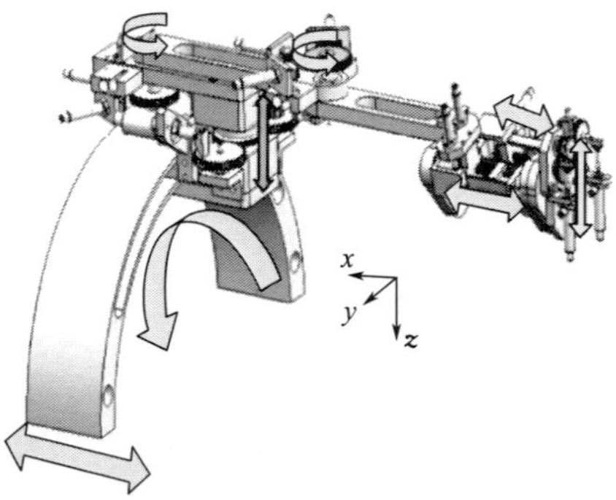

圖 8-9 核磁圖像導航前列腺穿刺定位機器人

2008 年，哈爾濱理工大學張永德等提出了基於 Motoman 機器人的前列腺活檢系統，如圖 8-10 所示。該系統設計了一個穿刺扎針機構，開發了機器人輔助系統的運動控制軟體，進行了機器人穿刺、定位控制試驗。但該機器人屬於原理實驗系統，採用 Motoman 工業機器人作為操作驅動機構，體積龐大，不宜應用於臨床[27]。2012 年，該團隊又設計了一種 5 自由度直角座標式前列腺活檢機器人，該機器人定位精度高，但體積比較大，操作不夠靈活[28]。

天津大學的楊志永於 2010 年設計了一臺 MRI 兼容的前列腺穿刺活檢機器人[29～31]，如圖 8-11 所示。該機器人由平面移動機構、升降結構和進針機構三個模塊組成。其中平面移動機構和升降機構均採用 2 自由度並聯機構，進針機構採用螺旋機構。整體結構採用串並混聯方式，有效地結合了並聯機構高剛度、高負載、低慣性、速度快以及串聯機構工作空間大、靈活性高的優點，適用於 MRI 掃描儀內的狹小空間，能較好地滿足前列腺穿刺活檢手術的要求。

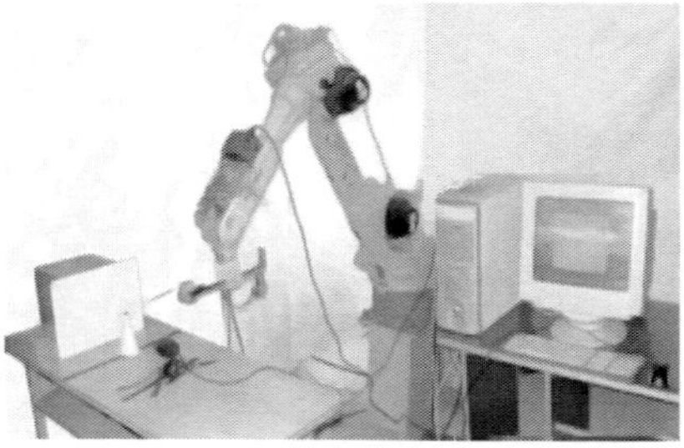

圖 8-10 基於 Motoman 機器人的前列腺活檢系統

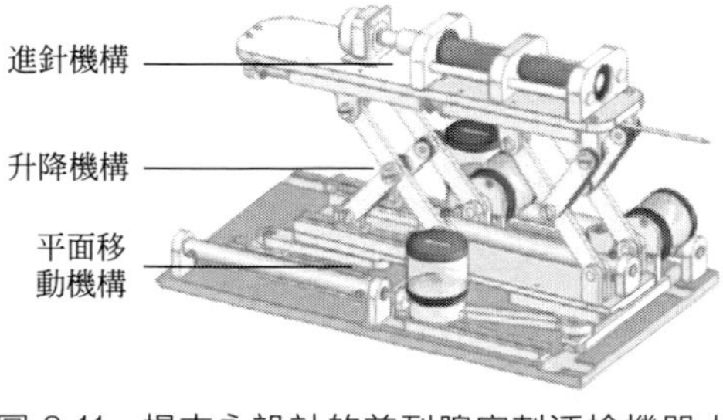

圖 8-11 楊志永設計的前列腺穿刺活檢機器人

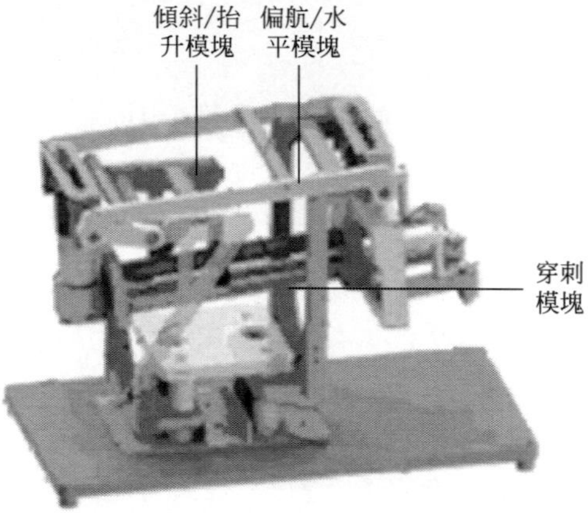

圖 8-12　姜杉設計的前列腺穿刺手術機器人

天津大學的姜杉於 2014 年設計了一種新型 MRI 引導的前列腺穿刺手術機器人[32]，如圖 8-12 所示，該機器人由傾斜/抬升模塊，偏航/水平模塊和穿刺模塊三個模塊組成。俯仰運動和抬升運動由同一平面上並聯的兩個螺旋副實現。如果兩個螺母不同步運動，可以產生傾斜；如果兩個螺母同步運動，則可以實現抬升運動。在偏航/水平模塊中，當兩個螺母不同步運動時可以實現偏航運動，同步運動時可以實現水平運動。穿刺針直接由螺桿螺母副驅動。該機器人工作空間小，由於採用混聯形式裝配，剛度較好，在核磁兼容性和控制難易程度上占有一定優勢。

8.3 前列腺微創介入機器人的關鍵技術

雖然機器人可以承擔高強度、高精度的工作，但機器人的使用引出如下關鍵問題。

① 前列腺圖像的輪廓分割，直接影響前列腺重建精度；

② 符合臨床手術要求和特點機器人的構型和末端手術器械，覆蓋會陰處操作空間的機器人最優尺寸；

③ 前列腺與穿刺針之間的互動作用，這將影響穿刺的好壞；

④ 高精度穿刺作用機理以及策略；

⑤ 基於重力矩和摩擦力矩補償的低速高精度控制。

8.3.1 前列腺 MRI 圖像的輪廓分割

MRI 相比 X 射線、超聲和 CT，具有無電磁輻射傷害，能多方位、多平面、多參數成像，具有優良的軟組織分辨能力等優點[33]，不僅可以作為術前診斷依據，而且可以在手術治療過程中引導醫生進行手術操作。但前列腺 MRI 圖像顯示前列腺外邊界模糊，內部灰度分布不均勻，無法為前列腺機器人提供清晰明確的目標靶點及所在區域位置，難以滿足高精度引導前列腺機器人手術的需要[34,35]。精準的前列腺圖像MRI可為前列腺機器人提供手術目標靶點所在區域的位置，並將手術中的指導資訊和修正資訊傳遞給前列腺機器人，前列腺機器人接收資訊後能夠控制和調整手術針，對其在手術視野中的位置進行精確定位。MRI引導前列腺機器人進行手術治療是醫學和工程學相結合的典範，在前列腺癌治療上是一個革命性的重大轉變。

對於MRI前列腺外輪廓圖像分割方法，海內外學者提出了多種多樣的方法：S. Klein等在基於多圖譜的前列腺MRI自動分割中提出了局部互資訊的非剛性配準的方法[36]；M. Mitchell等結合前列腺形狀，區域特性和組織間的相對位置關係等先驗知識，將遺傳算法和水平集相結合，提出了一種前列腺MRI自動分割方法[37]；W. Xiong等為了在不影響分割精度的情況下降低分割時間，提出了一種圖切割技術和幾何活動形狀先驗知識的水平集相結合的方法[38]。下面介紹基於距離調整水平集演化（distance regularized level set evolution，DRLSE）分割方法[39]的前列腺MRI兩步分割。

DRLSE分割方法源於水平集方法為基礎的幾何活動輪廓模型，基本思想是在圖像區域內定義一個曲線或曲面的形變模型，形變模型在使能量函數遞減算法的驅使下產生形變，直到到達目標的邊緣。該模型將活動曲線看成兩個區域的分界線，活動曲線的運動過程就是分界線的進化過程（尋找目標點的能量函數最小化的過程），輪廓曲線運動過程獨立於輪廓曲線的參數，可以自動處理拓撲結構的變化，這提供了一種將曲線（面）演化的問題轉換成高一維的水平集演化的隱含方式求解的方法。該方法提出的水平集不同於普通水平集的是所建立的能量函數中融入了距離調整項，水平集在演化過程中引起周圍的擴散效應可以維持期望的形狀和期望輪廓附近的距離，使水平集保持規則性。待分割的輪廓內含於水平集函數的零水平集中，透過符號距離函數特性來保持水平集函數在演化過程中的光滑性，既不陡峭也不平坦，而且可以不斷進行調整，不必重新初始化，也避免了通用水平集方法在不斷初始化過程中所引起的數值錯誤。其最顯著的優點是將圖像數據、初始輪廓的選取、目標輪廓特徵以及知識的約束條件都集成在一個特徵提取過程中。

前列腺MRI包括T1（縱向弛豫時間）和T2（橫向弛豫時間）圖像，在T1橫斷軸位圖像上，正常的前列腺呈近似橢圓形，內部顯示為均質中等訊號，包膜呈不連續的低訊號1～3mm線狀影，如圖8-13(a)所示，雖然透過T1圖像很難區分內部各區的解剖關係，但前列腺包膜外側是高訊號靜脈叢，使前列腺與周圍組織形成鮮明對比。在T2橫斷軸位圖像上，前列腺內部結構顯示清晰，其中，外周帶表現為高訊號，兩側對稱，橫斷軸位呈月牙形，中間是移行帶與中央帶及尿道周圍腺，單從訊號上無法區分這三部分帶區，故統稱為中央腺，訊號低於外周帶，橫斷軸位呈三角形或圓形，如圖 8-13(b) 所示。前纖維肌質帶（中央腺前部）在 T1 及 T2 均呈低訊號。

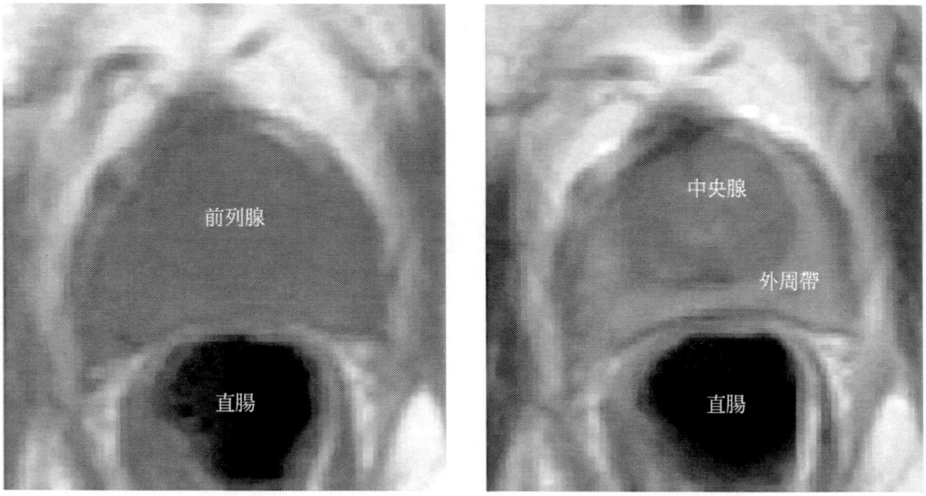

(a) T1圖像顯示　　(b) T2圖像顯示

圖 8-13　前列腺解剖結構 MRI 顯示

由前列腺 MR T1 和 T2 圖像訊號顯示研究分析可知，由於 T1 圖像很難區分內部解剖結構，透過 T1 圖像很難實現內部區域的分割，但內外訊號對比鮮明，以包膜為界可實現外輪廓的分割。而 T2 圖像內部結構顯示清晰，外周帶與中央腺訊號形成明顯對比，可實現內區域的分割。但當前列腺未從周圍組織環境中分割出來之前，T2 內部清晰的多區域訊號灰度值將干擾外輪廓的提取與分割。由此分析，僅僅依靠 T1 或 T2 任何一種圖像都難以實現前列腺內外輪廓的全分割。因此，本節提出了基於 MR T1 與 T2 圖像相結合的前列腺兩步分割法。首先基於 T1 圖像進行外輪廓分割，然後結合外輪廓分割的結果，基於 T2 圖像實現中央腺和外周帶內部區域分割。臨床經驗表明，前纖維肌質區基本不發生原發性病變；在尿道周圍腺和移行帶，主要分泌黏液，是良性增生（benign prostate hyperplasia，BPH）的好發部位，中央帶很少發生原發性病變，即中央腺是良性增生好發的部位；外周帶不分泌黏液而產生大量的酸性磷酸酶，是前列腺癌好發部位，由此將前列腺內部劃分為中央腺與外周帶兩個區域是具有臨床指導意義的。前列腺 MRI 兩步分割流程如圖 8-14 所示。

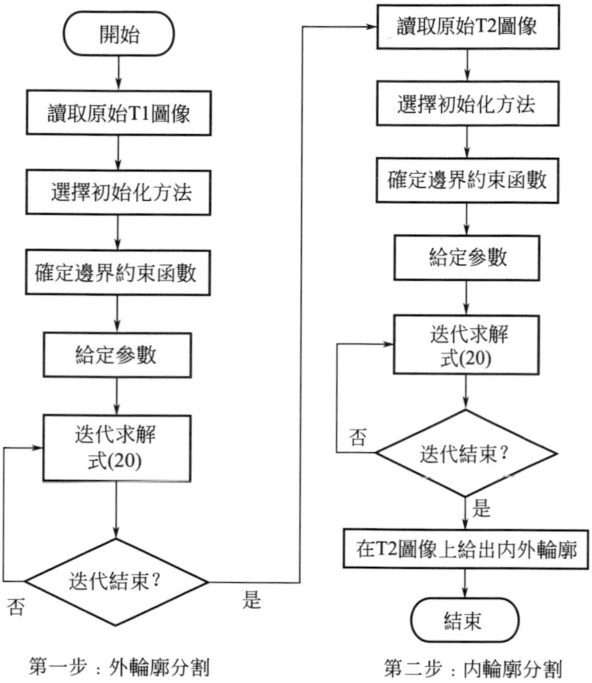

圖 8-14　前列腺 MRI 兩步分割流程

8.3.2　前列腺微創介入機器人構型

由於前列腺手術的膀胱截石位的特點，可計算出截石位的可操作空間，數據參考了文獻[40]，可操作空間左視圖和俯視圖如圖 8-15 所示。

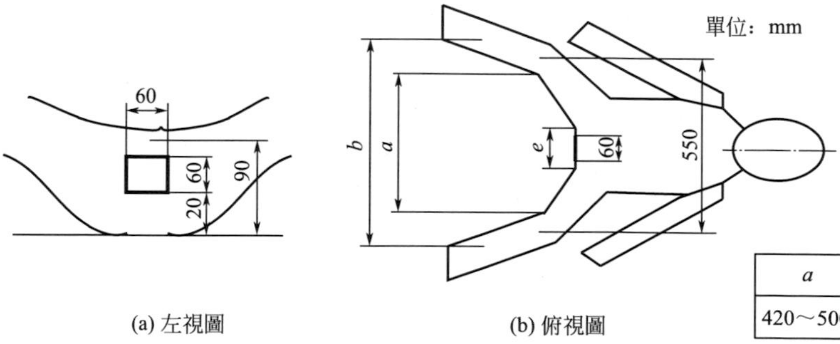

a	*b*	*e*
420～500	450～600	100～120

圖 8-15　可操作空間尺寸

由操作環境可知，前列腺手術的操作空間非常狹小，這就需要活檢機器人結構盡量緊湊一些。在 MRI 環境下的粒子植入還要考慮 MRI 環境下的機器人材料的兼容性，並在保證精度的同時把對圖像的影響盡可能降到最低。下面介紹幾款典型的活檢、粒子植入機器人結構。

（1）軟軸傳動式

如圖 8-16 所示為新加坡 Axel Krieger，Robert C. Susil，Cynthia Ménard 等設計的一款在 MRI 環境下穿刺前列腺組織的機器人。因其採用軟軸驅動，所以其末端結構設計的特別緊湊。並且該團隊設計了一款特殊的末端裝置，如圖 8-17 所示，該裝置由保護擋板、內部彎曲的針導向槽和 MRI 成像線圈組成。在機器人進入直腸之後，透過末端穿刺機構上的成像線圈在螢幕上清楚地看到末端執行器。當達到目標點時，打開保護擋板，將穿刺針伸出。但是活檢需要快速對活檢針進行擊發，才能可靠地獲得良好的活檢樣本[41]。該機構由於其使用軟軸驅動，所以其結構緊湊。但是由於針的彎曲引起的摩擦，該裝置很難用彎曲的通道實現快速針刺。

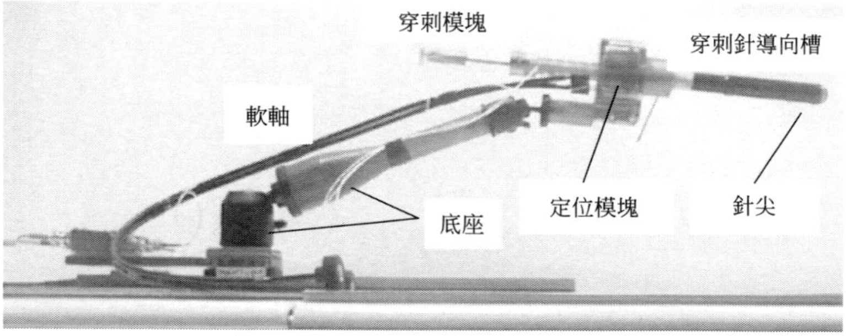

圖 8-16　與 MRI 兼容的經直腸前列腺活檢機器人

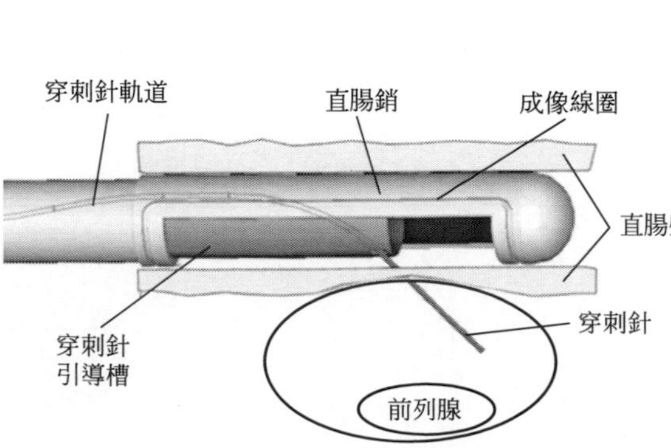

圖 8-17　機器人末端

(2) 超聲電機驅動式

加拿大的 A. Goldenberg，J. Trachtenberg，M. Sussman 等在 2010 年設計了一款基於 MRI 導航的 6 自由度經會陰前列腺介入醫療機器人，如圖 8-18 所示。該機器人使用套管針為執行機構，進針部分有沿針軸向的直線運動和繞活檢針軸線旋轉兩個自由度，活檢針的進針姿態由兩個旋轉自由度調節。機器人本體有兩個自由度，分別為一個橫向移動自由度和一個垂直移動自由度[42]。該機器人結構小巧，只有 30cm 寬，能很好地適應人體結構在前列腺穿刺活檢手術時對空間的要求。

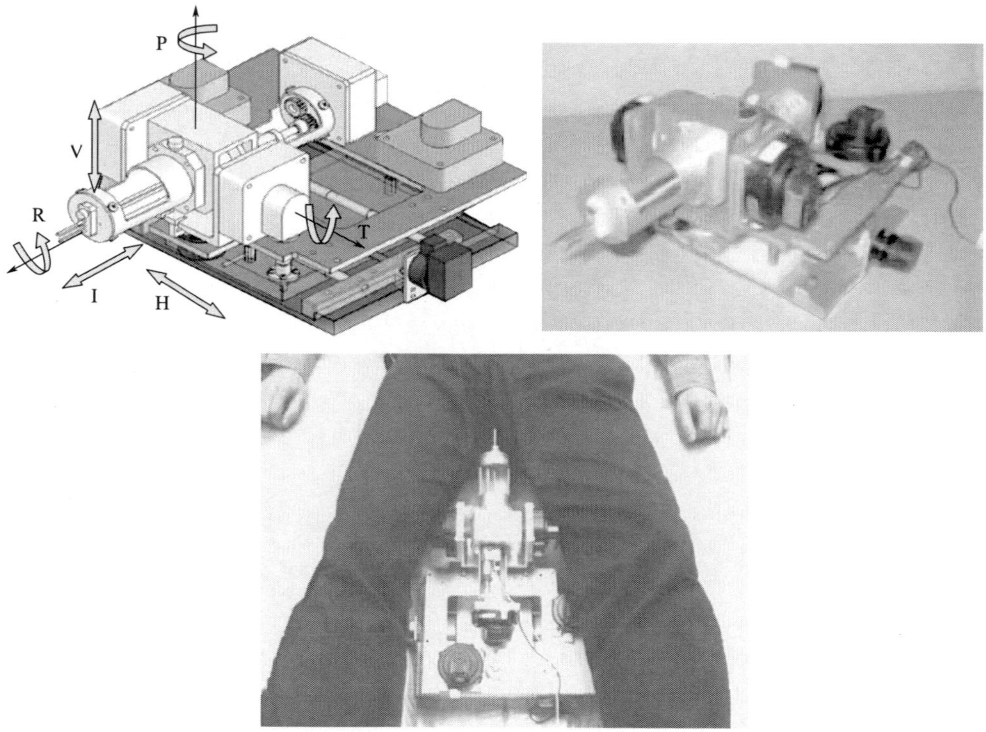

圖 8-18 MRI 導航的 6 自由度經會陰前列腺介入醫療機器人

(3) 氣動式

美國喬治亞大學的 Yue Chen 等，設計了一臺氣動式 MRI 兼容前列腺活檢機器人，如圖 8-19(a) 所示。該機器人大部分組件都是使用塑膠材料（ABS）3D 列印而成，導向桿由黃銅制成。其可在平面內±15°旋轉，如圖 8-19(b) 所示。但這個旋轉需要將旋轉桿手動固定到支撐板上的預定位置來實現。該團隊還設計了一款用於驅動該型機器人的氣動電機[43]。

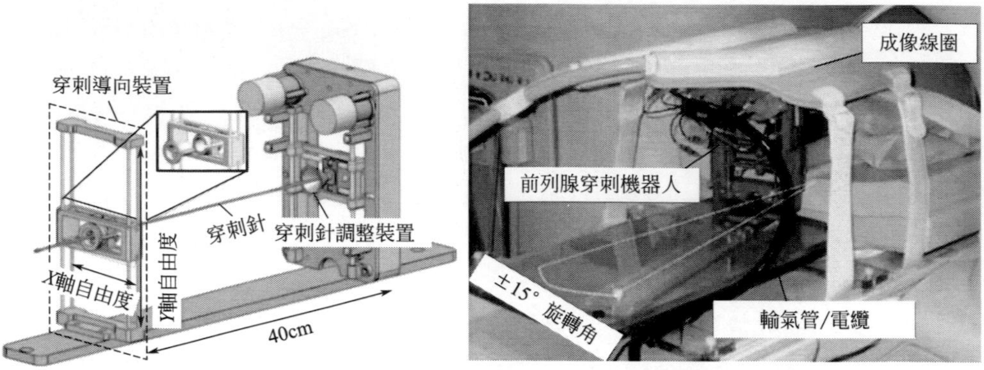

(a) 氣動機器人三維模型　　(b) 該機器人可旋轉的角度

圖 8-19　氣動式 MRI 兼容前列腺活檢機器人

（4）懸臂式電機驅動

哈爾濱理工大學張永德等設計了一臺懸臂式前列腺粒子植入機器人[44]，如圖 8-20 所示。該機器人選擇串聯開鏈形式結構，由一個移動副、兩個轉動副組成，進針採用水平直線運動的方式，針的軸線始終處於水平狀態。為此，針搭載平臺與大臂的回轉關節的連接採用了平行四邊形機構。小臂驅動電機亦是透過平行四邊形機構形式實現了對小臂的驅動。

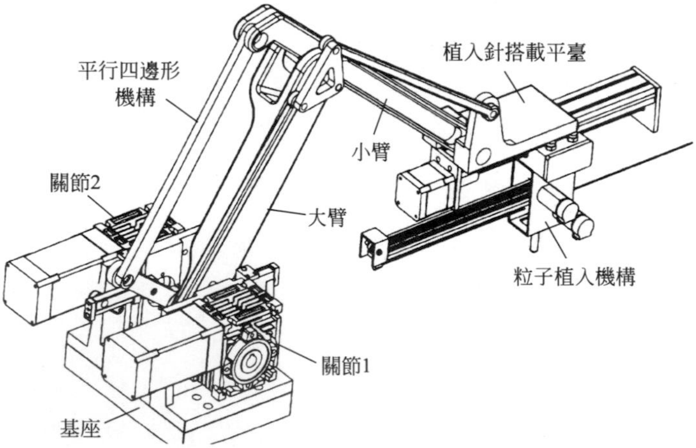

圖 8-20　張永德等設計的懸臂式前列腺粒子植入機器人

軟軸傳動式機構由於其驅動端遠離末端執行部件，因此其末端執行部件一般來說做得比較精密，但由於軟軸傳動的遲滯性，對整個系統的控制提出了很高的要求；超聲電機驅動式雖然將普通電機替換成超聲電機，從而將對 MRI 成像的影響降到最低，但引入的控制系統的電磁干擾會對 MRI 成像造成影響；氣動式驅動雖然對成像沒有影響，但泵站會產生噪音，並且空動傳動不易控制；懸臂式將整個驅動模塊和控制系統遠離核磁共振倉對成像幾乎沒有影響，但這也造成了其體積大的缺點。

8.3.3 前列腺微創介入機器人穿刺特性

針介入前列腺中，前列腺會產生漂移、變形，針尖會產生偏轉。很多學者透過改變針尖的幾何形狀、穿刺針直徑、穿刺針彈性模量以及進針速度等或者採用不同的進針策略來減小組織變形和針的偏轉，從而提高針尖在組織內的定位精度。

超聲圖像導航下前列腺的穿刺手術過程如圖 8-21 所示，穿刺針和軟組織的互動過程中，軟組織表現為變形、破裂以及裂紋延伸[45]，每種狀態對應著穿刺針所做的功和彈性應變能兩種能量的轉化，將前列腺穿刺過程力學模型量化為四個階段，如圖 8-22 所示。

① 穿刺前。穿刺針與前列腺組織表面未接觸。

② 變形階段（A 至 B）。穿刺針擠壓軟組織，穿刺針所做的功以彈性應變能形式儲存在軟組織試樣中，隨著穿刺針與軟組織的互動力增大，組織所承受的應力也逐漸增大到最大應力處，此過程穿刺力等於硬度力。

③ 穿刺階段（B 至 D）。分為破裂階段和裂紋延伸階段。在破裂階段（B 至 C），穿刺針與組織之間的互動力瞬間減小，變形階段所儲存的彈性應變能被迅速釋放，穿刺針幾乎沒有運動，對軟組織不做功；在裂紋延伸階段（C 至 D），穿刺針克服摩擦力所做的功等於軟組織變形儲存的彈性應變能和軟組織破裂消耗的不可逆轉能量，此過程穿刺力等於切割力與摩擦力的合力。

④ 退針階段。穿刺針主要克服摩擦力做功，穿刺力等於摩擦力。

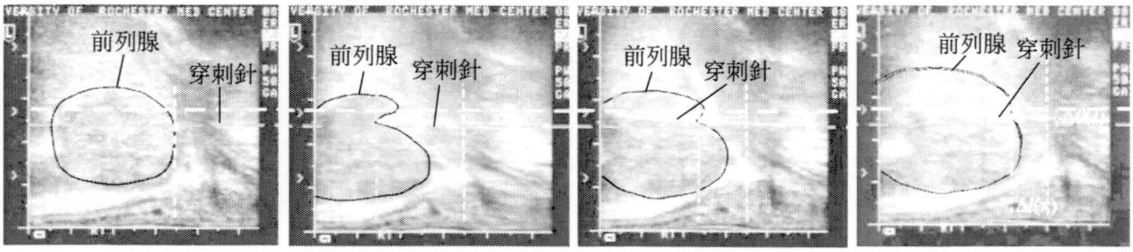

(a) 穿刺前　(b) 變形階段　(c) 穿刺階段　(d) 退針階段

圖 8-21　超聲圖像導航下前列腺穿刺手術過程

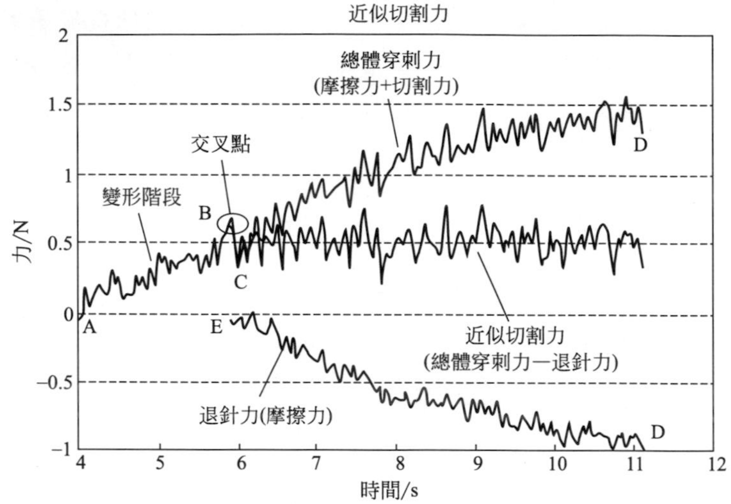

圖 8-22 典型穿刺力曲線 [46]

8.3.4 前列腺微創介入機器人運動規劃

(1) 機器人安全平面操作策略

在粒子植入過程中，考慮到機器人安全操作的問題，一般需要定義一個機器人末端的安全平面，如圖 8-23 所示，以安全平面到基座係 $\{o\}$ 水平距離 z_0 為調整參數，並相應地改變機器人運動控制策略。

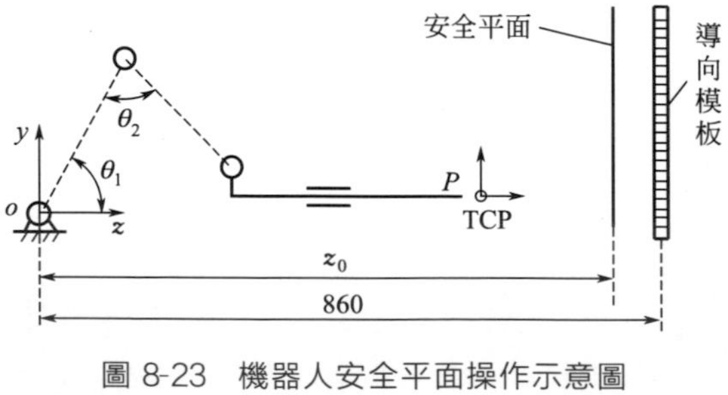

圖 8-23 機器人安全平面操作示意圖

當給定粒子植入任務後，機器人上電回零到標定零點。將規劃粒子植入座標代入運動學逆解方程中，求出需要追蹤的大、小臂關節角位移量。透過位置閉環追蹤控制機器人到達規劃靶點，將即時追蹤大、小臂關節角位移，代入到運動學正解方程計算末端點 z 向距離 z_p。比較 z_p 與 z_0 大小關係，給出如下運動控制策略。

① 如果 z_p 小於 z_0，大、小臂關節和內外針都可以操作，也就是機器人末端只能在安全平面以內操作，且使機器人繼續追蹤到目標角位移量。

② 如果大於或等於 z_0，大、小臂關節停止追蹤並透過程序鎖定，而內、外針移動繼續追蹤到目標位置，也就是機器人末端在超出安全平面以外時，大、小臂鎖定，而只能操作內、外針。

③ 在內、外針移動中，還需判斷規劃座標（x_i，y_i）是否與上一次相同，如果相同就不用完全拔出外針，然後根據 z_i 座標調整外針位置並注射粒子。

④ 如果不相同需要將外針拔出退到安全平面以內，同時將新座標（x_{i+1}，y_{i+1}）代入到運動學逆解方程中，並重複上述過程，直至規劃靶點全部植入粒子後結束。

(2) 粒子植入路徑規劃算法

對於一般男性前列腺腫瘤患者，平均 16 針定位穿刺，植入 73 顆 Pd^{103} 粒子(範圍 55～113)[47]。採用機器人實施多目標點定位穿刺，需要對靶點的穿刺路徑進行規劃，以此減小穿刺時間和能耗，從而提高手術效率。

近年來，隨著人們對各類智慧算法研究的深入，許多研究人員將這些算法應用於解決路徑規劃問題，如神經網路、強化學習、模擬退火算法、遺傳算法等。表 8-1 為幾種典型的智慧算法。

表 8-1 幾種典型的智慧算法

算法	算法思想	算法特點
神經網路	利用神經網路並行計算能力求解最佳化算法，將路徑規劃問題的最佳化過程與神經網路的演化過程對應起來	能夠處理非線性的問題，應用廣泛，適合並行計算，算法效率高，調參比較複雜
禁忌算法	模仿大腦的記憶功能，能夠求解全最佳解，使用了禁忌表來記錄遇到過的局部極小點，在後續的搜索中將這些點排除在外	可以透過禁忌規則的設置來提高搜索效率和精度，但是結果依賴於初始解，而且計算量較大，不適合大規模的求解
模擬退火	模仿固體物質的退火過程，是一種基於概率的隨機算法，能夠防止陷入局部最優，從而獲得全局最優	只要參數設置合理，幾乎都能夠達到全局最優，但算法的速度較慢
強化學習	模仿人類的學習過程，透過對感知環境採取各類的試探動作，不同的動作能夠獲得對應的獎勵或者懲罰，然後不斷調整行為策略	在機器人領域有著非常廣泛的應用，對於學習規則的設置要求較高
遺傳算法	模仿自然界優勝劣汰的準則，將一個最佳化問題最佳化過程比作物種的進化，不斷地進行種群變異、交叉、選擇的迭代過程，得到最佳化問題的解	遺傳算法也是一種隨機算法，整體效率不夠高，且容易發生早熟現象

神經網路對環境的變化具有較強的自適應學習能力，有較好的抗干擾能力，能根據即時資訊更新網路，保證預測的即時性，因此神經網路算法更適合作為粒子植入的路徑算法。神經網路可以分為四種類型，即前向型、回饋型、隨機型和自組織競爭型。前向型網路是諸多網路中廣為應用的一種網路，它是一種透過改變神經元非線性變換函數的參數以實現非線性映射，其代表性的模型是多層映射 BP 網路、徑向基網路（RBF 網路）。Hopfield 神經網路是回饋型網路的代表，它是一個非線性動力學系統，已在聯想記憶和最佳化計算中得到成功應用。在導向模板上進行多目標點定位穿刺，屬於靜態環境下的全局路徑搜索問題，採用連續型 Hopfield 回饋神經網路搜索遍歷靶點的最短路徑，可以減少能耗和提高搜索效率[48]。

Hopfield 回饋神經網路由相互連接的神經單元、偏置以及連接權值構成，採用微分方程建立連續型（CHNN）神經網路迭代更新方程

$$\begin{cases}\dfrac{\mathrm{d}u_i}{\mathrm{d}t}=\displaystyle\sum_{j=1}^{n}w_{ij}v_j-\frac{u_i}{\tau_i}+\theta_i\\ v_i=f(u_i)\end{cases} \tag{8-1}$$

式中，w_{ij} 是神經元 i 與 j 連接權重；u_i、v_i 分別是神經元 i 的輸入、輸出；θ_i 是神經元閾值；f 是神經元激勵 S 型函數。

將粒子植入路徑規劃問題映射成一個神經網路的動態過程，用換位 $n\times n$ 矩陣表示植入 n 個靶點，矩陣中每一行對應一個靶點，且該行中第 i 個神經元輸出為 1 時，表示該靶點已經被訪問。例如有 10 個靶點需要植入粒子，被訪問的路徑是 $p_5\to p_2\to p_4\to p_7\to p_9\to p_3\to p_6\to p_1\to p_{10}\to p_8$，則 Hopfield 神經網路輸出的有效解二維矩陣如表 8-2 所示。

表 8-2　10 個靶點的訪問路徑

靶點 \ 次序	1	2	3	4	5	6	7	8	9	10
p_1	0	0	0	0	0	0	0	1	0	0
p_2	0	1	0	0	0	0	0	0	0	0
p_3	0	0	0	0	0	1	0	0	0	0
p_4	0	0	1	0	0	0	0	0	0	0
p_5	1	0	0	0	0	0	0	0	0	0
p_6	0	0	0	0	0	1	0	0	0	0
p_7	0	0	0	1	0	0	0	0	0	0
p_8	0	0	0	0	0	0	0	0	0	1
p_9	0	0	0	0	1	0	0	0	0	0
p_{10}	0	0	0	0	0	0	0	0	1	0

表 8-2 構成了 10×10 的矩陣，該矩陣中每行每列神經元只能有一個元素為 1，其餘的全為 0，否則搜索的路徑無效。採用 u_{xi}、v_{xi} 表示神經元（x，i）的輸入、輸出值。假如靶點 x 在第 i 位置上被訪問，則 $v_{xi}=1$，否則 $v_{xi}=0$。式(8-1) 的解在狀態空間中總是朝著能量 E 減小的方向運動，即神經網路的最終輸出向量 $\mathbf{V}$ 達到網路的穩定平衡點，也就是能量 E 的最小點[49]。

定義網路的 Lyapunov 能量函數為

$$E=\frac{A}{2}\sum_{x=1}^{n}\left(\sum_{i=1}^{n}v_{xi}-1\right)^{2}+\frac{A}{2}\sum_{i=1}^{n}\left(\sum_{x=1}^{n}v_{xi}-1\right)+\frac{B}{2}\sum_{x=1}^{n}\sum_{y=1}^{n}\sum_{i=1}^{n}v_{xi}d_{xy}v_{y,i+1} \tag{8-2}$$

式中，A、B 是權值；d_{xy} 是靶點 x 與 y 之間的距離。

利用式(8-1) 和式(8-2)，得到 Hopfield 神經網路求解最優路徑動態方程

$$\frac{\mathrm{d}u_{xi}}{\mathrm{d}t}=-\frac{\partial E}{\partial v_{xi}}=-A\left(\sum_{i=1}^{n}v_{xi}-1\right)-A\left(\sum_{i=1}^{n}v_{yi}-1\right)-B\sum_{i=1}^{n}d_{xy}v_{y,i+1} \tag{8-3}$$

具體搜索流程如圖 8-24 所示，輸出結果記為最短粒子植入路徑。

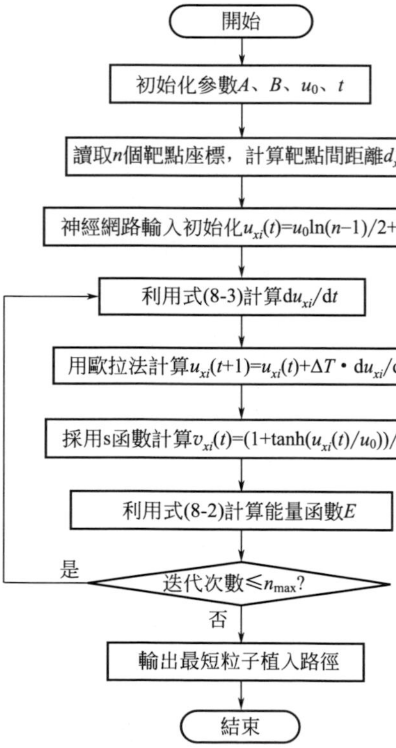

圖 8-24　Hopfield 神經網路搜索最短粒子植入路徑流程圖

8.3.5 前列腺微創介入機器人的精確控制

機器人操控穿刺針在圖像導航下實現粒子放置的「精準外科」手術還有許多關鍵技術需要解決：機器人本體精度和閉環控制對粒子放置位置的影響；針-組織相互作用時，前列腺的位移、變形以及針的偏轉對粒子放置精度的影響。文獻［50］給出機器人操控穿刺針在 MRI 圖像導航下穿刺針定位精度的誤差源以及相應的減小誤差方法，如表 8-3 所示。

表 8-3 穿刺針定位精度誤差源分類及減小方法

精度	誤差源	分類	誤差最小化方法
內在的	機器人	機器人末端誤差	機器人標定和閉環控制
		機器人基準座標系註冊	臨時基準點
	針-組織相互作用	前列腺位移	針旋轉,快速插入,扣刺
		前列腺變形	針旋轉,快速插入,扣刺
		穿刺針偏轉	針偏轉模型,操控穿刺針
外在的	患者運動	—	麻醉,誤差測量和補償
	探頭導致變形	—	不使用經直腸超聲探頭
	膀胱充滿	—	—

針介入前列腺中，前列腺會產生漂移、變形以及針尖會產生偏轉。這和穿刺針的參數如穿刺針的直徑、針尖的角度、進針速度，以及插入軟組織的深度是分不開的，因此很有必要對其進行探究。

(1) 穿刺針最佳參數探究

針對針尖角度、穿刺針直徑穿刺速度及穿刺深度進行正交實驗，結合臨床穿刺手術的要求，各因素的水平如表 8-4 所示。

表 8-4 實驗因素及水平

水平	實驗因素			
	針尖角度 $\theta/(°)$	穿刺直徑 d/mm	穿刺速度 v/(mm/s)	穿刺深度 s/mm
1	30	0.7	2	30
2	45	0.9	8	40
3	75	1.2	20	50

依據上文確定的影響穿刺針偏轉的因素及因素水平，選擇正交表 $L_9(4)^3$ 設計穿刺針偏轉正交實驗方案，如表 8-5 所示。

表 8-5 實驗方案

試驗號	實驗因素			
	針尖角度 $\theta/(°)$	穿刺針直徑 d/mm	穿刺速度 v/(mm/s)	穿刺深度 s/mm
1	1(30)	2(0.9)	1(2)	1(30)
2	1(30)	1(0.7)	2(8)	2(40)
3	1(30)	3(1.2)	3(20)	3(50)
4	2(45)	2(0.9)	2(8)	3(50)
5	2(45)	1(0.7)	3(20)	1(30)
6	3(45)	3(1.2)	1(2)	2(40)
7	3(75)	2(0.9)	1(2)	2(40)
8	3(75)	1(0.7)	3(20)	3(50)
9	3(75)	3(1.2)	2(8)	1(30)

針偏轉實驗平臺如圖 8-25 所示，主要由穿刺機構、Arduino 控制器、矽膠假體、標定紙以及穿刺針（18G、20G、22G）組成。按照表 8-5 所示的實驗方案進行 9 次穿刺實驗，透過控制輸入步進電機脈衝的頻率、數量以及方向實現 2mm/s、8mm/s、20mm/s 這 3 種進針速度，以及 30mm、40mm、50mm 這 3 種進針距離。

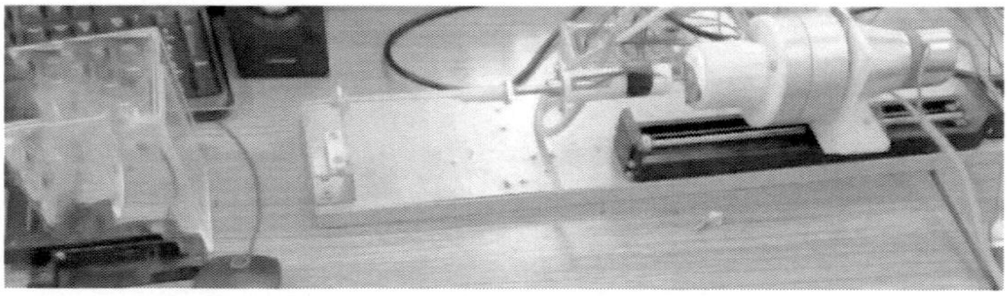

圖 8-25 針偏轉實驗臺

9 次穿刺實驗結束後採用極差分析法判斷各因素對實驗結果影響的主次順序，獲得最優水平組合。記錄實驗結果如表 8-6 所示。

表 8-6 實驗結果分析

實驗號	實驗因素				針尖偏轉 Δx/mm
	A	B	C	D	
1	1	2	1	1	3.4
2	1	1	2	2	6.0
3	1	3	3	3	10.7
4	2	2	2	3	13.9

續表

實驗號	實驗因素				針尖偏轉 Δx/mm
	A	B	C	D	
5	2	1	3	2	9.7
6	2	3	1	1	5.9
7	3	2	1	2	10.5
8	3	1	3	3	14.7
9	3	3	2	1	6.7
K1	20.1	30.4	28.2	16	
K2	29.5	27.8	26.7	26.2	
K3	31.7	23.3	26.6	39.3	
k1	6.7	10.1	9.4	5.3	
k2	9.8	9.3	8.9	8.7	
k3	10.6	7.8	8.9	13.1	
極差 R	3.9	2.3	0.5	7.8	
主次順序	D>A>B>C				
優水平	A_1	B_3	C_3	D_1	
優組合	$A_1B_3C_3D_1$				

從表 8-6 中可以得出以下結論：

① 針尖角度越小，針尖偏轉越小。

② 穿刺針的直徑越大，針尖偏轉越小，但對針尖偏轉的影響相對較小。

③ 穿刺速度越快，針尖偏轉越小，但也對針尖偏轉的影響相對較小。

④ 穿刺深度越深，針尖偏轉越大。

⑤ 在影響針尖偏轉的主次順序中，穿刺深度 s 影響最大，針尖角度 θ 次之，穿刺針直徑 d 再次，穿刺速度 v 最小。

⑥ 最優的針偏轉進針參數組合為 $A_1B_3C_3D_1$，即針尖角度 $\theta=30°$，穿刺速度 $v=20$mm/s，穿刺針直徑 $d=1.2$mm，穿刺深度 $s=30$mm 時，可以減小針穿刺過程的偏轉，從而提高針尖的定位精度。

(2) 高精度穿刺方法探究

高精度穿刺方法主要是減小穿刺時軟組織的變形、穿刺針的偏轉，從而提高穿刺針尖的定位精度。上文已經確定了減小穿刺針偏轉最優進針參數組合：針尖角度 $\theta=30°$，穿刺速度 $v=20$mm/s，穿刺針直徑 $d=1.2$mm，穿刺深度 $s=30$mm。下面進一步研究旋轉、振動穿刺方法來提高穿刺的定位精度。

圖 8-26 是設計的壓電式振動、旋轉穿刺裝置，其組成包括：進針驅動機構、旋轉驅動機構、振動機構以及穿刺機構。

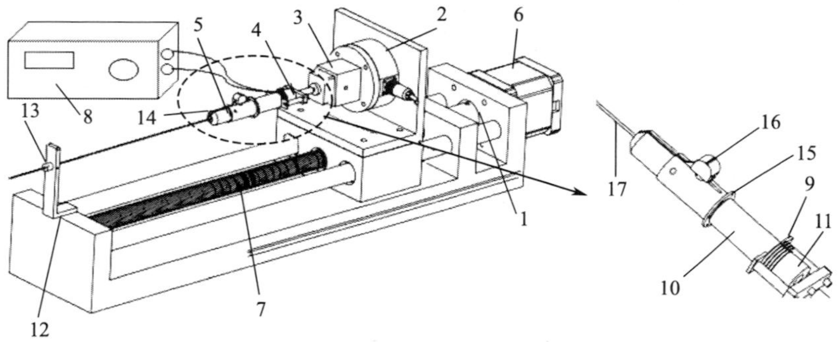

圖 8-26 壓電式振動、旋轉穿刺裝置

1—進針驅動機構；2—六維力矩感測器；3—旋轉驅動機構；4—振動機構；5—穿刺機構；6—進針電機；7—螺桿；8—振動電源；9—電極片；10—換能器；11—壓電堆；12—支撐架；13—導向套；14—小孔；15—穿刺針夾持器；16—彈簧按鈕；17—穿刺針

首先考慮旋轉進針穿刺，表 8-7 是旋轉進針穿刺實驗方案：在同一種進針條件下，採用豬腎臟進行 5 種旋轉速度（0～2000r/min）下平均穿刺力測試實驗和軟組織最大縮進量實驗；採用矽膠進行 5 種旋轉速度（0～2000r/min）下平均針偏轉實驗，每組實驗重複 5 次。

表 8-7 旋轉進針穿刺實驗方案

實驗項目	實驗材料	旋轉速度/(r/min)	實驗次數
穿刺力實驗	豬腎臟	0,50,500,1000,2000	5
軟組織最大縮進量實驗	豬腎臟	0,50,500,1000,2000	5
針偏轉實驗	矽膠	0,50,500,1000,2000	5

圖 8-27、圖 8-28 分別是旋轉穿刺豬腎臟平均穿刺力曲線和最大縮進量曲線圖，圖 8-29 是旋轉穿刺矽膠模型最大針偏轉曲線圖。由圖可知，給定進針速度 20mm/s，當增加最大旋轉速度 2000r/min 後，在穿刺豬腎臟時，平均穿刺力減少了 0.3N±0.1N，軟組織的最大縮進量減少了 13mm±0.2mm。而在穿刺矽膠假體時，針偏量減少了 2.4mm±0.1mm。隨著旋轉速度的提高，平均穿刺力、軟組織最大縮進量和針偏轉量都

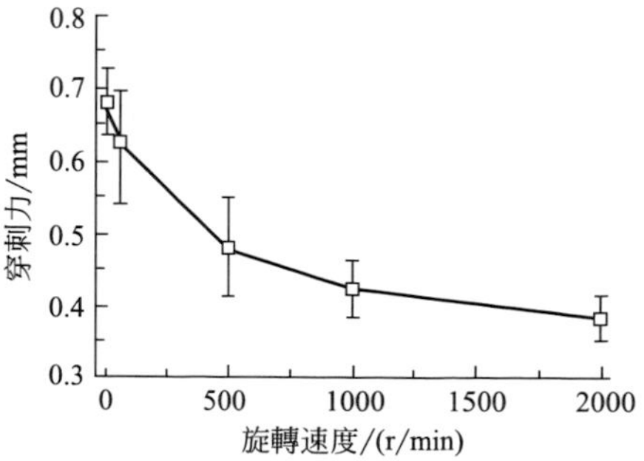

圖 8-27 豬腎臟旋轉-平均穿刺力曲線

逐漸降低，其中在旋轉速度為 50～1000r/min 時，穿刺力降低幅度較為明顯，為 87%；在旋轉速度為 50r/min 時，軟組織最大縮進量降低幅度為 74%；在旋轉速度為 50～500r/min 時，針偏轉量降低幅度為 57%。

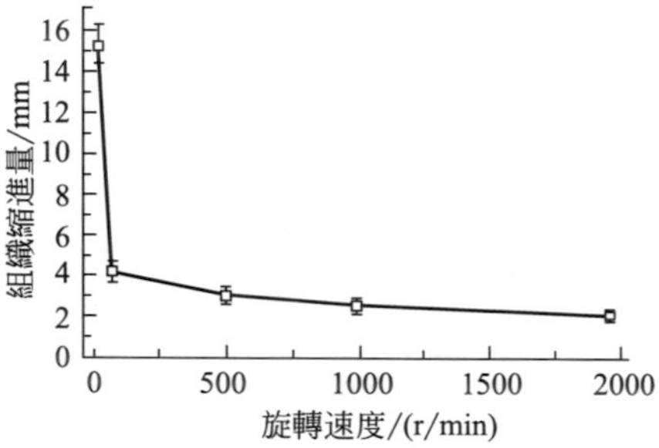

圖 8-28 豬腎臟旋轉-最大縮進量曲線

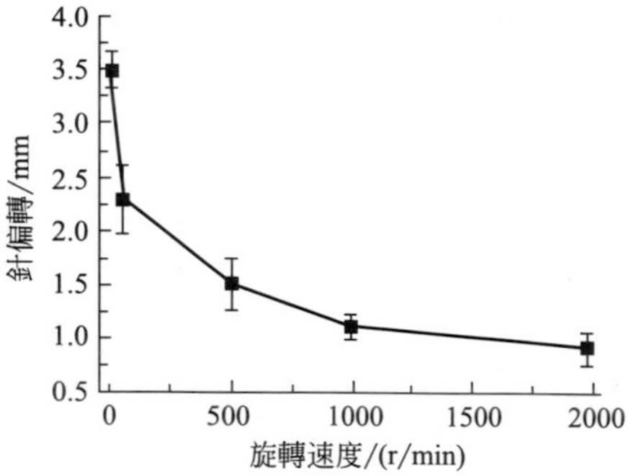

圖 8-29 矽膠模型旋轉-最大針偏轉曲線

從上述實驗結果可知，高速旋轉穿刺軟組織可以減小平均穿刺力，進一步研究旋轉速度為 2000r/min，進針速度為 20mm/s 對穿刺過程中硬度力、摩擦力和切割力的影響規律。由圖 8-30 穿刺豬腎臟穿刺力作用規律可知，在軟組織變形階段（A—B），增加旋轉穿刺後硬度力峰值減小了 0.42N；在插入階段（C—D），摩擦力和切割力平均減小了 0.1N；在退針階段（D-E），摩擦力平均減小了 0.03N。

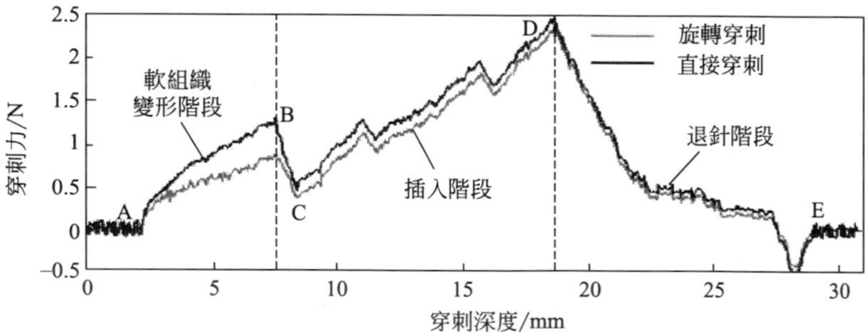

圖 8-30 豬腎臟旋轉—穿刺力變化曲線

(3) 超聲輔助切割組織

超聲輔助切割組織技術採用強大振動能量，使刀片與周圍組織迅速分開，而不損傷周圍的組織，已經常用於切除體表腫瘤[51]，因此將超聲切割技術引入到前列腺振動穿刺中是未來發展方向。圖 8-31 是振動穿刺原理，壓電制動器以振

幅 A（μm）、頻率 f（Hz）週期性振動作用在穿刺針（勻速進針速度為 v_0）上。

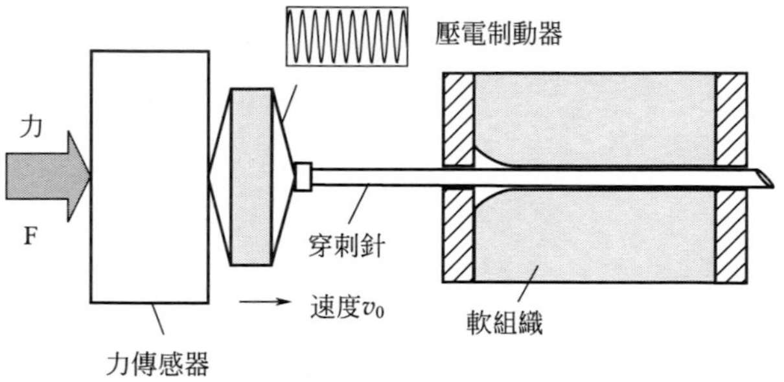

圖 8-31 振動穿刺原理

為了測定不同振動頻率、振幅組合對切向摩擦力大小作用機制，採用振動電源輸入 5 種頻率、3 種振幅，採集穿透軟組織後力矩感測器數值。實驗方案如表 8-8 所示，選擇勻速進針速度 v_0＝20mm/s，11 組不同頻率、振幅組合穿刺實驗，每組重複 4 次取切向摩擦力平均值。實驗結果顯示，在同一較低進針速度下，平均切向摩擦力隨著 $A\omega$ 增大而逐漸減小。最優是第 10 組振動穿刺方案，其相對於第 1 組減小了摩擦力 0.2N±0.10N。

表 8-8 振動穿刺豬腎臟實驗方案（v_0＝2mm/s）

實驗方案 \ 振幅/μm \ 頻率 f/Hz	10	25	50
100	＃1	＃2	＃3
250	＃4	＃5	＃6
500	＃7	＃8	
750	＃9	＃10	
1000	＃11		

透過以上實驗結果分析，較高振動頻率、幅值組合，可以有效減小切向摩擦力。進一步用進針速度 20mm/s、振動頻率 750Hz、振幅 25μm 進行有、無振動穿刺豬腎臟兩種實驗方案，對比分析了振動對整個穿刺過程中硬度力、摩擦力和切割力影響規律，圖 8-32 是兩種方案完整穿刺力對比曲線。從實驗結果可知，在軟組織變形階段（A—B），增加振動穿刺後硬度力變化較小；在插入階段（C—D），摩擦力和切割力平均減小了 0.20N；在退針階段（D-E），摩擦力平均減小了 0.15N。在整個穿刺過程中，增加振動後主要減小了插入過程、退針過程的切向摩擦力，另外振動也減小了 0.05N 切割力。

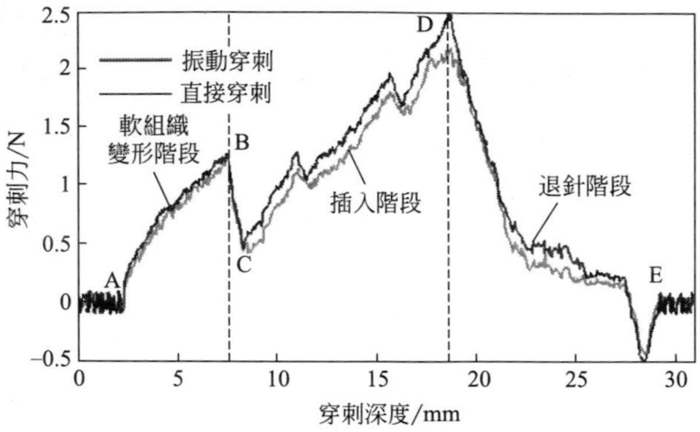

圖 8-32　兩種穿刺方案的穿刺力對比曲線

透過對旋轉和振動穿刺機理的研究，提出如下的軟組織高精度進針策略。

① 在前列腺變形階段，採取快速進針速度 20mm/s＋高速旋轉 2000r/min 組合進針策略，這種進針方式可減少穿刺過程的硬度力和軟組織的變形。

② 前列腺被摸刺破階段，在刺破瞬間穿刺力會存在力陡降點，透過一維時間序列穿刺力突變點檢測算法找到刺破被摸時的時間點，然後暫停進針 1s，主要是等待軟組織恢復一部分變形。

③ 在穿刺針進入前列腺內部階段，等暫停 1s 結束後，將進針速度減小為 2mm/s，關閉旋轉穿刺，開啓振動穿刺頻率 750Hz、振幅 25μm。這種進針方式減小了針體旋轉對軟組織重複性創傷，採用較低速度的振動進針也可以減少穿刺過程中的摩擦力，從而減小軟組織的變形。

以上進針策略的實現，關鍵是找到前列腺被摸刺破時的時間點。數據採集卡以時間間隔 Δt[Δt＝進針深度 0.05mm/(進針速度 2mm/s)]，採集時間序列穿刺力數據 f_i，然後將穿刺力數據輸入到滑動窗口模型中，如圖 8-33 所示。在模型中的當前數據窗口中，採用 while ($\Delta f<\varepsilon$) 循環不斷搜索當前時刻穿刺力值 f_3 與前兩個時刻力值 f_1、f_2 的差值 Δf，只要差值 $\Delta f>\varepsilon$ 搜索結束，記錄此時刻 t_ε，然後在此時刻發送消息給機器人控制上位機，控制機器人停止進針。對於穿刺力抖動點的閾值 ε，採用力矩感測器多次測量穿刺同一軟組織的力值變化曲線，

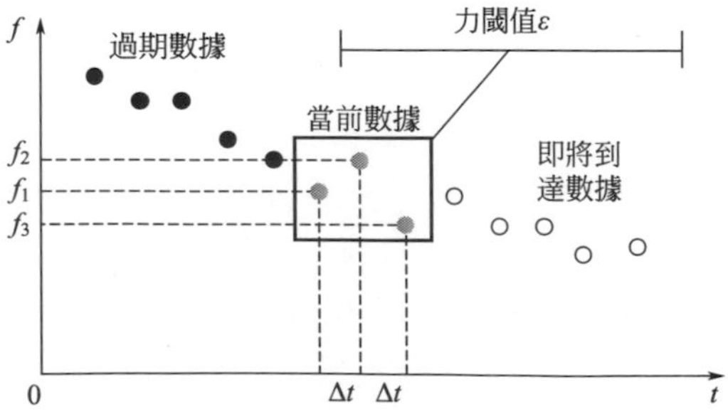

圖 8-33　滑動窗口模型

綜合計算值與觀測值後，得到比較合適的穿刺力抖動點的閾值。

8.4 前列腺微創介入機器人介入實例

一般來說，能實現三維空間定位的常見結構形式主要是直角座標式（$P_xP_yP_z$）、圓柱座標式（$R_zP_zP_y$）、球座標式（$R_zP_xR_x$）以及 SCARA 型（$R_zR_zP_z$）這 4 種類型。SCARA 型操作靈活性較好，工作空間擺動範圍較大。但由於前列腺微創手術患者特殊的截石位，為了改善機器人末端的承載能力、定位精度以及整體剛度，需將 SCARA 型改進。圖 8-34 為哈爾濱理工大學設計的改進型。

透過運動副、連桿組成平行四邊形機構，這個平行四邊形機構將 J_2 關節驅動電機的動力及運動傳遞給小臂，以實現對小臂的驅動。這種改進的布局將小臂關節驅動電機的重量轉移到基座上，降低了懸臂的質量，減小了繞大臂驅動關節的轉動慣量，提高了機器人末端有效負載比。另外，在前列腺粒子植入過程中，穿刺針必須水平穿過網格導向模板孔，要約束末端平臺在運行過程中始終保持水平軌跡，利用平行四邊形機構的運動特性，增加一個三角平行架分別和大臂、基座及大臂連桿構成一組平行四邊形機構，另外再和小臂、末端平臺機構平行連桿構成另一組平行四邊形。這兩組串聯平行四邊機構可以使末端在運動過程中始終保持水平軌跡。

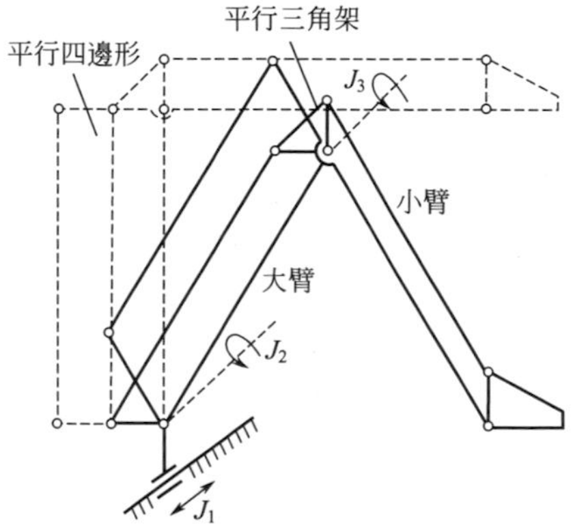

圖 8-34 構型改進方案

透過最佳化後，各個桿的長度如表 8-9 所示。

表 8-9 最佳化後各個桿長

類型	參數	直線軌跡	曲線軌跡
最佳化大臂、小臂組合	大臂 l_1/mm	300	350
	小臂 l_2/mm	300	250
	能耗 E_o/J	2.57	4.18
	可操作性 w_o	0.315	0.204

一般將放射性粒子植入器設計成獨立的 2 自由度結構，文獻［52］認為旋轉進針能減小穿刺力和針的偏轉。因此，採用矽膠模型分析了旋轉進針與針偏轉的關係，如圖 8-35 所示，穿刺針的旋轉可以減小針尖的偏轉，因此穿刺針增加一個旋轉驅動。圖 8-36 是設計的 3 自由度電動放射性粒子植入器，主要由穿刺針、實心針、針驅動裝置、傳動裝置、粒子供給裝置等組成。

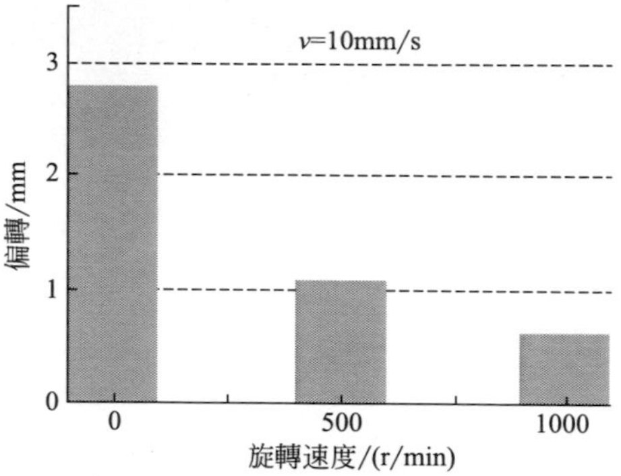

圖 8-35 旋轉進針對針偏轉的影響

經直腸超聲圖像驅動機器人（TRUS robot）需要 2 個自由度，分別控制探頭在直腸裡的線性運動和回轉運動，即時採集腫瘤邊界和穿刺針，追蹤病灶點，控制機器人進行送針。超聲探頭驅動機構如圖 8-37 所示，主要由超聲探頭、驅動電機、探頭鎖緊裝置、U 形橡膠托架及探頭支撐架組成。其中，超聲探頭的線性運動透過螺桿螺母實現，回轉運動透過圓柱齒輪副傳動完成。探頭鎖緊裝置配合 U 形橡膠托架使用，可以固定超聲探頭，探頭支撐架可以防止超聲探頭運動時產生姿態偏轉。

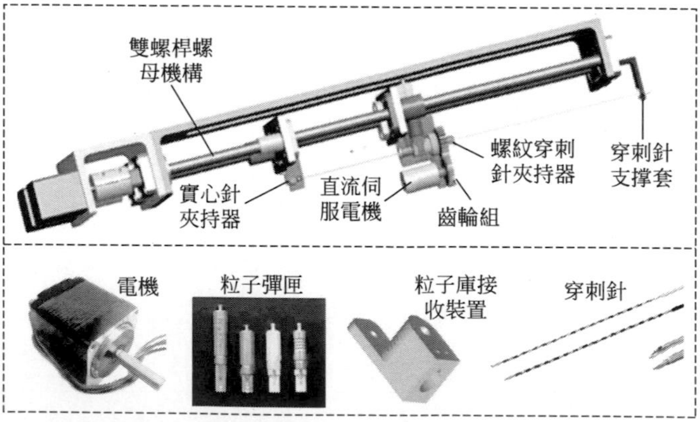

圖 8-36 3 自由度電動放射性粒子植入器

圖 8-38 所示為 60mm×60mm×1.6mm 網格導向模板，模板孔尺寸為 ϕ1.3mm×1.6mm，網格孔的孔徑和穿刺針外徑餘量為 1.2mm，相鄰導向孔之間的中心距為 5mm，為了便於標記，網格導向模板 z 嚮用 1～21 數位，x 嚮用 A～T

字母對應每個導向孔中心（x_i，z_i）座標，適用於 G18 粒子植入專用穿刺針。

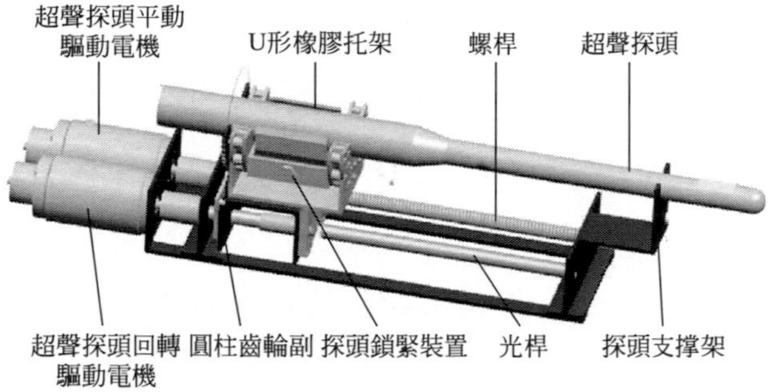

圖 8-37　超聲探頭驅動機構

前列腺粒子植入機器人整體三維模型如圖 8-39 所示。

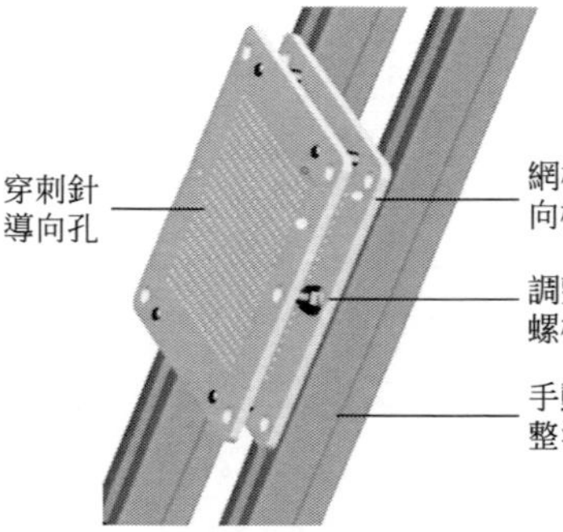

圖 8-38　網格導向模板

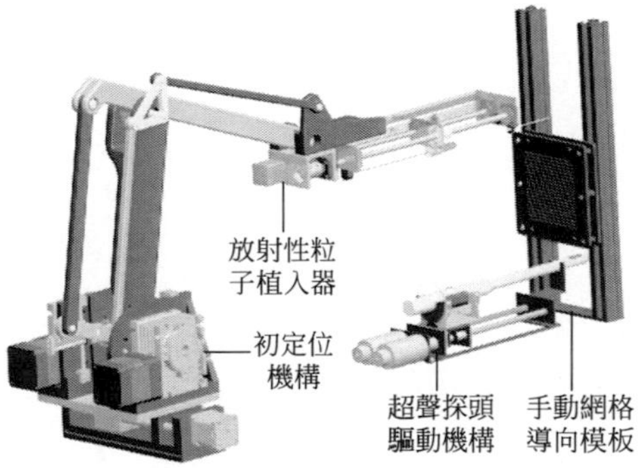

圖 8-39　整體三維模型

前列腺粒子植入機器人控制系統由醫生、上位機系統、下位機系統、粒子植入機器人、超聲導航系統和患者目標靶點構成。醫生可以透過上位機運動控制軟體和手柄操作兩種方式，依據規劃的關節運動資訊傳遞粒子植入機器人，按照圖像導航系統和計量學規劃的位置進行粒子種植，進而完成目標靶點的粒子植入分布。最後，醫生還可以透過超聲圖像即時觀察粒子植入位置的準確性，再透過上位機即時調整。

以 Windows 7 操作系統的工控機作為開發平臺，採用上、下位機聯合控制模式構建前列腺粒子植入機器人控制系統的硬體體系，如圖 8-40 所示。

上位機系統有兩種控制方式：操作手柄控制；上位機運動控制軟體控制。操作手柄和上位機運動控制軟體透過工控機，將控制命令傳遞給下位機運動控制卡，下位機系統管理和分配各種指令驅動機器人關節運動。數據採集卡採集機器人關節角位移資訊，並即時回饋給上位機系統，上位機根據機器人關節位置閉環控制算法實施調整。

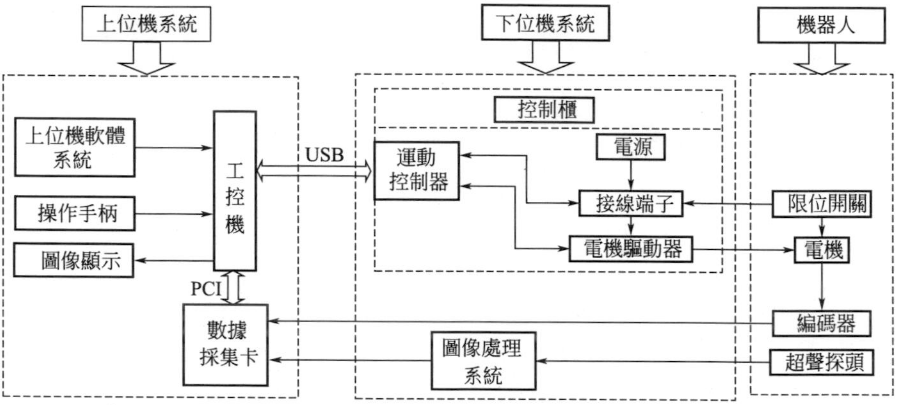

圖 8-40　前列腺粒子植入機器人硬體平臺構建

圖 8-41 為該粒子植入機器人的一般性手術步驟。

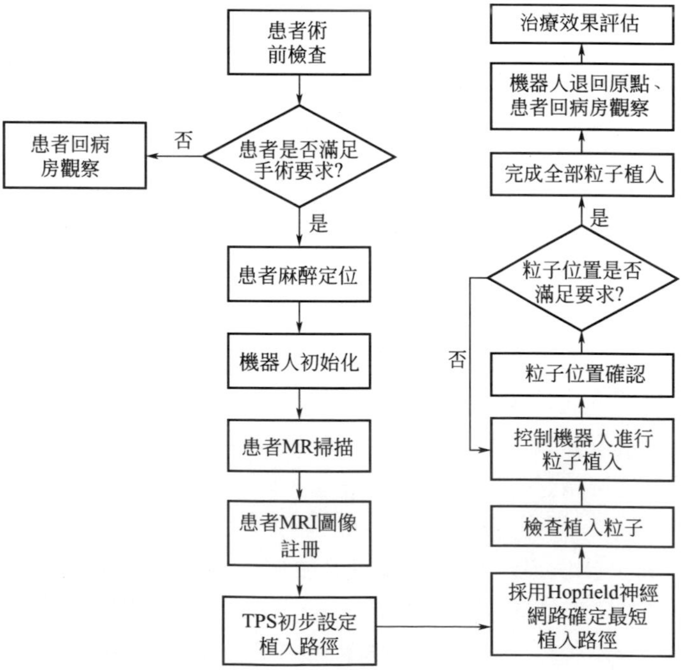

圖 8-41　一般性手術步驟

① 植入前準備。血常規，凝血四項，了解有無基礎疾病及相關檢查結果，體質評價（KPS 評分），手術知情同意書及必要的搶救器材、藥物；根據 CT 資料評價腫瘤的大小、形狀、部位、血供情況，初步擬定患者的體位及設計進針路線。腫瘤血供豐富者，術前一天應用止血藥物。

② 處方劑量與 TPS 的應用。利用放射治療計劃系統（radiotherapy treatment planning system，TPS），輸入前列腺 MRI 圖像，在系統中勾畫出腫瘤輪廓，然後根據處方劑量和腫瘤大小計算出所需粒子數量，並模擬出粒子的空間分布，指導粒子種植，如圖 8-42 所示。植入碘 125 粒子的數量和劑量，遵循能有效殺滅腫瘤細胞，最大限度降低正常組織的輻射損傷。在制定計畫時，注意重要臟器如膀胱、直腸等的保護，用劑量-體積直方圖和等劑量曲線觀測重要臟器所接受的劑量。

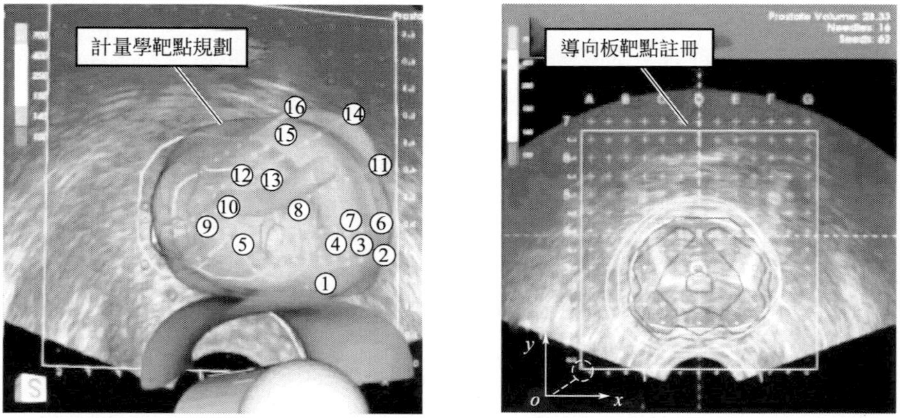

圖 8-42 某位前列腺癌患者治療計劃

採用 Hopfield 神經網路搜索的最短植入路徑，座標的連接順序如圖 8-43 所示。

③ 粒子植入。調整機器人回到標定的原點，核對碘 125 放射性粒子數量、表面活性；檢查穿刺針、導針是否通暢；根據預先制定的治療計劃確定穿刺點，讓患者選擇合適的體位進行掃描，常規消毒、鋪巾，會陰部浸潤麻醉；在監視器上測量進針角度及深度，植入針採用分步進針法到達預定位置，腫瘤較大時也可多針穿刺。植入過程中，一般將植入針預置到腫瘤最深處的邊緣，然後邊退針邊釋放粒子，退至最外側的腫瘤邊緣後，再調整進針角度，MRI 掃描確定針位合適後再行粒子植入。重複上述步驟，完成全部粒子植入。植入後密切監測生命體征，植入中出血較多者，常規肌注立止血等；做好粒子使用記錄。

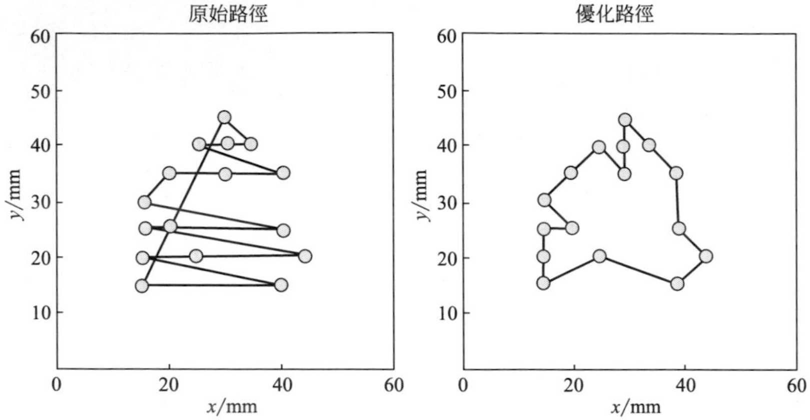

圖 8-43　Hopfiled 神經網路路徑搜索結果

④ 粒子植入後劑量評定。粒子植入完成後，完整地掃描腫瘤部位，將 CT 圖像輸入 TPS 計劃系統，驗證粒子植入與治療計劃符合程度，檢查植入粒子後的劑量分布情況，是否出現劑量稀疏的區域，確定是否需要二次植入粒子或補充外照射。

參考文獻

[1] 王文營，邵強，杜林棟．前列腺穿刺活檢研究近況[J]. 中華泌尿外科雜誌，2006，27（2）：141-143.

[2] Siegel R L，Miller K D，Jemal A. Cancer Statistics，2015[J]. CA：a Cancer Journal for Clinicians，2015，65（1）：5-29.

[3] Chen W Q，Zheng R S，Peter D，et al. Cancer Statistics in China，2015[J]. CA：a Cancer Journal for Clinicians，2016，DOI：10. 3322/caac. 21338.

[4] 汪清，王勝軍，畢興，等．前列腺活檢在前列腺癌診斷及分期中的臨床意義[J]. 新疆醫科大學學報，2005，28（9）：820-821.

[5] Galfano A，Novara G，Iafrate M. Prostate Biopsy：The Transperineal Approach[J]. EAU-EBU Update Series，2007，5（6）：241-249.

[6] 盧志華，朱才生，朱剛，等. 經會陰和經直腸途徑前列腺穿刺活檢併發症的比較分析[J]. 臨床泌尿外科雜誌，2008，23（5）：362- 364.

[7] Incorrect Data Reported in Text and Figure in：Comparison of Conventional-Dose vs High-Dose Conformal Radiation Therapy in Clinically Localized Adenocarcinoma of the Prostate：A Randomized Controlled Trial[J]. Journal of the A-

merican Medical Association, 2008 (8): 899-900.

[8] 劉峰．全方位前列腺活檢機器人的結構設計及運動模擬[D]. 哈爾濱：哈爾濱理工大學，2012.

[9] Reza Seifabadi, Sang-Eun Song, Axel Krieger, et al. Robotic System for MRI-guided Prostate Biopsy: Feasibility of Teleoperated Needle Insertion and Ex Vivo Phantom Study. International Journal of Computer Assisted Radiology and Surgery, 2012, 7 (2): 181-190.

[10] Yu Y, Podder T, Zhang Y D, et al. Robotic System for Prostate Brachytherapy [J]. Computer Aided Surgery, 2007, 12 (6): 366-370.

[11] Podder T K, et al. Reliability of EUCLIDIAN: An Autonomous Robotic System for Image-guided Prostate Brachytherapy [J]. Medical Physics, 2011, 38 (1), 96-106.

[12] Podder T K, et al. Effects of Velocity Modulation During Surgical Needle Insertion[J]. Proceedings of the IEEE International Conference of the Engineering in Medicine and Biology Society, New York, NY, 2005, 6: 5766-5770.

[13] Podder T K, Buzurovic I, Huang K, et al. Multichannel Robotic System for Surgical Procedures[Z]. IASTED Symposium, Washington, DC, 2011.

[14] Fichtinger G, Fiene J, et al. Robotic Assistance for Ultrasound-guided Prostate Brachytherapy [C]. International Conference on Medical Image Computing and Computer-assisted Intervention, Brisbane, Australia, 2007: 119-127.

[15] Su H, Zervas M, Cole G A, et al. Real-time MRI-Guided Needle Placement Robot with Integrated Fiber Optic Force Sensing [C]. 2011 IEEE International Conference on Robotics and Automation, Shanghai, China, 2011: 1583-1588.

[16] Su H, Shang W, Cole G A, et al. Haptic System Design for MRI-Guided Needle Based Prostate Brachytherapy [C]. IEEE Haptics Symposium, Waltham, Massachusetts, USA, 2010: 483-488.

[17] Su H, Cardona D C, Shang W, et al. A MRI-Guided Concentric Tube Continuum Robot with Piezoelectric Actuation: A Feasibility Study [C]. 2012 IEEE International Conference on Robotics and Automation, Saint Paul, Minnesota, USA, 2012, 162 (4): 1939-1945.

[18] Patel N A, Van K T, Li G, et al. Closed-Loop Asymmetric-Tip Needle Steering Under Continuous Intraoperative MRI Guidance [J]. Engineering in Medicine & Biology Society, 2015: 4869-4874.

[19] Su H, Shang W, Cole G A, et al. Piezoelectrically Actuated Robotic System for MRI-Guided Prostate Percutaneous Therapy [J]. IEEE/ASME Transactions on Mechatronics. 2015, 20 (4): 1920-1932.

[20] Shang W, Su H, Li G, et al. Teleoperation System with Hybrid Pneumatic-Piezoelectric Actuation for MRI-Guided Needle Insertion with Haptic Feedback [C]. 2013 IEEE/RSJ International Conference on Intelligent Robots and Systems, Tokyo, Japan, 2013, (2): 4092-4098.

[21] Su H, Li G, Rucker D C, et al. A Concentric Tube Continuum Robot with Piezoelectric Actuation for MRI-Guided Closed-Loop Targeting [J]. Annals of Biomedical Engineering, 2016: 1-11.

[22] Chen L, Paetz T, Dicken V, et al. Design of a Dedicated Five Degreeof-Freedom Magnetic Resonance Imaging Compatible Robot for Image Guided Prostate Biopsy [J]. Journal of Medical Devices, 2015, 9(1): 0150021-7.

[23] Elayaperumal S, Cutkosky M R, Renaud P, et al. A Passive Parallel Master-Slave Mechanism for Magnetic Resonance Imaging-Guided Interventions [J]. Journal of Medical Devices, 2015, 9(1): 0110081-1100811.

[24] Bax J, Smith D, Bartha L, et al. A Compact Mechatronic System for 3D Ultrasound Guided Prostate Interventions [J]. Medical Physics, 2011, 38(2): 1055-1069.

[25] 郭傑，姜杉，馮文浩，等．基於核磁圖像導航的前列腺針刺手術機器人[J]. 機器人，2012，34(4)：385-392.

[26] 孟紀超．核磁共振兼容的手術穿刺定位機器人研製[D]. 上海：上海交通大學，2012.

[27] Zhang Y D, Zhang L, Zhao Y J, et al. Prostate Biopsy System Based on Motomanrobot[C]. The Sino-European Workshop on Intelligent Robots and Systems, Chong Qing, 2008: 2-4.

[28] Zhang Y D, Liu F, Yu Y. Structural Design of Prostate Biopsy Robot Based on TRIZ Theory [J]. Advanced Materials Research, 2012, 538-541: 3176-3181.

[29] 劉岫．核磁共振環境下微創手術機器人設計與控制的關鍵技術研究[D]. 天津：天津大學，2010.

[30] 郭傑，姜杉，馮文浩，等．基於核磁圖像導航的前列腺針刺手術機器人[J]. 機器人，2012，34(4)：385-392.

[31] 郭傑．核磁圖像導向手術機器人結構設計與動力學分析[D]. 天津：天津大學，2012.

[32] 姜杉．核磁圖像導航的前列腺針刺手術機器人研究[D]. 天津：天津大學，2014.

[33] 趙麗霞，吳蓉．前列腺癌影像診斷現狀及新進展[J]. 中華臨床醫師雜誌，2013，7(21)：9659-9661.

[34] Litjens G, Toth R, Van D V W, et al. Evaluation of Prostate Segmentation Algorithms for MRI: the Promise 12 Challenge [J]. Medical Image Analysis, 2014, 18(2): 359-373.

[35] Chandra S S, Dowling J A, Shen K K, et al. Patient Specific Prostate Segmentation in 3-D Magnetic Resonance Images [J]. IEEE Transacions on Medical Imaging, 2012, 31(10): 1955-1964.

[36] Klein S, Van U A, Lips I M, et al. Automatic Segmentation of the Prostate in 3d MR Images by Atlas Matching Using Localized Mutual Information [J]. Medical. Physics, 2008, 35 (4): 1407-1417.

[37] Mitchell M, Tanyi J A, Hung A Y. Automatic Segmentation of the Prostate Using a Genetic Algorithm for Prostate Cancer Treatment Planning [C]. 2010 Ninth International Conference on Machine Learning and Applications, 2010: 752-757.

[38] Xiong W, Li A L, Ong S H, et al. Automatic 3D Prostate MR Image Segmentation Using Graph Cuts and Level Sets with Shape Prior [J]. Lecture Notes in Computer Science, 2013, 8294: 211-220.

[39] Li C, Xu C, Gui C, et al. Distance Regularized Level Set Evolution and Its Application to Image Segmentation [J]. IEEE Transactions on Image Processing, 2010, 19(12): 3243-3254.

[40] Yu Y, Podder T, Zhang Y, et al. Ro-

bot-Assisted Prostate Brachytherapy [M]// Medical Image Computing and Computer-Assisted Intervention-MICCAI 2006. Springer Berlin Heidelberg, 2006: 41-9.

[41] Krieger A, Susil R C, Ménard C, et al. Design of a Novel MRI Compatible Manipulator for Image Guided Prostate Interventions[J]. IEEE Trans Biomed Eng, 2005, 52(2): 306-13.

[42] Goldenberg A, Trachtenberg J, Sussman M, et al. MRI-Guided Robot-Assisted Prostatic Interventions. International Journal of Computer Assisted Radiology and Surgery, 2010, 5(1): 23-27.

[43] Chen Y, Squires A, Seifabadi R, et al. Robotic System for MRI-guided Focal Laser Ablation in the Prostate[J]. IEEE/ASME Transactions on Mechatronics, 2016, PP(99): 1.

[44] 張永德，梁藝，畢津滔．前列腺癌粒子植入機器人運動學建模和模擬[J]. 北京航空航天大學學報，2016，42(4)：662-668.

[45] Gerwen D J, Dankelman J, Dobbelsteen J J. Needle-tissue Interaction Forces-A Survey of Experimental Data [J]. Medical Engineering & Physics, 2012, 34(6).

[46] Hing J T, Brooks A D, Desai J P. Reality-based Needle Iinsertion Simulation for Haptic Feedback in Prostate Brachytherapy[C]. IEEE International Conference on Robotics and Automation, ICRA, Orlando, Florida, 2006: 619-24.

[47] Kumar R, Le Y, Deweese T, et al. Re-implantation Following Suboptimal Dosimetry in Low-dose-rate Prostate Brachytherapy: Technique for Outpatient Source Insertion Using Local Anesthesia[J]. Journal of Radiation Oncology, 2016, 5(1): 103-108.

[48] 張華燁．基於 Hopfield 網路的路徑規劃並行算法設計與實現[D]. 廣州：華南理工大學，2016.

[49] 陳亮．焊接機器人路徑規劃問題的算法研究[D]. 武漢：武漢科技大學，2010.

[50] Seifabadi R, Cho N B J, Song S E, et al. Accuracy Study of a Robotic System for MRI-guided Prostate Needle Placement [J]. Medical Robotics and Computer Assisted Surgery, 2013, 9(3): 305-316.

[51] 邱海江，方孫陽，吳志明，等．超聲刀在開放性甲狀腺手術中應用的前瞻性研究[J]. 中國普通外科雜誌，2014，23(5)：639-642.

[52] Zhang Y D, Podder T K, Sherman J, et al. Semi-automated Needling and Seed Delivery Device for Prostate Brachytherapy[C]. Proceedings of the IEEE International Conference on Intelligent Robots and Systems, Beijing, China, 2006: 1279-1284.

第9章

乳腺微創介入機器人

9.1 引言

目前，乳腺癌介入治療主要基於 X 射線、CT 或超聲引導。但 X 射線具有放射性，隨著手術複雜度增加，操作時間會越來越長，這樣 X 射線會給患者及醫生身體帶來較大傷害。超聲因不能提供精確的解剖資訊而難以滿足複雜手術的安全實施[1]。CT 可為醫生提供優良的組織解剖資訊，但其電離輻射很強，臨床上應用較少。因此 MRI 圖像導航手術機器人的應用是未來微創介入手術發展的重要方向，但是 MRI 具有可操作空間小、磁場高的特點，嚴重限制了機器人技術在 MRI 環境下的應用，因此對 MRI 環境下的治療機器人的研究具有十分重要的意義。

9.1.1 乳腺微創介入機器人的研究背景

乳腺癌是女性常見惡性腫瘤之一，自 1970 年代以來，全球乳腺癌發病率一直呈上升趨勢[2,3]。2008 年全球女性乳腺癌患者約有 138 萬人，其中 45.84 萬人死亡[4,5]。中國每年新發乳腺癌患者約 28 萬人，相對歐美國家，中國女性的發病時間提前了十年，主要集中在 45～55 歲[6]。雖然全球乳腺癌發病率越來越高，但有資料顯示，乳腺癌死亡率卻呈現出下降趨勢，一是因為乳腺癌發病率的上升導致基數變大，二是因為乳腺癌安全有效的早期診斷及綜合治療方法的大力開展，提高了療效[7]。臨床證明，乳腺癌是治癒率較高的實體腫瘤之一。

乳腺疾病的常規檢查方法有紅外線乳腺掃描及鉬靶 X 射線攝片。儘管鉬靶 X 射線檢查目前仍為診斷乳腺疾病的主要手段，但在某些方面，如對緻密型乳腺、乳腺成形術後或手術後瘢痕的評價等，仍存在很大的局限性。MRI 具有極高的軟組織解析度，能清楚地區分乳腺皮膚、皮下脂肪、正常腺體與病灶。近 10 年來，隨著磁共振成像檢查技術的成熟及軟硬體的迅速發展，特別是磁共振灌注成像在乳腺疾病檢查中的應用，使乳腺影像學檢查具有了更加廣闊的前景，MRI 診斷乳腺良、惡性疾病的敏感性、特異性大大提高[8]。由於磁共振掃描儀空間限制，掃描完圖像後，患者需退出掃描儀才能進行手術，增加了手術時間，很容易因退出過程中的震動或者患者因身體不適引起的身體動作而影響到手術結果的準確性。並且 30 年來，乳腺癌的治療模式經歷了很多的變化，乳腺癌的治療手法主要是傳統的外科治療手術，如全乳切除手術、局部擴大切除或保乳術，乳房切除手術對患者產生很大的傷害，如手術瘢痕、上肢淋巴腫脹、神經系統併發症等各種症狀[9]。由此，MRI 環境下乳腺微創介入機器人應運而生，但由於 MRI 設備自身的特性，介入機器人還有以下難點。

① MRI 設備內部空間十分有限，除去患者體積後，實際留給機器人進行手術的空間非常狹小。

② 磁共振設備及磁共振檢查室記憶體在非常強大的磁場，這使得很多包含有鐵磁性材料的醫療器械不能在 MRI 環境下使用。並且，乳腺組織容易受到胸腔運動而發生變形，影響手術結果。這成為醫療機器人技術在 MRI 環境下使用的最大障礙。

9.1.2 乳腺微創介入機器人的研究意義

隨著科技的發展，越來越多的醫療機器人正步入臨床應用，機器人進行手術逐漸被患者所接受。因此，在中國乳腺癌患者迅猛成長的形勢下，研究一種操作簡單並且準確率高的乳腺微創介入機器人是十分必要的。MRI 環境下乳腺介入機器人的應用，可有效彌補醫生手工操作的不足，並且其定位準確、可長時間穩定工作的特點，可大大減少醫生工作強度，提高手術效率。中國的乳腺治療技術相對不發達，經驗豐富的專業醫生也較為缺乏，不能滿足日益成長的患者需求。

9.2 乳腺微創介入機器人的研究現狀

美國明尼蘇達大學的 Blake T. Larson 等於 2004 年設計了一臺 MRI 即時引導下的乳腺介入治療機器人[10]，如圖 9-1 所示。該機器人共 5 個自由度，以實現定位機構的旋轉運動、針俯仰運動、調整針高度的運動、調整壓板間距的運動及進針運動。機器人採用超聲波電機遠端驅動的方式，透過伸縮軸、萬向節等將動力傳遞到機器人中，這種傳動方式可以使定位機構繞自身中心軸線作範圍為±60°的旋轉。機器人使用的材料均是磁兼容的，如縮醛樹脂、高密度聚乙烯塑膠等。

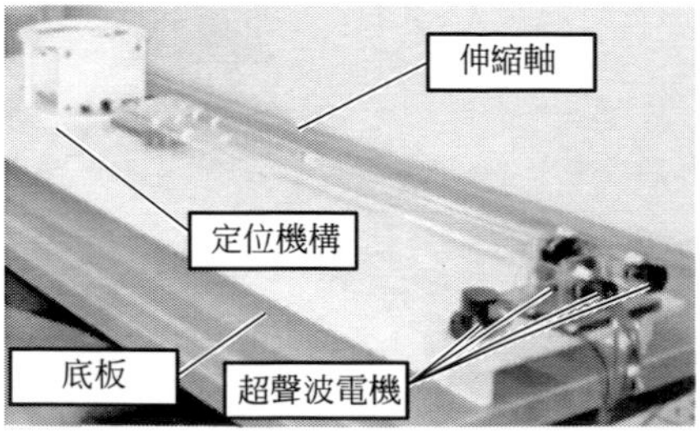

圖 9-1 乳腺介入治療機器人

由於結構限制，一次手術時，該機器人只能對一側乳房進行手術操作。對於兩側乳房均需手術的情況，需人為調整位置後才能繼續，增加了手術時間。

美國威斯康星大學的 Matthew Smith 等研製了一個 MRI 導引的、可 360°旋轉的乳腺介入系統[11,12]，如圖 9-2 所示。該系統含 4 個自由度，包括平臺、扎針裝置和線圈的旋轉運動；扎針裝置的升降運動；進針傾斜角及進針深度的調整。此外，該系統採用氣囊實現組織固定，減少了患者的不舒適感。此系統最大優勢在於旋轉關節可進行 360°旋轉，這樣，系統可沿最短路徑，即最大限度地減少組織穿透的軌跡，從上方、下方、內側、外側接近病變組織，但需要另外配備專門的成像線圈[13]。

2009 年，Yo Kobayashi 等設計了一個 4 自由度超聲圖像導航下基於觸診原理的乳腺治療機器人[14]。如圖 9-3 所示，定位裝置由 3 個旋轉關節來調整位置，扎針模塊由直徑為 5mm 觸診探頭和直徑為 1.5mm 的活檢針兩部分組成，在結構上形成對點定位，探針體積小，靈活性高，在探針末端安裝六維力感測器，探針在扎針前按壓住病變組織可以減小組織的變形，提高了手術的精度。

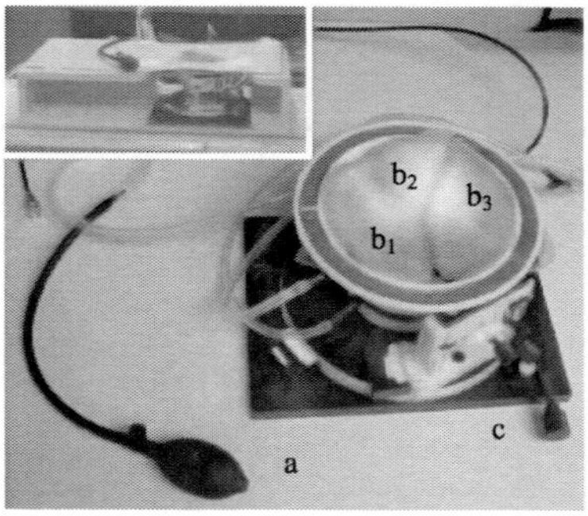

圖 9-2　MRI 引導的乳腺介入系統

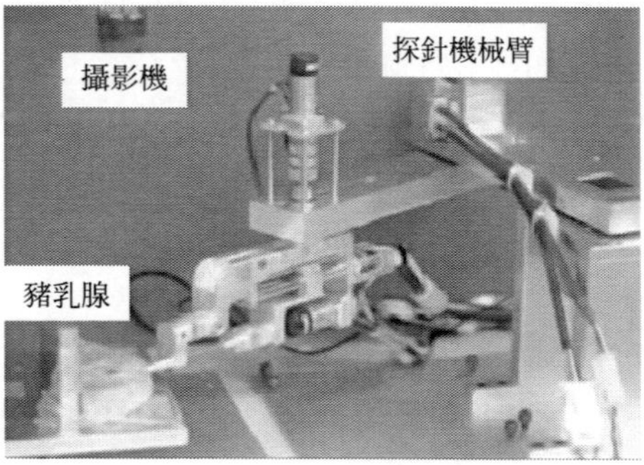

圖 9-3　乳腺治療機器人

泰國的 Tanaiutchawoot 等提出一種被動式 5 自由度乳腺穿刺持針器，如圖 9-4 所示[15]，包括 2 個弧線運動、2 個旋轉運動和 1 個進針運動。該系統利用摩擦力實現位置固定，雖然是手動操作，但其結構緊湊，工作空間靈活，不失為一種 MRI 環境下乳腺介入機器人的參考。

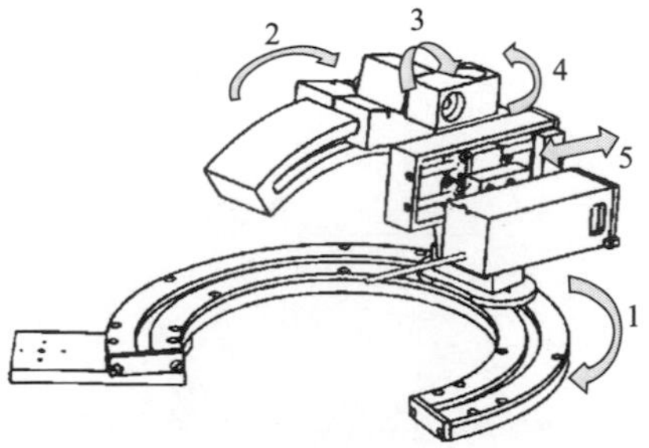

圖 9-4　乳腺穿刺持針器

Yang 等於 2011 年設計了一臺 MRI 環境下乳腺活檢機器人[16]，如圖 9-5 所示。該機器人共 4 個自由度，包括一個並聯機構和針驅動機構。並聯機構由 3 個氣缸驅動，能實現 1 個移動自由度和 2 個轉動自由度；針驅動機構由壓電電機驅動，且電機原理掃描區域，能實現 1 個移動自由度，即進針運動。

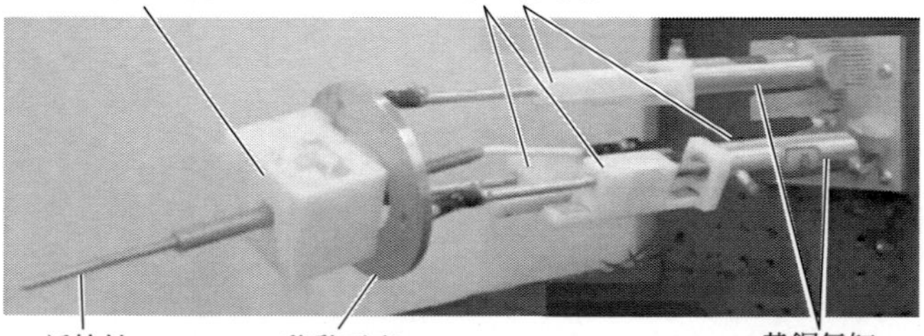

圖 9-5 乳腺活檢機器人

中國對 MRI 兼容的乳腺微創介入手術機器人的研究相對較少，但也有一些研究成果。

2010 年，張永德等人設計了一臺基於 MRI 的胸腹部活檢機器人[17]。該機器人具有 6 個自由度，包括 3 自由度的定位裝置、2 自由度的定向裝置和 1 自由度的扎針模塊，該機器人透過一個機械手臂伸入 MRI 掃描儀中對患者進行手術（圖 9-6）。

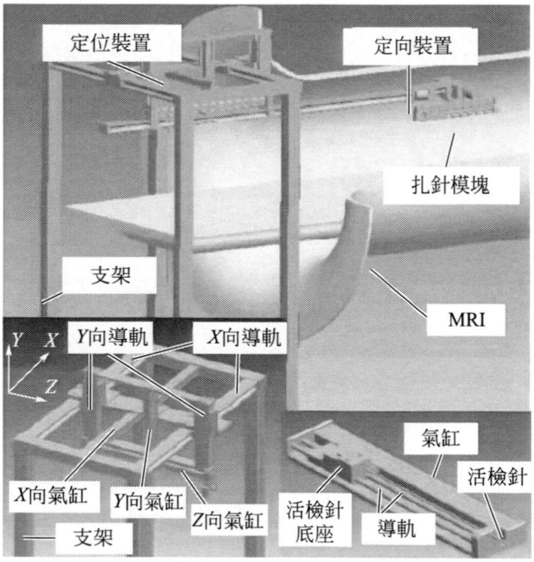

圖 9-6 MRI 環境下的微創介入機器人

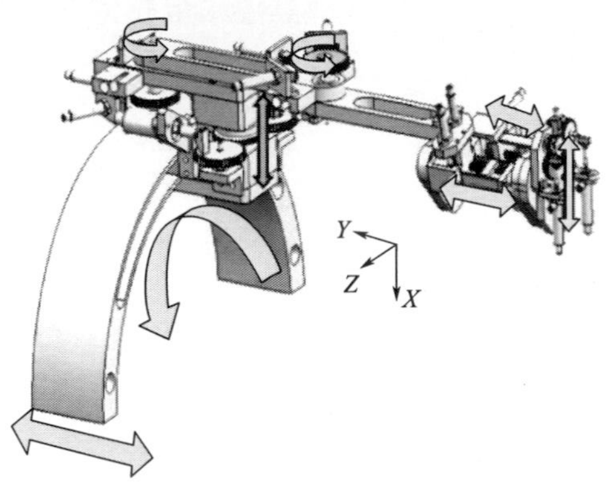

圖 9-7　穿刺定位機器人

上海交通大學的孟紀超等於2012年設計了一臺磁共振兼容的6自由度穿刺定位機器人[18]，其結構如圖9-7所示。該機器人採用串並混聯機構設計，包括定向、定位、穿刺3個部分。其中，定位裝置採用CSARA型機器人，具有5個自由度；定向裝置為一個並聯機構，具有3個自由度；穿刺裝置具有1個自由度，由齒輪齒條機構實現。機器人運用氣動驅動方式，所用氣缸材質為能與MRI強磁場兼容的鋁銅；其本體則採用抗磁性材料製作，如ABS塑膠、尼龍等。

該機器人採用的是串並混聯機構設計，結構過於複雜。串聯部分採用的是SCARA型機器人，懸臂較長，而其末端負載較大，需支撐並聯機構及穿刺裝置，對手術精度的影響較大。採用氣動驅動方式，但同樣存在氣缸噪音對圖像品質的影響。

9.3　乳腺微創介入機器人的關鍵技術

9.3.1　乳腺微創介入機器人的兼容性

對於MRI環境下介入機器人的設計，在滿足機器人具有足夠的自由度的前提下，必須考慮機器人的材料兼容和驅動方式兼容問題。

（1）MRI環境下材料的兼容性

目前臨床用MRI掃描儀的磁場強度一般為1.5T或3T，有些甚至高達7T，在強磁場環境下，普通的含鐵磁性材料的機器人會由於切割磁力線而產生電磁感應，從而失去控制。與此同時，磁共振圖像也會因感應電流的產生而失真，所以機器人的各部件必須選用順磁性材料。一般來說，含鐵磁性材料如鐵、鋼、銅等屬於逆磁性材料，會引起MRI圖像失真，難以滿足兼容性條件；而銅合金、鋁合金、鈦合金、非磁性不銹鋼、鉑、陶瓷、複合材料、工程塑膠等屬於順磁性材料，能夠滿足兼容性要求。為了更加準確地確定機器人的材料，選取部分材料進行了 MRI 兼容性實驗，實驗材料如圖 9-8 所示。

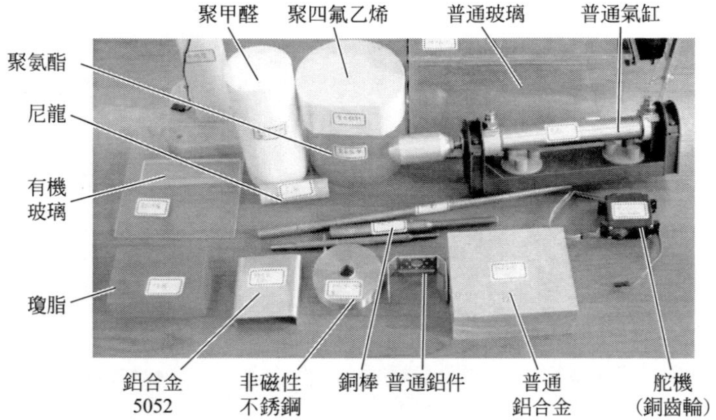

圖 9-8 實驗材料

兼容性實驗過程如下。

① 將水模放入磁共振掃描儀內進行成像，得到的是不失真的水模圖像。

② 保持水模的位置不動，在水模附近放入所要測試的材料，進行磁共振成像。觀察水模圖像的變化，如果沒有干擾，則水模圖像應該與第一步的一致，如果受到干擾，則水模圖像失真。

③ 利用 Matlab 進行圖像處理，將放入材料前後的水模的 MRI 圖像進行布爾減運算，對失真程度進行分析。

這裡將銅、非磁性不銹鋼和塑膠（尼龍、聚甲醛、聚丙烯、聚氨酯、複合樹脂等）放入磁共振掃描儀中進行磁共振成像，透過分析材料放入前後對水模圖像的影響進行兼容性分析，如圖 9-9 所示。而其他材料如鋁合金、氣缸、舵機等一靠近 MRI 掃描儀就明顯感覺到磁力的作用，所以沒有進行成像掃描。

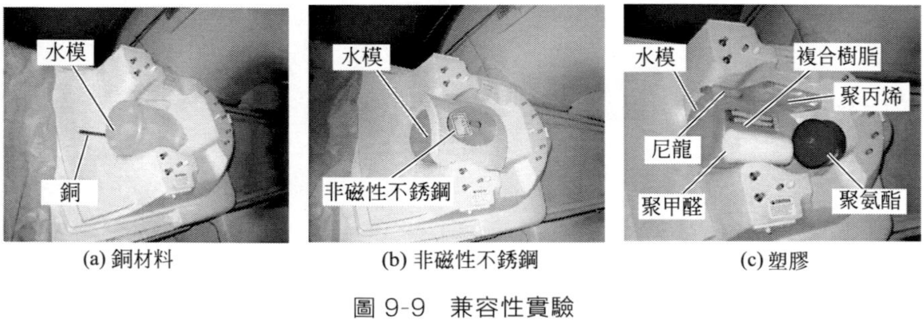

(a) 銅材料　(b) 非磁性不銹鋼　(c) 塑膠

圖 9-9 兼容性實驗

各材料的成像結果如圖 9-10 所示，圖中從左到右依次為材料放入前水模的圖像、材料放入後水模的圖像以及材料放入前後水模圖像的布爾減運算結果。

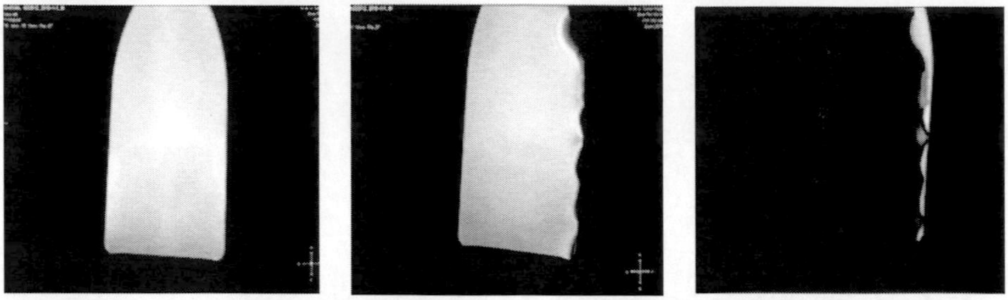

(a) 銅材料圖像掃描結果

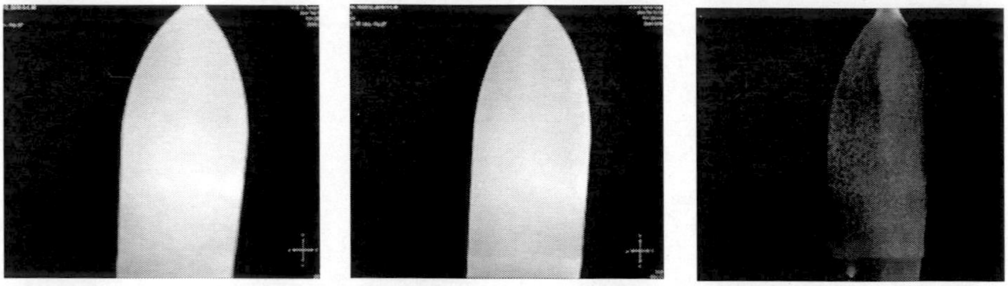

(b) 非磁性不銹鋼圖像掃描結果

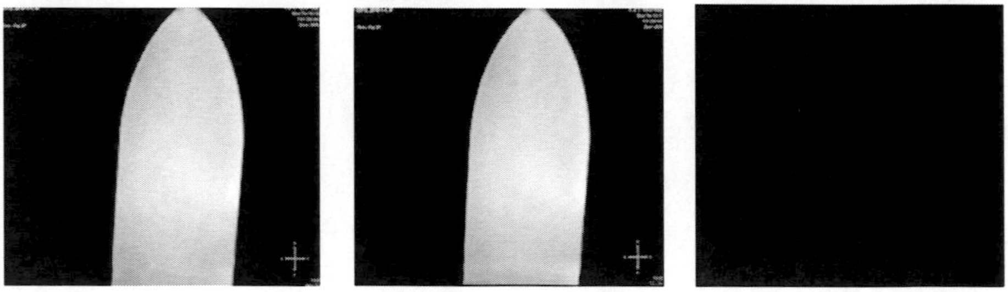

(c) 工程塑膠圖像掃描結果

圖 9-10　材料兼容性測試結果

從圖 9-10(a) 圖像可以看出，放入銅材料後，水模圖像失真，出現較大面積盲區，所以銅對 MRI 成像品質影響較嚴重，不適合選為 MRI 環境下機器人的材料。

圖 9-10(b) 為放入非磁性不銹鋼後的水模成像結果，可見，非磁性不銹鋼主要影響水模圖像的明暗度，並未產生圖像盲區，綜合考慮非磁性不銹鋼的核磁兼容性及其固有的剛度、強度、力學性能等，如果對其採取某些磁屏蔽措施，則其也可視為一種可選擇材料。

圖 9-10(c) 為放入尼龍、聚甲醛、聚丙烯、聚氨酯、複合樹脂等塑膠後的

實驗結果，可見，放入工程塑膠後，MRI 圖像清晰度未受影響，也沒有盲區，可視為最理想的兼容性材料。綜上所述，設計 MRI 兼容的機器人材料主要選擇工程塑膠，如尼龍、聚甲醛（POM）等。選材時盡量使所選材料具有類似金屬的硬度、強度和剛性。

(2) 驅動方式的兼容性

目前磁共振環境下常用的驅動方式主要有液壓驅動、氣壓驅動和超聲波電機驅動等。液壓及氣壓驅動，其介質大多是非磁性的，缸體和活塞也可由順磁性材料製作，而且液壓油或氣體可置於 MRI 磁場干擾區域外，透過傳輸管道進行動力傳輸。其中，氣壓驅動的工作介質是壓縮空氣，其具有氣源方便易得、清潔度高、成本低和運行速度快等優點。但由於空氣具有可壓縮性，控制閥具有非線性，使得氣壓驅動系統成為典型的非線性系統，難以達到較高的控制精度，因此大大限制了氣動方式的使用。另外，氣壓傳動噪音較大，為避免噪音對醫生及患者情緒產生影響，手術過程中需將氣源置於手術室外，使得氣路變長，機器人反應時間也隨之變長，控制性能變差。相比於氣壓驅動，液壓驅動的輸出力矩大，慣性小，運動平穩，控制精度較高，但液壓油易泄漏，造成手術環境污染，這在醫療設備中是不允許的。表 9-1 為幾種常見驅動方式性能比較。

表 9-1 常見驅動方式性能比較

驅動方式	與 MRI 的干擾	控制訊號及精度	輸出特性	維護性	成本	其他
氣動驅動	噪音輻射較大	速度穩定性差，精度難以保證	響應速度快，比功率高，力保持性好	一般	低	無污染、效率低
液壓驅動	噪音輻射較小	位置精度高，運動平滑	輸出力矩大，慣性大	一般	高	效率低、易泄漏
超聲波電動機	干擾較小	速度控制好，位置精度高	慣性小，響應快，低轉速大扭矩，制動力矩大	一般	高	重量輕、效率高
步進電機	電機遠離磁場，引起的干擾小	位置和速度控制，精度高	採用傳動方法控制，輸出力大	易維護	低	效率高

目前，採用順磁性材料製作超聲波電機驅動已用在一些 MRI 環境下機器人，但文獻［19］提出植入超聲波電機在運行時仍會影響 MRI 圖像品質。電機驅動方式結構簡單，控制方便，精度易於實現，但在 MRI 環境下，電機驅動方式一般已不適合醫療機器人的驅動。使電機遠離 MR 透過軟軸或絲傳遞動力，即可不影響 MRI 成像品質。但這種傳遞方式會因軟軸或絲本身的特性而產生運動的滯後性，對機器人的控制提出了很大挑戰。

9.3.2 乳腺微創介入機器人構型

醫療中常用的核磁共振成像設備有封閉式和開放式兩種。相對來說，封閉式對機器人的限制更多些，這裡以封閉式 MRI 掃描儀為例介紹機器人的構型。對於乳腺介入活檢手術，術中患者俯臥於掃描儀內一般直徑為 600mm、長為 1.2～2m 的圓柱形空間內。空間的限製造成了機器人構型上的差異。

（1）懸臂式

蘇格蘭的 Andreas Melzer 等於 2008 年提出了一款 MRI 引導下的經皮介入手術機器人系統[19]，該系統是該研究團隊在 2000 年版本的基礎上推出的，其結構如圖 9-11 所示。新款機器人採用氣動驅動方式替代了舊版的超聲波電機驅動方式，整機共 7 個自由度，其中 2 個用於預定位，需要手動調整，其餘的 5 個自由度分別控制末端的位置（3 個）和姿態（2 個）。

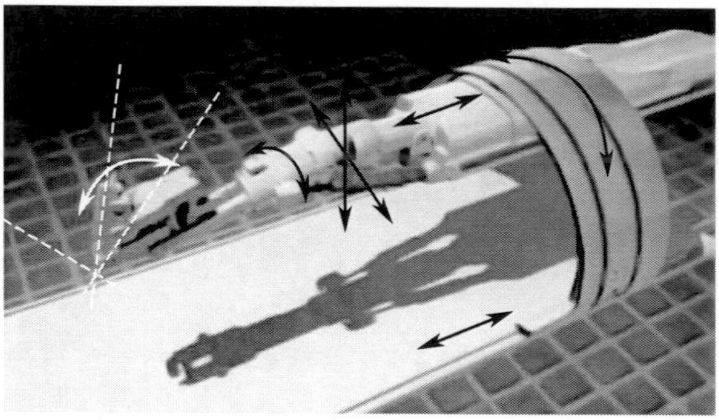

圖 9-11　手術機器人結構

（2）胸腔式

2008 年，法國格勒諾布爾醫學院的 Ivan Bricault 和 Nabil Zemiti 等設計了一個 5 自由度的基於 MRI 的乳腺活檢機器人[20]。如圖 9-12 所示，定位裝置具有 2 個自由度，位姿調整機構具有 3 自由度，系統採用氣動驅動。定位裝置定位在病床邊，機器人橫跨於人體上，扎針裝置定位在人體上，透過定位支架上的 4 個控制器來調節皮帶的運動，進而調整扎針模塊在人體上的位置，當扎針深度小於 60mm 時，誤差在 2mm 以內，基本上可以滿足手術要求。

（3）俯卧手術位直角座標式

由於人體呼吸會使得胸腔產生浮動，因此採用仰卧位時，乳房會隨著胸腔做上下浮動（浮動範圍為 1～2mm），影響病灶點的定位。所以乳腺檢查一般都採取俯臥位，並且大多採用輔助支撐系統。如圖 9-13(a) 所示為 Philips 公司的 1.5T 核磁共振掃描儀所用的俯臥支架簡圖。但這也對機器人的構型提出了新的要求。圖 9-13(b) 顯示了俯臥位下機器人的可操作空間，俯臥位體進行活檢手術時需要患者俯臥於俯臥支架上，患者身體位於俯臥支架上方，乳腺則位於俯臥支架內，由於支架兩側是 MRI 掃描儀內壁，沒有足夠的空間放置手術器械，機器人只能在俯臥支架內部進行活檢手術。

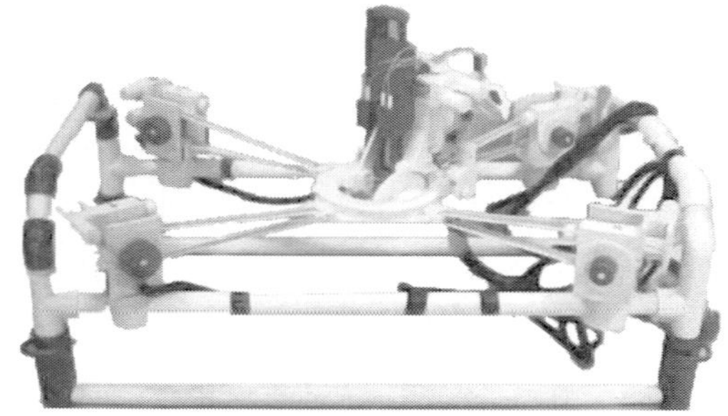

(a) 機器人本體

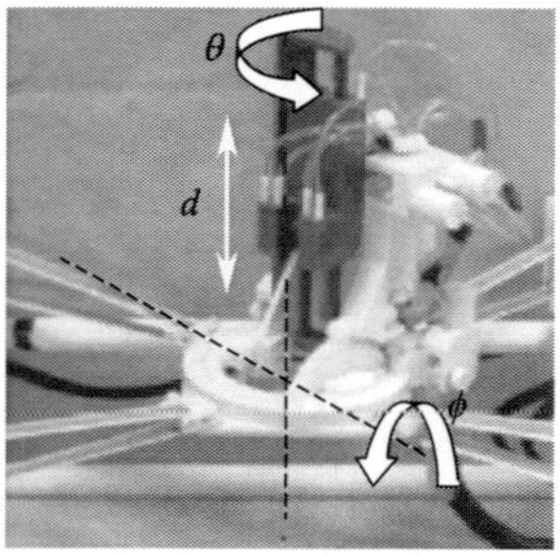

(b) 針夾持機構

圖 9-12 胸腹部介入治療機器人

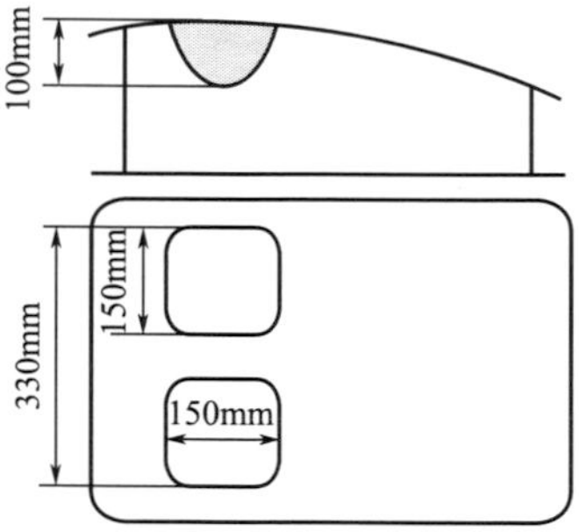

(a) 俯臥支架簡圖

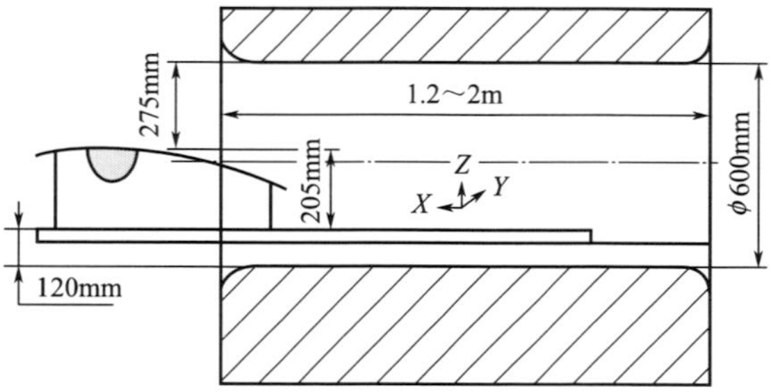

(b) MRI掃描儀可操作空間

圖 9-13 俯臥支架

哈爾濱理工大學的張永德等人設計了一款軟軸驅動的 MRI 下介入機器人，如圖 9-14 所示。該機器人分為定位模塊、穿刺模塊、乳腺加持模塊、活檢模塊和樣本儲存模塊。定位模塊採用改進型直角座標形式，其三個自由度均為移動自由度。考慮到機器人進行手術時，其運動應盡量平穩，且具有自鎖特性，此 3 個移動自由度均採用螺桿螺母副的形式實現。穿刺模塊只有一個直線進針自由度。乳腺夾持模塊由兩塊穩定壓板組成[21]。

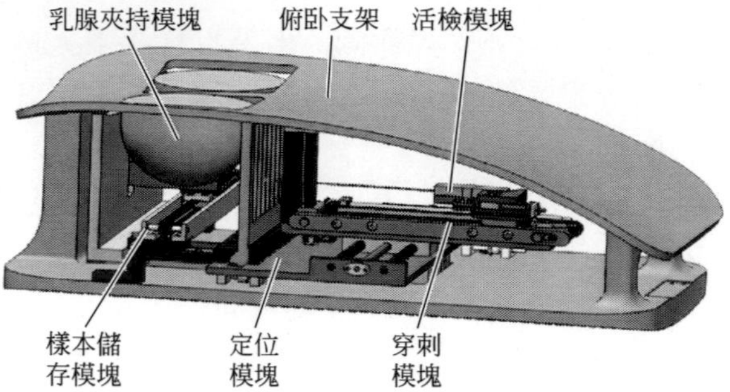

圖 9-14　乳腺介入機器人三維模型

胸腔式機器人系統的定位基準是患者的身體，呼吸及其他的意外運動都會使機器人的定位不準確，有時需要經過多次移動才能找到扎針位置，操作效率比較低並且扎針精度不高。俯臥手術位直角座標式由於其採用俯臥位，需要單獨的一個機構夾緊乳腺，這樣會使原本就很小的工作空間更顯擁擠，並且其乳腺夾持模塊採用的柵板會對腫塊的採集帶來一定的不便。

9.3.3 乳腺微創介入機器人穿刺針—組織作用機理

針穿刺軟組織過程分為三個階段：未刺入組織前、剛剛刺入組織、在組織內運行。

（1）未刺入組織前針的力學模型

針在外力 F_m 的作用下開始進針，在穿透組織之前，其運動過程如圖 9-15 所示，可以分為以下三個階段。

① 針-組織未接觸階段。此時針尚未接觸到組織或剛剛觸及組織，其與組織的相互作用力為 0，如圖 9-15(a) 所示。

② 針-組織初始接觸階段。此過程中，組織沿針軸方向作用於針一個抵抗力，但此抵抗力小於針的剛度所引起的失穩臨界力，只是引起組織表面變形，而針不會產生彎曲，因此可將此過程的針簡化成壓桿穩定問題，如圖 9-15(b) 所示。此時針尖所受的最大力即壓桿穩定的最大臨界力

$$F_r = \frac{\pi^2 EI}{(0.5l)^2} \tag{9-1}$$

式中，E 為針的彈性模量；I 為針的慣性矩；l 為針的長度。

③ 針-組織接觸彎曲階段。當針繼續接觸組織，針受到組織的抵抗力越來越大，超過上述最大臨界力後，針會發生一定程度的撓曲。但由於針的剛度大於組織的剛度，當針彎曲到一定程度時，針尖的受力會大於組織的抵抗力，從而扎入

組織中，如圖 9-15(c) 所示。

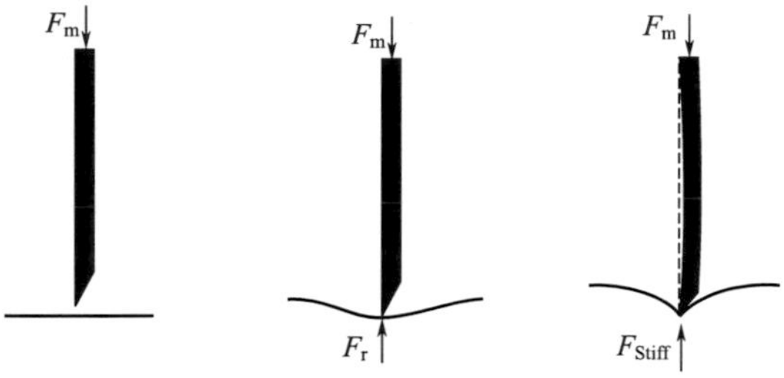

(a) 未接觸階段 (b) 初始接觸階段 (c) 接觸彎曲階段

圖 9-15 未刺入組織前的針-組織相互作用分析

(2) 剛剛刺入組織時針的力學模型

在接觸彎曲基礎上繼續進針，在刺破組織瞬間，針尖受力會突然下降，表示針已進入組織，此時可假設針處於無撓曲狀態，其受力如圖 9-16 所示。

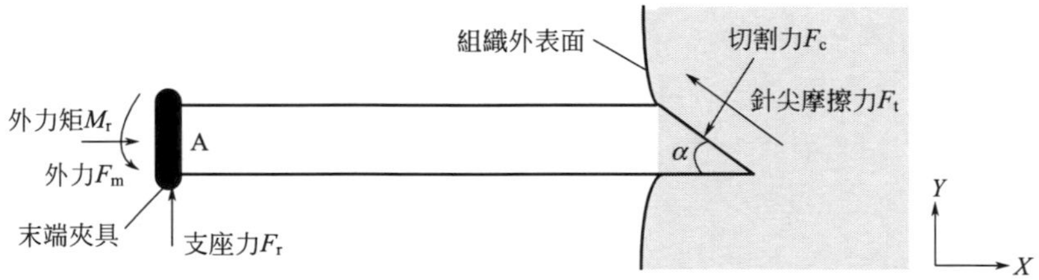

圖 9-16 剛剛刺入組織時的受力圖

針尖受到垂直針尖斜面的切割力 F_c 和沿針尖斜面方向的摩擦力 F_t，末端夾具給予針的力有支座的支撐力 F_r 及外力 F_m、外力矩 M_r，可得平衡方程式為

$$\begin{cases} F_m - F_t\cos\alpha - F_c\sin\alpha = 0 \\ F_r + F_t\sin\alpha - F_c\cos\alpha = 0 \\ M_r - F_r \times l = 0 \end{cases} \tag{9-2}$$

式中，α 為針尖角度；l 為針體長度。

(3) 針在組織內運行時的力學模型

在外力 F_m 的作用下，帶斜尖的針穿透組織外表面，運行於軟組織內部，此時針與周圍組織相互作用，組織對針產生反作用力，因此此階段針受力比較複雜，但可將其分解為三部分：沿針軸的一個與組織和針體屬性有關的摩擦力(F_f)，沿針尖斜面的摩擦力 (F_t)，作用在針尖處、與針尖斜面垂直的切割力

（F_c）等。此外，由於針尖的非對稱性，在切割力的作用下，針體產生彎曲變形，導致組織給予針體一個夾緊力（F_s），如圖 9-17 所示。不同學者得到不同模型，但將其分解成不同階段再進行研究是目前學術界比較認同的辦法。

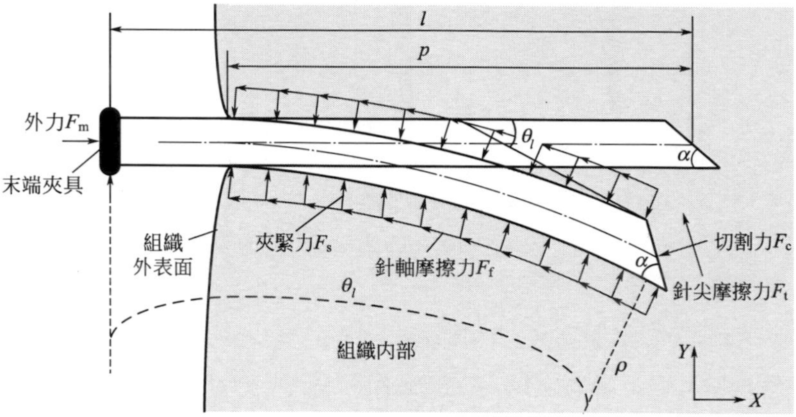

圖 9-17　針刺軟組織受力分析

① 沿針軸的摩擦力模型。沿針軸的摩擦力 F_f 可採用離散化方法，將位於組織內部的針體等分為 n 份，每份近似為剛性直軸，每份受一個恆定的摩擦力 $f(x)$ 的作用[22]，如圖 9-18 所示。

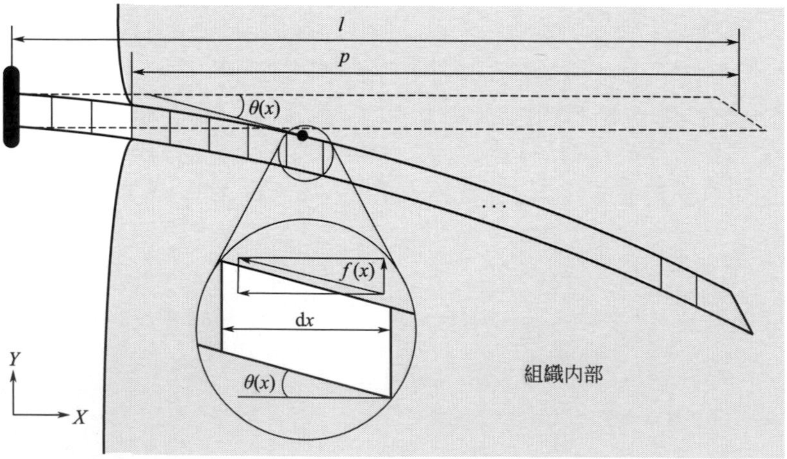

圖 9-18　沿針軸的摩擦力

設單位長度上針軸所受摩擦力為 $f(x)$，則沿針軸的摩擦力 F_f 在 X、Y 方向的分量為

$$\begin{cases} F_{fx}=\int_{l-p}^{l} f(x)\cos(\theta(x))\mathrm{d}x \\ F_{fy}=\int_{l-p}^{l} f(x)\sin(\theta(x))\mathrm{d}x \end{cases} \tag{9-3}$$

式中，l 為針的總長；p 為進針深度；$\theta(x)$ 為針的轉角，即針上某一點對應的針軸切線與 X 軸的夾角。

② 切割力模型。切割力是指進針過程中組織作用於針尖斜面的反作用力。針尖斜面為橢圓形，為便於分析，首先在針尖斜面建立座標系「$\eta O\zeta$」，如圖 9-19(a) 所示，則此橢圓方程可描述為

$$\frac{(\eta-b/2)^2}{(b/2)^2}+\frac{\zeta^2}{(d/2)^2}=1 \tag{9-4}$$

式中，d 為橢圓短軸長度，等於針軸直徑；b 為橢圓的長軸長度，可用針尖角度 α 和針軸直徑 d 來表示，即

$$b=d/\sin\alpha \tag{9-5}$$

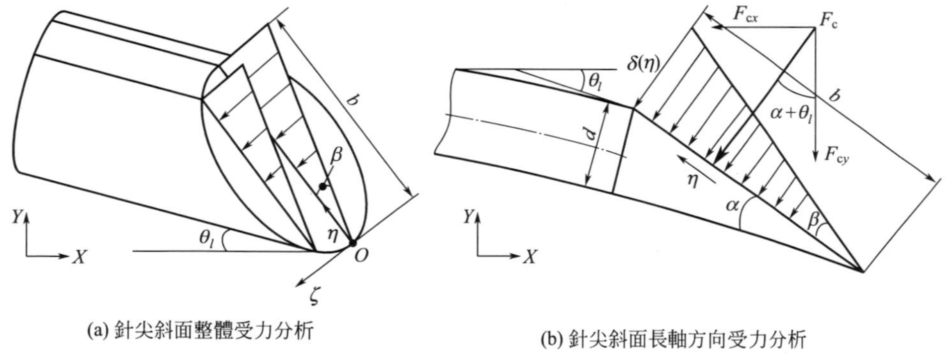

(a) 針尖斜面整體受力分析

(b) 針尖斜面長軸方向受力分析

圖 9-19　針尖斜面處切割力分析

當斜尖針切割軟組織時，針尖將組織劈開並占據組織位置，隨著針尖運動，組織產生變形，形成對針尖的反作用力，即切割力。切割力應分布於整個橢圓形斜面上，並與斜面垂直，但此分布力在橢圓形斜面上並非均布力。為此，這裡將斜面上的切割力沿短軸方向進行分層，如圖 9-19(a) 所示。首先分析過針的軸線並與針尖斜面垂直方向上的力，即過橢圓長軸與斜面垂直方向的力，如圖 9-19(b) 所示。此分布力可視為沿針尖斜面呈三角形分布的載荷 $\delta(\eta)$，滿足邊界條件：

$$\begin{cases} \eta(0)=0 \\ \eta(b)=K_t b\tan\beta \end{cases} \tag{9-6}$$

式中，β 定義為切割角；K_t 為針尖處單位長度上針-組織相互作用剛度。

$\delta(\eta)$ 可表示為

$$\delta(\eta)=K_{t}\eta\tan\beta \tag{9-7}$$

對於整個橢圓形斜面上的切割力，由於斜面 ζ 方向任一點的力可近似於與此點同一 η 座標對應的長軸上的力，為此，可得整個斜面的切割力合力為

$$F_{c}=\iint_{D}\delta(\eta)\mathrm{d}\eta\mathrm{d}\zeta=2\int_{0}^{b}\mathrm{d}\eta\int_{0}^{\zeta(\eta)}\delta(\eta)\mathrm{d}\zeta \tag{9-8}$$

式中，D 為積分區域，即針尖橢圓形斜面所圍成的區域。$\zeta(\eta)$ 根據橢圓方程(9-4) 獲得，即

$$\zeta(\eta)=\sqrt{\left(\frac{d}{2}\right)^{2}-\frac{(\eta-b/2)^{2}}{(b/2)^{2}}\left(\frac{d}{2}\right)^{2}} \tag{9-9}$$

將式(9-5) 與式(9-9) 代入式(9-8)，得針尖斜面處切割力為

$$F_{c}=\mathrm{d}K_{t}\tan\beta\int_{0}^{d/\sin\alpha}\eta\sqrt{1-\frac{(\eta-d/2\sin\alpha)^{2}}{(d/2\sin\alpha)^{2}}}\mathrm{d}\eta \tag{9-10}$$

針體運動於組織內部時，由於針尖的非對稱形狀，使得針體發生偏轉，設針尖處轉角為 $\theta_{l}=\theta(x)\mid_{x=l}$，如圖 9-19(b) 所示，則切割力在 X、Y 方向的分量為

$$F_{cx}=\mathrm{d}K_{t}\tan\beta\int_{0}^{d/\sin\alpha}\eta\sqrt{1-\frac{(\eta-d/2\sin\alpha)^{2}}{(d/2\sin\alpha)^{2}}}\mathrm{d}\eta\cdot\sin(\alpha+\theta_{l}) \tag{9-11}$$

$$F_{cy}=\mathrm{d}K_{t}\tan\beta\int_{0}^{d/\sin\alpha}\eta\sqrt{1-\frac{(\eta-d/2\sin\alpha)^{2}}{(d/2\sin\alpha)^{2}}}\mathrm{d}\eta\cdot\cos(\alpha+\theta_{l}) \tag{9-12}$$

③ 針體夾緊力。針進入組織後，將組織劈開，針軸占據組織位置，而且，針尖的非對稱性及組織給予針尖的切割力導致針體彎曲變形，壓迫組織，產生組織對針體的夾緊力 F_{s}。同樣，視夾緊力為非線性分布的載荷 $s(x)$，則夾緊力 F_{s} 在 X、Y 方向的分量為

$$F_{sx}=\int_{l-p}^{l}s(x)\sin(\theta(x))\,\mathrm{d}x \tag{9-13}$$

$$F_{sy}=\int_{l-p}^{l}s(x)\cos(\theta(x))\,\mathrm{d}x \tag{9-14}$$

設針彎曲後，針的撓曲線函數（即位移函數）為 $v(x)$，針軸上某點對應的單位長度上針-組織相互作用剛度為 $K_{s}(x)$，則有

$$s(x)=K_{s}(x)v(x)/\cos(\theta(x)) \tag{9-15}$$

轉角 $\theta(x)$ 滿足

$$\tan\theta(x)=\frac{\mathrm{d}v(x)}{\mathrm{d}x} \tag{9-16}$$

代入式(9-13) 及式(9-14)，得

$$\begin{cases} F_{sx}=\int_{l-p}^{l}K_s(x)v(x)\tan(\theta(x))\mathrm{d}x=\int_{l-p}^{l}K_s(x)v(x)\mathrm{d}(v(x)) \\ F_{sy}=\int_{l-p}^{l}K_s(x)v(x)\mathrm{d}x \end{cases} \tag{9-17}$$

9.3.4 乳腺微創介入機器人路徑規劃

運動學分析與路徑最佳化是靶向穿刺控制的基礎，是實現合理、精確穿刺目標靶點的依據。特別是在有障礙環境下，如何合理繞過障礙物，根據針穿刺機構及穿刺針自身的特性實現最優穿刺，使穿刺路徑最短、最精確、最安全，一直是穿刺領域中研究的焦點和重點。

對於乳腺介入手術，機器人工作時，首先要根據圖像掃描結果獲得病灶點的位置，即目標靶點。而後根據目標靶點的位置進行機器人路徑規劃，求得最佳入針點位姿及針尖方向，進而透過機器人運動學逆問題分析求得各關節的運動量。但是各關節運動的先後順序需要事先進行規劃。

從上述流程可以看出，若要實現機器人的運動規劃，首先，要進行機器人運動學分析，獲得末端針尖位置與各關節變量的關係。其次，由於針穿刺軟組織過程中產生偏轉，而針尖方向不同，針的偏轉方向就不同，因此入針點也不同。同時，穿刺過程中要求避開主乳管和血管，因此需要進行繞障礙入針點規劃。

乳腺介入機器人的靶點穿刺的路徑最佳化主要受兩方面因素制約：一是受穿刺機構運動學的制約；二是受穿刺過程中針的偏轉運動的制約。對於穿刺機構的運動學，由於受狹小空間的限制，所設計的穿刺機構的穿刺位置與穿刺方向存在著耦合，所以穿刺機構不可能實現任意位置和任意角度的穿刺；在穿刺過程中，穿刺針會發生偏轉，也受針和組織特性的限制，即針在組織內不可以隨意偏轉，特定的針在特定的組織內的偏轉符合針偏轉模型。

所以，在路徑規劃時首先要考慮以上兩方面因素的限制。這就需要考慮機器人具體的構型，進行機器人正問題、逆問題分析，並對穿刺針的穿刺路徑進行分析、建模，最後進行路徑規劃。路徑最佳化的過程是根據圖像資訊中確定的疑似病灶點的位置，依據針偏轉模型和機器人運動學逆運算算出一系列能夠實現理論路徑的穿刺機構的關節角度和位置，再根據路徑的評價標準，選出最優路徑，即透過機器人各個關節的動作來補償穿刺針穿刺時所帶來的偏轉。

9.3.5 乳腺微創介入機器人的精確控制

手術機器人的基本控制原理是，首先使用 CT 或者 MRI 在術前掃描人體部位，得到對應的影像數據，建立一個患者的圖像空間，再根據患者自身的影像學數據在導航系統座標下創建一個真實的物理空間，然後透過定位兩個空間中相對應的人工標記物，進行點對點空間配準，建立兩個空間之間的座標轉換關係。根據圖像中器械的位置來定位和引導實際空間中的手術操作。

這個過程中會產生很多誤差，這些誤差分為系統誤差和非系統誤差，如圖 9-20 所示。

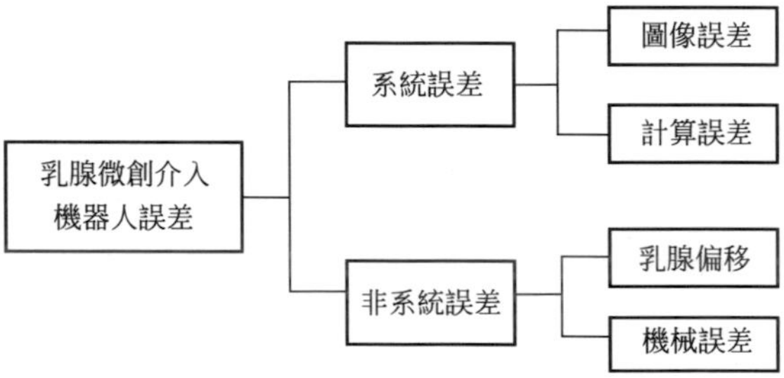

圖 9-20　乳腺微創介入機器人誤差的組成

(1) 圖像誤差

醫學圖像是影像設備對人體資訊的一種離散採樣，在影像設備採樣過程中必然會造成一定的資訊丟失，造成圖像和真實患者間的不一致，在手術導航過程中必然會影響真實人體的穿刺精度。為了減小採樣過程所造成的資訊丟失，需要盡量使用大的採樣頻率，也就是要使用盡量提高的圖像解析度或者盡量較少的圖像畫素間距。臨床常用的 CT 和 MRI 設備在進行頭部掃描時，斷層內畫素間距以及斷層間距均可達 1mm 以下，能夠滿足手術導航系統的精度要求。在臨床實踐中，醫生可以根據病灶的特點來決定採用多大的層間距或者圖像的大小。

(2) 計算誤差

由於現實空間中的訊號都是連續訊號，而電腦的計算過程是數位訊號，兩者必然會有一定的精度偏差，其中包括圖像畫素資訊誤差，配準過程中的線性變換矩陣和單值分解算法的精度所導致的誤差，導航過程中真實人體空間座標變換到圖像空間中的計算誤差。換言之，這一誤差主要是電腦在空間變換以及座標計算中產生的誤差，這類誤差的控制主要需要控制相關算法的精度，採用精度更高的數值類型來進行計算。總體來說，這類誤差相對較小，在目前的軟硬體條件下可以忽略不計。

(3) 乳腺偏移

穿刺針刺入組織時，乳腺組織隨之產生形變；在用固定板固定乳腺時也會產生目標點的偏移；患者呼吸及心跳等運動方式導致的體內形變誤差，尤其是呼吸運動所產生的誤差是非常難以控制和解決的，因為常規手術中患者的呼吸運動是自主且無法控制的，而且因呼吸運動而導致的患者腫瘤的位移變化也是隨機不可預測的。人體呼吸運動過程中肺部的運動位移如表 9-2 所示。

表 9-2 肺部呼吸運動平均位移[23] mm

位置和方向	上中葉	下葉
側向	2.7±0.39	3.7±0.86
胸背	3.13±0.46	3.96±1.25
頭腳	4.25±1.26	10.17±2.71

解決呼吸運動的影響需要透過多種方式綜合作用來減少運動形變所產生的誤差，這裡主要介紹透過體外形變控制和體內形變控制來提高導航精度、降低手術誤差的方法。現階段常規的乳腺穿刺前，醫生會對患者進行呼吸訓練，在掃描和導航穿刺的時候會盡量保證患者的呼吸在同一個相位，醫生在操作過程中也會根據患者的呼吸狀況調整穿刺進針的速度和時間，但是這種方法存在很大的不確定性。目前常規的用於減少呼吸運動的方法包括運動包含法、壓迫式淺呼吸法、屏氣法和呼吸門控法[24]，但這些方法均存在不足。即時追蹤法是目前處理呼吸運動的最佳方法，目前主要的輔助設備是 X 射線和超聲，但 X 射線需要持續照射，傷害大，甚至需要植入有創性的標記物。

（4）機械誤差

由於機械本身造成的誤差，如零件的製造誤差、安裝誤差和定位誤差，以及驅動元件造成的傳動誤差，如電機造成的丟步、軟軸傳動的遲滯性而產生的誤差等。要消除這部分誤差不是一個簡單的問題，需要進行詳細研究。

9.4 乳腺微創介入機器人介入實例

下面以哈爾濱理工大學設計的乳腺微創介入機器人為例（圖 9-14），介紹乳腺介入機器人的設計方案。

（1）結構方案設計

常用的機器人結構形式主要有直角座標式、圓柱座標式、極座標式、關節座標式等，每種結構形式都有其特點。乳腺介入機器人用於人體手術，要求其運動平穩、直覺，有足夠的精度，且工作穩定可靠。直角座標式機器人具有結構簡單、精度高、控制方便、有較好的運動直覺性等特點，能夠滿足醫療方面的要求。因此，選擇直角座標結構形式作為機器人定位機構。

考慮到乳腺組織無骨質障礙等特點，為盡量減小機器人的占用空間，降低機器人的複雜程度，機器人只需確定末端執行器位置即可，而不再研究實現姿態控制的定向機構。除了定位機構外，還需一個穿刺機構將末端執行器送入組織。因此，設計的機器人構型如圖 9-21 所示。

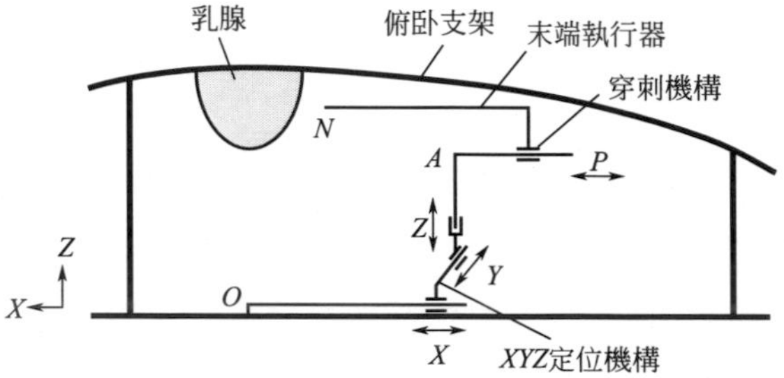

圖 9-21 機器人構型

該方案的 X、Y、Z 方向位置控制均採用螺桿螺母滑臺，在 Z 向滑臺上方設置穿刺機構，透過 X、Y、Z 滑臺的位置控制，實現末端執行器的定位，但該構型 Z 向滑臺與俯臥支架之間產生干涉。採用從直線部分過渡到曲線部分的方式解決這一問題，即將機器人末端在 X-Z 面內的軌跡由原來的直線變為弧線，採用如圖 9-22 所示的改進型直角座標形式。這樣，機器人末端點 N（手術針的針尖點）在 X-Z 面內的運動空間由矩形空間變為扇環形空間，如圖 9-23 所示。在圖 9-23 中，在相同面積（矩形 $ABCD$）下，直角座標式 Z 方向尺寸為 CD 長，而採用改進型直角座標式時，Z 方向尺寸減小為 $C'D'$，且工作空間擴展為 $A'B'C'D'$。故採用改進型直角座標式結構，可以在保證 Z 方向工作空間的前提下減小 Z 方向尺寸。

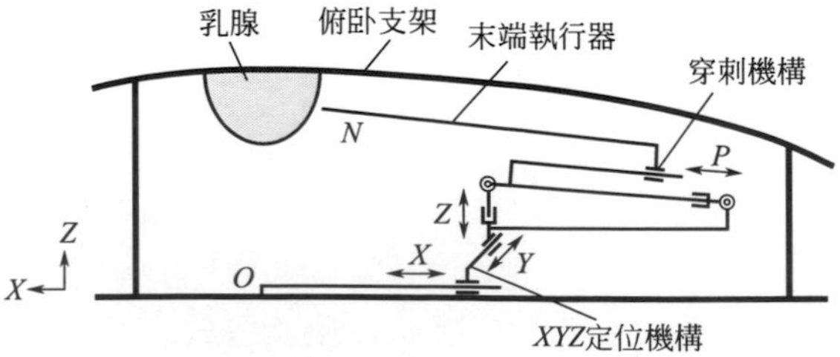

圖 9-22 改進型直角座標式機器人

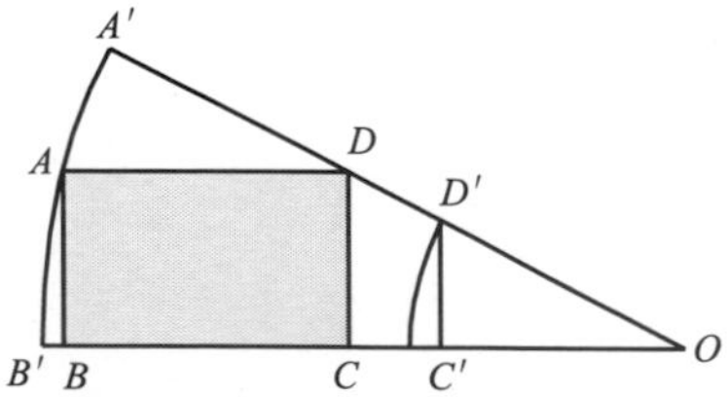

圖 9-23 兩種工作空間對比

為了解決電機對 MRI 成像影響問題，提出基於軟軸驅動的改進式直角座標機器人，機器人結構方案如圖 9-24 所示。

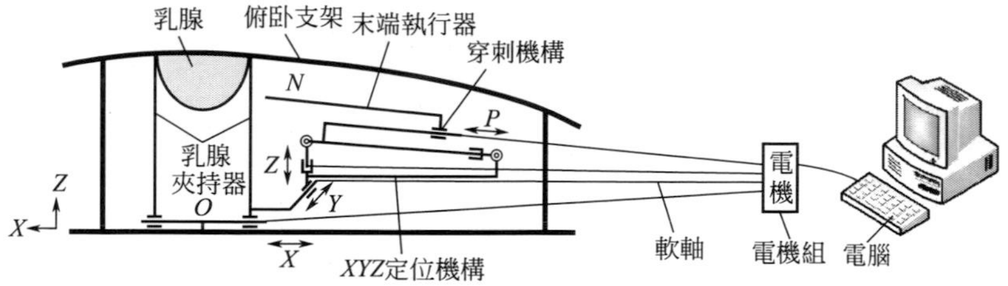

圖 9-24 乳腺介入機器人結構方案

（2）具體結構設計

① 定位模塊設計。根據上文提出的構型方案，乳腺介入機器人定位模塊採用改進型直角座標形式，3 個自由度均為移動自由度。考慮到機器人進行手術時，其運動應盡量平穩，且具有自鎖特性，此 3 個移動自由度均採用螺桿螺母副的形式實現，因此，定位模塊分為 X 向滑臺、Y 向滑臺、Z 向滑臺。各滑臺螺桿採用傳動效率較高且具有自鎖特性的梯形螺桿，其中 X 向滑臺由一左右旋螺紋螺桿驅動，用於實現乳腺夾持器的開合運動，其他滑臺則是右旋螺桿。

② 穿刺模塊設計。穿刺模塊的功能是實現末端執行器的穿刺運動，為了適應 MRI 的狹小空間，這裡對機器人機構進行簡化，穿刺模塊只設計 1 個移動自由度，即進針運動。為使機器人結構緊湊，將 Z 向滑臺與穿刺滑臺耦合到一起，其結構如圖 9-25 所示。

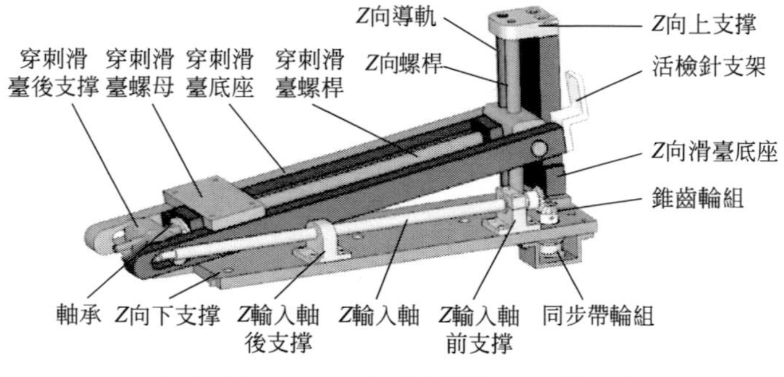

圖 9-25 Z 向滑臺與穿刺滑臺三維模型

圖中 Z 向滑臺的導軌採用單個圓導軌方式。由於俯臥支架下 Z 方向的空間有限，利用一組錐齒輪傳動和一組同步帶傳動將動力傳遞到尺寸空間較大的 X 方向。作為除末端執行器外的最上層滑臺，穿刺滑臺相對於 X、Y 向滑臺負載最小。使用 Z 向滑臺底座上的凹槽作為導軌，滑臺底座與 Z 向螺母連接，當 Z 向滑臺運動時，穿刺滑臺就隨著 Z 向螺母作出相應的俯仰動作。

③ 乳腺夾持模塊。乳腺夾持模塊包括前後兩個穩定壓板。其中後穩定壓板結構如圖 9-26 所示。

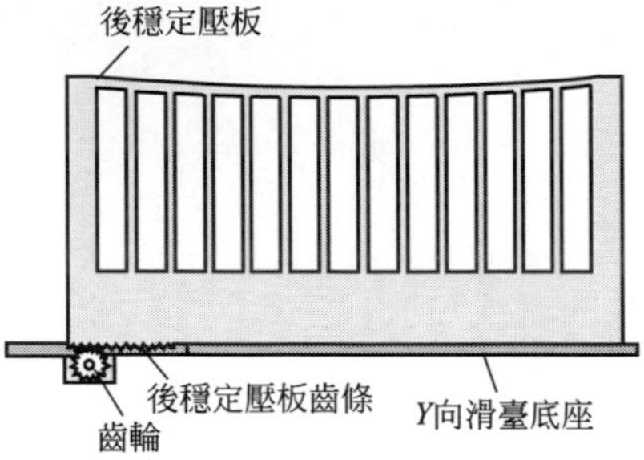

圖 9-26　後穩定壓板調整機構

考慮到進針過程中，手術針可能會受到後穩定壓板的阻擋，將後穩定壓板設計成鏤空柵格狀，可以使手術針穿過柵格到達病灶位置。儘管如此，壓板上的柵格框也會成為進針方向上的障礙。因此，選擇增加一個沿 Y 向的自由度，當柵格框阻礙進針方向時，將柵格錯開一個距離，該錯開動作由後穩定壓板的位置調整機構實現，該機構透過齒輪齒條實現。

綜上所述，定位模塊、穿刺模塊及乳腺夾持模塊共 5 個自由度，包括定位模塊 X、Y、Z 方向的 3 個移動自由度，穿刺模塊的進針運動（P）和乳腺夾持模塊中後穩定壓板的移動（C），如圖 9-27 所示。

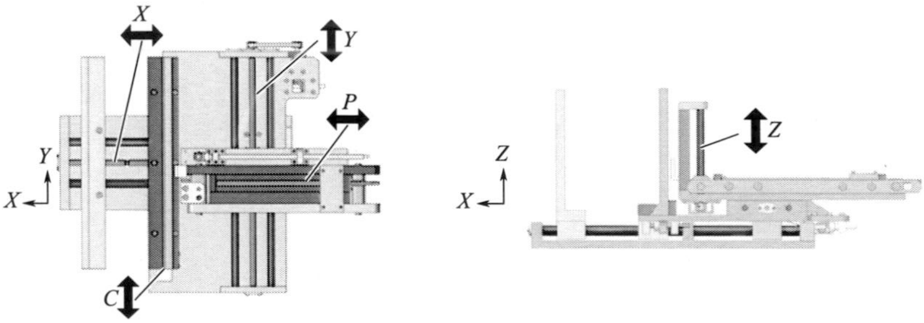

圖 9-27　機器人自由度分布

所設計的機器人共 7 個自由度，其三維模型如圖 9-28 所示。

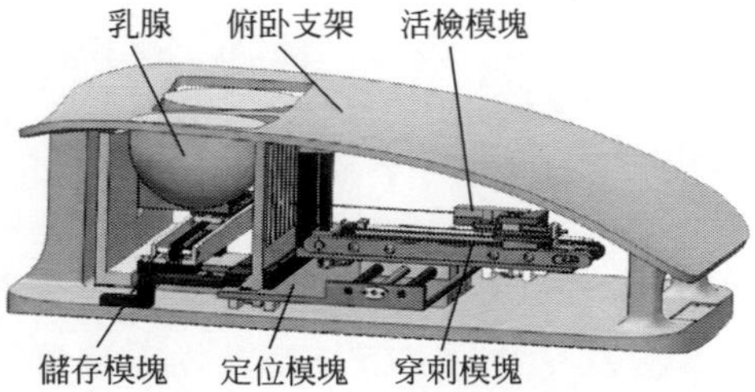

圖 9-28　乳腺介入機器人三維模型

該機器人的手術規劃流程如圖 9-29 所示。可以看出，在穩定乳房形態後，根據圖像結果，得到病灶點的位置，需判斷乳腺夾持器是否會遮擋入針點，而這一步驟首先要根據路徑規劃結果，得到入針點座標。乳腺夾持器柵格尺寸已知，其初始位置也已知，可以計算出每個柵格的尺寸座標，只需比較入針點座標是否在該方向柵格範圍內，即可判斷出乳腺夾持器是否妨礙穿刺運動。

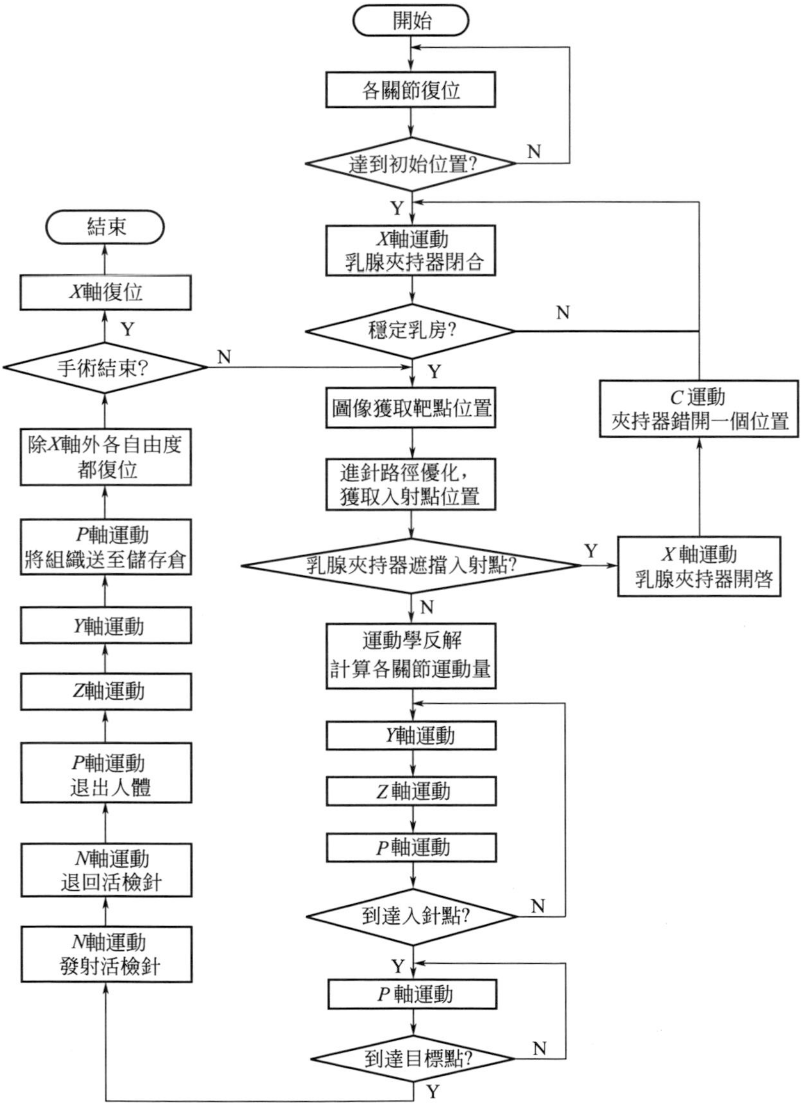

圖 9-29　機器人手術規劃流程

參考文獻

[1] 尹茵，甘潔．乳腺癌的 MRI 應用進展[J]. 中國中西醫結合影像學雜誌，2013，11（2）：215-218.

[2] World Health Statistics（2012）. http：// apps. who. int/iris/bitstream/10665/44844/1/ 9789241564441_eng. pdf? ua= 1.

[3] 張保寧．乳腺癌手術的乳房修復與重建[J]．癌症進展，2013，11（5）：389-391.

[4] Jemal A，Bray F，Center M M，et al. Global Cancer Statistics [J]. CA CANCER J CLIN，2011：61：69-90.

[5] World Health Statistics（2008）. http：// www. who. int/gho/publications/world _ health _statistics/EN _WHS08 _Full. pdf? ua= 1.

[6] 乳腺癌已經躍居中國女性腫瘤首位[J]. 中國腫瘤臨床與康復，2017，24（09）：1119.

[7] 方瓊英，吳瓊，張秀玲，等．乳腺癌的流行現狀分析[J]. 中國社會醫學雜誌，2012，29（5）：333-335.

[8] 楊亮．MRI 乳腺檢查技術的臨床應用價值[J]. 現代醫用影像學，2015，24（05）：787-788.

[9] 張震康．30 年乳腺癌治療趨勢的變化[J]. 中國普外基礎與臨床雜誌，2009，16（11）：911-917.

[10] Larson B T，Tsekos N V，Erdman A G. Arobotic Device for Minimally Invasive Breast Interventions with Real-time MRI Guidance [C]. Third IEEE Symposium on Bioinformatics and Bioengineering，Minneapolis，MN，2003：190-197.

[11] Smith M，Zhai X，Harter R，et al. A Novel MR-Guided Interventional Device for 3D Circumferential Access to Breast Tissue [J]. Medical Physics，2008，35（8）：3779-3786.

[12] Smith M，Zhai X，Harter R，et al. Novel Circumferential Immobilization of Breast Tissue Displacement during MR-Guided Procedures：Initial Results [C]. Proc. Intl. Soc. Mag. Reson. Med. 16，2008：1212.

[13] Zhai X，Kurpad K，Smith M，et al. Breast Coil for Real Time MRI Guided Interventional Device[C]. Proc. Intl. Soc. Mag. Reson. Med. 15（2007）：445.

[14] Kobayashi Y，Suzuki M，Kato A，et al. Enhanced Targeting in Breast Tissue Using A Robotic Tissue Preloading-Based Needle Insertion System [J]. IEEE Transaction on Robotics，2012，28（3）：710-712.

[15] Tanaiutchawoot N，Wiratkapan C，Treepong B，et al. On the Design of A Biopsy Needle-holding Robot for A Novel Breast Biopsy Robotic Navigation System[C]. The 4th Annual IEEE International Conference on Cyber Technology in Automation，Control and Intelligent Systems，Hong Kong，China，2014：480-484.

[16] Bo Yang，U-Xuan Tan，Alan McMillan，et al. Design and Implementation of a Pneumatically-Actuated Robot for

Breast Biopsy under Continuous MRI [C]. 2011 IEEE International Conference on Robotics and Automation, Shanghai, 2011: 674-679.

[17] 耿利威 . MRI 環境下的介入機器人設計及運動模擬[D]. 哈爾濱: 哈爾濱理工大學, 2010.

[18] 孟紀超, 謝叻, 神祥龍 . 核磁共振環境下六自由度穿刺定位機器人的研製[J]. 上海交通大學學報, 2012, 46 (9): 1436-1439.

[19] Melzer A, Gutmann B, Remmele T, et al. INNOMOTION for Percutaneous Image-Guided Interventions[J]. IEEE Engineering in Medicine and Biology Magazine, 2008, 27 (3): 66-73.

[20] Bricault I, Zemiti N, Jouniaux E, et al. Light Puncture Robot for CT and MRI Interventions [J]. Engineering in Medicine and Biology Magazine, IEEE, 2008, 27 (3): 42-50.

[21] 陳耀 . 基於 TRIZ 理論的 MRI 下乳腺介入機器人結構設計及模擬[D]. 哈爾濱: 哈爾濱理工大學, 2014.

[22] Roesthuis R J, Veen Y R, Jahya A, et al. Mechanics of Needle-Tissue Interaction. 2011 IEEE/RSJ International Conference on Intelligent Robots and Systems, San Francisco, USA, 2011: 2557-2563.

[23] 李振環 . 呼吸與肺部腫瘤位移關係的研究[D]. 武漢: 華中科技大學, 2011.

[24] 歐陽斌 . 基於體外訊號的呼吸運動追蹤模型的研究[D]. 廣州: 南方醫科大學, 2012.

第10章

骨科機器人

10.1 引言

骨科機器人是推動精準、微創手術發展和普及的核心智慧化裝備。骨科機器人技術是集醫學、生物力學、機械學、機械力學、材料學、電腦學、機器人學等多學科為一體的新型交叉研究領域，能夠從視覺、觸覺和聽覺上為醫生決策和操作提供充分的支持，擴展醫生的操作技能，有效提高手術診斷與評估、靶點定位、精密操作和手術的品質[1]。按照目前骨科手術機器人的技術特點和使用模式分類，主要分為半主動式、主動式和被動式；按應用部位分類，可分為關節外科、整骨科、脊柱外科和創傷骨科[2]。骨科機器人技術研究日益凸顯醫學與資訊科學等相關工程學科廣泛交叉、深度融合的發展態勢，是醫療領域「新技術革命」的典型代表，具有高度的戰略性、成長性和帶動性。

10.1.1 骨科機器人的研究背景

智慧創新源於人類發展需求的強大推動，經濟社會發展、人口老齡化加劇、交通運輸規模日益膨脹等多種因素交叉影響，使得骨科疾患日益增多，已成為影響人類生活的常見病和多發病，日趨成為嚴重影響人類生命和健康的突出問題。骨科疾患中的大部分疾病（骨盆髖臼骨折、股骨頸骨折、脊柱退行性病變、脊柱畸形等）需要手術治療。骨骼及肌肉系統是人體最重要、最複雜的運動系統，三維解剖結構複雜且毗鄰重要的神經血管組織。傳統骨科手術受制於醫生經驗和術中影像設備，存在手術風險高、內植物植入精度低、複雜術式難普及、智慧設備匱乏等不足，這些會帶來骨科手術創傷大、併發症多等問題。隨著生活品質的逐漸提高，作為「發達社會疾病」的骨科疾病已成為嚴重影響人類生命和健康的突出問題，對其治癒的需求日趨迫切。這要求人們必須在骨科手術治療領域的一些基本科學技術問題上取得進展，如何提高骨科手術水準已越來越多地受到各國政府和醫學領域的高度重視[3]。

骨科學領域的進步往往依賴於科學技術的進步，並受到科學技術發展水準的限制。在不同時期，外科醫生都在追求最精確、最微創的解決方法，最大限度地消除病患的疼痛，並且最大地保留患者患處的生理功能，但是這一願景都會受制於同時代科學技術的發展水準。最初骨外科手術以截肢等毀壞性手術為主，隨著19世紀無菌技術和麻醉技術的進步，20世紀X射線和抗生素的發現和使用、輸血技術的發展、生物醫學和材料學的進步，使得骨科技術逐漸發展到以矯矯正形、切除病灶同時保留肢體功能為主，如關節置換技術和內固定技術等。如今，精準、微創治療是21世紀骨科手術發展的主旋律[4]，已成為骨科臨床治療的發展趨勢。微創手術透過合理的手術規劃、準確的手術定位與操作、最小的手術創傷，為骨科治療提供最有效的方案，為患者提供最佳的治療效果。但此類手術對醫療設備、醫生的手術經驗和技巧等要求較高，傳統的透視方法無法提供有效的術中影像支持，同時由於醫生存在易疲勞、操作精度低等生理極限問題，限制手術精度及安全性的進一步提高，如何找到有效的工具或設備幫助醫生提高手術的安全性及精確性成為研究的焦點。

10.1.2 骨科機器人的研究意義

中國普通民眾骨科疾病發病率日益增高。據相關報導，2013年中國至少有2億人患有關節骨科疾病，中國老年人口中，55%患有關節病、56%患有骨質疏鬆症，全國人口中有7%～10%患有頸腰椎病，60～70歲年齡段達50%。另外，骨科傷病已是和平時期部隊非戰鬥減員的重要原因，據調查，2012～2014年某醫院收治的駐訓官兵中外科疾病占61.5%，且骨科所占比例最大，80%的傷病都需要緊急的手術治療[5]。

在骨科手術時，傳統手術的核心難點在於施術者視野及操作的局限性，手術損傷不可避免，且因施術難度和危險大，不少患者選擇保守治療，致使病情加重。在微創手術治療中需反覆照射，大劑量的輻射對醫護工作者也造成了傷害。骨科機器人可為施術者提供良好的視野以及手術輔助功能，能有效提升精度，規劃手術，減少損傷，提高成功率，減少患者術後併發症。如Putzer等在研究中指出，回收軟組織時，半自動機械臂系統明顯比人類助手更可靠，且骨組織的剛性良好，機器人治療的安全性可得到保障。運用骨科機器人治療具有恢復快、創傷小的特點，因而骨科機器人在醫學中前景可觀，是骨科發展的重要方向。

10.2 骨科機器人的研究現狀

10.2.1 關節外科骨科機器人

對於骨關節的假體植入手術，假體對線、位置、關節線的精確性都是關節外科手術成功的關鍵。在傳統手術中，假體擺放位置主要由醫師主觀判斷，其主觀經驗成為誤差的主要來源。這一問題催生了骨科機器人的關節外科骨科機器人。關節外科骨科機器人的研究最早始於 1992 年[6]，其內容是在髖關節置換術中運用機器人規劃路線，確定位置。如今隨著科技的發展，應用於關節外科方面的骨科機器人研究已逐漸完備，下面簡述海內外幾種典型的關節外科骨科機器人。

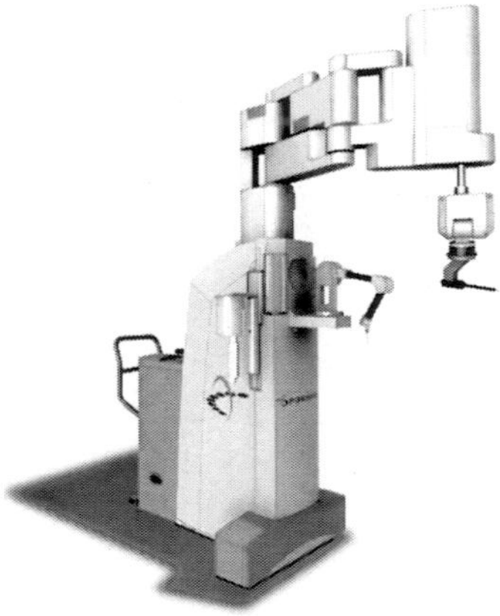

圖 10-1 THINK 外科公司的 Robodoc 系統

第 1 臺機器人操作的骨科手術由 Robodoc 機器人系統完成（圖 10-1），在其引導下進行了全髖關節置換術[7]。Robodoc 機器人系統主要用於全髖關節成形術、全膝關節成形術。就全髖關節成形術而言，相對於傳統手術操作，在 X 射線下顯示術後假體位置更佳，肢體不等長減少，肺栓塞發生率降低，假體應力遮擋下降[8]。此外，在全膝關節成形術中，97％的患者假體排列與理想力線偏差為 0°，由此可見，其遠期整體效果優於傳統手術方式[9]。手術機器人的使用還極大縮短了骨科醫師外科操作的學習曲線，使許多沒有較多手術經驗的低年資醫師也能精準微創地完成手術。

Bell 等證實，在膝關節單髁置換中，MAKOPlasty（圖 10-2）輔助植入物對位的精度高於傳統手術技術，其植入目標位置誤差不超過 2°的比例高於對照組[10]。此外，也有研究顯示，在全髖關節成形術中，MAKOplasty 系統較傳統術式更具優越性。機器人放置髖臼所在部位位於 Lewinnek 安全區概率（100％）高於傳統放置方法（80％），放置位於 Callanan 安全區概率（92％）高於傳統放置方法（62％），可有效保證髖臼假體的穩定性及其使用壽命[11,12]。

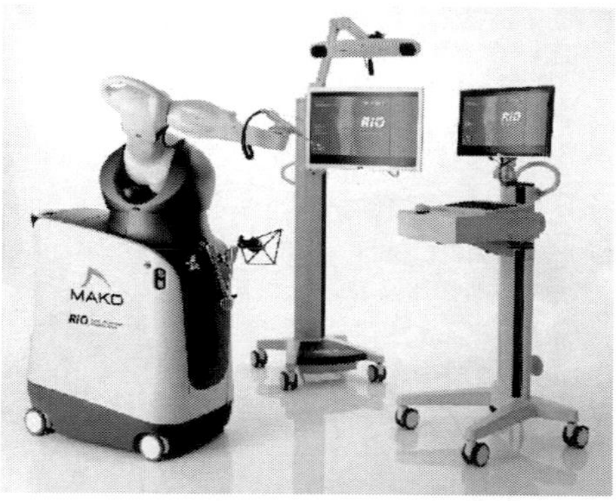

圖 10-2 Pine Creek 醫療中心提供的 MAKOPlasty®

iBlock（圖 10-3）與 Navio（圖 10-4）兩款機器人都主要用於膝關節置換術，且術前都不需要 CT 掃描。iBlock 為保證手術精確，可直接固定在患者腿部。Navio 為手持式機器人，利用紅外影像進行術中定位。實驗性單髁膝關節置換術時，骨科機器人置換的術後角度誤差為 1.46°，而人工置換為 3.2°，骨科機器人置換的平移誤差為 0.61mm[13]。

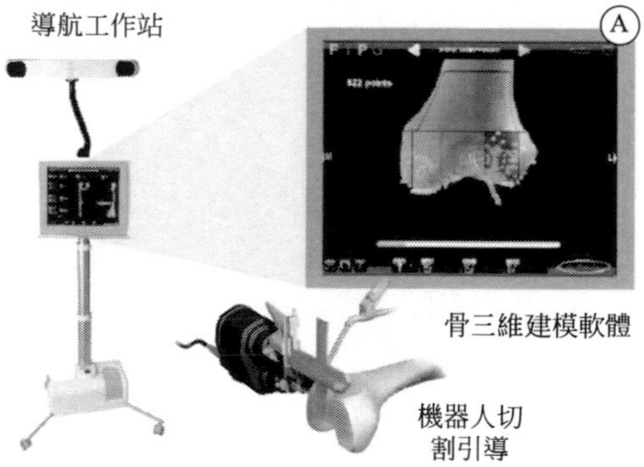

圖 10-3 iBlock 機器人

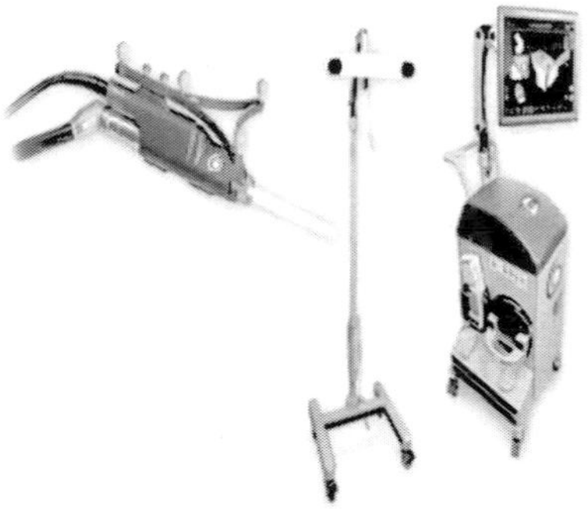

圖 10-4 Navio 機器人

10.2.2 整骨骨科機器人

整骨骨科機器人是運用中國傳統中醫的整復骨骼的方法，對患者骨組織進行修復治療。它結合了現代 X 射線影像技術和電腦處理技術，對患處進行特徵分析，得出整復數據，然後透過對整骨機器人機械系統發送命令來完成治療。整骨骨科機器人能減少患者輻射量，加快康復時間，緩解水腫，降低軟組織萎縮和骨質疏鬆等骨折併發症的發病率。

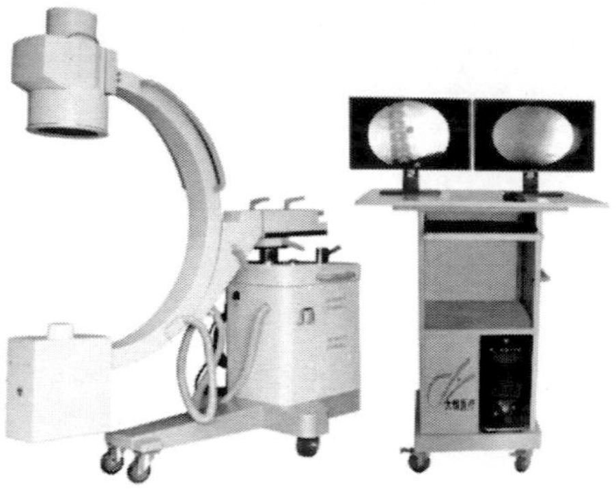

圖 10-5 C 形臂 X 射線攝影機

整骨骨科機器人的前身是由哈爾濱第五醫院於 1997 年研製的電腦模擬智慧整骨機。經過數年後，該院先後與哈爾濱工業大學、哈爾濱工程大學、黑龍江大學聯合，研製了 6 自由度機械手，完善了三維圖像導航系統，提升了骨折整復網路控制技術，且在臨床上運用該機器人完成上百例手術，成功率達 100%。2014 年其成果「博斯 JZC 型搖控整骨機器人系統」已進入市場，並利用 3 年時間創建骨折庫，進而開發出新一代全智慧機型[14]。北京積水潭醫院等單位曾做過電腦導航下長骨幹骨折的相關研究並研發出骨折復位機器人，其研究項目涵蓋股骨骨折、骨盆骨折、脛骨骨折等（圖 10-5～圖 10-7）。

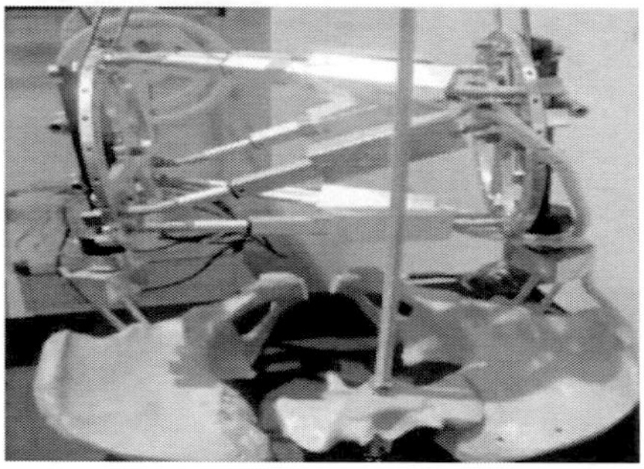

圖 10-6 骨折復位機器人（適用骨盆骨折）

圖 10-7 骨折復位機器人（適用股骨骨折）

10.2.3 脊柱外科骨科機器人

對於脊柱外科手術來說，由於脊柱鄰近重要的神經和血管，特別是對骨骼終板的磨削要求較高[15]，且患者存在個體差異，因而要求手術精確、安全、穩定，十分依賴醫師的經驗。脊柱外科多為微創手術，對醫護人員來說存在操作疲勞、輻射過多等問題，因各地醫療水準的差距，只有少數醫院可開展此類手術。脊柱外科骨科機器人的整體發展一直較慢，但是因為相關病症的發病率居高不下，故相關研究一直沒有間斷。

1992 年，Foley 首次在椎弓根螺釘固定術的定位中運用 Stealthstation 導航系統，使脊柱外科骨科機器人的實際應用向前邁進了一步。同年，Sautot 等[16] 也發表了相關論文。海外有關脊柱外科骨科機器人的研究較集中，主要分為 Spine Assist 和達文西手術機器人兩種，目前二者都已應用於臨床。

運用 Spine Assist 系統，2006 年 Sukovich 等[17] 進行微創經皮內固定術（圖 10-8），成功率達 93%，且明顯減少了醫師的射線損傷。2009 年，Ioannis 等[18] 採用該系統進行了微創經皮後路腰椎融合術，成功率達 93%。2010 年 Devito 等[19] 透過術後評估 664 例椎弓根螺釘的位置情況，發現運用該系統輔助螺釘植入，其準確性明顯高於傳統手術，並降低了術後併發症發病率。2011 年，Kantelhardt[20] 將傳統手術與運用該系統輔助手術進行比較，分析了 114 個病例資料和 CT 數據，結果顯示機器人手術的平均射線暴露時間為 34s，而傳統手術為 77s，機器人手術優勢很大，且機器人手術在患者對鎮痛藥物的需求量以及手術成功率方面也有優勢。

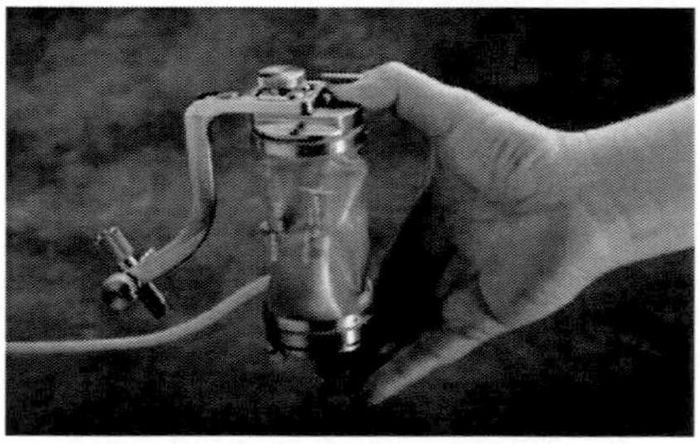
(a)

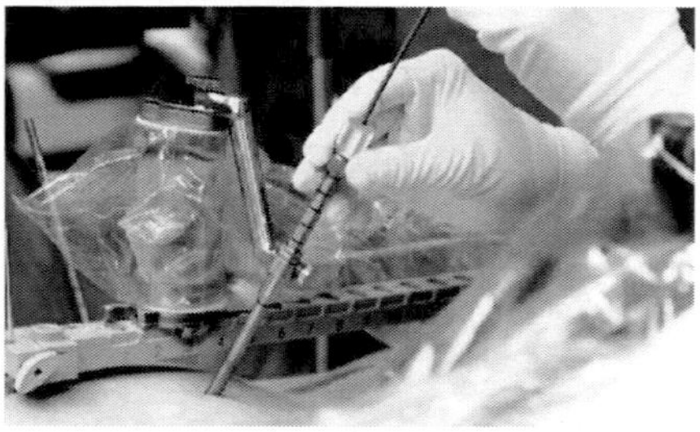
(b)

圖 10-8　Spine Assist 系統及其手術過程

達文西手術機器人系統（圖 10-9）是現今發展最好的腹腔鏡手術機器人，而它也能完成脊柱外科的手術操作。2009 年，Ponnusamy 等[21] 應用該系統，在豬胸腰椎上進行了後路非螺釘置入手術，並認為該方法可減小醫師因手部疲勞而造成的失誤。2010 年，Kim 等[22] 透過該系統在豬標本上進行了腹部後腰椎前路減壓融合術，指出該手術具有視野好、出血少等特點。2011 年，Yang 等[23] 透過該系統在豬標本上進行了前路腰椎融合術，除手術上存在因

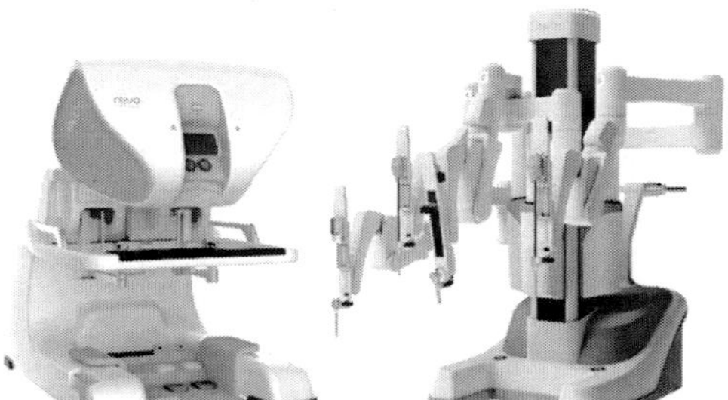

圖 10-9　達文西手術機器人

機械臂碰撞而導致的併發症，其餘術後狀態良好，證實了其安全性。

2011 年，第三軍醫大學新橋醫院周躍教授[24] 牽頭，同中國科學院瀋陽自動化研究所共同研製了遙控型微創 6 自由度脊柱外科機器人（圖 10-10）。該機器人主要運用於椎弓根螺釘植入，安裝了無顱鎖定系統，末端可裝備加載六維力矩感測器的氣動骨鑽，使施術者能透過手柄感知骨鑽的受力，並同步集成了術野圖像。2014 年，該機器人順利完成了第一例臨床手術，患者恢復快，反應良好。

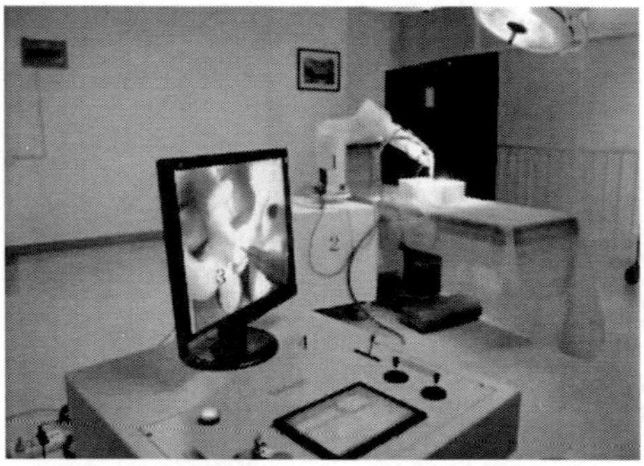

圖 10-10　遙控型脊柱微創手術機器人系統

1—機械臂；　2—機械臂基圖座；　3—視覺監視系統；　4—醫師控制臺

10.2.4　創傷骨科機器人

在創傷骨科中，隨著損傷的日益嚴重以及微創手術的運用，一方面骨折變得更複雜，復位和內固定的精確性越發重要，另一方面又需盡量保護患處周圍血運和軟組織完整。因此，更加需要閉合復位，微創固定。這使術中射線照射不可避免，尤其在髓內釘植入術方面[25]，由此促進了帶有射線照射模塊和圖像處理模塊的創傷骨科機器人系統的研製，使其成為一項熱門課題。

最早在 1990 年，美國樞法模公司研製了首臺專用於骨科治療的手術規劃與定位系統 Stealth Station，並投入臨床使用。在帶鎖髓內釘治療長骨骨折的手術中，ION 手術導航系統使用效果良好。近 20 年，國際上已經出現了一些機器人輔助髓內釘植入術系統，如耶路撒冷希伯來大學開發的 MARS 系統、英國赫爾大學研製的電腦輔助骨科系統、德國 VR 中心研製出的醫用機器人「羅馬」等[26]。

在中國，相關研究也在開展中。2005 年，哈爾濱工業大學開發了一套數位化骨折治療試驗平臺[27]。同年，北京航空航天大學聯合北京積水潭醫院也研發了骨創傷機器人系統。2012 年，北京航空航天大學 Kuang 等提出使機器人的操作主動與被動結合，使機器人具有了一定的糾錯能力。2014 年，「骨創傷智慧化微創手術關鍵技術裝備研究及應用示範」項目在北京積水潭醫院由多名專家驗收（圖 10-11）。2015 年，韓巍等[28] 新開發了長骨骨折機器人，認為該系統能達到手術要求，學習曲線短，沒有手術經驗的工程師也能很好地完成手術。

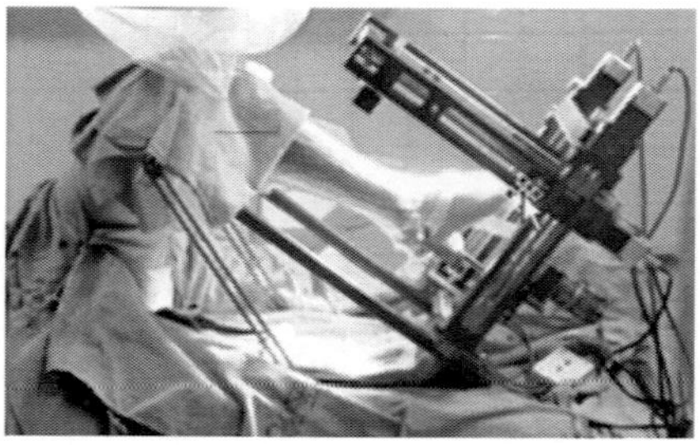

(a)

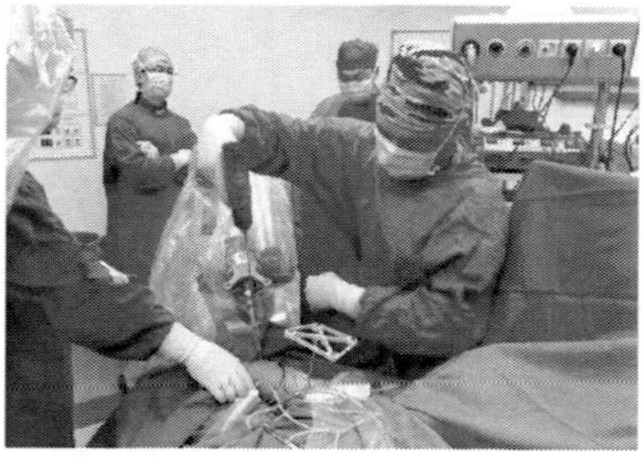

(b)

圖 10-11　北京積水潭醫院開發的骨科機器人

10.3 骨科機器人的關鍵技術

機器人進入醫療領域以來，隨著技術水準的提高，由機器人輔助的外科手術逐漸成為生物醫學及機器人學科研究的焦點。由於機器人輔助的外科手術具有更小的創傷、更短的康復時間、更精確的操作等優點，因此在許多類型手術中都得到了應用。

隨著在更為複雜的手術中如神經外科、骨科和心臟外科等引入機器人，對醫生的參與程度、操作安全性和精度等都提出了更高的要求。在外科手術機器人中仍有許多問題需要進一步完善，如機器人結構、電腦輔助導航以及共同控制，從而進一步提高醫生與外科機器人的互動性能，提高醫生操作時的安全性、精度和臨場感，減少操作時的精神壓力等。

10.3.1 骨科機器人的機械系統

骨科機器人的機械臂是手術的核心執行模塊，目前仍需提高其相關性能，更人性化、更小巧、更靈活的機械臂才能滿足手術需求，而且要有足夠的可靠性和安全保障措施。北京天智航科技股份有限公司研製出中國第一臺完全自主知識產權的骨科手術機器人產品（圖 10-12），2010 年獲得中國首個骨科手術機器人Ⅲ類器械註冊證，填補了中國空白。2012 年，第 2 代骨科機器人產品成功研製並獲得國家醫療器械註冊證，2015 年成功研製第 3 代骨科手術機器人，並於 2016 年成功獲得國家醫療器械註冊證[3]。

在結構上，骨科機器人的機械臂需要保持運動精確平穩，這有利於增強元件使用壽命，更利於骨科機器人的普及。進一步發展骨科機器人的限制來自其對特殊元件的需求，減小其複雜化，研發單一手術機器人將有利於其發展[29]。圖 10-13 為 RIO 骨科手術機械臂。

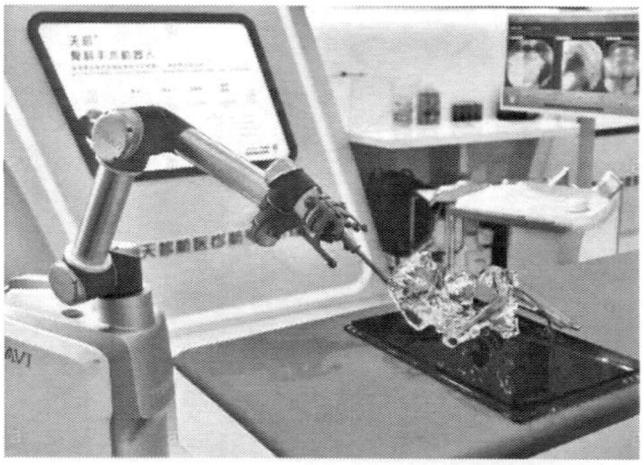

圖 10-12「天璣」骨科手術機器人

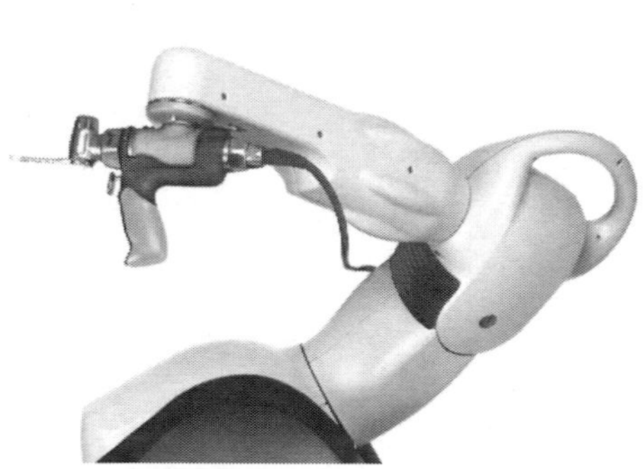

圖 10-13　RIO 骨科手術機械臂

對於機械臂的末端回饋仍需要進一步提升，目前具有視覺、力覺、觸覺、滑覺的四模態執行機構是該領域的尖端技術。對機械臂末端手術器械仍需進一步改進，不能局限於人手的特殊性，多個機械臂甚至可實現由多名醫師同時進行手術。透過對機械系統的改良，我們可以預見傳統微創手術甚至可以更「微」，對患者的二次傷害可以更小。

10.3.2　骨科機器人的電腦輔助導航系統

骨科機器人的核心技術之一是電腦輔助導航技術，導航就像人眼一樣，為機器人的運行提供精確參考。電腦輔助導航技術是 1980 年代提出的新技術，利用電腦強大的數據處理能力，將醫學圖像採集設備（X 射線/CT/MRI/超聲/PET 等）獲取的患者數據進行分析處理，供醫生進行術前或者術中手術規劃。同時藉助外部的空間座標追蹤設備，將手術器械或機器人與患者手術目標區域進行即時空間座標測量，獲取兩者的相對位置關係，從而指導醫生進行精確、快速、安全的定位和內植物植入。早期基於醫學圖像的導航技術受成像技術原理、成像設備精度、成像現實可行性條件等諸多因素的影響，發展較為緩慢。隨著成像設備的不斷進步，醫學圖像已經從二維向三維演變，實現了患者醫學資訊的可視化、虛擬化，從而可指導醫生完成術前評估、模擬規劃、術中即時監控、術後追蹤等全程可控性操作，減少了醫生的人為失誤。電腦輔助導航技術有不同的分類方法：按照與人的互動性和自動化程度，可以分為被動導航、互動式導航、全自動導航；按照醫學圖像成像方法的不同，主要經歷了CT導航、X射線透視導航、無圖像導航、超聲導航、雷射導航等幾個階段[5]。

（1）基於CT的導航

基於CT的骨科導航手術出現於1990年代早期，得益於早期的立體定位手術的發展。需要術前進行手術部位的CT掃描，與患者術中的解剖標誌進行配準，以進行複雜的二維、三維手術規劃。為了將術中手術器械的運動進行可視化，需要建立手術目標和術前CT數據的轉換矩陣以進行配準。早期的配準方法依賴於骨表面結構和圖像空間中對應特徵區域的識別技術。最常用的為成對點的表面配準，其中成對點可基於解剖標誌或基於外部標記點。因此，需要進行必要的術前規劃，如圖像互動標記點的確定、分割、距離計算等。另外，目前基於CT導航的商業化系統，有一基本的技術前提，即假設手術對象和虛擬圖像目標均為剛體。這就需要對每一個剛體分別進行配準，例如每一個腰椎節段的椎體。為了補償運動假象，在配準過程和手術過程中，必須對每一個手術對象給予參照物，因此在術中，動態參考物必須牢固地固定於手術對象上。目前，很多研究致力於使用術中成像設備，例如利用C形臂、超聲來提取解剖特徵與術前斷層圖像進行圖像融合，從而不需要直接接觸手術解剖部位，為微創手術提供了極大的便利。

CT導航在骨科的應用最早開始於腰椎椎弓根螺釘植入手術，有很多學者對其易用性、可行性進行了深入研究。隨後，出現了各種各樣的商業化CT導航系統，並可應用於脊柱不同節段的椎弓根螺釘植入。由於在脊柱領域的成功應用，該技術向骨科其他領域拓展。全髖關節置換術是比較早的應用例子，不僅注重置入手術的可靠性和精確性，也注重手術規劃。很快，人們開始將CT導航用於全膝關節置換，指導手術規劃和假體植入。

早期的CT導航，CT數據來源於手術室之外的CT室，這無法消除固有的術前圖像與術中手術對象的即時圖像之間的配準誤差。因而，西門子等公司將CT設備整合在手術室內，可允許醫生隨時進行CT掃描，大大增強了配準精度。德國BrainLab公司還研製了小型化、可移動式的術中CT設備Airo（圖10-14）。但術中CT設備較為昂貴，只有較大規模的醫院才能裝備，從而限制了其使用的廣泛性[4]。

（2）2D 透視導航

移動式 C 形臂 X 射線機的出現，為 2D 透視導航提供了最重要的基礎。目前，移動式 C 形臂 X 射線機幾乎成為骨科手術室的標準裝備。隨著對術前 CT 圖像和術中透視圖像兩者配準的深入研究，人們開始擺脫 CT 的限制，直接將 2D 透視圖像用於導航過程。2D 透視導航的目的是獲得 2D 透視圖像和手術對象之間座標關係的轉換矩陣。第一步需要獲得 C 形臂 X 射線機和手術對象之間的空間轉換矩陣，通常採用光學相機追蹤系統來實現。第二步需要獲得 2D 透視圖像和 C 形臂 X 射線機之間空間座標轉換矩陣，通常把 C 形臂 X 射線機的圓錐形 X 射線透視模擬為光學相機系統來進行計算。完成以上兩步後，即可獲得 2D 透視圖像和手術對象之間座標關係的轉換矩陣。

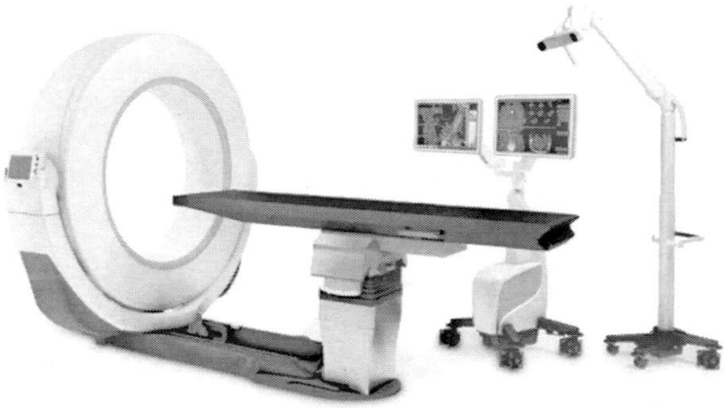

圖 10-14　德國 BrainLab 公司術中 CT 設備 Airo

2D 透視導航的優點在於系統搭建方便，術中可按需隨時採集圖像。但是其存在透視圖像的畸變問題，主要來源於 C 形臂 X 射線發射器和接收器之間錐形透視引起的圖像變形。為減小配準誤差，必須對這種畸變進行校正補償。有兩種常用的校正方法：一種為單平面的校正板，易於安裝在 C 形臂 X 射線機上，但是校正過程耗時、複雜；另一種為雙平面校正籠，校正效果好，但因體積大，會占用手術操作的空間。實際手術中，首先獲得 1 張或多張透視圖像，輸入電腦導航軟體中進行配準，可進行相應的縮放、平移、旋轉、標記等操作，同時可以藉助多張 2D 透視圖像配準重建成類似 3D 的圖像（圖 10-15）。在光學相機追蹤系統的輔助下，可為醫生提供手術對象的即時虛擬可視化。這種由多張 2D 圖像配準而得到的重建圖像，與傳統的使用多個 C 形臂 X 射線機持續透視的效果相當，但大大減少了醫患的輻射暴露。目前已經誕生了多種透視導航模塊，用於關節置換和骨科重建手術[4]。

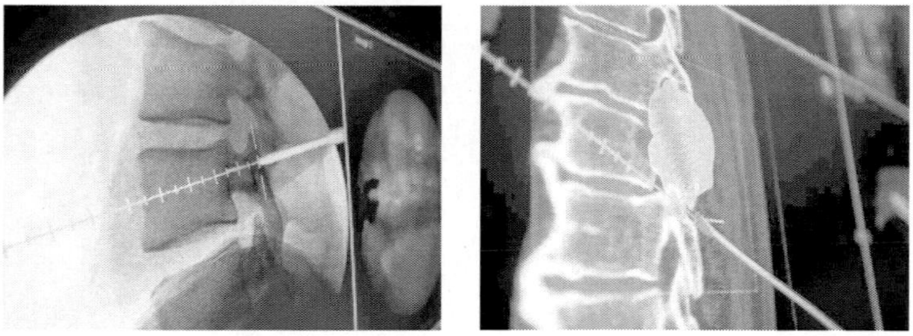

(a) (b)

圖 10-15　X 射線曝光下脊柱導航

(3) 3D 透視導航

世界上第一臺可進行術中 3D 重建的 C 形臂是西門子公司 1999 年推出的 SIREMOBIL Iso-C 3D，後改進為 Arcadis Orbic 3D（圖 10-16）。其外觀與傳統 C 形臂 X 射線機類似，但中央 X 射線束與 C 形臂 X 射線機旋轉中心之間沒有傳統 C 形臂 X 射線機的固有偏差，故為等中心透視，可圍繞手術目標進行精確的繞軌道旋轉，最大旋轉角度為 190°，這為後期的精確 3D 重建提供了基礎。隨著 C 形臂 X 射線機的旋轉，可以獲得 50～200 張 2D 透視圖像，採用錐形光束重建算法，可進行高解析度 3D 重建。由於採取了步進電機驅動 C 形臂 X 射線機旋轉，使得操作具有可重複性，便於後期隨時、隨地進行圖像校正。該系統輸出圖像為 DICOM 格式，可輕鬆導入商業導航系統中進行 3D-CT 導航過程。據研究，該 3D 透視導航系統的精度如下：最大誤差為 1.18mm，平均為 0.47mm，標準差為 0.21mm。需要注意的是，手術對象在手術過程中應盡量靜止，以減少誤差來源，目前人們正在研究如何透過運動補償來減少這種誤差。在臨床使用中，Iso-C 3D 總體精度上不如現代的 CT 設備，尤其是在掃描大面積軀干時。其多用於上肢、下肢、脊柱部分節段或金屬假體的 3D 掃描重建，可滿足大部分關節置換、骨科重建手術的實際需求。

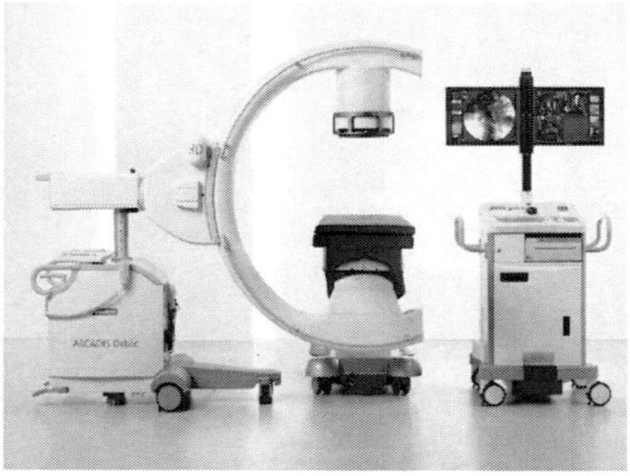

圖 10-16　西門子公司 Arcadis Orbic 3D

(4) 無圖像導航

無圖像導航是指無需依賴術前或者術中透視圖像，而是透過光電追蹤系統確定不同的解剖結構和參考標記來建立手術對象的虛擬表達。也有人稱之為基於醫生所定義解剖結構的電腦輔助導航。透過末端定位裝置，如取點器，可確定解剖標記點並直接對其進行術中數位化顯示。它最早是用於前交叉韌帶移植物的手術規劃、植入。1995 年，法國 Dessenne 等[30] 研製出電腦輔助前交叉韌帶重建導航系統，並在屍體和患者身上進行了驗證，但由於只能重建出骨骼的局部，誤差較大。後來人們提出了骨骼形變技術[31]，透過採集大量高精度骨骼體數據或者屍體骨 3D 表面掃描數據，建立特定骨骼的統計學模型。術中，採集相應區域骨骼的離散點雲數據，然後透過形狀預測法來將其與骨骼統計學模型進行配準。通常可以獲得較為精確、真實的虛擬骨骼形態。無透視導航可以輔助醫生確定特定關節運動的旋轉中心，這已經在全膝關節置換中成功應用，可以確定髖關節、膝關節、踝關節的旋轉中心。後來無圖像導航在全髖關節置換、脛骨高位截骨術中獲得成功應用。由於無圖像導航技術的微創性，使其可以與傳統的 2D、3D、CT 導航混合使用。大量全膝關節置換的臨床研究結果表明，無圖像導航下的假體植入精度優於傳統技術。

其他導航類型，如電磁導航、超聲導航等也獲得了深入研究。相比傳統光學導航，電磁導航完全不受視野、視線限制，尤其適用於微創、經皮植入骨科手術。但缺點也很明顯，會受到附近電磁場、含鐵材料的干擾而降低導航精度，尤其是在手術室記憶體在眾多金屬、電子設備的情況下，但人們在不斷努力解決這一問題，並不斷地提高導航精度[32]。超聲導航具有無創、無輻射、即時追蹤的優勢，透過超聲自身回波測距原理得到骨表面點雲輪廓，透過光學示踪器即時捕獲超聲探頭自身位置，再透過數學算法、配準技術獲得骨點雲輪廓與術前圖像（X 射線、CT、MRI 等）的即時配準[33]。但在骨科機器人導航方面由於受到超聲自身特性，如聲速、傳播距離、軟組織變形因素的影響，目前尚未在臨床得到廣泛推廣。但目前已經有大量的基礎、臨床實驗對超聲配準進行了深入研究[34]，相信在不久的將來一定會大放異彩。

10.3.3 骨科機器人的人機共同系統

共同控制的關鍵是解決人-機器人互動（human-robot interaction，HRI）問題，因此 HRI 一直是作為手術智慧工具使用的外科機器人研究的核心內容。海內外學者提出了各種不同的 HRI 方式——被動式（passive）、主動式（active）、半主動式（semi-active）來滿足複雜臨床應用環境的需求。從實際的研發和臨床應用結果來看，半主動式中的機器人在骨科等領域受到最廣泛的關注，在這種互動模式下，人和機器人能夠共享工作空間，提高醫生的參與度，是醫療機器人的一個重要發展方向。為了保障半主動操作過程中的安全性，有研究者提出採用虛擬夾具的方法，根據手術需求，限定醫生操作機器人自由移動範圍。目前，基於共同控制和虛擬夾具技術的人機共同互動方法成為骨科手術研究的一個焦點。

（1）主動式

主動式骨科機器人操作原理是在規劃好手術路徑後，連接機器人本體設備，隨後機器人便可自行進行工作。術中無需醫師進行操作，但需要醫師全程監控，以便在出現意外時及時干預。其主要代表如下。

由 CUREXO 科技公司提供的 ORTHODOC 技術結合 ROBODOC 輔助手術機器人組成的 ROBODOC 手術系統（圖 10-17）。ORTHODOC 術前計劃工作站為外科醫生提供 3D 資訊和簡單的點擊控制。ORTHODOC 將個體患者關節的 CT 掃描轉換為三維虛擬骨骼圖像，外科醫生可以操作以觀察骨骼和關節特徵，從而開始手術前計劃。ORTHODOC 可在患者沒有風險的情況下進行模擬手術，並為醫生提供幾種可選手術方案。醫生選出最佳方案後由 ROBODOC 機器人實施假體置換手術。這套手術系統被應用在臨床手術，並有各類文章進行介紹[35,36]。

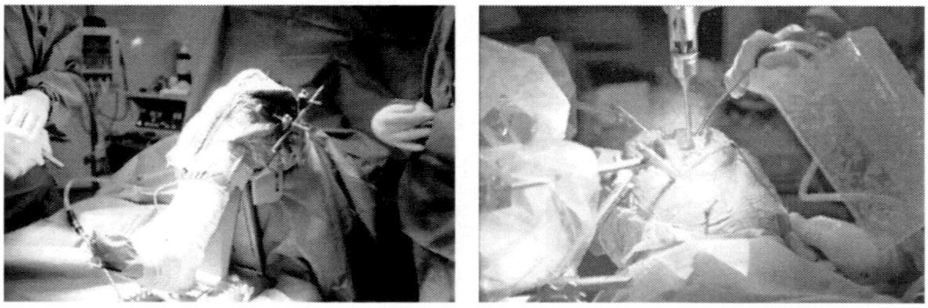

(a) (b)

圖 10-17 ROBODOC 被應用在臨床手術

（2）被動式

被動式骨科機器人是透過紅外線跟蹤影像導航方式，採用被動式光電導航手術系統輔助徒手操作手術，可應用於任何術中藉助導航圖像定位的骨科手術，但只能完成特定的定位操作步驟，故臨床應用較為局限。其主要代表如下。

德國 Brainlab 應用在骨科手術中為臀部、膝部、肩部、足部和踝部 X 射線提供 KingMark 和 VoyantMark 校準裝置（圖 10-18）。Brainlab 軟體引導手術治療膝關節、髖關節和創傷手術，允許外科醫生在切開任何切口之前計劃和模擬矯形結果，並在術中對手術情況做出反應。使用該軟體來驗證在每個操作步驟之後所做的事情，外科醫生可以糾正在手術期間的任何未對準情況，因此可以減少重複手術的可能性，同時改善新關節的整體功能。

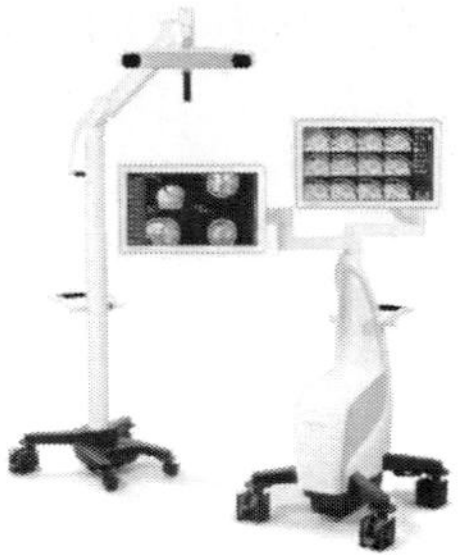

(a)

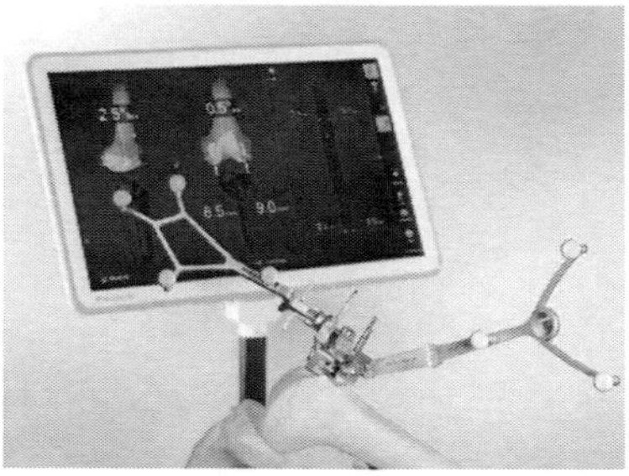

(b)

圖 10-18　Brainlab 手術導航系統

(3) 半主動式

半主動式骨科機器人的主要特點為依靠力學回饋進行工作，主要操作步驟如下：首先在術前對患者手術區域的 CT 圖像進行 3D 重建，然後在電腦上進行手術路徑規劃，繼而在術中透過光電設備進行導航，在操作過程中需要醫師全程進行手扶操作，若偏離手術路徑則引發力學回饋從而對機械臂進行制動，避免不必要的損傷。其主要代表如下。

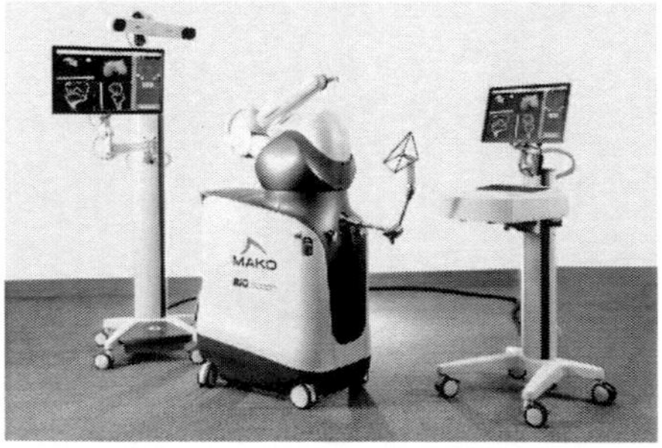

圖 10-19　RIO™ 互動式骨科機器人

美國 MAKO Surgical 公司推出的 RIO™ 互動式骨科機器人旨在輔助外科醫生手術（圖 10-19），手術過程可以在膝關節的內側、髕骨關節（頂部）或兩個組成部分進行骨骼和組織的置換術，為早期至中期骨關節炎（OA）患者提供更安全的保障，這是一種比全膝關節置換術更少侵入性治療的最佳選擇。

為了實現人機共同互動和虛擬夾具輔助操作，必須有相應的共同控制醫療機器人，並且有開放的控制系統，這樣才能夠對控制系統進行進一步的開發，在控制系統中集成人機互動和虛擬夾具輔助算法。但是一般的機器人並不具備良好的開放性，且其不能滿足人機互動的高即時性要求。因此，開發和設計一款具備開放性和良好人機共同互動能力的骨科手術機器人，促使醫療機器人快速面向臨床大規模推廣，具有重要的意義。

不僅如此，醫生手術操作過程中，提高醫生和機器人之間的互動性能，可以使操作更加符合醫生的習慣，從而提高互動的真實感和沉浸感；並且基於虛擬夾具引導、定位及限制運動將有利於提高醫生操作的水平和安全性，降低醫生在手術過程中的精神壓力。因此，人機共同控制研究對於骨科手術機器人領域有著實際意義。

10.4 骨科機器人實施實例

1986 年，IBM 的 Thomas J. Watson 研究中心和加州大學戴維斯分校的研究人員開始協作開發全髖關節置換術（THA）的創新系統。1992 年，ROBODOC 系統（Curexo Technology，Fremont，CA）協作外科醫生進行 THA 手術，這是第一個用於整形外科手術的機器人系統，促使了骨科醫療領域朝著三維圖像導航、術前計畫和電腦輔助引導機器人手術的方向快速發展，該手術系統在 1994 年實現商業化，用於全膝關節置換、全髖關節修復及置換手術。隨後，Curexo Technology Corporation 於 2014 年 9 月更名為 THINK Surgical Inc.（Fremont，CA），將 ROBODOC 更名為 TSolution-One，同年獲美國 FDA 許可用於醫療手術，到目前為止該系統已在全球應用數千次。

（1）系統組成

TSolution-One 使用串聯技術：TPLAN 用於術前規劃的 3D 計劃工作站；TCAT 用於電腦輔助工具，執行手術前計劃。

TPLAN 3D 計劃工作站是一個用於術前規劃的電腦系統，具有 3D 建模和簡單的點擊控制。當 TPLAN 將患者髖關節的 CT 掃描轉換為股骨的三維表面模型時，術前計劃開始。外科醫生選擇合適的植入物並藉助解剖學標誌將其沿骨骼軸放置。該系統為美國和歐盟提供了一個開放的合法銷售植入物庫。外科醫生可以操縱植入物以實現患者解剖結構的最佳配合和對準。TPLAN 使外科醫生能夠探索多種手術方案，而不會給患者帶來風險或花費寶貴的手術時間。其技術參數如圖 10-20 所示。

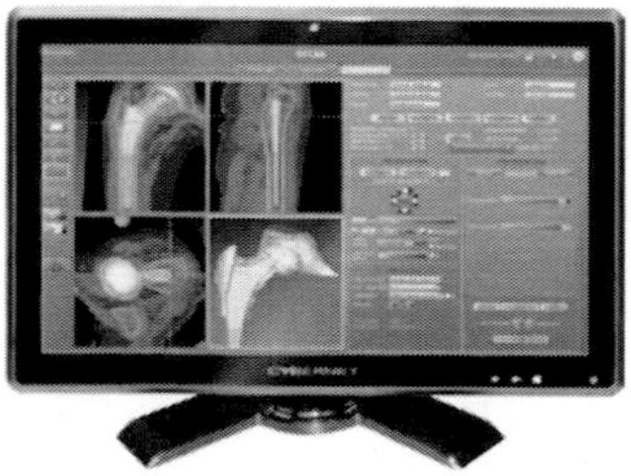

操作系統：Linux
硬盤容量：≥1TB
内存：≥16GB
顯卡：Intel 4000或者等同
光驅：DVD-RW
電源：100~240VAC，50~60Hz，120W
輸入設備：鍵盤
顯示器：≥24in(60.9cm)
分辨率：1920×1080
尺寸：23.5in×14.8in×2.1in(59.7cm×37.6cm×5.3cm)
質量：6.5kg

圖 10-20　TPLAN 技術參數

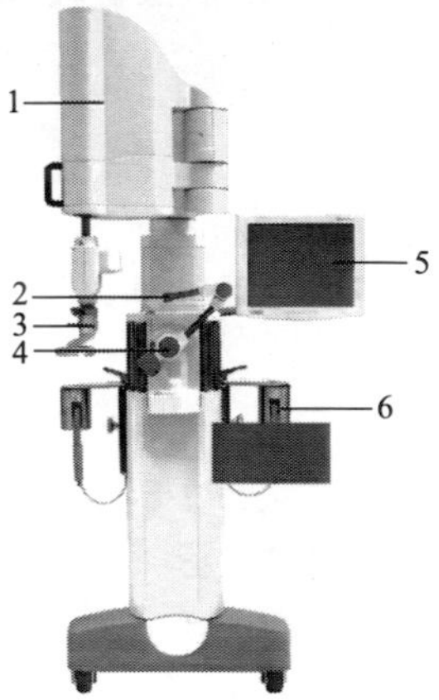

圖 10-21 TCAT 的結構組成

1—TCAT Arm； 2—數位化儀； 3—耦合器；
4—切削刀具； 5—監視器； 6—骨骼運動監視器

TCAT 電腦輔助工具使用由外科醫生在 3D 計劃工作站（圖 10-21）制備骨腔和關節表面時創建手術前計劃。在 OR 中進行 TCAT，然後進行患者定位、手術切口和固定。骨骼配準過程中，外科醫生使用數位化儀收集點並定位患者解剖結構的準確位置，以便精確地進行手術。在外科醫生的直接控制下並使用受控的輕微壓力，TCAT 按照計劃規定的精確度以亞毫米精度銑削骨骼。已經開發了專門的鑽頭和其他硬體以精確地制備骨頭，以實現假體植入物的最佳配合。如果發生骨骼運動，骨骼運動監測系統將停止系統。然後，登記系統允許外科醫生快速恢復骨骼位置並恢復手術而不會損失精確度。TCAT 用於髖關節植入物的腔體和用於膝蓋植入物的股骨和脛骨表面的平面。其技術參數如圖 10-22 所示。

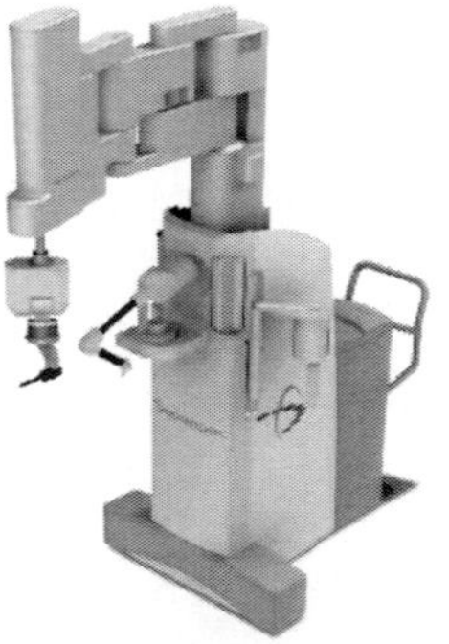

電源：100~240VAC，50~60Hz，1200W
TCAT臂長(半徑)：36.5in(92.6cm)
TCAT臂和基座質量：500kg
TCAT臂和基座尺寸：
長度：51.7in(131.3cm)
寬度：31.4in(79.6cm)
高度(最小)：81.7in(207.5cm)
高度(最大)：97.7in(248.2cm)
TCAT臂和基座組成：TCAT機械臂/基座/力傳感器/骨運動監視器/19in顯示器等

圖 10-22 TCAT 技術參數

（2）使用流程

TSolution-One 系統使用流程如圖 10-23 所示。

步驟 1：術前計劃從患者關節的詳細 CT 掃描開始。TPLAN 3D 計劃工作站將 CT 數據轉換為三維虛擬骨骼圖像。

步驟 2：外科醫生使用 TPLAN 3D 計劃工作站查看和操作患者骨骼及關節

解剖結構的 3D 模型，選擇理想的種植體，並確定最佳放置和對齊方式。

步驟 3：TCAT 電腦輔助工具使用患者的個性化計劃，以亞毫米精度銑削和準備骨骼。

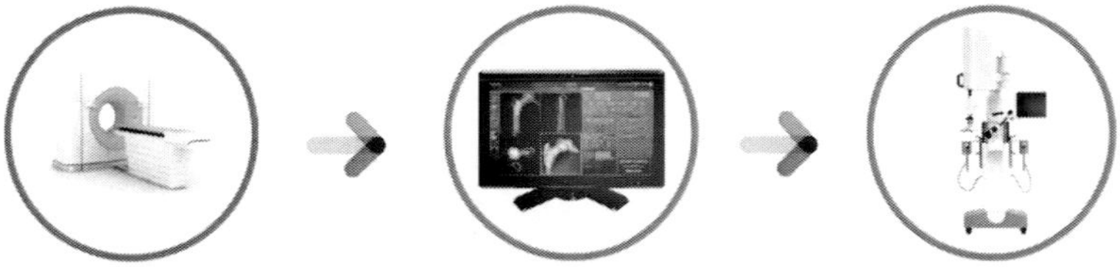

圖 10-23 TSolution-One 系統使用流程

（3）獨特的優勢

作為一種經過驗證的臨床系統，在比較 TSolution-One 與傳統關節置換手術時，研究表明改善了貼合性、填充性和對齊性。TSolution-One 的優勢：個性化的手術前計劃、外科醫生可選擇種植體、完整的機器人解決方案、開放式平臺手術系統、亞毫米尺寸精度、依照術前計劃精確地執行手術、高精度智慧工具技術和精確銑削、實現最佳的非光學配準技術、精確的電腦輔助重構骨腔和關節表面。

（4）臨床表現

2017 年，Ming Han Lincoln Liow 等[36] 使用 TSolution-One 進行手術實驗。使用 TSolution-One 系統進行機器人輔助 TKA 的手術適應症與傳統 TKA 類似。理想患者應大於 60 歲，體重指數（BMI）＜25kg/m^2，終末期骨關節炎，輕度至中度冠狀畸形，固定屈曲畸形小於 15°，患肢神經血管狀態完整。對照包括嚴重冠狀畸形大於 15°的肥胖患者，固定屈曲畸形大於 15°，炎性關節病和韌帶鬆弛。

進行術前放射攝影（前後位、側位、天際線、長腿薄膜）和受影響下肢的電腦斷層掃描（CT）。精細切割（＜3mm）CT 掃描對於術前「虛擬手術」至關重要。將 CT 圖像導入 TPLAN3D 計劃工作站，用於基於圖像的術前計劃（圖 10-24）。TSolution-One 是一個「開放式」平臺，允許外科醫生根據所需植入物的類型/大小選擇虛擬股骨和脛骨植入物。根據假體製造商的儀器指南，將虛擬植入物與表面模型匹配，以獲得後脛骨斜度的 180°虛擬 HKA 軸。股骨假體旋轉平行於經髁髁軸。軸向平面中的脛骨組件旋轉基於後十字插入點和標記脛骨結節的內側 1/3 寬度的點。「虛擬手術」所花費的時間約為 15～20min。

隨後，將術前制定的手術方案上傳到 TCAT 機器人輔助工具實施手術，手術過程在無菌環境下進行。使用大腿止血帶，並使用定製腳架和腿部支撐裝置固定大腿（圖 10-25），然後安裝固定銷、導航儀器以及骨科移動監視器。實施解剖前，需要對工作區進行檢查。一切準備就緒後，患者透過股骨遠端和脛骨近端的兩個橫向穩定銷剛性連接到 TCAT，後者連接到與 TCAT 相連的特殊固定框架（圖 10-26）。外科醫生將識別股骨（圖 10-27）和脛骨（圖 10-28）上的解剖標誌，並將這些標誌數據化。完成後，TCAT 將使術前 TPLAN 3D 圖像計劃與術中定位相匹配，從而在三維空間中為股骨和脛骨制定銑削工作空間。

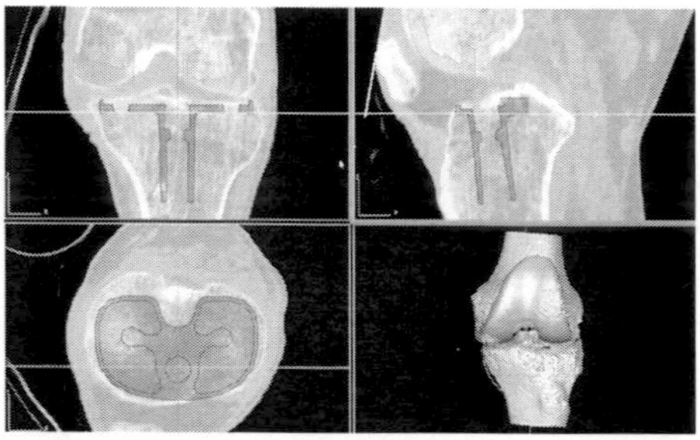

圖 10-24　使用 TPLAN 3D 工作站進行虛擬手術

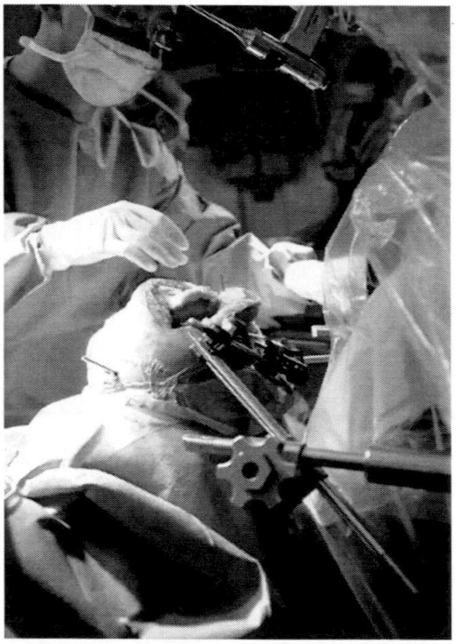

圖 10-26　患者與 TCAT 剛性固定

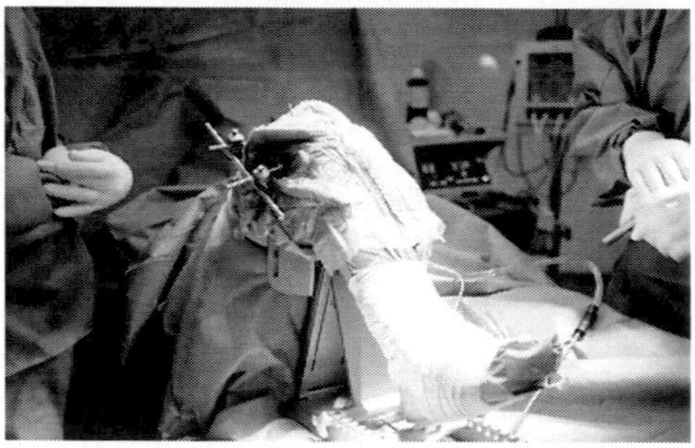

圖 10-25　定製的腳和大腿支架

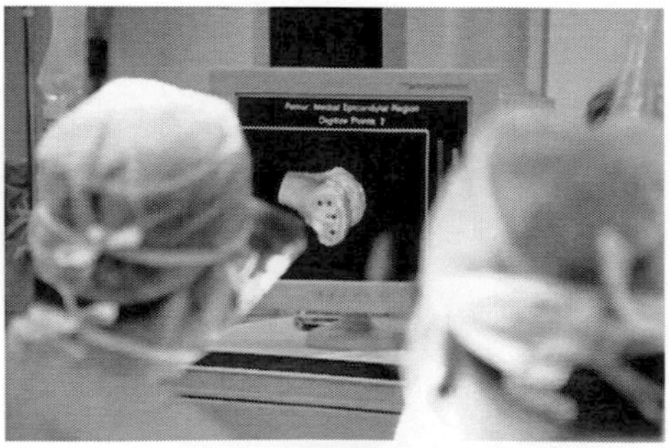

圖 10-27　股骨標記的數位化

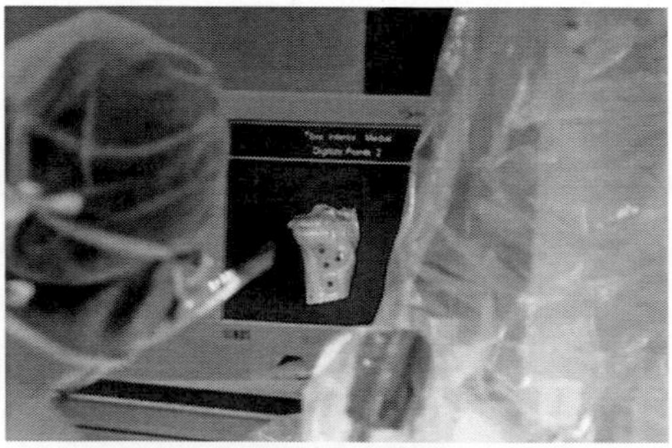

圖 10-28　脛骨標記的數位化

外科醫生開啓 TCAT 機器人輔助工具，透過機器人銑刀完成所有股骨和脛骨切割（圖 10-29）。外科醫生透過手動操控安全按鈕保持對銑刀的控制。透過恆定的水灌溉來冷卻和去除研磨碎屑來輔助該過程。一旦銑削過程完成，就進行軟組織平衡以及預定股骨和脛骨組件的實驗。最終組件被黏合，並評估穩定性、髕骨追蹤和運動範圍。髕骨可以根據軟骨磨損的程度選擇性地重新做表面。如果沒有禁忌證，則給予滑膜內和肌肉內鎮痛注射。傷口閉合透過分層閉合以常規方式進行。術後，所有患者均接受標準的機械和藥物血栓形成。按照綜合護理途徑進行康復治療。

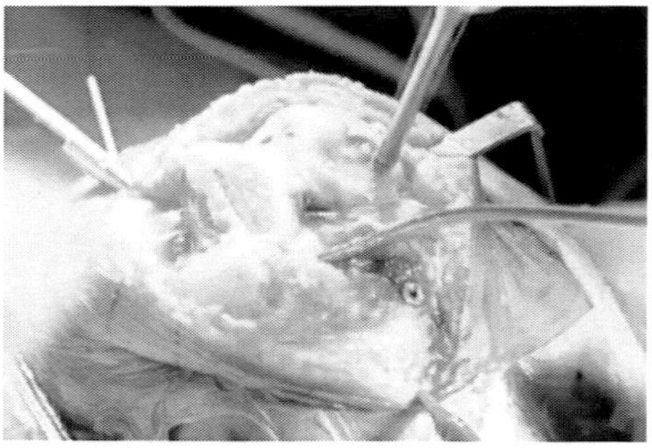

圖 10-29　TCAT 在股骨上手術

參考文獻

[1] 田偉．骨科機器人研究進展[J]. 骨科臨床與研究雜誌，2016，1（1）：55-56.

[2] 郭碩．骨科手術機器人研究進展[J]. 武警醫學，2018，29（10）：987-989.

[3] 韓曉光，劉亞軍，範明星，等．骨科手術機器人技術發展及臨床應用[J]. 科技導報，2017，35（10）：19-25.

[4] 趙燕鵬．骨科機器人及導航技術研究進展[J]. 中國矯形外科雜誌，2016，24（3）：242-246.

[5] 邵澤宇，徐文峰，廖曉玲，等．骨科機器人的發展應用及前景[J]. 軍事醫學，2016，40（12）：1003-1008.

[6] 任宇．機器人外科手術系統結構與人機互動的研究[D]. 上海：上海交通大學，2007.

[7] 張軍良，周幸，吳蘇稼．手術機器人系統在骨科的應用[J]. 中國矯形外科雜誌，2015，23（22）：2079-2082.

[8] Sugano N. Computer-Assisted Orthopaedic Surgery and Robotic Surgery in Total Hip Arthroplasty [J]. Clinics in Orthopedic Surgery，2013，5（1）：1-9.

[9] Netravali N A，Shen F，Park Y，et al. A Perspective on Robotic Assistance for Knee Arthroplasty [J]. Adv Orthop，2013，2013（2，supplement）：970703.

[10] Bell S W，Anthony I，Jones B，et al. Improved Accuracy of Component Positioning with Robotic-Assisted Unicompartmental Knee Arthroplasty [J]. Journal of Bone & Joint Surgery American Volume，2016，98（8）：627.

[11] Domb B G，El Bitar Y F，Sadik A Y，et al. Comparison of Robotic-assisted and Conventional Acetabular Cup Placement in THA：a Matched-pair Con-

trolled Study[J]. Clinical Orthopaedics & Related Research®, 2014, 472 (1): 329-336.

[12] Callanan M C, Jarrett B, Bragdon C R, et al. The John Charnley Award: Risk Factors for Cup Malpositioning: Quality Improvement Through a Joint Registry at a Tertiary Hospital[J]. Clinical Orthopaedics and Related Research®, 2011, 469 (2): 319-329.

[13] Smith J R, Riches P E, Rowe P J. Accuracy of a Freehand Sculpting Tool for Unicondylar Knee Replacement[J]. International Journal of Medical Robotics & Computer Assisted Surgery, 2014, 10 (2): 162-169.

[14] 劉思久，裴超，趙昌華，等．六自由度整骨機械手的電腦控制系統[J]. 智慧機器人，2007，(1)：31-34.

[15] 褚曉東．機器人系統在脊柱外科的應用[J]. 醫學綜述，2014，20（8）：1448-1450.

[16] Sautot P, Cinquin P, Lavallee S, et al. Computer Assisted Spine Surgery: A First Step Toward Clinical, Application in Orthopaedics [C]// International Conference of the IEEE Engineering in Medicine & Biology Society. IEEE, 1992.

[17] Sukovich W, Brink-Danan S, Hardenbrook M. Miniature Robotic Guidance for Pedicle Screw Placement in Posterior Spinal Fusion: Early Clinical Experience with the SpineAssist? [J]. The International Journal of Medical Robotics + Computer Assisted Surgery: MRCAS, 2006, 2 (2): 114-122.

[18] Ioannis P, George K, Martin E, et al. Percutaneous Placement of Pedicle Screws in the Lumbar Spine Using a Bone Mounted Miniature Robotic System: First Experiences and Accuracy of Screw Placement[J]. Spine, 2009, 34 (4): 392-398.

[19] Devito D P, Kaplan L, Dietl R, et al. Clinical Acceptance and Accuracy Assessment of Spinal Implants Guided with SpineAssist Surgical Robot: Retrospective Study. [J]. Spine, 2010, 35 (24): 2109.

[20] Kantelhardt S R. Perioperative Course and Accuracy of Screw Positioning in Conventional, Open Robotic-guided and Percutaneous Robotic-guided, Pedicle Screw Placement[J]. European Spine Journal, 2011, 20 (6): 860-868.

[21] Ponnusamy, Karthikeyan, Chewning, et al. Robotic Approaches to the Posterior Spine[J]. Spine, 2009, 34 (19): 2104-2109.

[22] Kim M J, Ha Y, Yang M S, et al. Robot-assisted Anterior Lumbar Interbody Fusion (ALIF) Using Retroperitoneal Approach [J]. Acta Neurochirurgica, 2010, 152 (4): 675-679.

[23] Yang M S, Yoon D H, Kim K N, et al. Robot-assisted Anterior Lumbar Interbody Fusion in a Swine Modelin Vivo Test of the Da Vinci Surgical-assisted Spinal Surgery System [J]. Spine, 2011, 36 (2): E139.

[24] 張鶴，韓建達，周躍．脊柱微創手術機器人系統輔助打孔的實驗研究[J]. 中華創傷骨科雜誌，2011，13（12）：1166-1169.

[25] 曾田勇．骨科機器人導航定位系統輔助股骨頸骨折空心螺釘內固定術的應用[J]. 中國醫療設備，2015，30（8）：111-113.

[26] 倪自強，王田苗，劉達．醫療機器人技術發展綜述[J]. 機械工程學報，2015，51（13）：45-52.

[27] 張劍．骨外科手術機器人圖像導航技術研究 [D]. 哈爾濱：哈爾濱工業大

學，2005.

[28] 韓巍，王軍強，林鴻，等．主從式長骨骨折復位機器人的實驗研究[J]. 北京生物醫學工程，2015，34(1)：12-17.

[29] Ng A，Tam P. Current Status of Robot-assisted Surgery[J]. Hong Kong Academy of Medicine，2014，20(3)：241-50.

[30] Dessenne V，Stéphane Lavallée，Rémi Julliard，et al. Computer Assisted Knee Anterior Cruciate Ligament Reconstruction：First Clinical Tests[M]// Computer Vision，Virtual Reality and Robotics in Medicine. Springer Berlin Heidelberg，1995.

[31] Fleute M，Lavallée S，Julliard R. Incorporating a Statistically Based Shape Model into a System for Computer-assisted Anterior Cruciate Ligament Surgery[J]. Medical Image Analysis，1999，3(3)：209-222.

[32] Nagpal S，Abolmaesumi P，Rasoulian A，et al. A multi-vertebrae CT to US Registration of the Lumbar Spine in Clinical Data[J]. International Journal of Computer Assisted Radiology & Surgery，2015，10(9)：1371-1381.

[33] Fast and Accurate Data Extraction for Near Real-Time Registration of 3-D Ultrasound and Computed Tomography in Orthopedic Surgery[J]. Ultrasound in Medicine & Biology，2015，41(12)：3194-3204.

[34] Netravali N A，Martin Börner，Bargar W L. The Use of ROBODOC in Total Hip and Knee Arthroplasty[M]// Computer-Assisted Musculoskeletal Surgery. Springer International Publishing，2016.

[35] Liow M H L，Chin P L，Tay K J D，et al. Early Experiences with Robot-assisted Total Knee Arthroplasty Using the DigiMatch™ ROBODOC® Surgical System[J]. Singapore Med J，2014，55(10)：529-534

[36] Liow M H L，Chin P L，Pang H N，et al. THINK Surgical TSolution-One®，(Robodoc) Total Knee Arthroplasty[J]. SICOT-J，2017，3：63.

第11章

康復機器人

11.1 引言

中國人口老齡化加快，肢體殘疾患者人數不斷增多，而中國康復專業的技術人員最新統計共 4 萬人左右，其中 40％是康復醫師，35％是康復治療師。所以當前中國肢體殘障患者人數眾多，而康復醫師缺口較大，康復醫療設備短缺，特別是技術含量高的智慧康復設備嚴重短缺。鑒於目前緊迫的人口老齡化現狀，「十二五」期間中國衛生部頒布了一系列的政策，全面加強康復醫療能力建設，將康復醫學發展和康復醫療服務體系建設納入公立醫院改革的總體目標。機器人在穩定性、重複性方面有先天的優勢，此外，傳統療法的訓練過程建立在定性觀察的基礎上，缺乏具有準確性、可控性和定量的數據，而康復機器人在制定科學的訓練計劃、提高訓練效率等方面具有巨大潛力和優越性。

11.1.1 康復機器人的研究背景

康復醫學與醫療醫學、保健醫學、預防醫學及臨床醫學已經並列成為 21 世紀現代醫學的四大分支。進入 21 世紀以來，康復醫學快速發展，2015 年中國提出實現全國殘疾人「人人享有康復服務」的目標和「健康中國 2020 戰略」，這為中國康復醫學事業的發展帶來了許多發展契機和創新性的理念。中國殘疾人的數量已經高達 8000 萬人以上，其中有近 5000 萬人需要康復治療。與此同時，中國有高達 1.44 億的 60 歲以上老年人，其中由於機體老化、患病等原因，需要醫療康復服務的人數預計 7000 多萬人。此外，中國還有 2 億多人的慢性病患者，需要康復理療的超過 1000 萬人。除此之外，每年還有 100 多萬人因工傷、交通事故等特別原因導致肢體功能缺失，其中絕大多數患者需要康復治療[1~5]。面對當前康復需求的現狀，傳統的治療方式方法已經達不到現有的康復需求，體現在以下幾點：需要康復治療的人數已經遠遠超過康復醫師數量的能力範圍；現有康復治療手段規範性要求不高，效果難以進行客觀評定；康復訓練過程是耗時長、大強度勞動且具有往復性；康復治療技術手段單一，不能滿足多樣化的康復需求。

由於康復科學技術的發展和人們對康復醫學的重新認識，當前各康復理療機構迫切需要對原有康復理療室和功能室進行現代化的技術改造，建立全新的康復理療室。康復機器人的應用在康復醫學中的優勢有：輔助康復理療工作，減輕治療師工作強度、工作壓力；進行客觀準確的數據治療採集，規範康復訓練、治療模式；康復機器人設備能夠即時控制治療強度，進而有效評價康復效果；有利於康復訓練的規律性研究，在康復醫學領域具有一定的研究價值。

因此智慧康復設備的出現與發展既是一種醫療需求，也是一種社會需求[6,7]。同時，康復機器人的研究與發展是一門綜合多領域的研究產品，康復機器人的發展能夠在滿足醫學理療需求的基礎上，促進多領域的創新發展。

11.1.2 康復機器人的研究意義

對於各種原因引起的肢體殘障患者來說，其生存品質的高低取決於肢體功能恢復的程度。患者經過急性期的手術和藥物治療後，其運動功能的恢復主要依賴於各種康復運動療法[8]。如何運用現代先進康復治療技術，改善患者肢體運動功能，使患者在盡快擺脫病殘折磨的同時，恢復其自主生活的能力，一直是康復工作者研究和實踐的重點。然而，下肢癱瘓者人數眾多，康復醫師相對匱乏，傳統療法自動化水準低、效率差，進口康復設備價格又太高，所以研製人性化的智慧康復機器人是提高肢體殘障者生活品質、減輕肢體殘障者家庭負擔，體現以人為本，關注殘障群體、構建和諧社會的一項重要而緊迫的任務，具有非常明顯的經濟效益和社會效益[9]。

11.2 康復機器人的研究現狀

機器人產品服務於殘疾人始於 1960 年代，由於技術水準的限制和價格太高的影響，直至 1980 年代才真正步入產品研究階段，主要分布在北美、英國等地 5 個工業區的 56 個研究中心[10～12]。1990 年代後，康復機器人的研究進入全面發展時期。英國、美國、日本、加拿大等國家處於世界領先地位。

11.2.1 上肢康復機器人研究現狀

第一臺商業化的上肢康復機器人是 1987 年英國 Mike Topping 公司研製的 Handy[13]，如圖 11-1 所示，限於當時的科技水準，其控制系統比較簡單。現在的 Handy 以 PC104 技術為基礎，可以輔助患者完成日常生活所需的活動。其後的機器人引入了越來越多的回饋，其控制也逐漸複雜。回饋的物理量包括角度、速度、力、力矩等。部分設備還引入了功能性電刺激（functional electrical stimulation，FES）。

圖 11-2 是日本長崎大學研製的一種助力機械臂。該機械臂是針對肌肉萎縮及 ALS（amyotrophic lateral sclerosis，肌萎縮性脊髓側索硬化）患者而設計的。它能在垂直方向根據使用者用力情況產生支撐力支撐使用者的手臂，而在水平方向上對使用者無任何限制。這套設備擁有以下幾種工作模式。

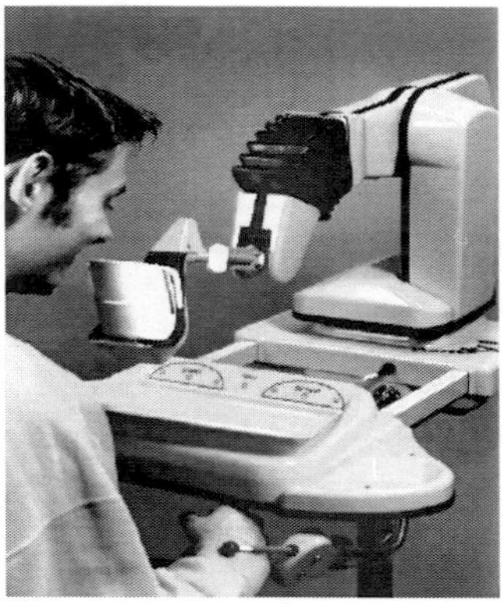

圖 11-1　英國 Handy

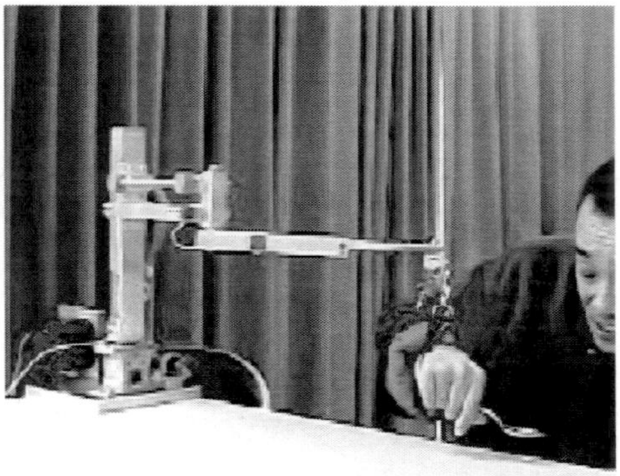

圖 11-2　助力機械臂（長崎大學）

① 助力模式。這種模態下，系統支撐使患者手臂的力量保持恆定。

② 肌肉活動控制模式。利用肌肉硬度感測器測量使用者肌肉活動狀態來自動控制支撐臂。

③ 按鈕控制模式。使用者透過按鈕來控制，使支撐臂上升或下降。研究者利用這套設備對一個大腦受損患者和一個 ALS 患者進行試驗研究，患者均透過這套機械臂實現了相關運動。

2010 年，日本松下電器公司研製了一套專門為偏癱患者而設計的康復輔助設備[14]。該設備重約 4 磅，有 8 個由空氣驅動的人工肌肉。這套類似於衣服的設備在患者健康手臂的肘部和腕部裝有感測器，從而控制患者偏癱側的手臂動作。這套設備也是透過採集使用者正常手臂的運動資訊來實現對偏癱側的手臂進行控制。

2000 年，美國加州大學與芝加哥康復研究所研製了可實現上肢運動的 3-DOF 康復機器人 ARM Guide（assisted rehabilitation and measurement guide），如圖 11-3 所示。該機器人具有一個主動 DOF，透過電機驅動直線導軌來帶動大臂實現屈伸等運動。

英國的南安普頓大學研製了著名的 5-DOF 的 SAIL 上肢康復機器人，無驅動，在兩肩、肘轉動關節裝有扭力彈簧彈性輔助支撐系統，將虛擬實境（VR）技術與電訊號刺激臂部肌肉技術相結合，完成對肩、肘、腕部訓練，取得了不錯的康復療效。

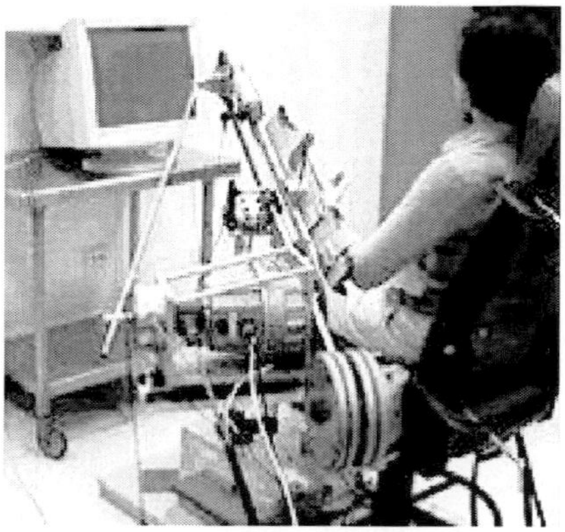

圖 11-3　ARM Guide 康復機器人

美國亞利桑那大學的 He 等研發了基於人工氣動肌肉（PM）驅動的 4-DOF（圖 11-4）、5-DOF 上肢康復機器人 RUPERT（robotic upper extremity repetitive trainer）。4-DOF 包括肩關節屈/伸、肘屈/伸、前臂轉動、腕內/外擺動，主要完成肩、肘、腕運動。5-DOF 增加了大臂的旋內/外功能，增大了工作空間。人工氣動肌肉驅動的主要優點是動作方式、工作特性等與人的肌肉功能相似，整個機器人系統運動特徵與人手臂相似，具有其他驅動方式沒有的柔順性。

圖 11-5 所示為瑞士蘇黎世聯邦理工大學的 T. Nef 等研製的 ARMin 上肢康復機器人[15]。該機器人有 6 個自由度，採用不完全外骨骼結構，安裝多個位置和力感測器，可以即時檢測關節角度變化和力的大小以保證患者安全。此外，ARMin 康復機器人還具有 4 種控制模式：指定運動治療模式、預記錄軌跡模式、主動模式、示教模式。

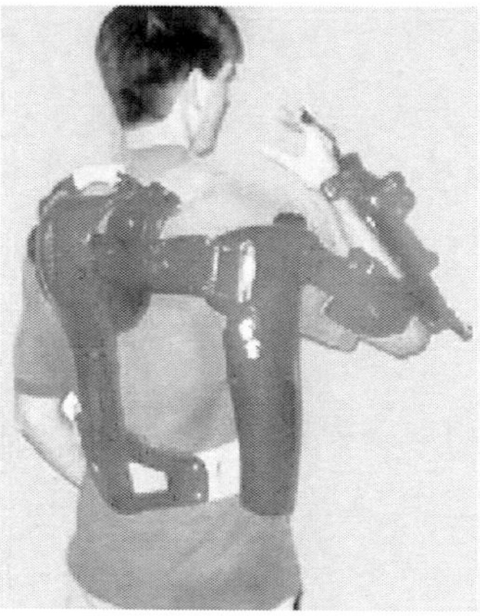

圖 11-4　4-DOF 上肢康復機器人 RUPERT

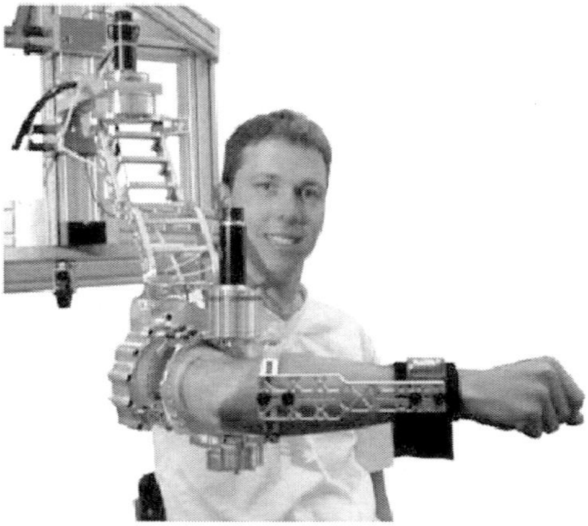

圖 11-5　ARMin 上肢康復機器人

（3）上肢康復機器人

美國史丹佛大學研製了基於 PUMA500/560 工業機器人的上肢康復機器人系統 MIME（mirror im-age motion enabler），如圖 11-6 所示，可以輔助患者完成上肢患側與健側的鏡像運動。該系統採集健側上肢運動的軌跡，鏡像到患側，並透過工業機器人輔助患側進行運動。該設備已開始用於患者的臨床康復治療。

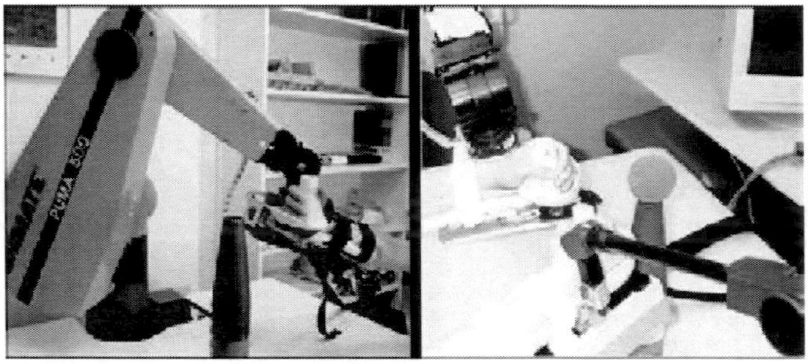

圖 11-6 MIME 康復機器人

11.2.2 下肢康復機器人發展狀況

（1）單自由度下肢康復機器人

早期的康復設備結構和功能都比較簡單，後來逐漸發展為具有不同智慧化程度的產品。具有代表性的是踏車康復器和下肢屈伸康復器。其操作簡單、適應性強、價格低，至今仍在廣泛應用。代表性產品有美國的 NUSTEP 智慧康復訓練器（圖 11-7）、德國的 THERA-Vital 智慧康復訓練器、以色列的 APT 系列智慧康復訓練器、意大利的 Fisiotek 下肢被動運動訓練器（圖 11-8）[16]。圖 11-9 所示為德國研製的 FES 腳踏車[17]，透過低頻電流依次刺激下肢肌肉產生關節收縮，以重建患者下肢的運動功能，從而促進脊髓損傷的局部組織修復。

（2）可穿戴型下肢康復機器人

圖 11-10 所示為日本安川電機公司研製的下肢康復機器人 TEMLX2type D[18]。這套設備主要針對處於急性期的下肢疾病患者，主要目的是使患者盡快恢復部分肢體功能，甚至恢復行走能力。這套設備擁有多重安全保護，帶動患者下肢勻速運動或在一定角度內運動。特別是針對關節炎、膝關節造型術、十字韌帶術後患者，由於術後患者關節韌帶十分脆弱，所以康復訓練時特別注意施加於這些部位上的力/力矩不能太大，否則會再次造成嚴重創傷。針對此問題，TEMXL2type D 特別設計了一種套具加以保護，並且嚴格控制機械臂在康復訓

練時施加的力量。

圖 11-7　NUSTEP 智慧康復訓練器

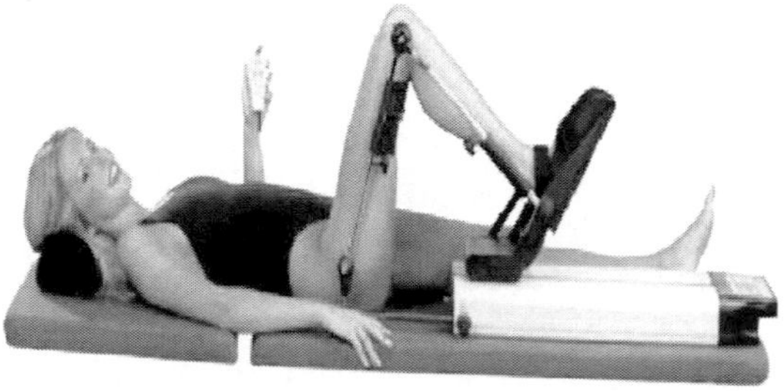

圖 11-8　Fisiotek 下肢被動運動訓練器

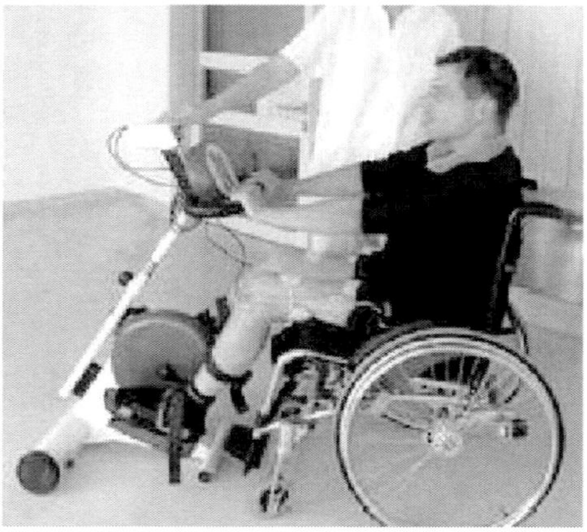

圖 11-9　FES 腳踏車

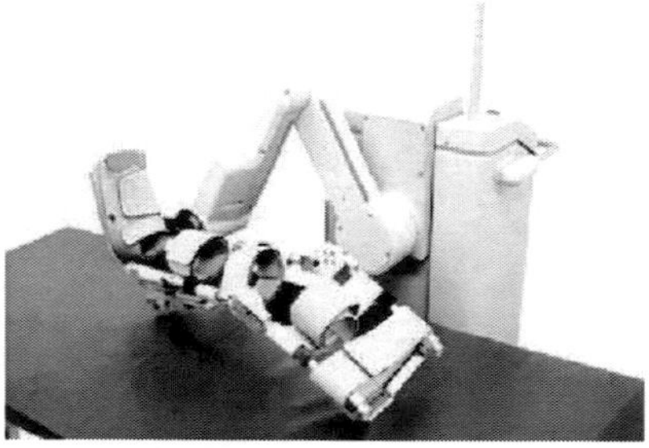

圖 11-10　TEMLX2type D 下肢康復機器人

圖 11-11 所示為日本三重大學研製一種下肢康復機器人[19]。這種康復機器人能實現對使用者下肢的等力收縮。這套設備沒有採用 SEMG 訊號，而是利用最小化肌肉疲勞度最佳化方法來預估分配到各肌肉的收縮張力。經過實驗研究，發現預估肌肉收縮張力與肌肉運動勢能的波形曲線吻合得很好。這套設備充分考慮大加速度可能帶來的肌肉損傷問題，並在設計的控制器中加入加速度調節環節。研究者對下肢肌肉骨骼進行了建模，並採用了兩種最小化肌肉疲勞強度方法來預估肌肉收縮強度：第一種方法是 Crowninshield 等提出的相關約束條件下，透過最小化目標函數計算出肌肉收縮強度是所有肌肉應力三次方和的立方根[20]；第二種方法是利用 Hase 等提出的基於肌肉最佳化模型計算得到的肌肉收縮強度

計算公式[21]。

(3) 外骨骼型康復機器人

外骨骼型康復機器人的研究較有代表性的包括日本築波大學研製的 Robot Suit HAL (圖 11-12)[22]、美國 Berkeley Bionics 公司研製的 eLEGS[23]、紐西蘭 Rex Bionics 公司研製的 REX[24]。這類康復機器人主要用於患者後期的步態康復。如圖 11-13 所示為美國研製的一種帶有步行臺的穿戴式康復機器人 RGR Trainer[25]。

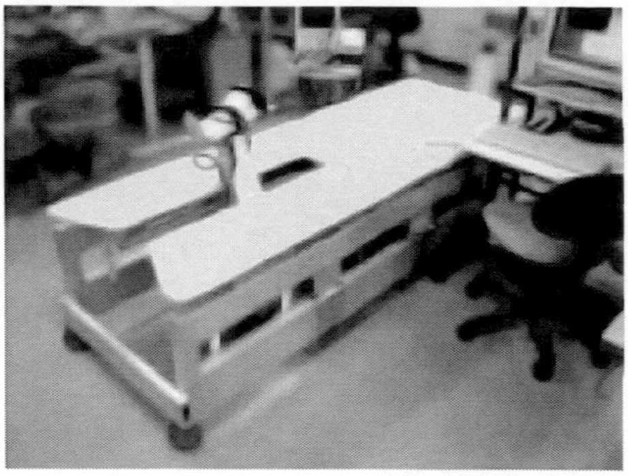

圖 11-11 三重大學下肢康復機器人

圖 11-12 Robot Suit HAL 康復機器人

圖 11-13 RGR Trainer 康復機器人

11.2.3 中國康復機器人發展狀況

中國康復機器人的研究起步較晚，但也取得了一系列卓有成效的研究結果。哈爾濱工業大學的姜洪源等[26] 將 FES 和腳踏車結合進行了研究，如圖 11-14 所示。清華大學從 2000 年即開始了康復的研究並取得了一系列可喜的成果[27]。圖 11-15 所示為清華大學季林紅教授等研製的上肢康復機器人[28,29]，該機器人機械臂採用平面連桿機構輔助患者進行多關節、大幅度的複合康復訓練。依據偏癱康復理論和實際臨床康復訓練方法，康復機器人可以實現患肢被動、主動、助力和阻抗四種基本訓練模式。上海大學對懸掛式下肢康復機器人進行了研究[30]。浙江大學、中科院合肥智慧所和中國科技大學對穿戴式下肢康復訓練機器人進行了研究[31,32]。哈爾濱工程大學張立勛等研製了坐/臥式下肢康復機器人[33]。燕山大學邊輝等研製了基於 2-RRR/UPRR 和 4-UP(Pe)S/PS 並聯機構的踝關節康復機器人[34,35]。其他進行下肢康復機器人研究的單位還有中科院自動化研究所、上海交通大學、天津大學、華南理工大學、北京工業大學等。

圖 11-14 哈爾濱工業大學 FES 和腳踏車結合研究

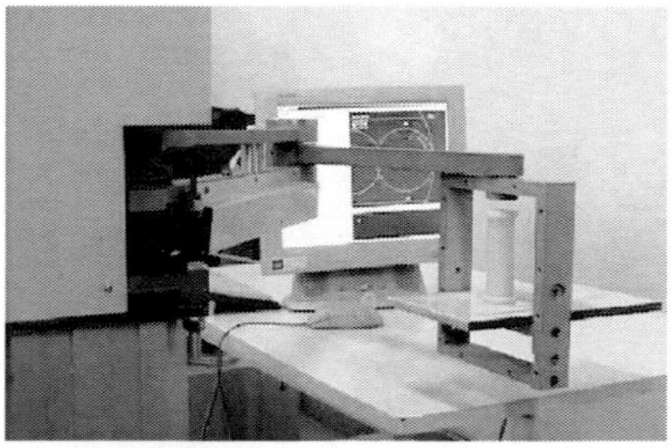

圖 11-15 清華大學的康復機器人

哈爾濱工業大學設計了一種 5-DOF 外骨骼式上肢康復機器人系統，如圖 11-16 所示，可以實現雙臂互換訓練。5-DOF 運動為肩部屈/伸、旋內/外、肘屈/伸、腕關節屈/伸及外展/內收運動，肩肘處的驅動器是 3 個 Panasonic AC 伺服電機，腕處為 2 個 MaxonDC 伺服電機，採用基於 SEMG 的控制方法，可完成肩、肘、腕康復訓練。華中科技大學對基於人工氣動肌肉（PM）驅動的 2-DOF 手腕康復機器人、4-DOF 手臂康復機器人、9-DOF（8-DOF 主動、1-DOF 被動）上肢康復機器人進行了系統研究。

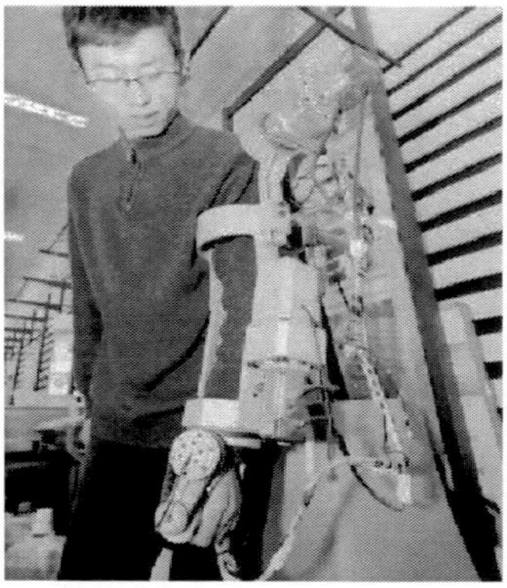

圖 11-16 哈爾濱工業大學的 5-DOF 康復機器人

廣州一康醫療設備實業有限公司 2010 年生產了一種無驅動的患者主動訓練型上肢康復機械系統——肢體智慧回饋訓練系統 A2。該系統是一種混聯式 6-DOF 肩、肘、腕組合康復系統，透過虛擬實境技術，增設多種訓練的虛擬趣味遊戲來輔助完成單關節（1 維）、多關節（2 維）及複雜空間（3 維）的被動康復訓練，並具有自動識別、記錄、分析、評價患者康復訓練效果的功能，如圖 11-17 所示。中國科學院瀋陽自動化所機器人學國家重點實驗室探討了基於 SEMG 方法的機器人關節連續運動控制問題，設計了簡單上肢康復機器人樣機。此外，上海交通大學研究了一種用於患者主動訓練的 6-DOF 無驅動外骨骼式上肢康復機器人，可實現肩部屈/伸、旋內/外、大臂轉動、肘屈/伸、腕關節屈/伸及外展/內收運動，且具有簡單彈性重力支撐裝置。東北大學、北京工業大學等也對上肢康復機器人系統進行了探討。

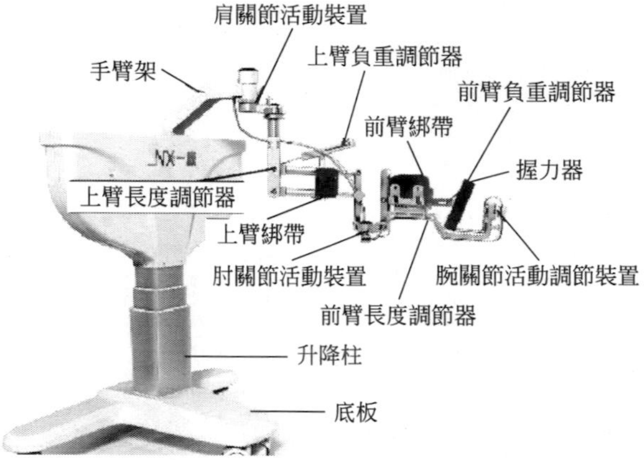

圖 11-17　肢體智慧回饋訓練系統 A2

璟和機器人公司成立於 2012 年，總部位於上海，專業研發康復訓練機器人。目前，該公司已推出多體位智慧康復機器人系統（型號：Flexbot，見圖 11-18），適用於各級醫療機構的康復醫學科、骨科、神經內科、腦外科、老幹部科等相關臨床科室，用以開展臨床步態分析，具有機器人步態訓練、虛擬行走互動訓練、步態分析和康復評定等功能。

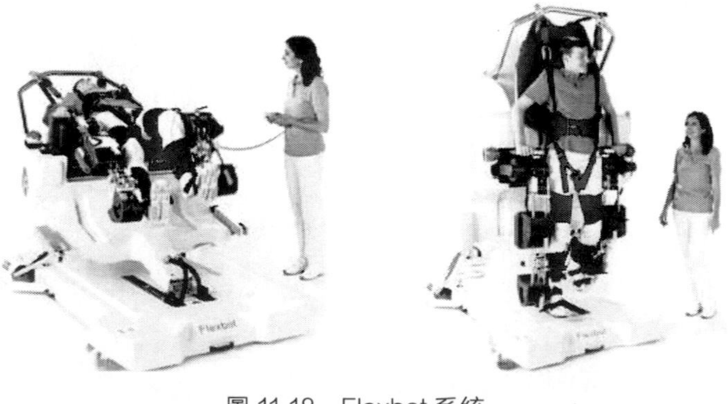

圖 11-18　Flexbot 系統

大艾成立於 2016 年，總部位於北京，是中國康復機器人軟硬體產品研發、生產、銷售和服務的一體化提供商，產品包括 AiLegs 系列、AiWalker 系列、步態檢測分析系統、動態足底壓力檢測分析系統和智慧病案收集系統。圖 11-9 為其雙足型下肢外骨骼康復訓練機器人。

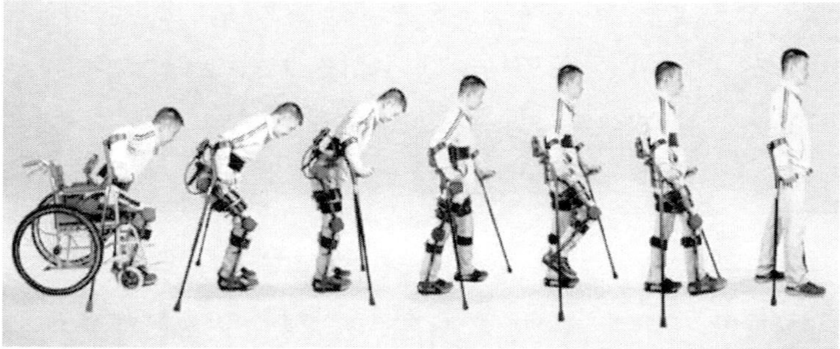

圖 11-19　大艾雙足型下肢外骨骼康復訓練機器人

安陽神方成立於 2010 年，總部位於河南，主要從事肢體功能康復及評估設備的研製，主要產品為系列化、單元化的上肢康復機器人和下肢康復機器人。其中，上肢康復機器人主要有 3 自由度上肢康復機器人、4 自由度上肢康復機器人、6 自由度上肢康復機器人等 9 種型號；下肢康復機器人有坐臥式下肢康復機器人，適用對象是腦中風、手術、外傷引起的肢體運動功能障礙患者的康復治療訓練及評估。圖 11-20 為其智慧 6 自由度上肢康復機器人。

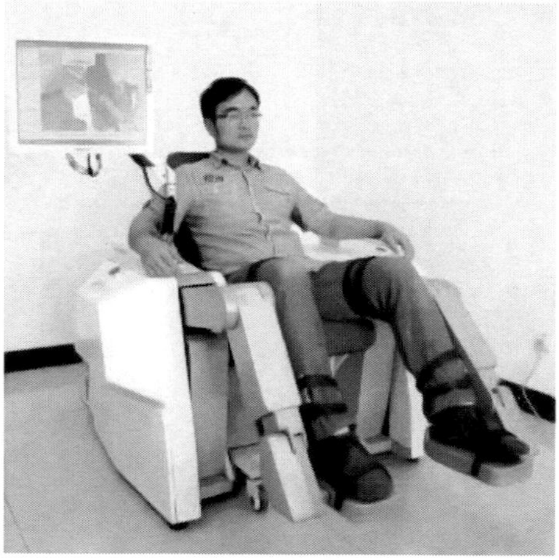

圖 11-20　安陽神方的智慧 6 自由度上肢康復機器人

11.3 康復機器人關鍵技術

11.3.1 康復機器人系統設計分析

肢體康復機器人的結構設計仍然是當前的一大困難，其中驅動機構的類型選擇、設計及安裝位置和電子測量控制元件的設計是關鍵環節。其思想是基於神經的可塑性，以完成某任務為目標，讓患者透過大量重複的訓練，使大腦皮質重組，透過深刻的體驗來學習和儲存正確的運動模式。實踐已經證明該康復訓練方法具有較好的效果。回饋性的訓練方式使得功能性運動治療成為可能，也是機電系統要實現的設計目標。設計應遵循的原則如圖 11-21 所示。

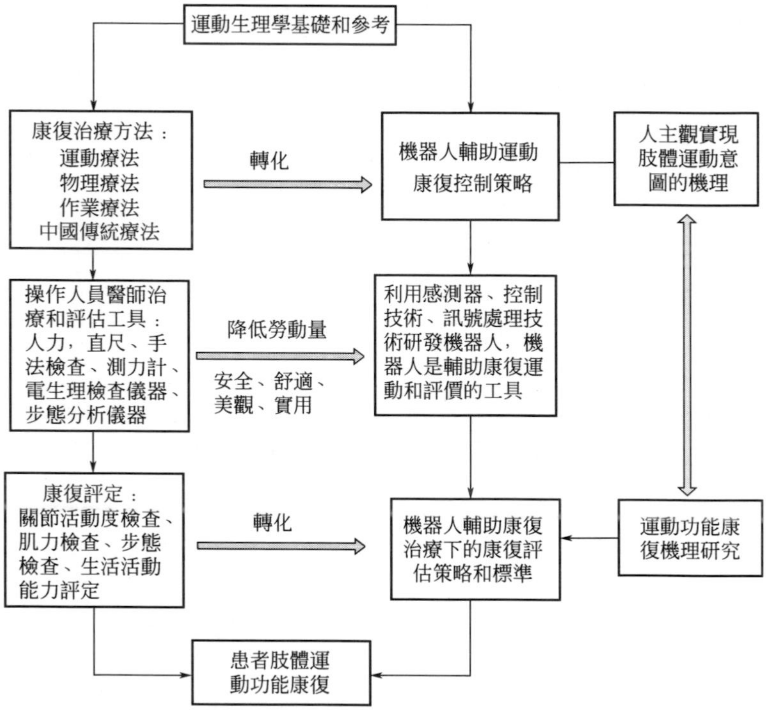

圖 11-21　康復機器人設計原則

康復機器人設計除了考慮人體運動的生理特性和與醫師的治療方式結合外，還要考慮以下幾點。

① 結構設計要精巧，製作的外觀在視覺上要讓患者和醫師能夠易於接受。

② 結構上要和人體肢體充分相似，包括自由度的分配和關節結構的設計。

③ 驅動裝置的布置和結構設計要求小巧靈活，動力裕量足。

④ 感測器應選擇與感覺相似的觸覺和力感測器，布置要滿足控制的要求。

⑤ 可以數位化分析人的動作，然後控制機械臂來實現，達到預期的控制效果。

⑥ 安全性、可靠性要求高，避免對患者的二次傷害。

現有康復機器人的結構大概可以分為 3 類：端部結構、外骨骼結構、混合型結構。端部結構一般是患者肢體與機器人接觸於某一點，例如 MIT-Manus、

ARM-Trainer 等，該類結構設計簡單，應用方便，但是對於特定關節的針對性控制訓練方面則有明顯的不足。外骨骼結構與患者肢體接觸部位多，例如 ARM Guide、Lokomat，可以分別對患者單關節或多關節訓練，但有些學者認為該機構本身限制了患者活動自由度。混合型結構在運動控制上綜合了上述兩種機構的優點，但其設計的工作量很大，成本較高。綜合現有研究狀況可知，對比上肢康復機器人的發展，現有的下肢康復設備以被動訓練為主，缺乏目標導向訓練設計，而恢復患者下肢的行走能力是康復治療的首要目標。

康復機器人在設計中應具備如下功能。

① 控制策略應能智慧化地根據人機耦合力的大小而做出對應的調整。

② 應結合生物資訊回饋（肌力疲勞度，心跳、呼吸的頻率，功能性電刺激 FES）控制機器人運動，以提高康復效果。

③ 即時採集記錄運動訓練參數並和評估功能相結合。即時檢測患者的運動狀態並自動調節系統控制參數，實現最佳控制。同時為醫護人員提供準確的醫療數據。

④ 應有神經控制參與康復訓練。只是簡單的軌跡牽引控制與臨床訓練要求不符，而且可能造成異常的運動模式。

⑤ 與虛擬實境技術、肌電訊號（electromyography，EMG）、腦電訊號（electroencephalography，EEG）相結合，能全面促進中樞神經的重組和代償。

⑥ 應有被動、主動、助力三種運動模式。患者的病情差別較大，不同的康復期要對應不同的運動模式。同時要能準確實現醫師設計的不同的康復方案，並提供必要的運動參數和人機耦合力參數。

11.3.2 康復機器人控制策略

康復機器人的運動控制與傳統的工業機器人不同，應與患者的病情和康復理論相適應。現有的康復運動控制策略經歷了從基本的力控制、力場控制到現在的生物電訊號控制。

力控制是廣泛應用的一種方法，即透過各種力/力矩感測器檢測機器人施加的力或人機耦合力的大小，並按照某種控制目標進行控制。鑒於病患部位和康復方法的不同，力控制策略涵蓋了經典控制理論和現代控制理論。PID 控制結構簡單，實用性強，MIME 和 ARM Guide 等都曾用於輔助患者康復訓練。針對多關節運動控制的非線性，為了改善機器人末端位置和力的動態關係，Krebstt 等首次提出將阻抗控制應用於 MIT-Manus 的控制。其對擾動的魯棒性增強，但軌跡跟蹤能力卻變差了。Lokomat 把患者下肢步態的運動自由度和受限方向的運動控制納入了力/位混合控制的控制內，該方法理論上既可以控制患者步態又可以控制人機耦合力，但是需要運算性能極高的電腦系統，否則即時性會變差。基於患者病情多變的複雜性（肌肉痙攣、肌張力變化）和模型參數的不確定性，Takahashi 等用 H2 及最優控制設計了腕關節訓練系統，Wege 等基於 Lyapunov 穩定性方法設計了滑模位置控制器，在適應患者病情變化方面都取得了一定的效果，但即時性要求嚴格的情況下其穩定性和精度不理想。成功應用智慧控制理論進行康復訓練的有：Ju 等用模糊 PID 控制策略應用於被動的軌跡控制，Erol 等用神經網路技術對 PID 參數進行調整，Ahn 等將模糊神經網路應用於肘關節康復控制。模糊控制的固有矛盾在於模糊規則庫的大小所帶來的控制準確性和即時性的兼顧。神經網路控制的關鍵在於隱含層及隱含神經元數量的「合理性」和「泛化能力」。力場控制的思想是：在被動訓練過程和主動訓練過程中把機器人末端所需的輔助力的矢量和阻力的矢量分別設定為位置和速度的矢量函數，從而轉換為力的控制。胡宇川等應用該策略進行了上肢偏癱患者的康復。Patton 等設計了 PID 阻尼力場用於下肢的阻抗訓練。其難點在於個性化的力場的設計及控制個性化的力場的設計策略的選擇。

阻抗控制不同於力位混合控制，阻抗控制方法注重實現康復機器人的主動柔順，避免機構與肢體之間的過度對抗，從而為患者創造一個安全、舒適、自然的觸覺介面，避免患肢再次損傷。除此之外，阻抗控制還有一個優勢：它的實現不依賴於外界環境運動約束的先驗知識。因此，在機器人與患者之間相互作用力的控制問題上，阻抗控制有更為廣泛的應用。在機器人控制領域，阻抗控制的概念最先由 Hogan 提出，是阻尼控制和剛性控制的推廣。從實現方式上而言，阻抗控制分為兩類，即基於力矩的阻抗控制方法和基於位置的阻抗控制方法。第一種方法基於前向的阻抗方程，但通常在控制結構中並不存在該方程的顯式表達，阻抗方程的實現隱含於控制結構中。第二種方法則是基於逆向的阻抗方程，它也稱為導納控制，通常採用典型的雙閉環控制結構——外環實現力控制，內環實現位置控制；其中，逆向的阻抗方程在力控制外環中得以顯式實現。相對而言，針對既有的機器人位置伺服系統，基於位置的阻抗控制方式更加容易實現，而且該算法在使用上更加成熟，性能也更加穩定。

Duschau-Wicke 等以阻抗控制方法為基礎，實現了患者主動參與式的機器人步態訓練策略。在該方案中，利用阻抗控制方法，在理想的空間路徑周圍建立了具備主動柔順特性的虛擬牆，這樣就形成了一條以理想路徑為中心的隧道，以將下肢保持在其內部。在隧道內部時，下肢的運動軌跡是自由的，此時，在運動方向上會額外提供一個可調節的支撐力矩，幫助患者更加輕鬆地沿著預定路徑進行運動，同時降低機器人的運動慣性對訓練造成的影響。一旦下肢處於隧道外部，虛擬牆壁將對其施加一個柔順力，以調整腿部的位置和姿態。該方案還提供了一個可選的控制模塊，利用一個沿著運動路徑移動的柔性窗，來限制下肢運動的時間自由性。此外，在訓練過程中，參考路徑和實際運動軌跡將即時地顯示在螢幕上，為患者提供視覺回饋。用實驗對該路徑控制策略進行了評價，有 10 名健康人和 15 名非完全脊髓損傷患者參與，運動回饋數據的時空特徵顯示，參與者可以主動地改變步態訓練的軌跡，但是潛在的運動空間範圍由控制參數定義，而不受主動力矩的影響；根據表面肌電訊號顯示，相對於被動式步態訓練，該策略調動了患者的參與積極性，但是主動的肌肉活動會隨著支撐力矩的增加而減少。

Hussein 等針對下肢康復機器人 Gait TrainerGT I 提出了一種自適應阻抗控制方法，用於實現步態訓練。該控制方法的特徵是，它根據速度誤差，設置了一個尺寸可調的柔順偏離窗口，依據患者足部和設備腳踏板之間相互作用力，可以在窗口內調整步態訓練的速度，允許實際的速度在一定程度上偏離理療師設置的參考值。為驗證方法的可行性，對其進行了模擬研究。Tsoi 等針對一款踝關節康復機器人提出了一種可變式阻抗控制，在該方法中，依據不同狀態下踝關節的柔順度，對控制器的阻抗參數比例地進行調整，模擬結果顯示，該控制方法實現了被動式運動訓練過程中的主動柔順性。Cao 等對輔助起立式下肢康復機器人採用了阻抗控制方法，其目的是幫助患者能夠以正常舒適的姿態，安全有效地完成站立訓練，同時，確保機器人系統可以根據患者的主動運動意圖適時地調整患者的位置。

基於生物醫學訊號的控制策略，SEMG（surface electromyography，表面肌電訊號）訊號屬於生物電訊號，人們對 SEMG 訊號的研究開始於 1783 年，並發現了其與肌肉功能的狀態有著密切的直接關係。1950 年，DISAA/S（Denmark）公司設計出一種三通道的 SEMG 檢測儀，此後人們在醫療康復領域就開始了 SEMG 訊號的應用研究。1976 年，SEMG 檢測進入了數位化時代。SEMG 的特徵提取被認為模式判別的關鍵步驟，研究者嘗試採用的 SEMG 特徵提取方法包括均方根值 RMS、倒譜系數、自回歸（autoregression，AR）模型、時域統計量、多元 AR 模型、小波方法、非線性動力學等。這些訊號處理方法分別從時域、頻域和時頻聯合分布等角度來分析 SEMG 訊號。Hudigns 等提出了基於時域統計量的 SEMG 訊號特徵，它包括絕對值平均、過零點數、絕對值平均斜率、斜率符號變化率和波形長度。Englehart 等應用多種時頻分析方法分析 SEMG 訊號特徵。因維數災難（the curse of dimensionality）而引入特徵約減的方法，其結果表明 PCA 法（principal component analysis，主成分分析）具有比較好的識別效果，但時域統計量的計算量比較小，所以在實際應用中具有一定優勢。隨著多通道 SEMG 訊號採集技術的成熟與應用，以及高維數 SEMG 訊號特徵方法的使用，資訊（維數）約減技術成為近年來 SEMG 訊號分類研究中的一個重點。Huang 等採用前向順序正回饋選擇（straightforward sequential feedforward selection）算法來確定具有最佳分類效果的 SEMG 訊號通道組合，D. Peleg 等提出使用遺傳算法選擇 SEMG 訊號特徵，Sherif 等採用隨機選擇算法選擇 SEMG 訊號特徵，Chu 等進一步擴展了 PCA 投影方法，提出了基於 PCA 法和 SOM 的線性與非線性方法相結合的特徵降維算法，其分類效果優於 PCA 法。SEMG 訊號應用於康復領域的代表有：2005 年美國 Michigan State University 設計的功能性假肢，如圖 11-22 所示。該假肢的踝膝關節均為氣動肌肉驅動，腳底安置有壓力感測器，靠力訊號判斷患者的行走姿態。

2009 年，香港理工大學針對腦中風患者設計了 Poly Jbot 康復機器人，該機器人採用連續的 SEMG 訊號並結合各關節的力矩和位置訊號進行控制，如圖 11-23 所示。該裝置還設計了虛擬實境系統以提高患者的訓練興趣及康復效果。

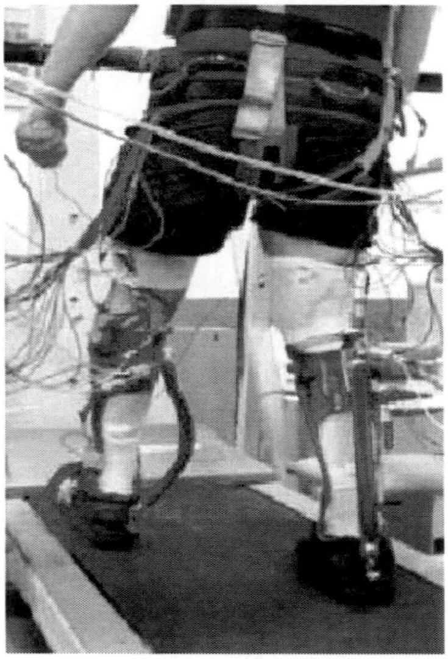

圖 11-22　Michigan State University 假肢

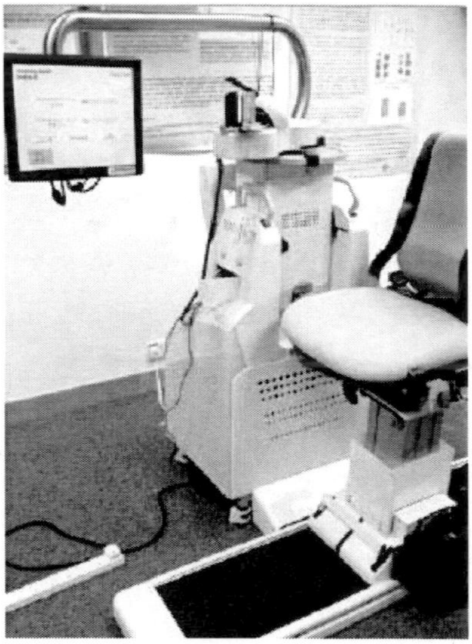

圖 11-23　Poly Jbot 康復機器人

2007 年，德國研製了 SEMG 控制的下肢外骨骼機器人，該機器人主體採用橡膠材料以降低重量。另外，膝關節安裝有位置感測器、力矩感測器、加速度感測器，腳底安裝有力感測器。透過採集股中間肌和半膜肌的 SEMG 訊號來建立 SEMG 訊號電壓和膝關節扭矩之間的線性關係，從而驅動膝關節的電機螺桿進行動力傳遞。

2006 年，荷蘭內梅亨大學 Helena 等設計了膝關節康復機器人。其 SEMG 訊號的採集採用了大面積陣列式電極，利用其採集的訊號結果來控制膝關節運動。大量的 SEMG 訊號能更好地反映肌肉的運動特性。日本築波大學研製的康復機器人 HAL 也採用人體下肢的 SEMG 訊號作為人體運動意圖的識別來控制機器人運動。同時，該機器人也使用了 FES 來刺激肌肉增加肌力。

目前 SEMG 訊號用於控制康復設備可以分為兩類：閾值控制（數位控制方式）和比例控制。結論表明比例控制的方式在反映人的主觀運動意圖和跟隨性方面更有優勢。

11.3.3 康復機器人運動軌跡規劃方法

康復訓練機器人帶動患者進行訓練時，需要給機器人事先輸入穩定的運動數據，在訓練過程中，還需要根據患者的實際平衡能力和協調運動情況，進行在線姿態調整，這也是康復訓練機器人要解決的主要問題之一。這與仿人機器人有類似之處，不同之處在於，康復訓練機器人的操作對象是真實的人，機器人的工作空間就是人的運動空間，所以康復訓練機器人的運動規劃首先必須考慮患者的安全，在滿足人體運動約束和生理約束的前提下，輔助患者進行接近人體的自然協調穩定的運動。綜合目前關於仿人機器人的規劃方法，在離線規劃方面，大體可概括為如下幾種方法。

① 基於人體運動捕獲數據，根據測量或者利用圖像等手段捕獲的人體步態運動數據來描述步態運動，並用來驅動機器人，這是最直接的步態生成方法。Lokmat 利用測量得到的正常人的矢狀面內的髖膝關節運動來驅動外骨骼機器人的相應關節。PAM 透過記錄正常人的步態運動再經過示教再現的方式生成機器人步態運動。Chia-YuWang 根據檢測到的人的關節角和關節力矩數據，用關於關節角的 7 次多項式擬合關節力矩，獲得人體運動動力學模型，並據此以最小能量為最佳化目標函數，提出了基於 B 樣條步態軌跡曲線的機器人動態運動規劃方法。該方法直接，但是生成的步態較單一，對環境、人體差異等方面的適用性較差。

② 基於簡化的動力學模型的方法。人體的步態運動是在人的大腦神經支配下完成的具有高度平衡能力和協調性的精妙的運動形式，人們迄今仍不能完全掌握其運動機理。但是基於各種簡化動力學模型生成人類步行運動的方法普遍應用在仿人機器人和雙足機器人的步態規劃中，比較有代表性的是倒立擺模型。二維倒立擺模型首先由 Hemami 等提出，在實際應用中逐步發展成三維即多級倒立擺。H. Miura 設計了具有倒立擺特性的雙足機器人，用狀態回饋控制雙足機器人「Meltran Ⅱ」的質心沿約束線運動，使得其水平動力學方程近似為線性倒立擺模型。倒立擺模型本質是把人的質心等同於擺的集中質量，把人的踝關節等同於倒立擺支點，透過控制踝關節力矩和支點位置保持倒立擺平衡實現所需要的質心運動。該法適於給定質心參考運動軌跡，來生成雙足運動參考軌跡，在此基礎上結合其他控制方法對軌跡進行平衡和能量方面的修正，基於簡化的人體動力學方法規劃得到的步態運動並不一定優於基於測量數據的步

態規劃結果。

③ 基於模糊邏輯、神經網路和遺傳算法等的智慧方法。由於人或者類人機器人自由度多，動力學具有高度非線性、強耦合和高階等特點，通常得不到通用解析解，實現動態穩定步行的軌跡不易獲得。除了採用簡化模型的辦法外，採用現代智慧控制方法如模糊邏輯算法或神經網路算法，利用其強大的自學習和自適應能力，可避免複雜的人體正逆動力學計算，可用於步態合成、步態控制以及步態參數最佳化等方面。麻永亮等提出用模糊策略規劃期望 ZMP 軌跡。楊燦軍等在其開發的增力用穿戴式人體外骨骼機器人中，以檢測的左右腳足底壓力作為輸入，利用模糊自適應神經網路算法模擬人體動力學，輸出膝關節角和踝關節角來合成步態驅動機器人運動。A. W. Salatian 等提出使用「SD-2」爬坡法的強化學習方法。J. G. Juang 用時間反傳學習算法分別訓練前饋網和模糊神經網路，給予給定的參考軌跡，進行兩足機器人的步態合成。A. L. Kun 等用 CMAC 神經網路進行左右、前後平衡的自適應控制，使兩足機器人「TOddler」實現從 21cm/min 到 72cm/min 範圍的平面變速行走。但是步態運動的不確定性等因素導致合理的模糊規則建立十分複雜，實際效果很難保證，而神經網路方法對不同的步態需要重新訓練樣本，加之目前的神經網路方法在結構及計算方面還有許多待解決的問題，使得這種方法離實用還有很大距離。

在基於零力矩點（zero moment point，ZMP）的步態規劃中，常常需要結合幾何約束或能量約束，針對某種最佳化目標，透過最佳化算法來尋求最佳步態。遺傳算法是模擬生物在自然環境中的遺傳和進化過程而形成的一種自適應全局最佳化概率搜索算法。用遺傳算法規劃步態一般先假設某個關節的運動曲線，再用多次函數插值實現問題的參數化，最後利用遺傳算法，根據穩定性條件或其他尋優條件確定問題的各個參數，達到步態規劃的目的。Cheng 等採用 6 個插值點來確定關節的軌跡，利用遺傳算法來最佳化插值點及插值參數，實現機器人動態行走。Capi 等以能量消耗最低為最佳化目標，利用遺傳算法實現了一個有滑移關節的仿人機器人的平滑行走。

④ 基於仿生原理的中樞模式發生器（CPG）方法。生物學研究普遍認為動物的節律運動是低級神經中樞的自激行為，是由位於脊髓或胸腹神經節中的 CPG 控制的。CPG 是由中間神經元構成的局部振盪網路，透過神經元之間的相互抑制實現自激振盪，產生具有穩定的相位互鎖關係的週期訊號，控制動物身體的相關部位進行節律運動。CPG 在人體中的存在性已經被證明。作為一種運動控制機制，CPG 適合作為機器人運動的底層控制器。CPG 的工程可透過微分方程、神經網路等來模擬，Matsuoka 等提出了基於漏極分器的神經元振盪器模型，實踐證明這種模型具有很好的仿生特性。姜山等將 CPG 方法用於 5 連桿兩足機器人的運動控制，構造了 CPG 結構，並給出了 CPG 參數最佳化方法。王斐斐等

利用 Matsuoka 振盪器設計了 5 連桿步行機器人的 CPG 網路控制器，能產生頻率與振幅可調的穩定、可靠的週期訊號。W. A. A. Henry 等研究了貓和人採用減重踏車訓練中與感官輸入訊號的關係，其研究結果對下肢康復機器人設計有積極的指導作用。S. Jezernik 等在 Lolomate 的控制中引入了 CPG 策略，在 CPG 建模、模擬及實驗研究方面做了大量工作。

11.4 康復機器人的典型實例

目前專注醫療康復訓練機器人研究的公司越來越多，全球最早實現商業化的康復機器人公司是瑞士 Hocoma、ReWalkRobotics 等。已與 DIH 蝶和科技合併的瑞士 Hocoma 公司，作為全球康復機器人第一品牌，致力於與歐美多所大學及科研機構合作研發高階康復治療與訓練產品，其醫療康復機器人在人體工程學、電子感測器、電腦軟硬體和人工智慧等眾多方面具備國際領先的技術水準，臨床應用非常廣泛，是全球產銷量最大的康復機器人公司。下面介紹該公司在全球暢銷的三款康復機器人。

① Lokomat 康復機器人。是基於腦功能重塑理論、透過提供最符合人體生理特徵的步態訓練模式並即時提供回饋與評估的外骨骼下肢康復機器人（圖 11-24），對中風、脊髓損傷、創傷性腦損傷、多發性硬化症等神經系統疾病患者訓練有良好的康復效果。目前，Lokomat 幾乎壟斷高階康復機器人市場，全球範圍內裝機數量高達 600 餘臺，已發表的相關文獻數量也多於其他同類機器人文獻數量。

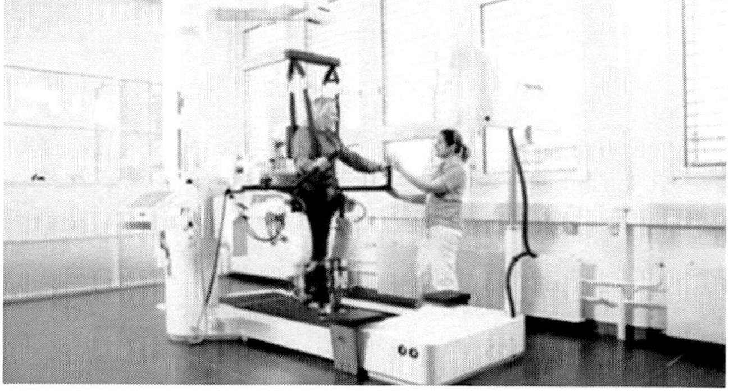

圖 11-24　Lokomat 康復機器人

② Armeo 康復機器人。專為中風、外傷性腦損傷、神經障礙後手部及上肢

損傷患者設計的上肢康復機器人（圖 11-25），支持從肩膀到手指的完整的運動鏈治療。該產品涵蓋了連續性康復的全過程，能夠根據患者的情況自動提供協助，即使是症狀嚴重的早期患者和兒童，也能用此產品進行高強度的早期康復治療。

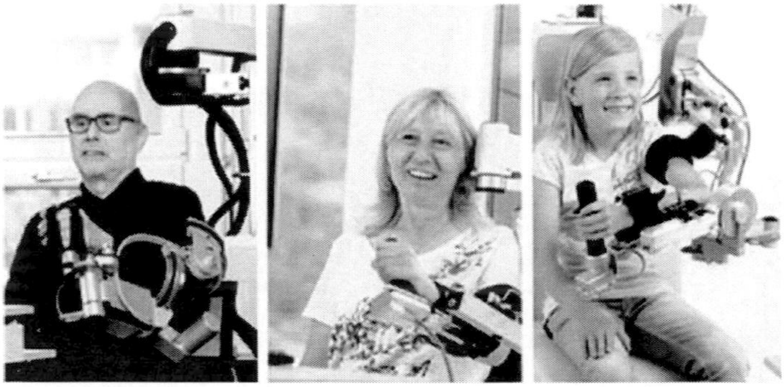

(a)　(b)　(c)

圖 11-25　Armeo 康復機器人

③ Erigo 康復機器人。Erigo 是臥式踏步訓練機器人系統，用於急性期手術後及長期臥床患者進行早期神經康復訓練（圖 11-26），可最大程度保留患者下肢肌肉維度和關節活動範圍，降低由於長期臥床而導致的諸多不良影響。

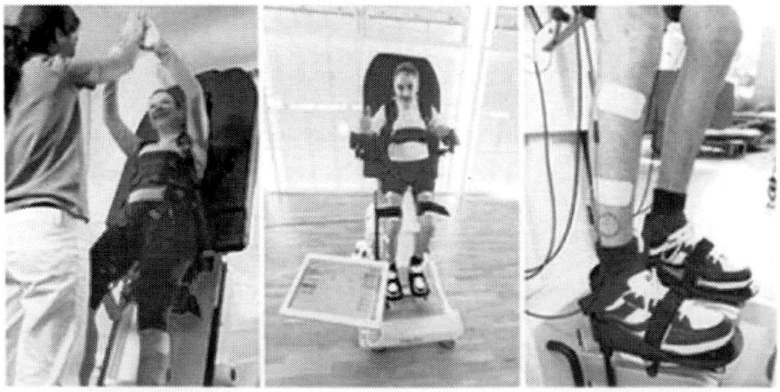

(a)　(b)　(c)

圖 11-26　Erigo 康復機器人

2016 年 3 月，中國國家衛計委聯合 5 部門印發《關於新增部分醫療康復項目納入基本醫療保障支付範圍的通知》，在原已納入支付範圍的 9 項醫療康復項目基礎上，將「康復綜合評定」等 20 項新增康復項目納入醫保支付範圍。預計中國未來 3～5 年內會出現成規模的醫療或護理機器人企業。

廣州一康成立於 2000 年，總部位於廣州，產品主要分為 MINATO、運動康復、物理治療和康復評定四個系列，包括 A1-下肢智慧回饋訓練系統（圖 11-27）、A2-上肢智慧回饋訓練系統、A3-步態訓練與評估系統、A4-手功能訓練與評估系統等。廣州一康的產品已經在市場上銷售，主要是上、下肢智慧回饋訓練系統，透過即時模擬人體手指與手腕運動規律開發而成，具有手指屈肌肌力訊號與伸肌肌力訊號評估功能，既可以訓練手部，也可以訓練腕部。

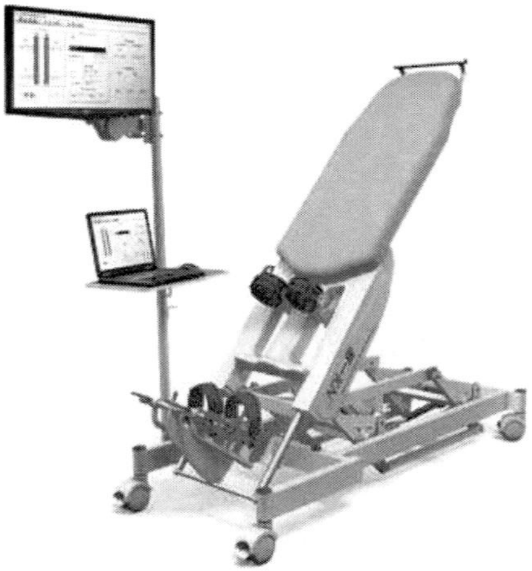

圖 11-27　廣州一康的 A1-下肢智慧回饋訓練系統（標準版）

參考文獻

[1] 戴紅，關驊，王寧華．康復醫學[M]．北京：北京大學醫學出版社，2009.

[2] Jiang Jingang，Huo Biao，Ma Xuefeng，et al. Recent Patents on Exoskeletal Rehabilitation Robot for Upper Limb [J]. Recent Patents on Mechanical Engineering，2017，10（3）：173-181.

[3] Jiang Jingang，Huo Biao，Han Yingshuai，et al. Recent Patents on End Traction Upper Limb Rehabilitation Robot [J]. Recent Patents on Mechanical Engineering，2017，10（2）：102-110.

[4] Jiang Jingang，Ma Xuefeng，Huo Biao，et al. Recent Advances on Lower Limb Exoskeleton Rehabilitation Robot [J]. Recent Patents on Engineering，2017，11（3）：194-207.

[5] Jiang Jingang，Ma Xuefeng，Huo Biao，et al. Recent Advances on Horizontal Lower Limb Rehabilitation Robot [J]. Recent Patents on Mechanical Engineering，2017，10（2）：88-101.

[6] 張濟川，金德聞．新技術在康復工程中的應用和展望[J]．中國康復醫學雜誌，2003，18（6）：352-354.

[7] 徐國政，宋愛國，李會軍．康復機器人系統結構及控制技術[J]．中國組織工程研究與臨床康復，2009，13（4）：717-720.

[8] 張通．中國腦卒中康復治療指南（2011 完全版）[J]．中國康復理論與實踐，2012，4

（6）：55-76.

[9] 杜寧．基於 3-RRC 並聯機構的上肢康復機器人設計[D]. 秦皇島：燕山大學，2012.

[10] 杜志江，孫傳傑，陳豔寧. 康復機器人研究現狀[J]. 中國康復醫學雜誌，2003，18（5）：293-294.

[11] Krebs H，Dipietro L，Levy-Tzedek S，et al. A Paradigm Shift for Rehabilitation Robotics[J]. Engineering in Medicine and Biology Magazine，2008，27（4）：61-70.

[12] Hillman M. Rehabilitation Robotics from Past to Present：a Historical Perspective [J]. Advances in Rehabilitation Robotics，2004，306：25-44.

[13] 劉洪濤．截癱患者下肢康復機器人設計與實驗研究[D]. 秦皇島：燕山大學，2010.

[14] 日本松下機器人[EB/OL]. http：//discovery. 0756. 1a/viewnews-13341-page-1. html，2010-8-17/2014-2-15.

[15] Riener R，Frey M，Bernhardt M，et al. Human-Centered Rehabilitation Robotics [C]//9th IEEE Transaction International Conference on Rehabilitation Robotics. Chicago：IEEE Computer Society，2005：12-16.

[16] Deaconescu T，Deaconescu A. Pneumatic Muscle Actuated Isokinetic Equipment for the Rehabilitation of Patients with Disabilities of the Bearing Joints [C]//International Multi-Conference of Engineers and Computer Scientists. Hongkong：published by IAENG，2009，（2）：1823-1827.

[17] Perkins T A，Donaldson N N，Hatcher N A，et al. Control of Leg-Powered Paraplegic Cycling Using Stimulation of the Lumbo-Sacral Anterior Spinal Nerve Roots [J]. IEEE Transaction on Neural Systems and Rehabilitation Engineering，2002，10（3）：158-164.

[18] Hidenori T. Development of Portab. Le Therapeutic Exercise Machine TEMLX2 Influences of Passive Motion for Lower Extremities on Regional Celebral Blood Volume[J]. Proceedings of the Symposium on Biological and Physiological Engineering，2006，（21）：29-31.

[19] Noboru，Okuyama，Satoshi，et al. Development of a Biofeedback-Based Robotic Manipulator for Supporting Human Lower Limb Rehabilitation[C]//International Symposium on Robotics. japan：Mie university，2005，（36）：93.

[20] Crowninshield R D，Brand R A. A Physiologically Based Criterion of Muscle Force Prediction in Locomotion[J]. Journal of Biomechanics，1981，14（11）：793-801.

[21] Hase K，Yamazaki N. Development of Three-Dimensional Musculoskeletal Model for Various Motion Analyses [J]. Journal of JSME，Series C，Dynamics，Control，Robotics，Design and Manufacturing. 1997，40（1）：25-32.

[22] Yano H，Kasai K. Sharing sense of Walking with Locomotion Interfaces [J]. International Journal of Human Computer Interaction，2005，17（4）：447-462.

[23] Naditz A. Medical Connectivity-New Frontiers：Telehealth Innovations of 2010 [J]. Telemedicine and e-Health，2010，6（10）：986-992.

[24] Cudby K. Liberty Autonomy Independence [J]. Engineering Insight，2011，12（1）：8-14.

[25] Pietrusinski M，Cajigas I，Mizikacioglu Y，et al. Gait Rehabilitation Therapy Using Robot Generated Force Fields[C] // 2010 IEEE Haptics Symposium. Waltham，USA：Cagatay Basodogan，2010：401-407.

[26] 姜洪源，馬長波，陸念力，等．功能性電

刺激腳踏車訓練系統建模及模擬分析[J]. 系統模擬學報，2010，22（10）：2459-2463.

[27] 程方，王人成，賈曉紅，等．減重步行康復訓練機器人研究進展[J]. 中國康復醫學雜誌，2008，23（4）：366-368.

[28] Zhang Y B，Wang Z X，Ji L H，et al. The Clinical Application of the Upper Extremity Compound Movements Rehabilitation Training Robot[C]//IEEE International Conference on Rehabilitation Robotics. Chicago：IEEE ICORR，2005：91-93.

[29] 張秀峰，季林紅，王景新．輔助上肢運動康復機器人技術研究[J]. 清華大學學報，2006，46（11）：1864-1867.

[30] 方彬，沈林勇，李蔭湘，等．步行康復訓練機器人協調控制的研究[J]. 機電工程，2010，27（5）：106-110.

[31] Yang C J，Niu B，Zhang J F，et al. Adaptive Neuro-Fuzzy Control based Development of a Wearable Exoskeleton Leg for Human Walking Power Augmentation [C]//IEEE ASME，International Conference on Advanced Intelligent Mechatronics. Monterey：IEEE ASME，2005：467-472.

[32] 孫建，余永，葛運建，等．基於接觸力資訊的可穿戴型下肢助力機器人感測系統研究[J]. 中國科學技術大學學報，2008，38（12）：432-1438.

[33] 孫洪穎，張立勛，王嵐．卧式下肢康復機器人動力學建模及控制研究[J]. 高技術通訊，2010，20（7）：733-738.

[34] 邊輝，劉艷輝，梁志成，等．並聯 2-RRR/UPRR 踝關節康復機器人機構及其運動學[J]. 機器人，2010，32（1）：6-12.

[35] 邊輝，趙鐵石，田行斌，等．生物融合式康復機構及其應用[J]. 機器人，2010，32（4）：470-476.

第12章

全口義齒排牙機器人

12.1 引言

牙齒除了具有常規的咀嚼功能之外，對語言、發音、面部形態等方面也起著重要的作用。人類天然牙齒的壽命平均為 65 年，所以正常人一般在 65 歲左右就會損失部分或全部牙齒，需要進行人工義齒修復。無牙頜是指人類的所有牙齒全部缺失，此時需要進行全口義齒修復來保證正常牙齒功能。中國目前從義齒的製作到牙模的排列幾乎每一個加工環節都是手工操作，效率精度都很低，治療週期長，不能滿足患者快速修復的要求。隨著機器人技術的研究逐漸從工業領域轉向醫療、家庭等服務領域，將機器人應用於口腔修復也逐漸變為焦點研究領域。

12.1.1 全口義齒排牙機器人的研究背景

隨著經濟的快速發展、社會的進步，人們對口腔健康的關注日益增強。1998 年的《全國第二次口腔健康流行病調查報告》中指出：35～44 歲和 65～74 歲人群牙列缺損率分別是 10.47％和 35.94％，牙列缺失率分別是 36.4％和 77.8％[1]。2008 年《全國第三次口腔健康流行病調查報告》中指出，65～75 歲年齡組牙齒患病率增加，嚴重程度有所加重。牙齒是咀嚼食物的工具，也是語言功能和面部美觀的保證。嚴重的無牙頜患者，不僅會非常疼痛、面部嚴重變形、影響語言表達，而且會使咀嚼功能降低甚至喪失，進食困難，進而極大程度地縮短老年人的壽命[2,3]。排牙是指全口義齒製作的過程：將事先選好的成品假

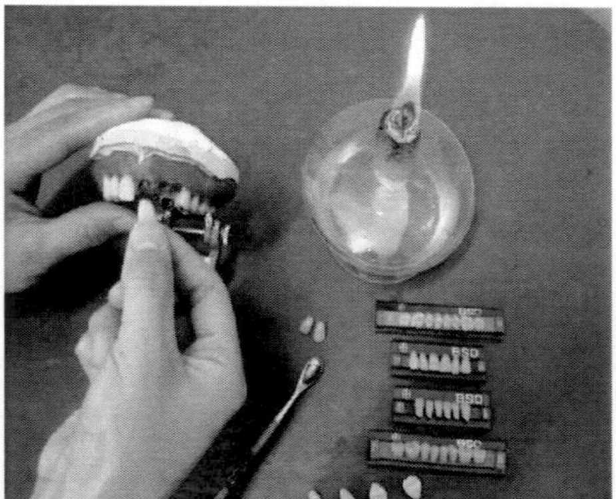

圖 12-1　傳統的排牙方式

牙，按一定的順序擺放到蠟基上。傳統的全口義齒製作必須依靠牙科醫生和技師緊密的合作，依照患者的頜骨形狀純手工完成，如圖 12-1 所示。隨著無牙頜患者的數量逐漸增多，傳統的方式已經不能滿足需求，嚴重地限制了口腔醫學的發展應用，並且阻礙醫療品質的提高，使得口腔修復醫學的發展水準低於其他科學技術。

12.1.2 全口義齒排牙機器人的研究意義

口腔修復學是以視覺效果的評價和手工操作為基礎，以經驗積累和歸納總結為發展方式，以形象思維和形式邏輯為思維方式的科學[4,5]。這導致在臨床操作過程中存在很大的不確定性和限制性，使得它在臨床操作過程中缺乏精確性和一致性。現代高科技對口腔醫學理論及技術的滲透為口腔醫學臨床醫療工作提供了一種全新的工作方式和醫療環境，同時也提高了口腔醫學的理論及實踐的科學性。口腔修復中，傳統的全口義齒製作方法大都是純人工完成。只有資深的牙科醫生與技術嫻熟的技師合作，才能製作出咬合效果好、返修次數少、患者佩戴舒適的全口義齒。然而在實際生活當中，具備這樣技術的醫生和技師數量很少，而能實現這種搭配的更是鳳毛麟角。將機器人技術引入到全口義齒排牙中去，在獲得更精確的操作的同時，還能避免在傳統方式中因醫生的困乏、疾病、情緒煩躁等個人因素造成的誤差，改變當前依靠個人經驗和手工設計製作全口義齒的落後局面，使全口義齒的設計與製作既能符合患者生理功能及美觀要求，同時又能達到規範化、標準化、自動化和工業化水準，進一步提高製作效率和品質，具有重要的實際意義和廣闊的應用前景。

12.2 全口義齒排牙機器人的研究現狀

機器人和電腦技術的發展極大地推動和促進了現代口腔醫學的進步。現如今，將電腦和機器人技術應用到口腔修復學實踐中的研究如火如荼地進行，主要集中於採用 CAD/CAM 系統制作全口義齒修復體上。多操作機機器人作為其中的一種將會越來越多地解放醫生，讓醫生能將精力集中於對患者的治療上。

12.2.1 全口義齒排牙機器人的海外研究現狀

Vienna 大學的 W. Birkfellner 等開發了模塊化的用於口腔修復義齒種植的電腦輔助外科軟體系統[6,7]。

1993 年 7 月至今，日本的 Waseda 大學的 H. Takanobu 等基於人頭骨模型研製出了一系列咀嚼機器人機構[8,9]，圖 12-2 所示為該系列咀嚼機器人。人類口腔的咀嚼規律可以透過本系列機器人定量和動態地獲取，在此基礎上，他們還研製了嘴部開合訓練康復機器人[10]。

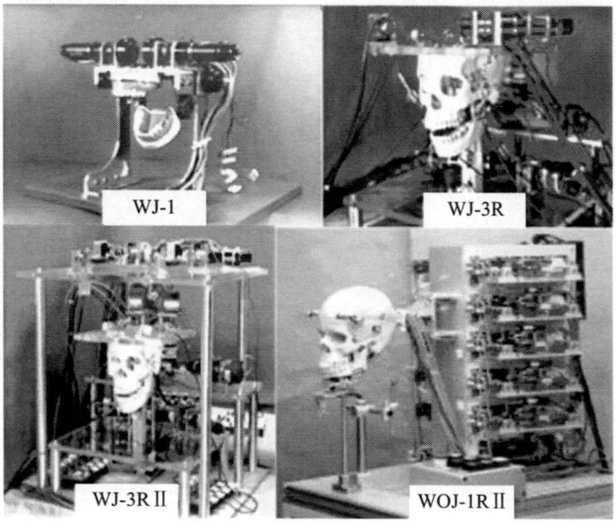

圖 12-2　WJ 和 WOJ 系列的口腔咀嚼機器人

美國 Kentucky 大學 L. Wang 等研製出一種機器人測試系統，該機器人系統如圖 12-3 所示。該機器人系統實現了模擬人類上下牙咬合過程中牙齒咬合面接觸力的測量，進而可以對義齒設計和植入操作進行評估，對於評價義齒種植工序設計的合理性具有重要的現實意義[11]。

日本鹿兒島大學的川細直嗣等透過放大散牙、藉助 VMS-250R 非接觸式三維雷射測試儀得到解剖形態的人工牙，並對獲取的數據進行重建研究，然後利用數控磨床來磨削獲得了全口義齒[12]。

日本大阪大學的前田芳等開發了全口義齒系統 OSAKA VNIVERSEY。首先按正中咬合關係在口內整體取出上下頜印模，對印模進行掃描得到無牙頜及軟組織的表面數據，在工作站上進行三維重建並轉換到三維光造型系統完成光固化樹脂的全口義齒造型加工[13]。

美國 Missouri 大學的 S. M. Schmitt、劉清濱等對 RP 技術在牙科領域的應用做了詳細的綜述，包括 CAD 模型的重建、數據獲得、處理、通訊、RP 原理[14]，並舉例說明了 RP 技術在單顆牙及義齒種植時的應用情況。但鮮見其在全口義齒領域的應用。

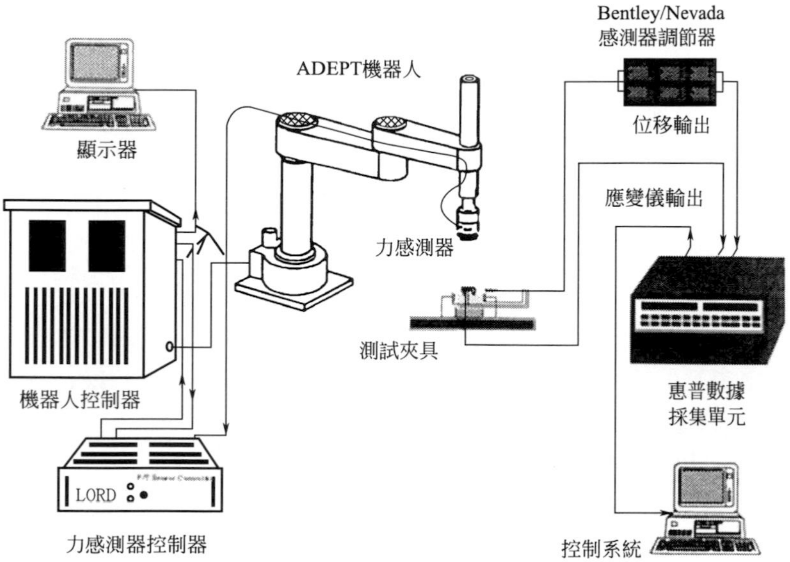

圖 12-3　用於測量義齒種植後咀嚼力的測力系統

12.2.2　全口義齒排牙機器人的中國研究現狀

中國在機器人義齒排列中應用的研究開展較晚，發展也相對緩慢。中國學者開展了全口義齒排牙的數學化和定量化描述、設計製作的研究。

北京大學口腔醫學院呂培軍和北京理工大學機器人研究中心的張永德（現就職於哈爾濱理工大學）、趙占芳等學者合作研發了全口義齒人工牙排列的試驗系統[15,16]，如圖 12-4 所示。該系統透過圖形技術生成無牙頜患者口腔軟組織和硬組織的電腦模型，患者無牙頜骨形態的幾何參數透過他們開發的三維雷射掃描測量系統得到，最後利用專家系統完成全口義齒人工牙列的設計。他們研發出了可調式排牙器，即一種單顆塑膠人工牙與最終要完成的人工牙列的過渡轉換裝置，採用 CRS-450 6 自由度機器人實現義齒任意抓取位姿的調整和定位，並將

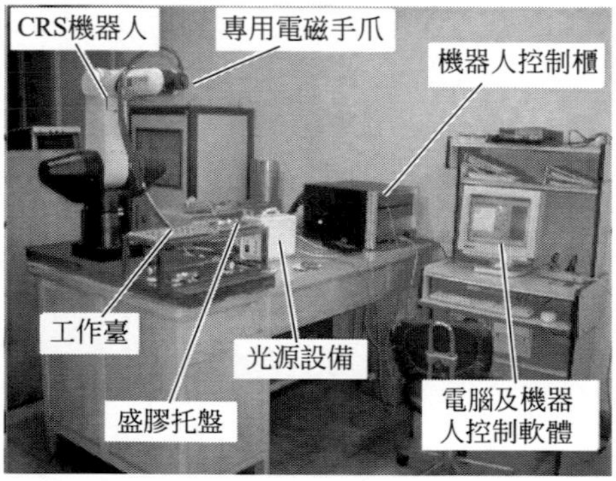

圖 12-4　單操作機全口義齒排列機器人系統

義齒種入可調式排牙器。

第四軍醫大學的高勃等利用 RP 技術，透過雷射燒結鈦粉，加工出全鈦基托和單顆牙[17～21]。但是其研究重點依然是單顆牙。

孫玉春、呂培軍等將 3D 斷面掃描儀和雷射掃描儀結合，對於義齒表面、無牙頜模型和邊界進行聯合掃描，建立牙和牙之間的垂直、水平關係的 3D 圖像數據庫[22,23]。然後用 CAD 軟體將無牙頜、牙齒等組合起來製作出不同的滿足患者要求的鑄牙盒模型。

哈爾濱理工大學張永德等進行了基於 Motoman UP6 機器人操控三指靈巧手實現排牙的研究，對排牙多指手的結構、散牙抓取理論和工作空間分析的研究[24,25]。該多指手每個手指有 3 個自由度，因為人工牙形狀複雜，透過多指手實際上難以精確抓取人工牙。

本著簡單實用的目的，張永德等基於 TRIZ 理論設計了一種小型專門用於排牙的直角座標機器人。利用 Pro/E 進行了虛擬樣機的設計，基於動力學分析軟體 ADAMS 進行了運動模擬分析[26～30]。同團隊的姜金剛等研究了該機器人的結構及抓取 V 形塊的過程，按照最短行程的標準提出了基於遺傳算法的路徑規劃[31]。同時，姜金剛提出透過牙弓曲線可大大減少多操作機排牙機器人的自由度，並對牙弓曲線規劃進行了研究[32～35]。為解決多操作機排牙機器人電機控制的問題，姜金剛還提出了一種新型的控制電機脈衝方法，並進行了相關實驗[36,37]。

12.3 全口義齒排牙機器人關鍵技術

全口義齒排牙機器人系統是一套以機器人操作代替傳統手工操作的全口義齒製作系統，並最終應用於臨床實際全口義齒製作中。排牙機器人的排牙步驟：首先獲取每顆牙的三維資訊，然後對排牙規則進行數位化表達後，透過患者的牙弓曲線進行排牙計算和三維模擬排牙，當三維模擬排牙效果滿意後，再透過牙弓曲線發生器控制點完成排牙。

12.3.1 義齒模型的三維重建

無論採用什麼樣的技術來製作義齒，對牙齒的三維建模都非常重要。牙齒的三維模型對機器人結構的設計、排牙結果有著極為重要的意義。義齒的三維重建一般分為如下幾個步驟：首先對義齒進行三維重建獲得點雲模型；其次，為節省義齒三維建模時間，對義齒點雲數據進行搜索算法，然後為義齒點雲數據進行法向量估計；最後對義齒模型進行孔洞修補，完成義齒的三維模型。下面對上述步驟中具體使用的技術進行介紹。

（1）義齒三維重建技術

目前義齒三維重建技術主要有三大類：隱式曲面算法、Delaunay 三角化算法和區域成長算法。

① 隱式曲面算法。隱式曲面算法是使用隱函數擬合數據點，在零等值面上提取三角網格的方法，主要方法有水平集法、移動最小二乘法、使用徑向基函數（radial basis function，RBF）的變分隱式曲面法以及卜瓦松域（poisson fields）法等。這些方法都要求點雲數據具有準確的法向量，但實際上很難有達到此要求的樣本點。

② Delaunay 三角化算法。Delaunay 三角化算法具有嚴格的數學理論基礎，能夠精確地重建物體表面模型，但其計算量大，而且對含有噪音和尖銳特徵的模型處理能力較差，重建效果不好。

③ 區域成長算法。區域成長算法是從一個初始點或者初始三角面片出發，不斷向周邊擴散成長直到包圍給定的曲面。該類方法思想簡單、實現容易、效率高，但很難處理複雜拓撲模型。

（2）義齒點雲數據的 k 最鄰近搜索算法

在逆向工程中，點與點之間的拓撲關係通常用點的 k 最鄰近點來表示。對於義齒大量散亂點雲，原始的數據點之間沒有相應的、顯式的幾何拓撲關係，任何點的搜尋都必須在點雲集合的全局範圍內進行。在幾兆、幾十兆無序測點數據集合中遍歷搜尋，是造成義齒三維幾何建模速度慢的主要原因。所以，建立測量點雲之間的幾何拓撲（空間位置）關係，減小數據的搜索範圍，是提高義齒散亂點雲幾何構建速度的關鍵。對於義齒散亂數據點雲，通常採用 Voronoi 圖搜索和空間劃分搜索 k 最鄰近點搜索算法以及空間劃分的 k 最鄰近搜索算法。

① Voronoi 圖搜索和空間劃分搜索 k 最鄰近點搜索算法。1973 年，Knuth 提出郵局問題即 k 最鄰近搜索問題。k 最鄰近搜索是在給定數據集中查找距離最近的一個或幾個點，以確定義齒點雲數據之間的相鄰關係。上述方法總體上構造義齒三維點雲的 Voronoi 圖的系統資源耗費高，單純為查詢某些樣本點的 k 最鄰近點集合而構造整個點雲，對系統資源的浪費是巨大的。

② 空間劃分的 k 最鄰近搜索算法。由於大量三維點雲數據整體處理速度慢，所以空間劃分的方式是將點雲數據按照其空間位置劃分到子立方體中處理，而每個子立方體中點雲數據量不大，容易確定數據點間的拓撲關係，但沒有充分考慮到子立方體的劃分與空間數據點密度的關係，如果不同密度的點雲數據劃分的子立方體邊長接近，子立方體內包含的點數是不同的，查找近鄰 k 的速度就會受到影響。

總體上，採用空間劃分進行 k 最鄰近搜索的效率明顯優於基於 Voronoi 圖的搜索，但如何處理子立方體邊緣點雲的 k 最鄰近搜索是空間劃分的重點問題。

隨著測量設備的迅速發展，已經能夠高效率、高精度地採集義齒的外形數據，採集的這些義齒大量數據點雲缺少明顯的拓撲關係，因此需要建立數據點間鄰域關係的數據結構。

(3) 義齒點雲數據的法向量估算技術

由三維掃描儀獲取的義齒點雲數據通常是無序的、沒有固定結構並且缺少方向資訊。點雲數據的法向量方向在曲面重建中起著關鍵作用，沒有法向量的點雲數據重建後還是一個平面圖，如圖 12-5(a) 所示，而點雲數據中含有法向量建立的圖像才是三維的模型，如圖 12-5(b) 所示。因此法向量是進行局部曲面重建的第一步，用來識別曲面的內/外側，從而形成模型的拓撲形狀。雖然法向量可以透過三維雷射掃描儀得到的深度圖像而獲得，但掃描過程中不可避免的噪音、振動等因素使得到的法向量不準確甚至有缺失，很難滿足曲面重建的要求，有必要對法向量重新進行估值。

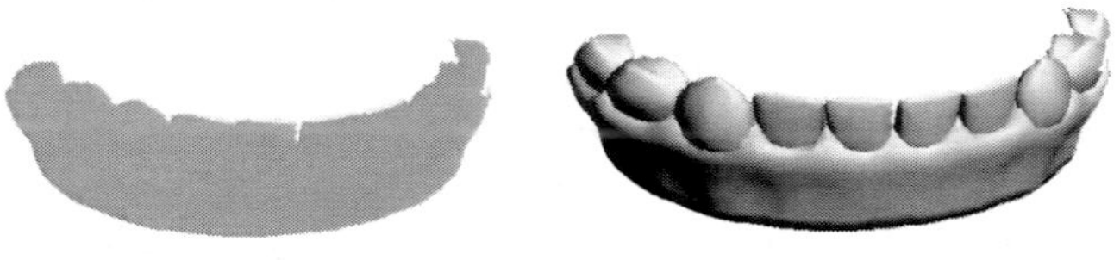

(a) 無法向量效果　　(b) 有法向量效果

圖 12-5　三維重建效果比較

法向量是點雲數據與其 k 最鄰近點形成的空間平面的垂線，通常此垂線所指的方向為模型的外側。也就是說，法向量估算需要含有兩方面內容，一是估算法向量的所在直線，二是估算該直線所指的方向。法向量準確程度決定曲面擬合精度。已有的多數曲面重建算法都依賴法向量的準確程度。然而由於掃描設備的噪音或模型本身的遮擋等原因，點雲數據的法向量不準確甚至不完整。因而有必要在曲面重建前對法向量重新估值。

大多數無法向量的估計方法都依靠主成分分析（principal component analysis，PCA），PCA 方法在曲面的邊緣等一些特殊區域位置法向估算誤差很大，其會在曲面邊緣處的拐點、兩個曲面之間的數據點、數據點分布不均勻的位置等都存在法向量估算誤差。但總體上，每種算法都在某些模型上能夠實現較好的法向量估值而忽略其他情況。

(4) 義齒模型的孔洞修補技術

孔洞在義齒三維重建中是非常普通且不可避免的問題，使用 3D 掃描儀獲得的義齒模型數據多數是不完整的，因為義齒或牙頜的一些深度部分用掃描儀無法測量。另外，掃描過程中義齒模型的誤差，位置擺放是否合理等問題，即使採用多角度掃描然後數據拼合，都有可能造成掃描數據不完整，所以重建後的義齒模型在沒有數據的地方會出現孔洞。近年來，孔洞的修補一直是重建三維模型的一個重要問題，許多學者提出三維重建中數據修補的方法。大多數方法都是假設丟失的數據連同幾何資訊都不存在，這樣在修補時此資訊主要是從周圍模型的形狀中提取。這些孔洞修補技術可大致劃分兩類：基於體繪製的方法和基於面繪製的方法。

基於體繪製的算法中，模型或採樣的數據通常包含在容積的網格中，在重建整個形狀的同時填充所有的孔洞。主要有分割-歸併法、加密算法、Shell 三角化算法和兩步法。這類方法通常使用常規的網格或者自適應的方式網格，由於這類方法基本都是移動立方體方法構建的，因而具有魯棒性，能夠處理小的孔洞以及高解析度的模型，即使對一些幾何形狀再次劃分形成的網格，也能夠修補相應的孔洞，但不能有選擇地進行管理，不能完全按照使用者的想法進行個性修改。

基於面繪製的算法是從模型的幾何分析中推導資訊。透過對模型的分析並在孔洞周圍尋找與孔洞邊界類似的曲面，然後使用已經存在的曲面去修補孔洞。算法可以得到很好的修補效果，而且可以選擇某個孔洞修補，比較方便。但是，孔洞邊界的稜越多，算法的複雜程度也就越高。

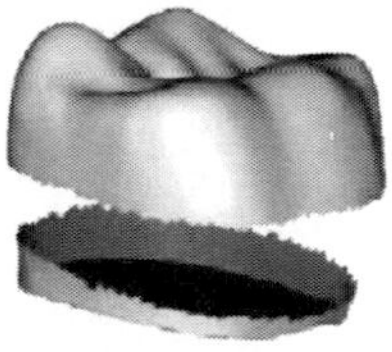

(a)

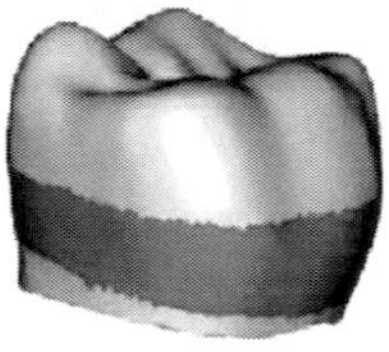

(b)

圖 12-6　義齒修補

總體上，現有的孔洞修補算法只能實現在牙冠等較光滑曲面的修補，如圖 12-6 所示的義齒模型中曲率變化大且不規律的區域修補是目前較難解決的問題。

12.3.2　全口義齒排牙規則的數位化表達

獲取牙齒三維模型後即可對人工牙建立座標系，這對機器人排牙來說也是至關重要的一環。

(1) 中門牙

例如左上中門牙，定性化排牙的原理是保持近中接觸點和頜堤中線一致，保證其在中線的兩邊，切緣落在頜平面上，唇面與頜堤唇面弧度和坡度一致（唇舌向接近垂直或頸部微向舌側傾斜），頸部微向遠中傾斜，冠的旋轉度與頜堤一致[38]。

使切緣落在頜平面上，這樣就能夠確定切牙軸傾度，並可確定近遠中鄰面外形高點的位置，位置不受轉矩角的影響。創建切緣線 l，提取兩外形高點在 l 上的投影點獲得 A 和 B 點，A、B 為該牙近遠中定位標誌點，如圖 12-7(a) 所示。

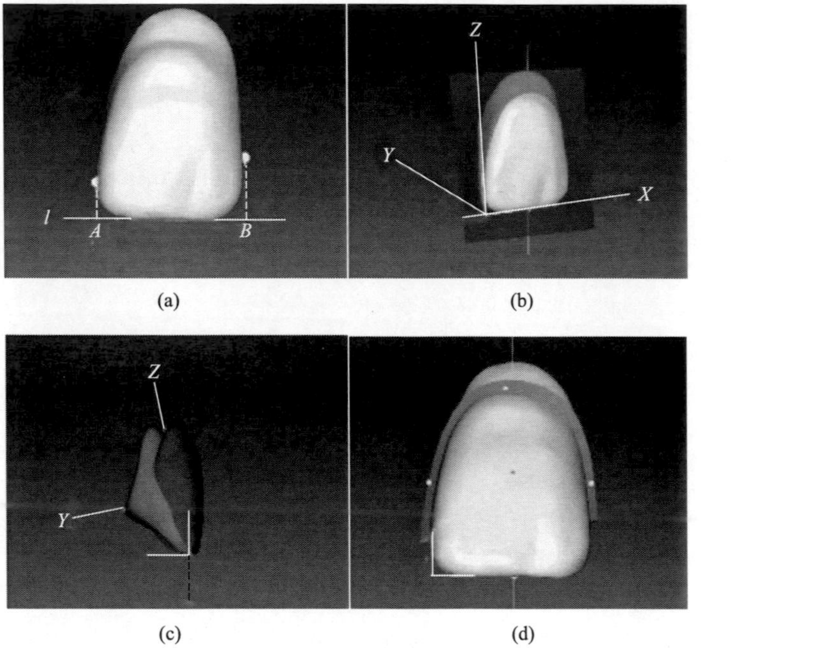

圖 12-7　上左門牙座標系

A、B 兩點和唇面頸緣中點可以構造出「冠狀觀測面」。用 A、B 兩點的中點、唇面頸緣中點創建「切牙觀測長軸」。以國人上中門牙轉矩角統計學測量值為參考[38]，以直線 l 為旋轉軸，人工牙、長軸及冠狀觀測面繞直線 l 做唇舌向旋轉。以 A 為原點、l 為 X 軸、旋轉前冠狀觀測面為 XZ 平面創建「定位座標系」，如圖 12-7(b) 所示。

以唇面中發育嵴中點在旋轉後冠狀觀測面上的投影點為原點，X 軸方向與定位座標系 X 軸一致，以旋轉後冠狀觀測面作為 XZ 平面創建「姿態座標系」，如圖 12-7(c) 所示。

在姿態座標系下，分別構造與 X 軸平行的切向旋轉軸和頸向旋轉軸以及與 Z 軸平行的近遠中向旋轉軸的定位標誌點。從人工牙唇面上獲得「齦-牙交界線」，運用「凸緣曲面」（flange surface）工具沿該線創建邊緣齦曲面。曲面與「齦-牙交界線」所在人工牙面成 135°角，其寬度為 0.5mm[38]，選取門牙唇面中發育嵴中點作為豐滿度標誌點，如圖 12-7(d) 所示。

(2) 尖牙

以上尖牙為例，排牙的要求為牙冠的兩個鄰面面向中線的一面與上側切牙遠中面緊密接觸，頜平面與牙尖頂相接觸，頸部向唇側稍微突出並且略傾斜向遠中，其傾斜度不能超出上中切牙和側切牙之間的距離，保證頜堤唇面弧度與冠的旋轉度一樣[38]。

創建透過牙尖頂點、唇面頸緣中點的冠狀觀測面，要求近遠中牙尖嵴近齦側端點與觀測面的投影距離值之和最小。連接牙尖頂點與唇面頸緣中點得到的線為尖牙觀測長軸。矢狀觀測面經過長軸與冠狀觀測面垂直，進而經過牙尖頂點創建與冠狀、矢狀面均垂直的頜平面，如圖 12-8(a) 所示。

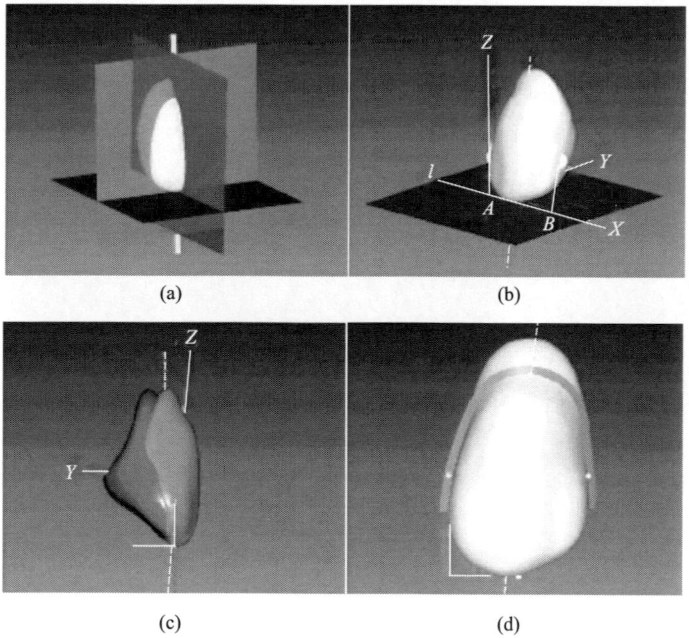

(a) (b) (c) (d)

圖 12-8 上尖牙座標系

在冠狀面上創建經過牙尖頂點與長軸垂直的近遠中向直線 l。參考亞洲人上頜尖牙軸傾度、轉矩角統計學測量值[38] 對人工牙、尖牙觀測長軸和冠狀觀測面進行近遠中向、唇舌向旋轉。在直線 l 上提取 A 和 B 兩點並創建定位座標系，方法同切牙，如圖 12-8(b) 所示。

利用尖牙唇面中發育嵴中點在旋轉後冠狀面上的投影點為原點創建姿態座標系，方法同切牙，如圖 12-8(c) 所示。各旋轉軸定位標誌點、邊緣齦和豐滿度標誌點創建方法同切牙，如圖 12-8(d) 所示。

（3）上頜前磨牙

以上頜第一前磨牙為例，其排牙原則為近中鄰面與上尖牙遠中鄰面接觸，近中窩對向下後牙牙槽嵴頂連線，離開頜平面 1mm，頰尖與頜平面接觸，頸部微向遠中和頰側傾斜[38]。

用頜面近遠中邊緣嵴中點、蓋嵴部中心點創建前磨牙冠狀觀測平面。用近遠中邊緣嵴中點連線的中點和蓋嵴部中心點創建「前磨牙觀測長軸」。經過該長軸創建與冠狀面垂直的矢狀觀測面，進而經過頰尖頂點創建與冠狀、矢狀面均垂直的頜平面，如圖 12-9(a) 所示。

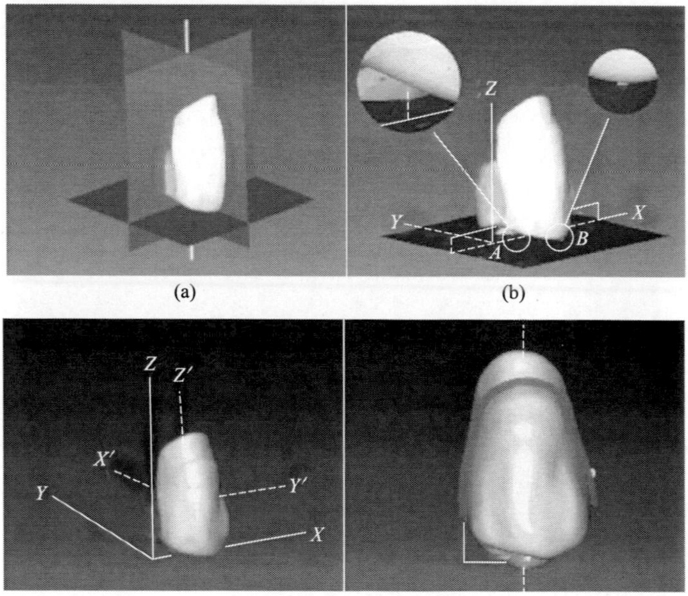

(a) (b) (c) (d)

圖 12-9　上頜第一前磨牙座標系

參考亞洲人上頜第一前磨牙軸傾度統計學測量值[38] 對人工牙進行近遠中向旋轉，根據排牙原則中近中窩、頰尖與頜平面的垂直距離關係對人工牙進行頰舌向旋轉。在頜平面上創建近遠中邊緣嵴中點連線的投影線 l，在直線 l 上提取 A 和 B 兩點，如圖 12-9(b) 所示。

以 A 為座標原點、l 為 X 軸、頜平面為 XY 平面創建定位座標系。以頰面中發育嵴中點在旋轉後冠狀面上的投影點為座標原點，X 軸與定位座標系 X 軸方向一致，以旋轉後冠狀觀測面為 XZ 平面創建姿態座標系，如圖 12-9(c) 所示，各旋轉軸定位標誌點和邊緣齦創建方法同切牙，如圖 12-9(d) 所示。

（4）上頜磨牙

以上頜第一磨牙為例，其排牙原則為近中鄰面與第二前磨牙遠中鄰面接觸，兩個舌尖均對向下後牙槽嵴頂連線，近舌尖接觸牙合平面，遠舌尖、近頰尖離開牙合平面 1mm，遠頰尖離開頜平面 1.5mm，頸部微向腭側和近中傾斜[38]。

冠狀觀測平面、「磨牙觀測長軸」和矢狀觀測面創建方法同前磨牙，經過近中舌尖頂點創建與冠狀面、矢狀面均垂直的牙合平面，如圖 12-10(a) 所示。

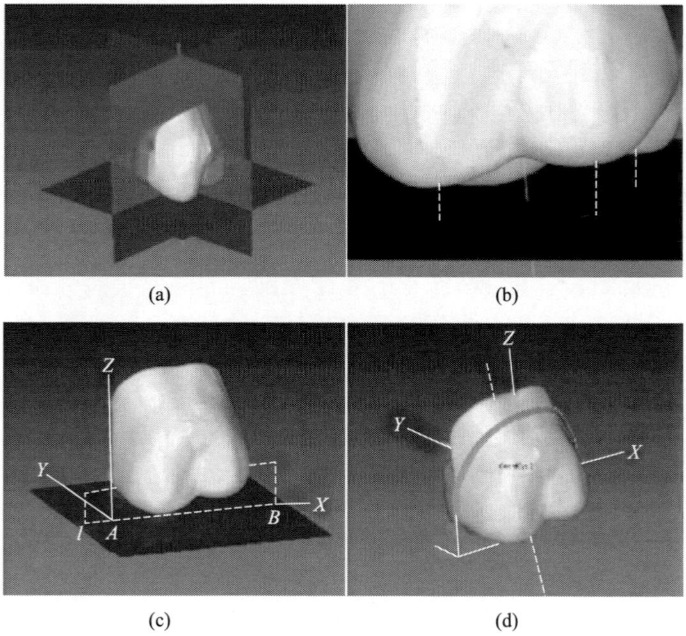

圖 12-10　上頜第一磨牙座標系

依據排牙原則中的要求，既各牙尖頂點與頜平面的垂直距離對人工牙空間姿態進行調整。定位座標系建立方法同前磨牙，如圖 12-10(b) 所示。

以頰面中心點在旋轉後冠狀面上的投影點為座標原點，X 軸與定位座標系 X 軸方向一致，以旋轉後冠狀觀測面為 XZ 平面創建姿態座標系，如圖 12-10(c) 所示，各旋轉軸定位標誌點和邊緣齦創建方法同切牙，如圖 12-10(d) 所示。

（5）下頜後牙

為達到最良好的使用效果，需要下後牙與上後牙的接觸面積最大[38]。為保證正中頜時上、下頜後牙間具有最大面積的尖窩交錯關係，其近、遠中定位標誌點設在頜面近遠中邊緣嵴與中央溝的交點上，並在頰尖頂創建第三個定位標誌點，利用不共面的這三點定位下頜後牙，並獲得與上後牙之間的適當頜關係。

12.3.3 全口義齒牙弓曲線

頜弓和牙弓的幾何形態是口腔修復學研究的重要內容，也是全口義齒製作實現定量化的理論基礎。頜弓、牙弓的幾何形態引起了很多海內外的口腔修復學者專家的研究。海外通常採用的是 Beta 方程模型，該模型是單純的數學推理，透過在所建立的數學模型的局部上連續取值，進而可以算出牙弓弧長、牙弓深度和牙弓寬度三者之間的變量關係，利用電腦曲線擬合程式擬合出一個通用的數學方程，即 Beta 方程，由於該方程比較繁瑣所以很少在中國應用。北京大學口腔醫學院吕培軍等很早就進行了全口義齒的數學表達等方面的研究工作，經過多方面的研究得到了一個比較適用的弓形數學模型，這個模型包括能夠近似描述頜弓和牙弓平面形態的冪函數方程、無牙頜弓和人工牙列的形態適配方程、上下牙弓咬合匹配方程等定量描述關係式[39]。

實際上由於頜弓和牙弓的幾何形態十分不規則，因此很難用數學表達式準確地描述。為了降低對頜弓和牙弓描述的複雜程度，同時保證頜弓和牙弓在垂直方向上有較小的彎曲變化，因此先用頜弓和牙弓在頜平面上的投影，即利用頜弓和牙弓的平面形態來近似地描述頜弓和牙弓。其後在排牙時適當地補償其在垂直方向的變化量。稱平面形態的頜弓和牙弓為頜弓曲線和牙弓曲線。由於無牙頜弓和人工牙列（牙弓）的數學描述特性極其相似，因此都能夠用以下數學模型表描述

$$y=\alpha x^{\beta}, x\geqslant 0 \tag{12-1}$$

式中，α、β 是弓形特徵參數。由以下擬合公式計算

$$\begin{cases}\beta=\sigma(S/W-\mu L/W)^{\tau}\\ \alpha=L/W^{\beta}\end{cases} \tag{12-2}$$

式中，S、W、L 分別表示半側頜弓及半側牙弓的弧長、弓寬和弓長；σ、μ 和 τ 為擬合常數，$\sigma=10.889$，$\mu=0.88$，$\tau=3$。

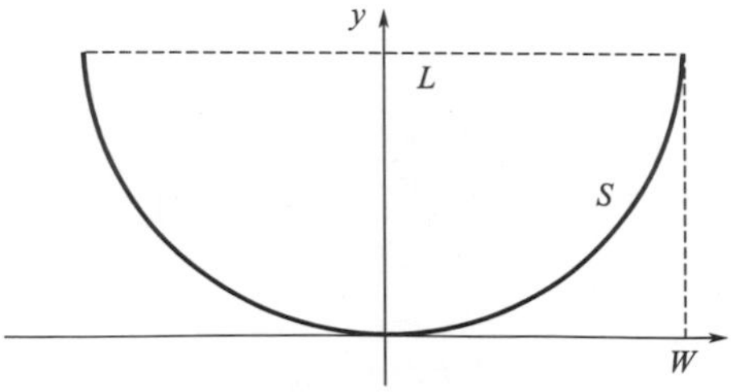

圖 12-11 頜弓和牙弓曲線

由式(12-2) 和圖 12-11 可以看出弓形特徵參數與患者的頜弓參數 S、W、L 是密切相關的。實際上，上下頜弓形狀是因人而異的，而且兩側的頜弓形狀通常是不對稱的，與之對應的牙弓也是如此。所以，要各自描述上下頜弓曲線和上下牙弓曲線，而且分為左右兩側描述（對於曲線的第四象限部分，可以鏡像到第一象限處理），也就是說每條曲

線左右兩側的弓形特徵參數是不相同的。對於頜弓曲線而言，患者無牙頜弓的有關參數 S、W、L 是由口腔修復醫生直接測出的，利用這幾個參數就能夠計算出 β 值，從而得出用來描述頜弓曲線的所有參數。

然而在實際應用中，弓曲線更為重要，在實際中是以牙弓曲線為排牙依據的。因此就提出了怎樣利用頜弓參數計算牙弓參數的問題，也就是如何去匹配人工牙列和無牙頜弓的形態問題。下牙弓參數和上下頜弓參數之間的匹配關係如下

$$\begin{cases}S_{\text{下牙}}=b_{01}+b_{11}S_{\text{下頜}}+b_{21}S_{\text{上頜}}\\W_{\text{下牙}}=b_{02}+b_{12}W_{\text{下頜}}+b_{22}W_{\text{上頜}}\\L_{\text{下牙}}=b_{03}+b_{13}L_{\text{下頜}}+b_{23}L_{\text{上頜}}\end{cases}\tag{12-3}$$

式中，$b_{ij}(i=0,1,2;\ j=1,2,3)$ 為統計回歸係數，取值如表 12-1 所示。$S_{\text{下頜}}$、$W_{\text{下頜}}$、$L_{\text{下頜}}$ 分別代表下頜半側頜弓及半側牙弓的弧長、弓寬和弓長；$S_{\text{上頜}}$、$W_{\text{上頜}}$、$L_{\text{上頜}}$ 分別代表上頜半側頜弓及半側牙弓的弧長、弓寬和弓長。

表 12-1　形態適配方程的統計回歸係數

係數	b_{01}	b_{02}	b_{03}	b_{11}	b_{12}	b_{13}	b_{21}	b_{22}	b_{23}
取值	28.3	15.2	16.4	0.33	0.39	0.42	0.16	0.06	0.22

上下人工牙列（上下牙弓曲線）的咬合匹配方程為

$$\begin{cases}S_{\text{上牙}}=S_{\text{下牙}}+d_1\\W_{\text{上牙}}=W_{\text{下牙}}+d_2\\L_{\text{上牙}}=L_{\text{下牙}}+d_3\end{cases}\tag{12-4}$$

式中，d_1、d_2、d_3 為附加參數。其單位為毫米（mm），取值為 $d_1=3$、$d_2=2$、$d_3=2$。

牙弓的弧長、牙弓的寬度和牙長等參數可以由式(12-3）和式(12-4）計算出，對應的弓形參數可以由式(12-2）計算出，對應頜弓的牙弓曲線方程可以利用式(12-1）算得。因此，可以利用數學語言把原來只能定性處理的牙弓與頜弓的匹配關係定量地描述出來，也就得到了用來定量排牙所需的牙弓控制方程。

根據這些數學模型以及患者的上下無牙頜弓的形狀、大小和正中頜關係的平面投影，就可以為患者匹配出一副合適的人工牙列二維形狀曲線，再結合已成熟的排牙方案，可以最終確定出各個散牙在全口義齒中的位姿。

下面介紹人工牙在牙弓曲線上的位置計算，透過計算即可在三維環境下對全口義齒進行觀察和修改。全口義齒排牙時，各散牙需沿牙弓曲線緊密排列在一起且互不干涉。可以使用牙寬迭代的方法先計算出各人工牙在牙弓曲線上對應弦的位置，進而依據排牙要求和專家排牙經驗，對該位置進行調整。

如圖 12-12 所示，$(x_i, y_i)(i=1,\cdots,7$，編號從牙弓曲線中心線開始，半側牙列共有 7 顆牙，相對應的有 7 條和 8 個端點）為人工牙（散牙描述座標系原點）在牙弓曲線上的位置座標，S 為半側牙弓弧長，W 和 L 分別為半側牙弓的寬度和長度。這樣，依據數學知識可得，從牙弓曲線描述座標系原點（x_0, y_0）開始，可以用下面的方法計算人工牙在牙弓曲線上對應弦的位置。

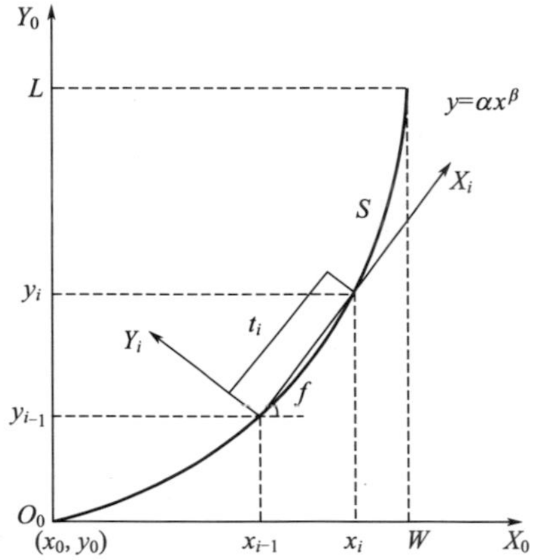

圖 12-12　人工牙在牙弓曲線上的位置

$$\begin{cases} x_0=0, y_0=0 \\ (y_i-y_{i-1})^2+(x_i-x_{i-1})^2-t_i^2=0 \\ y_i=\alpha x_i^{\beta}, y_{i-1}=\alpha x_{i-1}^{\beta} \\ (i=0,1,\cdots,7) \end{cases} \tag{12-5}$$

式中，$t_i(i=1,\cdots,7)$為各散牙的寬度，各型號牙的寬度已知。

令

$$F(x_i)=(\alpha x_i^{\beta}-\alpha x_{i-1}^{\beta})^2+(x_i-x_{i-1})^2-t_i^2(x_i, y_i) \tag{12-6}$$

於是，求人工牙在牙弓曲線上的位置座標轉換為求取方程 $F(x_i)=0$（$i=0,1,\cdots,7$)的解 $x_i(i=0,1,\cdots,7)$。用牛頓迭代法求解，有

$$\begin{cases} x_{i,n+1}=x_{i,n}-\dfrac{F(x_{i,n})}{\dot{F}(x_{i,n})}, i=0,1,\cdots,7 \\ \dot{F}(x_i)=2\alpha^2\beta(x_i^{2\beta-1}-x_{i-1}^{\beta}x_i^{\beta-1})+2x_i \end{cases} \tag{12-7}$$

式中，n 為迭代次數。α 和 β 則由式(12-2) 計算，求出 x_i 後，再由式(12-5) 就可計算出 y_i，從而得到人工牙在牙弓曲線上的位置座標(x_i，y_i)($i=0,1,\cdots,7$)。

12.3.4 全口義齒排牙機器人機械結構

全口義齒排牙機器人按照操作機械手的多少可以分為兩大類：單操作機全口義齒排牙機器人和多操作機全口義齒排牙機器人。

(1) 單操作機全口義齒排牙機器人機械結構

單操作機排牙機器人一般採用串聯機械臂進行操作，只是根據對牙套處理的不同，末端的執行機構會有所不同。下面以張永德設計的單操作排牙機器人(圖 12-4) 為例，介紹單操作機排牙機器人的結構。

該機器人採用 CRS-450 6 自由度機械臂，末端執行機構抓取和放置定位過渡塊，如圖 12-13 所示，因此必須設計和製作出適合抓取定位過渡塊操作的專用手爪。

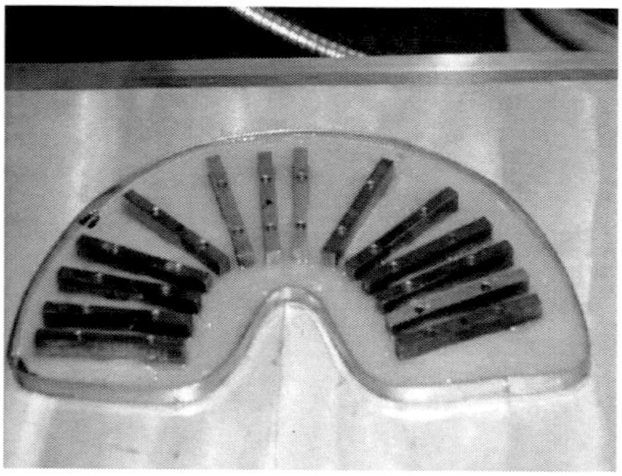

圖 12-13　盛有光固化膠及過渡定位塊的托盤

定位過渡塊的材料採用 Q235 普通碳素鋼，尺寸是 40mm × 8mm × 4mm，兩個定位銷孔的直徑是 ϕ3mm。孔距是 19mm。考慮到定位過渡塊的品質很小，採用電磁吸力應該比較容易地實現抓取，而電磁手爪又易於控制，其體積相對也小，故採用了電磁手爪的方式。

圖 12-14 所示是自製的電磁手爪結構圖。手爪的一端和機器人的腕部末端相連接，另一端是電磁手爪定位銷。兩個電磁手爪定位銷的直徑與定位過渡塊上的銷孔直徑的公稱尺寸相同，採用間隙配合，中心距相同。抓取操作時，手爪上的定位銷首先插入定位過渡塊上的銷孔內，實現精確的抓取位置和姿態，然後使電磁線圈工作吸住定位過渡塊，保證抓取的穩定性。為了獲得較小的手爪軸向尺寸，電磁線圈採用了大直徑小厚度結構。

(2) 多操作機全口義齒排牙機器人機械結構

多操作機排牙機器人是對排牙過程中的 14 顆人工牙的位姿用 14 個獨立的機器人操作手實現。每個操作機有 6 個自由度、結構相同，可以很好地實現空間任意的位姿，每個步進電機驅動控制一個關節，該策略無需機器人手爪直接抓取人工牙，排牙過程中不存在人工牙依次固定等問題，因而提高了系統的精度。透過電機驅動彈性可變形材料上的控制點位置形成不同的牙弓曲線，在彈性材料上安裝 14 個操作機，操作機滑動在上面。每個操作機只需具有 3 個轉動的自由度即可調整牙齒的姿態。機器人系統驅動電機的數量由 84 個減到 50 個，同時降低了控制難度。

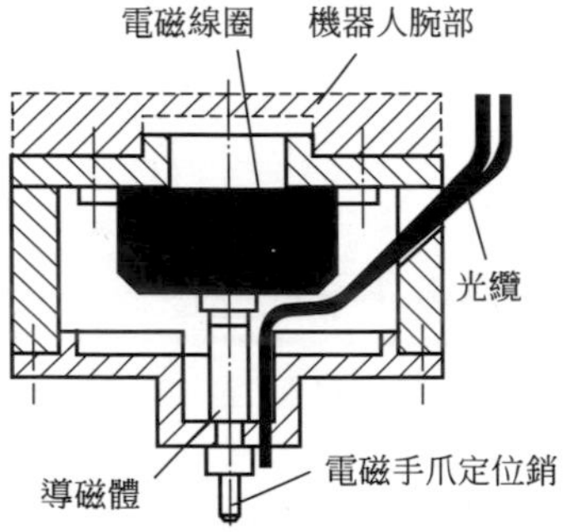

(a) 電磁手爪設計圖

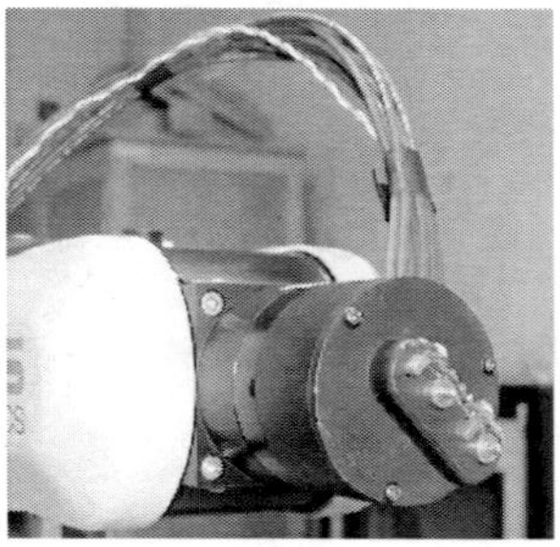

(b) 實物圖

圖 12-14　電磁手爪的結構

圖 12-15 所示為本書研究的多操作機排牙機器人結構，滑臺機構見圖 12-16，牙弓曲線發生器見圖 12-17。牙弓曲線發生器、操作手臂（14 個）、牙弓曲線發生器機構以及傳動結構等部分組成了排牙機器人的機械結構。牙弓曲線發生器上載有 14 個按其間軌道移動的操作機；各操作機利用中介物牙套支撐每粒散牙，它可以實現每顆牙齒的 2 個轉動、1 個移動共 3 個自由度的控制，從而調整牙齒的任意空間位姿。由步進電機驅動的鋼絲軟軸連接兩個平行豎直放置的螺栓桿，螺栓桿運動的同時相對於滑動板上下移動，當兩個螺栓桿的轉動相同時，與散牙共軛的牙套隨著轉動架上下移動，這就實現了散牙的一個移動自由度；當兩個螺栓桿的轉動不同時，轉動架帶著牙套旋轉，實現一個唇舌向轉動自由度。由步進電機驅動的軟軸連接轉動螺柱，這樣轉動架就帶著牙套旋轉，實現了一個近遠中向轉動自由度。該操作機可以實現 3 個自由度的運動，且巧妙簡單又可實現減速自鎖。牙弓曲線發生器的五點（1 個定點，4 個動點）驅動控制由牙弓曲線發生器機構完成，使其成形曲線與患者口腔的理想牙弓曲線吻合，它負責的是每粒牙齒的平面內的兩個自由度；14 個與操作機對應的電機以牙弓曲線形狀排列在操作機的軸線上。

透過對結構的分析可知，該機器人的特點是運動範圍小、承受載荷小、精度要求高、電機數目繁多，並且需要協調控制。

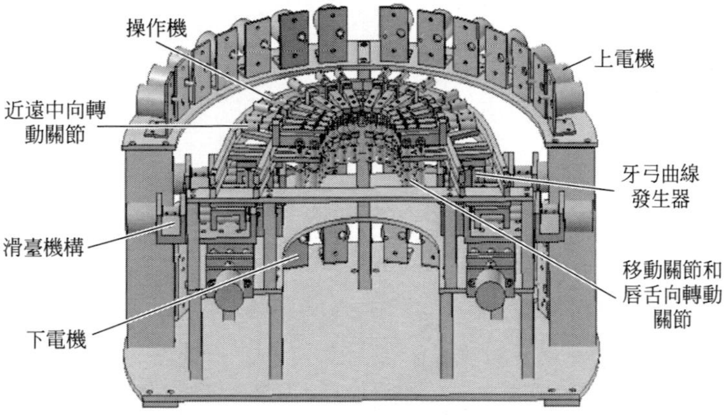

圖 12-15　多操作機排牙機器人的結構

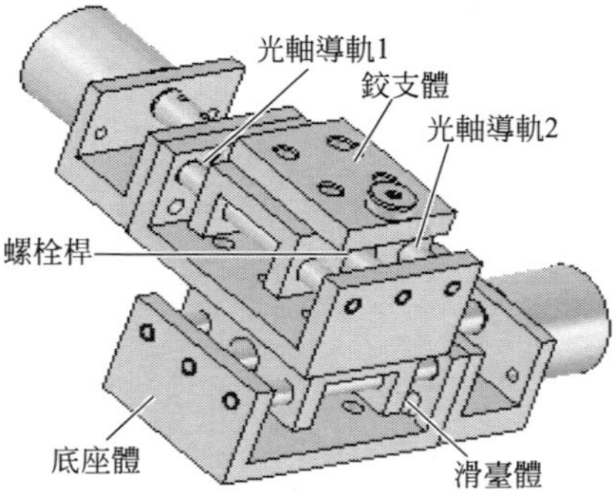

圖 12-16　滑臺機構

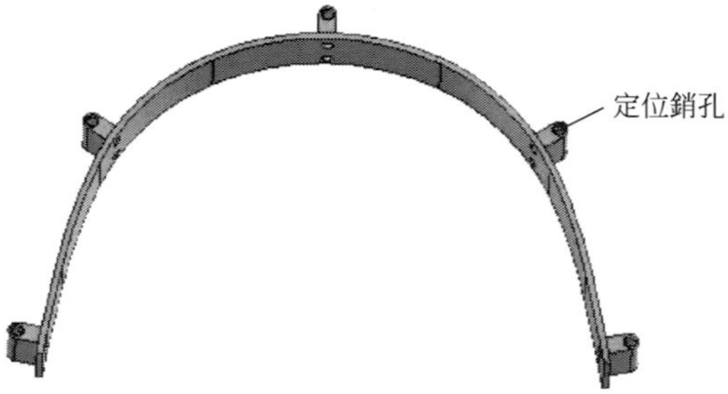

圖 12-17　牙弓曲線發生器

12.3.5 全口義齒排牙機器人的精確運動控制

相對於多操作機全口義齒排牙機器人來說，單操作機全口義齒排牙機器人運動控制比較簡單，且其一般為成套機器人，精度高。但多操作機排牙機器人系統需要控制的步進電機數量多達 50 個，為了協調精確地控制多操作機全口義齒排牙機器人，就必須對驅動其運動的步進電機進行精確的速度和位置控制。下面以多操作機全口義齒機器人為例介紹全口義齒排牙機器人的精確運動。

由於採用了開關量的介面卡配合光電隔離板與 PC 機結合作為多操作機排牙機器人的控制系統，所以在控制的過程中只能採用軟體編程法來實現定時。脈衝發送的精確性和穩定性影響電機運行的穩定性，因此軟體定時是否精確對全口義齒排牙機器人的精確運動控制起到至關重要的作用。也就是要利用軟體定時技術實現精確頻率的方波脈衝訊號的輸出，其實質是如何利用軟體實現高精度和高穩定性的定時計數。一般來說，其分為即時定時控制脈衝實驗方法和 CPU 時間戳定時控制方法。

（1）高解析度即時定時控制脈衝實現方法

利用 while 循環語句實現時間的延遲的方法，是高解析度即時定時軟體實現方法的核心所在。高解析度即時定時的定時算法如下。

① 判斷硬體與高精度性能計數器的兼容情況。

② 獲取高精度性能計數器頻率 f，f 是一個大數，屬於數據類型 LARGE _ INTEGER，以 Hz 為單位。

③ 透過 $\Delta n = f \times t$ 計算某一時段 t 的定時計數值。

④ 獲得高精度性能計數器的數值 n_1，n_1 為對時間要求嚴格的事件尚未開始的數值。

⑤ 重複獲取高精度性能計數器的數值 n_2，n_2 為對時間要求嚴格的事件開始後的數值，至定時間隔 Δt ［可以利用頻率 f 計算出計算差，$\Delta n = (n_2 - n_1) = f \times t$，或者 $\Delta t = (n_2 - n_1)/f$］為止，發送定時時間到達的消息。

高解析度即時定時實現控制脈衝輸出的流程如圖 12-18 所示。首先調用 QueryPerformanceFrequency() 函數獲取系統計數器的頻率 f，根據此頻率 f 和步進電機脈衝半週期 t 得到高精度性能計數器的計數值 n。為獲取高精度性能計數器的數值 n_1，在 while 語句執行之前調用 QueryPerformanceCounter() 函數。為獲取高精度性能計數器的數值 n_2，在 while 語句執行過程中調用 QueryPerformanceCounter() 函數。計算系統當前計數值 n_2、n_1 和計數間隔數值 n 之間的關係，當 $n_2 \geqslant (n_1 + n)$ 時循環結束，並向 I/O 口發送高電平。同理，利用這樣的循環向 I/O 口發送低電平，便可輸出連續的方波脈衝。

（2）CPU 時間戳定時控制脈衝實現方法

在 Intel Pentium 以上等級的 CPU 中，記錄其上電後的時鐘週期數的部件中有一種記錄格式為 64 位無符號整型數的，叫做「時間戳」（Time Stamp）的部件。此時間戳的量的獲取是透過 CPU 提供的 RDTSC（Read Time Stamp Counter）機器指令實現的，此指令同時將時間戳的量存入 EDX：EAX 暫存器對內。Win32 平臺中，這條指令理論上可以如一般的匯編函數被調用，因為在 Win32 平臺中 C＋＋語言保存函數返回值的暫存器就是 EDX：EAX 暫存器。但是由於 C＋＋的內嵌匯編器不能直接使用 RDTSC，所以需利用僞指令 _ emit 將 0X0F、0X31 形式的機器碼直接嵌入此指令。採用 CPU 時間戳進行了微秒定時的定時函數研究，關鍵部分如下。

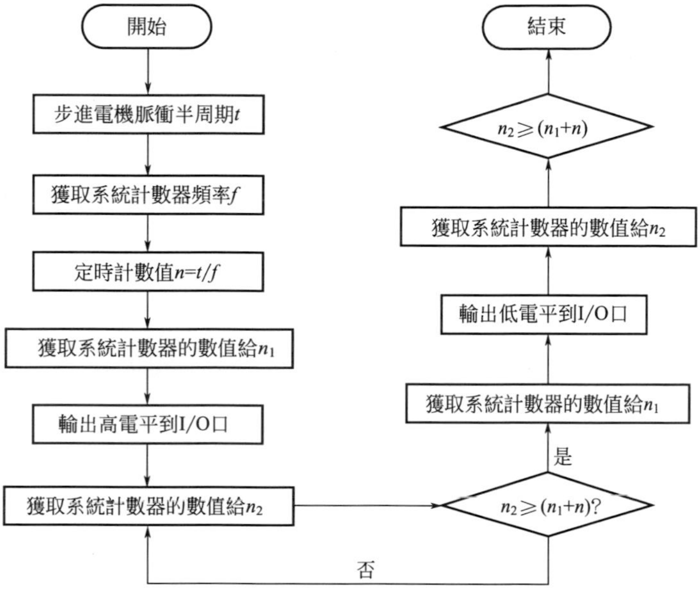

圖 12-18　即時定時實現控制脈衝輸出流程

```
CpuDelayUs(_int64Us)//Us 參數單位:微秒
{
    _int64iCounter,iStopcounter,
    _asm_emit 0x0F;//asm rdtsc 的僞指令
    _asm_emit 0x31;
    _asm mov DWORD PTR iCounter,EAX;
    _asm mov DWORDPTR(iCOUNTER＋4),EDX;
    iStopCounter＋Us* _CPU_FREQ;//_CPU_FREQ 為 CPU 的主頻
    while(iStopCounter-iCounter＞0)
    {
      _asm_emit 0x0F;
      _asm_emit 0x31;
      _asm mov DWORD PTR iCounter,EAX;
      _asm mov DWORDPTR(icounter＋4),EDX;
    }
}
```

在 CPU 時間戳實現微秒定時的定時函數中，電腦的主頻也是採用 CPU 時間戳來獲得的。根據 CPU 時間戳定時函數實現的定時時間間隔，不斷地向 I/O 口循環輸出高低電平，即可得到步進電機的控制脈衝。

在低頻段，CPU 時間戳定時方法實現的給定頻率的控制脈衝頻率的效果，無論是穩定性還是精度均明顯優於高解析度即時定時方法實現的給定頻率的控制脈衝的效果；在高頻段，二者各有優劣，CPU 時間戳定時方法實現的給定頻率的控制脈衝頻率的精度要優於高解析度即時定時方法實現的給定頻率的控制脈衝的精度，兩種方法實現的給定頻率的控制脈衝頻率的穩定性具有明顯差別，CPU 時間戳定時方法遠不如高精度軟體定時方法。在選取實現脈衝輸出的時候，要根據外負載和步進電機的空載啓動頻率綜合考慮，選取適當的脈衝實現方式。另外，考慮到多電機驅動的牙弓曲線發生器需要協調運動控制的特點，需要優先考慮脈衝輸出的穩定性，這樣才能嚴格控制各個電機的速比。所以，在排牙機器人的運動控制中選取高解析度即時定時實現控制脈衝的輸出。

12.4 全口義齒排牙機器人排牙實例

在機器人排牙過程中對排牙的前處理還是一致的，即透過患者的牙模建立患者的牙弓曲線，進行三維排牙和三維調整，而其後的具體排牙過程由於兩種機器人的結構不同而有些細微差別，因此以下首先介紹排牙前處理步驟，然後分兩種不同的機械結構介紹排牙的整個步驟。

以某一男性患者為例說明全口義齒排牙機器人系統排牙的具體步驟。該患者牙槽嵴吸收嚴重，其無牙頜石膏模型如圖 12-19 所示。透過測量可以得到患者的無牙頜弓參數。

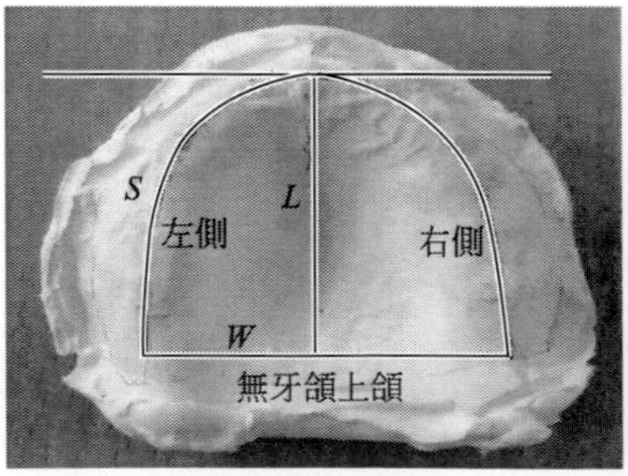

(a) 上頜石膏模型

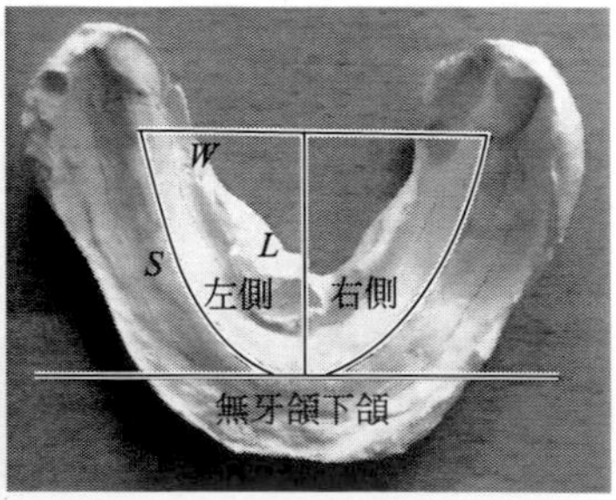

(b) 下頜石膏模型

圖 12-19　多次全口義齒經歷患者的無牙頜石膏模型

相應的牙弓參數根據患者的無牙頜弓參數計算而得出，由此就可以得到患者的頜弓和牙弓曲線以及牙弓曲線發生器機構控制點曲線。這些計算和圖形的繪製都可以在多操作機排牙機器人控制軟體中實現。醫生可以根據頜弓和牙弓的顯示效果，對曲線的參數進行適當的調整，上下頜弓曲線及上下牙弓曲線如圖 12-20 所示。由於頜弓和牙弓曲線採用的是比較成熟的冪函數形式的數學模型，其參數也是統計計算的經驗值，所以，該曲線的顯示效果一般情況下是很理想的，是可以滿足患者需求的。只有少數非常不規則的無牙頜，需要進行微量的調整。

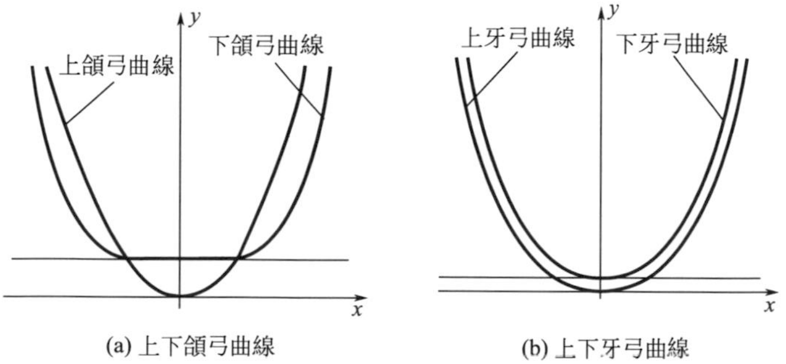

圖 12-20 多次全口義齒經歷患者的頜弓和牙弓曲線

牙弓和頜弓的顯示結果被醫生認可後，即進行排牙計算和三維模擬排牙的顯示。排牙軟體系統為患者所選擇的牙型號是 23 號。其三維模擬排牙上下咬合牙列正面觀如圖 12-21 所示。

排牙軟體所排列的牙列採用了口腔專家的排牙經驗，對於大多數的患者來說，該軟體具有普遍性，相當於經驗豐富的口腔醫生在給每位患者排牙。但是同樣對於少數特殊的患者來說，可能這種排牙經驗值並不理想。此時，可以根據患者的實際情況和醫生自己的個人治療傾向，對牙的位置和姿態做一些適當的調整。義齒位姿的調整顯示如圖 12-22 所示。該軟體提供了非常方便的人機互動操作，醫生可以直接對每一個牙進行調整，而且可以直覺地進行觀察。

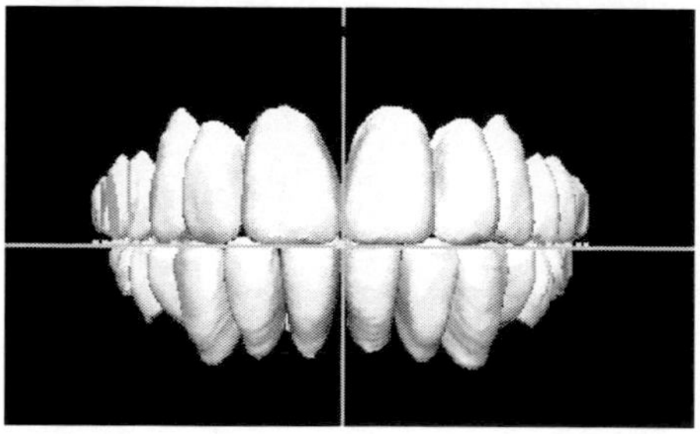

圖 12-21 三維模擬排牙上下咬合牙列正面觀

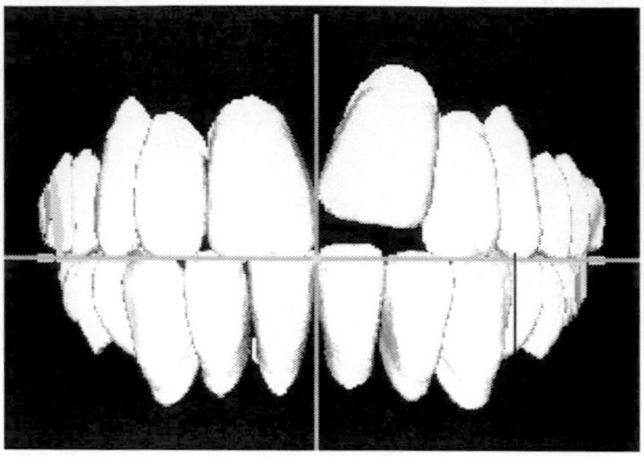

圖 12-22　義齒位姿的調整顯示

12.4.1　單操作機全口義齒排牙機器人

全口義齒機器人製作系統的硬體部分包括：一臺微機、一臺機器人及其控制櫃、一個自製的電磁手爪、非接觸式牙頜模型三維雷射掃描儀、一對排牙器、28 個排牙過渡塊、塑膠人工牙、一臺改造後的光固化光源及一條自製的光纜、機器人的 GPIO 控制介面、兩個開關控制電路卡、光固化樹脂若干、盛膠托盤等。圖 12-23 表示出了其中的部分硬體。有別於單操作機器人，實際操作時，手爪放置定位過渡塊到計算出的位置和姿態後，需要對該定位過渡塊周圍的光敏膠進行局部照射，使其局部變硬並將該定位過渡塊固定。

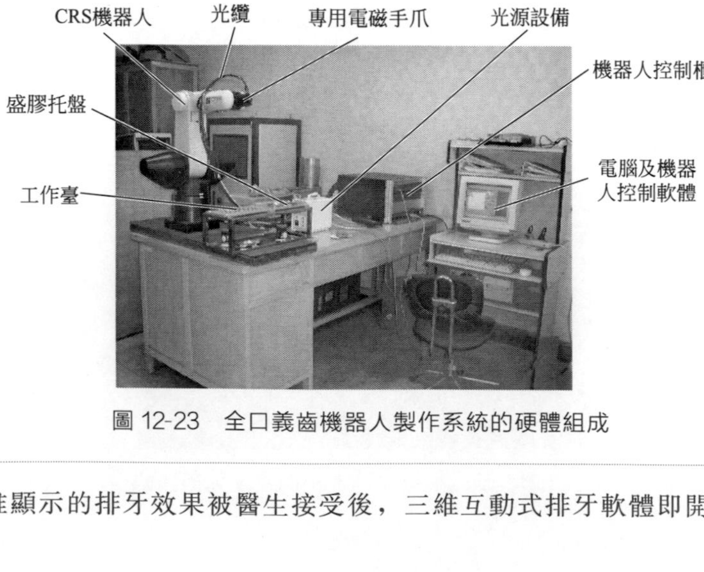

圖 12-23　全口義齒機器人製作系統的硬體組成

當三維顯示的排牙效果被醫生接受後，三維互動式排牙軟體即開始進行從牙到排定過渡塊的一系列座標變換計算，直到生成排牙過渡塊的位姿參數值。這些值再傳遞給機器人控制程序，由機器人進行實際排定過渡塊的操作。圖 12-24 是機器人正在進行排牙操作的工作圖片。機器人完成定位過渡塊的排放後，再將排牙器插入該定位過渡塊的相應銷孔中，即獲得了與牙形狀共軛的牙模的列。接下來只需要將人工牙插入這些牙模中，就獲得了該牙列。經過澆蠟固化，冷卻後從排牙器中取出，就得到了一副獨立的牙列，如圖 12-25 所示。

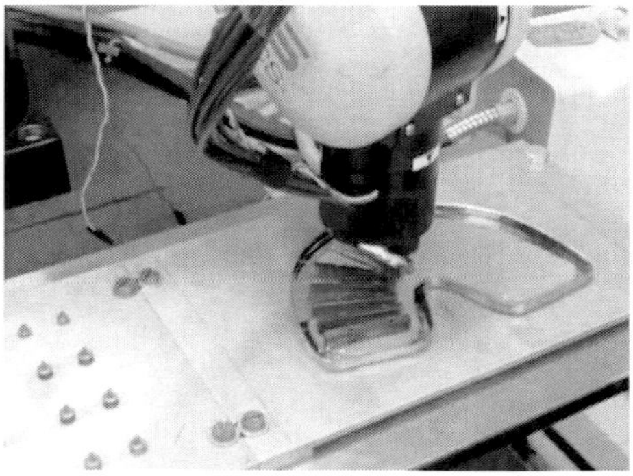

圖 12-24　機器人進行排牙操作的工作圖片

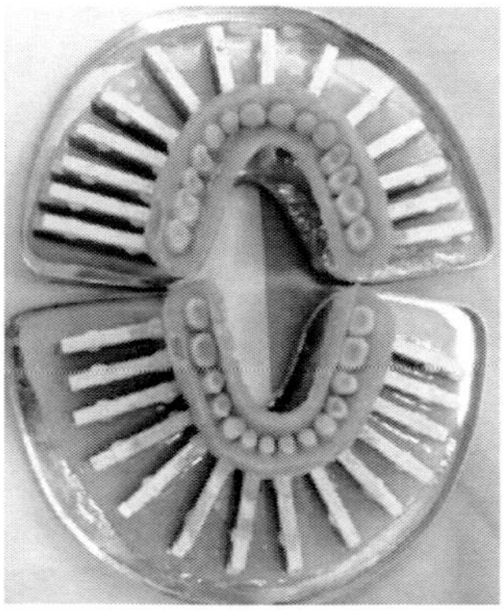

圖 12-25　獲得的患者牙列

12.4.2　多操作機全口義齒排牙機器人

下面以多操作機全口義齒排牙機器人為例，敘述排牙機器人進行排牙時的具體步驟。圖 12-26 所示為多操作機排牙機器人實驗系統，主要包括電源、光電隔離板、電腦、多操作機排牙機器人、多電機驅動的牙弓曲線發生器和運動控制軟體。

當三維顯示的排牙效果被醫生接受後，根據計算出的牙弓曲線發生器機構控制點軌跡規劃文件，對牙弓曲線發生器機構進行運動控制。這樣就得到了運動後的牙弓曲線發生器機構控制點的座標，對這些座標進行曲線擬合就可以得到運動後的牙弓曲線發生器機構控制點擬合曲線。然後分別對唇舌向關節和近遠中向關節進行運動參數的計算和規劃，並驅動各相應

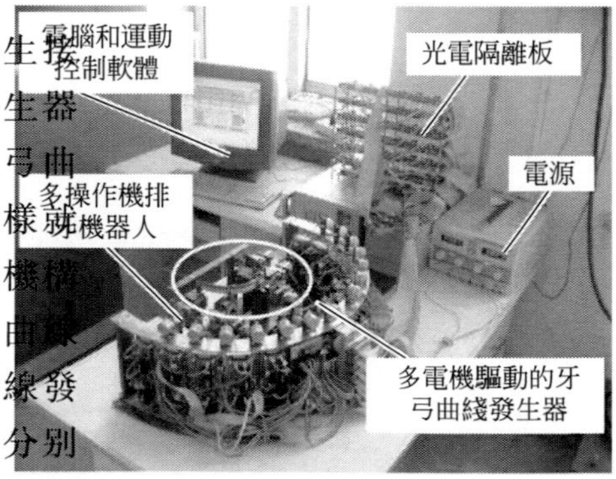

圖 12-26　多操作機排牙機器人實驗系統

圖12-26 全部改為
計算機>電腦
軟件>軟體
綫>線

關節實現既定目標的運動。根據多操作機排牙機器人控制軟體計算出的單個操作機在牙弓曲線發生器上的位置，透過人手工輔助按照牙弓曲線發生器上的標尺實現該關節的移動。多操作機排牙機器人完成各關節的運動後，根據定位銷孔位置安放牙套，並把散牙放入牙套的相應位置，就獲得了該患者的牙列。多操作機排牙機器人實現排牙操作的工作過程如圖 12-27 所示。

經過澆注石蠟固化，冷卻後從排牙器中取出，就得到了一副獨立的牙列。機器人排列完成的上下牙列分離狀態如圖 12-28 所示。

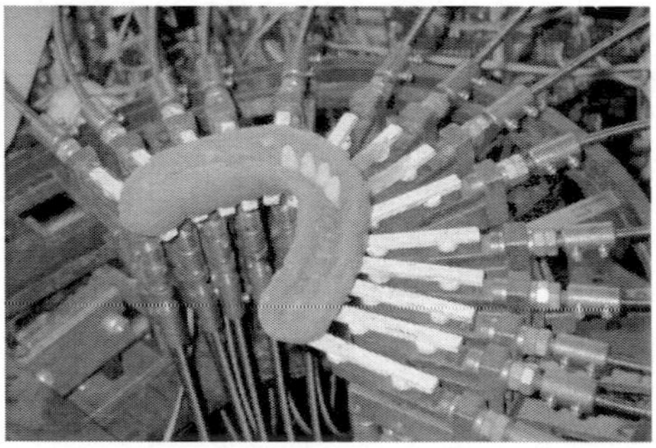

圖 12-27　多操作機排牙機器人進行排牙

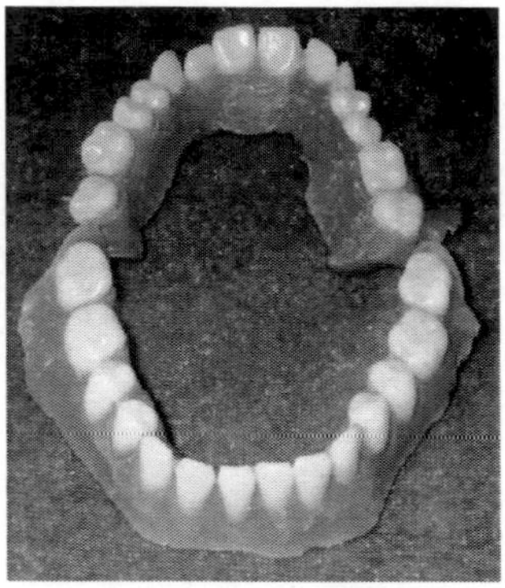

圖 12-28　多操作機器人製作的牙列

參考文獻

[1] 齊小秋．第三次全國口腔健康流行病學調查報告[R]．北京：人民衛生出版社，2008.

[2] 張永德，趙占芳．機器人在全口義齒製作中的應用研究[J]．機器人，2001，23(2)：156-160.

[3] Zhang Yongde，Zhao Zhanfang，Lv Peijun. Robotic System Approach for Complete Denture Manufacturing [J]. IEEE/ASME Transactions on Mechatronics，2002，7(3)：392-396.

[4] 呂培軍．數學與電腦技術在口腔醫學中的應用[M]．北京：中國科學技術出版社，2001.

[5] 張永德，姜金剛，趙燕江，等．多操作機排牙機器人的下位機控制系統設計[J]．電子技術應用，2007，33(11)：125-128.

[6] Birkfellner W，Huber K，Larson A. Modular Software System for Computer-aided Surgery and its First Application in

Oral Implantology[J]. IEEE Transactions on Medical Imaging, 2000, 19 (6): 616-620.

[7] Figl M, Ede C, Birkfellner W. Design and Automatic Calibration of a Head Mounted Operating Binocular for Augmented Reality Applications in Computer-aided Surgery[C]. Proceedings of the SPIE/The International Society for Optical Engineering, 2005, 5744 (1): 726-730.

[8] Takanobu H, Yajima T, Nakazawa M. Quantification of Masticatory Efficiency with a Mastication Robot[C]. Proceedings of the 1998 IEEE International Conferenceon Robotics and Automation, 1998, Leuven, Belgium, (5): 1635-1640.

[9] Takanobu H, Maruyama T, Takanishi F. Universal Dental Robot-6-DOF Mouth Opening and Closing Training Robot[C]. WY-5-CISM-IFTOMM Symposium on Theory and Practice of Robots and Manipulators, 2000, (4): 33-34.

[10] Takanobu H, Takahashi F, Yokota K, et al. Dental Patient Robot-operation in Mouth and Reproduction of Patient Reaction[J]. Research Reports of Kogakuin University, 2007, (103): 43-49.

[11] Wang L, Sadler J P, Breeding L C. In Vitro Study of Implant Tooth Supported Connections Using a Robot Test System[J]. Journal of Biomechanical Engineering, Transactions of the ASME, 1999, 121 (3): 290-297.

[12] Ishiguro T, Takanobu H, Ohtsuki K, et al. Dental Patient Robot: High Performance Interface for Patient Robot Automation [J]. Research Reports of Kogakuin University, 2010, (108): 7-12.

[13] Inoue T, Yu F, Nasu T. Development of a Clinical Jaw Movement Training Robot for Intermaxillary Traction Therapy[C]. Proceedings of 2004 IEEE International Conference on Robotics and Automation, 2004, (3): 2492-2497.

[14] Liu Qingbin, Leu M C, Schmitt S M. Rapid Prototyping in Dentistry: Technology and Application[J]. International Journal of Advanced Manufacturing Technology, 2006, 29 (3-4): 317-335.

[15] 吕培軍，王勇，李國珍，等．機器人輔助全口義齒排牙系統的初步研究[J]. 中華口腔醫學雜誌，2001，36 (2)：139-142.

[16] Zhang Yongde, Zhao Zhanfang, Lu Jilian. Robotic Manufacturing System for Complete Dentures[C]. The International Conference on Robotics and Automation (IEEE ICRA2001), Seoul, Korea, 2001: 2261-2266.

[17] 吴江，高勃，譚華，等．雷射快速成型技術製造全口義齒鈦基托[J]. 中國雷射，2006，33 (8)：1139-1342.

[18] 王曉波，高勃，孫應明，等．雷射立體成行技術制備純鈦全冠的初步研究[J]. 實用口腔醫學雜誌，2009，25 (3)：315-318.

[19] 吴江，趙湘輝，沈麗娟，等．雷射掃描測量全口義齒鈦基托適合性的可行性研究[J]. 臨床口腔醫學雜誌，2009，25 (6)：343-345.

[20] Gao Bo, Wu Jiang, Zhao Xianghui, et al. Fabricating Titanium Denture Base Plate by Laser Rapid Forming[J]. Rapid Prototyping Journal, 2009, 15 (2): 133-136.

[21] Wu Jiang, Gao Bo, Tan Hua, et al. A Feasibility Study on Laser Rapid Forming of a Complete Titanium Denture Base Plate [J]. Laser in Medical Sci-

ence, 2010, 25 (3): 309-315.

[22] Sun YuChun, Lv Peijun, Wang Yong. Study on CAD&RP for Removable Complete Denture [J]. Computer Methods and Programs in Biomedicine. 2009, 93 (3): 266-272.

[23] 韓景蕓，孫玉春．全口義齒數位化設計系統[J]．北京工業大學學報，2009，35 (5): 587-591.

[24] Zhao Yanjiang, Zhang Yongde, Shao Junpeng. Optimal Design and Workspace Analysis of Tooth-Arrangement Three-fingered Dexterous Hand [J]. Journal of Chongqing University of Posts and Telecommunications (Natural Science Edition), 2009, 21 (2): 228-234.

[25] 趙燕江，張永德，姜金剛，等．基於 Matlab 的機器人工作空間求解方法[J]. 機械科學與技術，2009，28 (12): 1657-1661.

[26] Zhang Yong de, Jiang Jingang, Lv Pei jun, et al. Coordinated Control and Experimentation of the Dental Arch Generator of the Tooth-arrangement Robot [J]. The International Journal of Medical Robotics and Computer Assisted Surgery, 2010, 6 (4): 473-482.

[27] Wang Haiying, Zhang Liyong, Zhang Yongde. Optimize Design Dexterity of Tooth-arrangement Three-Fingered Hands [C]. 3rd International Conference on Mechatronics and Information Technology: Control Systems and Robotics, 2005: 6042-6045.

[28] Wang Haiying, Zhang Liyong, Zhang Yongde. Study on Simulation System of Tooth Arrangement Robot Based on Simmechanics [C] . 6th International Symposium on Test and Measurement, 2005: 7360-7363.

[29] Zhang Yongde, Jiang Jingang, Liang Ting. Structural Design of a Cartesian Coordinate Tooth-Arrangement Robot [C]. EMEIT 2011: 2011 International Conference on Electronic & Mechanical Engineering and Information Technology. Harbin, China, 2011, 2: 1099-1102.

[30] Zhang Yongde, Liang Ting, Jiang Jingang . Structural Design of Tooth-arrangement Robot Based on TRIZ Theory[J]. Canadian Journal on Mechanical Sciences and Engineering. 2011, 2 (4): 61-67.

[31] 張永德，姜金剛，唐偉，等．基於遺傳算法的直角座標式排牙機器人路徑規劃[J]. 哈爾濱理工大學學報，2013，18 (1): 32-36.

[32] Jiang Jingang, He Tianhua, Dai Ye, et al. Control Point Optimization and Simulation of Dental Arch Generator[J]. 2014, 494-495: 1364-1367.

[33] 姜金剛，張永德．牙弓曲線發生器運動規劃及模擬 [J]．哈爾濱理工大學學報，2013，18 (1): 22-26.

[34] Jiang Jingang, Zhang Yongde. Motion Planning and Synchronized Control of the Dental Arch Generator of the Tooth-arrangement Robot [J]. International Journal of Medical Robotics and Computer Assisted Surgery, 2013, 9 (1): 94-102.

[35] Zhang Yongde, Gu Jun tao, Jiang Jingang, et al. Motion Control Point Optimization of Dental Arch Generator [J]. International Journal of u- and e-Service, Science and Technology, 2013, 6 (5): 49-56.

[36] Zhang Yongde, Jiang Jingang, Liang Ting, et al. Kinematics Modeling and Experimentation of Multi-manipulator Tooth-arrangement Robot for Full Denture Manufacturing [J] . Journal of

Medical Systems, 2011, 35 (6): 1421-1429.

[37] Zhang Yongde, Jiang Jingang, Lv Peijun, et al. Study on the Multi-manipulator Tooth-Arrangement Robot for Complete Denture Manufacturing[J]. Industrial Robot-An International Journal, 2011, 38 (1): 20-26.

[38] 馬軒祥 . 口腔修復學[M]. 北京: 人民衛生出版社, 2005.

[39] 張永德 . 機器人化全口義齒排牙技術[M]. 哈爾濱: 哈爾濱工業大學出版社, 2007.

第13章

矯正線彎折機器人

13.1 引言

隨著中國社會的發展和人民生活水準的不斷提高，人們越來越注重口腔健康的問題；健康、整齊的牙齒不僅能給人以良好的第一印象，更能提高咀嚼功能、保護口腔健康。通常，在進行牙齒矯正過程中，矯正弓絲的彎折是基於醫生手工操作的，該過程不僅效率低，而且勞動強度大；醫生需要邊彎折弓絲邊與口腔模型相比對，不斷調整彎曲角度使其成形。弓絲在反覆彎折的情況下很容易發生斷裂，利用機器人的位姿精確控制能力克服手工彎折弓絲的缺點，提高矯正線的彎折精度和效率，因此矯正線彎折機器人的研製逐漸成為醫療機器人研究領域內的焦點。

13.1.1 矯正線彎折機器人的研究背景

錯頜畸形是一種非常普遍的口腔疾病，主要表現形式為牙齒排列不齊、上下牙弓間的牙頜關係異常、頜骨大小形態位置異常等。錯頜畸形不僅影響口腔健康和口腔功能，而且影響容貌外觀；更甚者有可能造成因咀嚼功能降低而引起消化不良及胃腸疾病。中國是一個錯頜畸形疾病高發的國家。據相關部門統計，目前中國兒童及青少年錯頜畸形患病率達 67.82%[1]。固定矯治技術是治療錯頜畸形有效且常用的治療方法，治療過程如圖 13-1 所示。

據統計，目前美國接受矯正治療的人數已經占到其總人口數目的 70%[2]，這也強力推動了美國口腔矯正科學的發展，使其無論是在醫學理論還是醫療器械、製造業等方面都走在了世界的前列。隨著中國社會經濟的快速發展，人民物質生活水準的提高，越來越多的人，尤其是廣大青少年，開始注重牙齒的美觀，口腔矯正的市場潛力巨大。這在帶來市場機遇的同時也帶來了諸如如何降低矯正過程中由於設備加工時間過長導致的治療時間長、醫生操作勞動強度大、費用高等問題。如何將機器人引入口腔矯正領域，發揮其工作效率高、加工精度好、工作時間長等優點將是一個非常值得研究的課題。

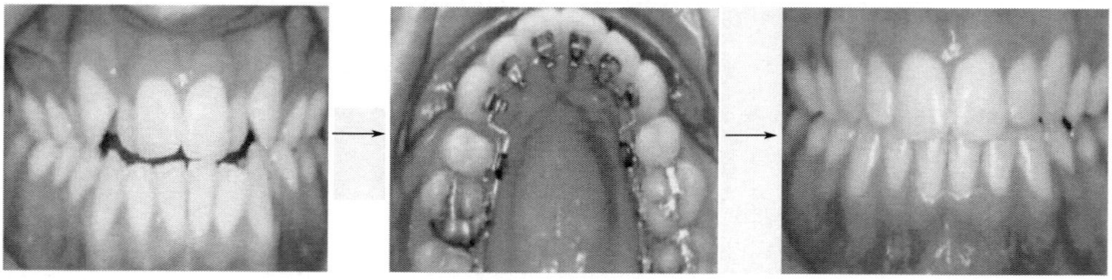

圖 13-1　牙齒矯治過程

13.1.2　矯正線彎折機器人的研究意義

口腔矯正學自從其發展以來，一直都是一門以手工操作、定性研究為主的學科。固定矯治是目前矯正臨床應用最廣泛、矯治效果最可靠的矯治技術。畸形牙齒在矯治弓絲形狀記憶性功能產生的持續生物力的作用下趨於平整，恢復正常咬合。這種方法的治療效果明顯、安全易行。但是目前矯正弓絲的彎折完全依靠手工來完成，而目前中國的牙科醫生和技師卻只占總人口的 0.012%[3]，如果完全透過手工方法彎折弓絲，其效率遠遠滿足不了人民的需求。同時，矯正線材料都具有超彈性，彎折過程中會產生很大的回彈，操作者必須透過不斷反覆調整彎曲角度才能成形；而多次的反覆彎曲很容易使矯正線產生疲勞斷裂。此外，對於不同患者，其所需要的弓絲寬度、高度、外展彎以及位置都不同，而且需要的「閉隙曲」形狀也都不盡相同，也就是說，每個患者需要的成形矯正弓絲的形狀都不一樣。所以矯正弓絲的「個性化」很強。這些限制條件都使得手工彎折弓絲非常困難，而且耗時長、精度低。如何快速、精確地完成個性化矯正線的彎折是亟待解決的難題。

利用機器人的位姿精確控制能力和剛性保持能力克服手工彎折弓絲過程中角度成形準確性差和弓絲易產生不必要的扭轉的缺點，結合弓絲的成形規劃，利用機器人實現對彎曲位置、彎曲角度和彎曲保持時間的控制，就可以實現矯正線的彎折。利用機器人系統來實現矯正線的彎折，不但可以獲得更精確的操作，同時還能克服手工操作不確定性高、效率低、精度差和操作強度大的缺點。這將改變靠手工技師彎折矯正線的落後方式，使矯正線的彎折進入到既能滿足錯頜畸形患者個體生理功能及美觀的要求，又能達到規範化、自動化、工業化的水準，從而極大地提高其彎折效率和精度，推動口腔矯正醫學的發展。

13.2 矯正線彎折機器人的研究現狀

隨著科技的發展，機器人代替人從事各種手工操作已經進入了生活中的很多領域，如工業機器人、軍用機器人、服務機器人等，醫療機器人的發展也越來越多地受到各個國家的關注和支持[4]。但對於採用機器人彎折矯正線，與之直接相關的海內外研究均處於初級階段，研究成果都比較少。相對而言，海外的研究要早於中國。

海外方面，1966 年，Taylor 等提出一種數控彎曲機結構，該機構的一端是一個卡盤，卡盤能沿著工件的方向前進和後退；機構的另一端是一個可移動夾具和固定夾具。工作時，固定夾具夾緊工件，移動夾具繞著回轉中心旋轉，帶動工件彎曲成形。這種機構不能自動旋轉工件，必須透過手動旋轉工件纔可以在不同平面內彎曲工件；工件不能自動裝載，而且當彎曲成三維形狀工件時需要的工作空間大，工件易與設備發生干涉[5]。

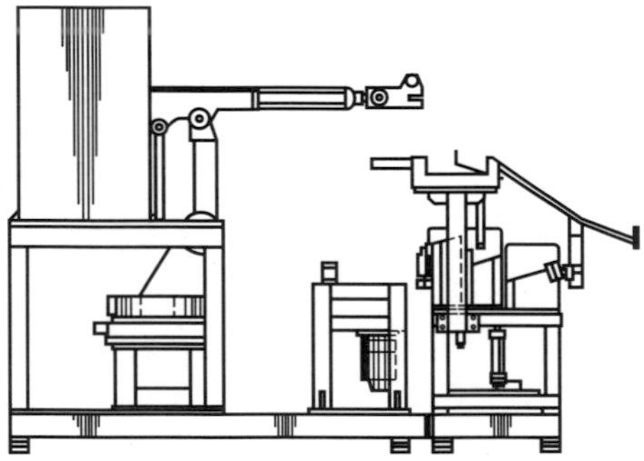

圖 13-2　金屬絲折彎機

1994 年，Toshihiro Tomo 等設計研發了用於普通材料金屬絲彎折的機構，該機構由一個末端裝有執行器的機械手和數控折彎機組成，如圖 13-2 所示，彎折成形工作主要由數控折彎機完成，機械手只是用於抓取絲和調整絲到合適的方向。雖然該機構能夠完成彎絲操作，但可以看到該機構設備龐大，占地面積大，主要適合彎折直徑較大的絲類、板料等材料[6]。

1996 年，德國研究人員 Fischer 等提出採用「Bending Art System（BAS）」來加工製造口腔矯正線，BAS 系統由電子口腔內鏡、電腦程式和弓絲彎折機構組成，如圖 13-3 所示。他們採用該 BAS 彎折機構對 0.016″×0.016″和 0.016″×0.022″的橫截面為方形的不銹鋼弓絲進行了彎折實驗，用以檢測該機構的成形精度。分別進行了彎曲角度 6°～54°、扭轉角度 2°～35°的實驗[7～9]。

2004 年，Werner Butscher 等提出採用機器人來彎折矯正線與其他醫學設備，他提出的彎絲機構由固定在基座上的機器人、裝在基座和機器人上的兩個手爪組成。此外，除了彎折弓絲的機構，他們還開發了一款口腔掃描設備和三維成形與規劃設備。這套設備他們稱之為 SureSmile，利用 SureSmile，醫生可以很輕鬆地實現在電腦上對矯正患者所需治療進行規劃，並將規劃所需弓絲形狀直接發送給弓絲彎折機構完成弓絲彎折[10～12]，如圖 13-4 所示。

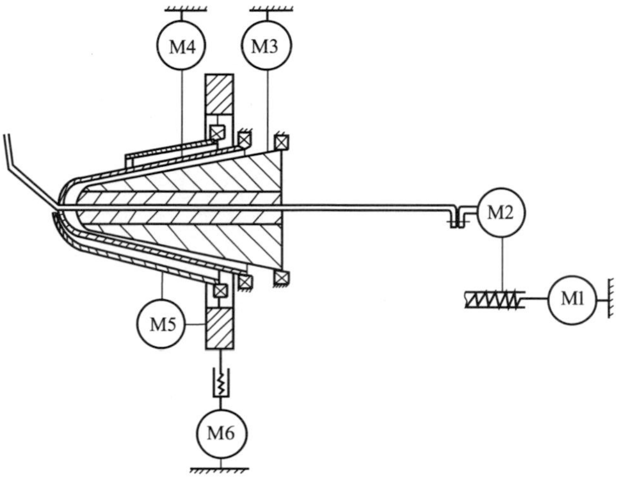

圖 13-3　BAS 系統

2010 年，Thomas 等研究了彎折矯正弓絲成形的機器人和方法。在一個彎曲位置，透過不斷比較實際彎曲圓弧與理想彎曲圓弧之間的差別，得出二者的誤差，並不斷進行調整，直到誤差在可允許範圍內；然後再移動到下一個彎曲位置重複彎曲的過程[13]，如圖 13-5 所示。

圖 13-4　SureSmile 弓絲彎折機器人

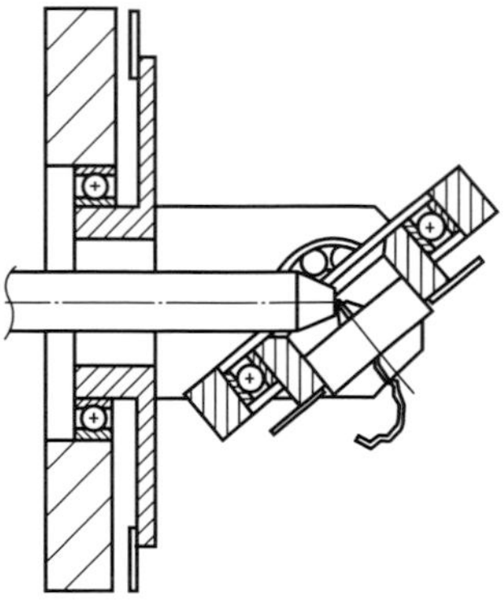

圖 13-5　平面弓絲彎曲機構

2011 年，Gilbert 等發明了一套用於精確、快速設計和彎折矯正線的系統

LAMDA (lingual archwire manufacturing and design aid)，如圖 13-6 所示。這套系統的機械結構基於龍門式結構，因此其運動精度和效率較高；但是該系統只能在 XY 平面內移動，雖然運動相對簡單，設備價格相對低廉，但其只能彎折平面弓絲，不能彎折帶閉隙曲的成形弓絲[14]。

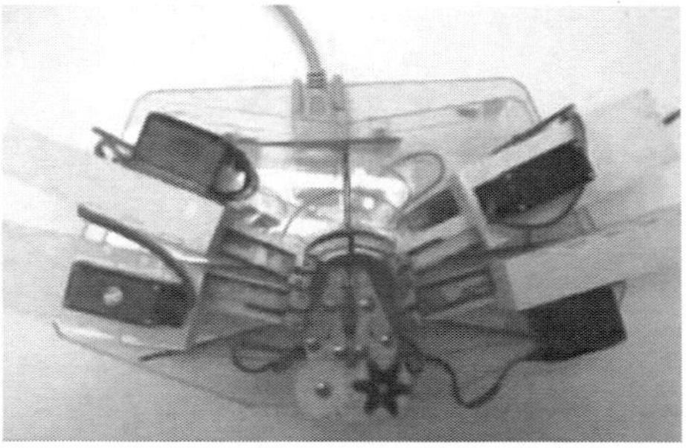

圖 13-6 LAMDA 系統

中國對採用機器人彎折矯正線的研究相對比較少，主要集中在各大學院校和醫院。2007 年，泰山口腔醫院的秦德川等研究了一種用於矯正線彎折的新型轉矩成形器，它是一種手動輔助操作彎折轉矩的機構[15]。

2007 年，哈爾濱工程大學的鄭玉峰等研究出了一種口腔矯正線成形方法及其裝置，它涉及一種新型的口腔矯正線熱處理方法和裝置，解決了現有口腔矯正線在彎折定型過程中因控制弓絲加熱溫度困難而導致的無法精確地、即時控制弓絲溫度變化，導致弓絲熱處理失敗的問題[16]。

2015 年，夏澤洋等利用工業機械臂開發口腔矯正線彎折機器人系統，設計了口腔矯正器械制備機器人的機械手作為矯正線彎折成形的末端執行裝置，並透過電磁加熱的方法解決矯正線的回彈問題[17,18]。

哈爾濱理工大學基於 Motoman UP6 機器人進行了矯正線的相關研究[19～23]，建立了考慮中性層移動的不同截面形狀矯正線的回彈模型，設計了矯正線回彈測量儀，對矯正線的回彈性能進行了相關分析和實驗研究，提出了有限點展成法和等增量法，對第一序列曲矯正線成形控制點進行了規劃，在此基礎上設計了直角座標式矯正線彎折機器人，並開展了初步的矯正線彎折實驗研究[24～30]。

13.3 矯正線彎折機器人的關鍵技術

13.3.1 矯正線的數位化表達

對於矯正線幾何形狀的研究一直都是定性的研究過程。由醫師手工方式彎折弓絲不僅效率低、勞動強度大，而且精度也無法保證。若對矯正線三維幾何形狀進行定量的研究，不僅可使對弓絲形狀的觀察和修改變得更加便捷直覺，還能在彎折某些特定的形狀時減少反覆彎折的次數。所以，矯正線三維數學模型的建立是定量研究的核心，並為採用機器人進行矯正線彎折的算法研究提供了理論依據[31]。

為了定量地研究矯正線的三維幾何形狀，首先，要了解矯正線在治療中所起的作用、各段弓絲間的聯繫以及制約等關係；其次，提煉出對治療起作用的各部分及相互之間的關係等資訊，並以數學方式表達出來；最後，把未表達的部分歸納總結，以此得到相應的數學表達式。經過以上一系列的分析與數學表達式的建立，最終得到矯正線的三維數學模型。

對曲線的研究是電腦圖形學中的重要內容之一。曲線廣泛應用於各類場合，因對其需求的增加和要求的提高，近些年來與之相關的研究成果較多。常見的有樣條曲線、非均勻有理 B 樣條曲線、Bezier 曲線、B 樣條曲線等。

樣條曲線的特點是該曲線經過一系列預先設定點並具有光滑的特性。樣條曲線不僅透過預先設定好的各有序的型值點，而且在各點處的一階、二階導數均是連續的，所以該曲線具有光滑連續、曲率變化均勻的特點。

非均勻有理 B 樣條曲線是由 Versprille 博士提出的，先後被國際標準化組織作為定義工業產品幾何形狀的唯一的數學方法，並納入規定獨立於設備的互動圖形編程介面的國際標準、程式設計師層次互動圖形系統中。它是一種非常優秀的建模方式，因具有更加優秀的控制物體表面曲線度的特點而可以創建出較傳統的建模方式更加理想的造型。

在矯正治療中，每段矯正線曲線的描述往往不是十分精確，用精確的插值方法運算較不適合；此外去修改一些局部點的空間位置時，對整個曲線的影響越小越好。所以適合應用於描述牙弓曲線形狀的是非均勻有理 B 樣條曲線。而 Bezier 曲線和 B 樣條曲線都被歸類於非均勻有理 B 樣條曲線。

Bezier 曲線起初由法國工程師 Pierre Bezier 於 1962 年發表，運用到汽車的主體設計上。它是指用光滑的參數曲線段逼近一個折線多邊形，它不要求給出導數，只要給出數據點就可以構造曲線，而且曲線次數嚴格依賴於該段曲線的數據點個數。曲線的形狀受該多邊形形狀和頂點個數的控制，並且曲線經過多邊形的兩個端點。如圖 13-7 所示，它是由四個控制點形成的三次 Bezier 曲線，特徵多邊形的第一條邊和最後一條邊代表曲線始終在兩端點的切線方向。

而相對於 Bezier 曲線來說，B 樣條曲線是 Bezier 曲線的一般化：B 樣條曲線基函數次數不受頂點數控制，它是參數樣條曲線的一種特殊形式，並非多項式樣條曲線，改變控制點參數僅影響局部曲線形狀。圖 13-8 所示是由三個控制點形成的二次 B 樣條曲線，曲線的形狀依附於該特徵多邊形的形狀，曲線的起始點和結束點並不是第一條邊和最後一條邊的端點，而是與之相切。

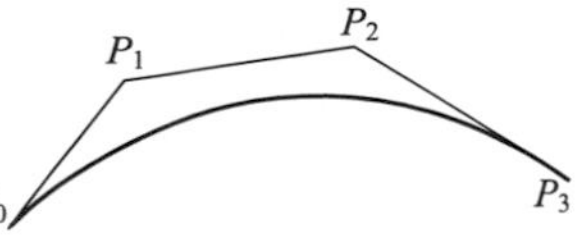

圖 13-7　三次 Bezier 曲線和特徵多邊形

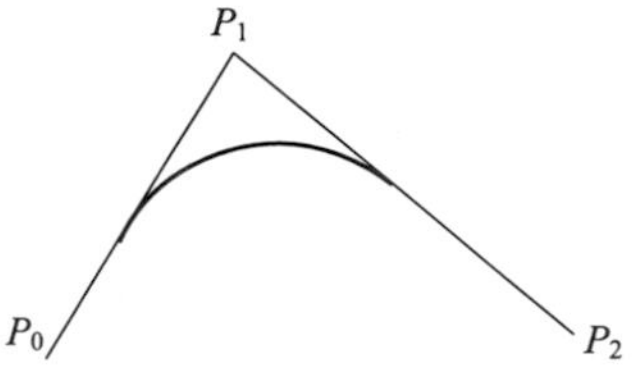

圖 13-8　二次 B 樣條曲線及特徵多邊形

由彎折矯正線的特點可知，各段曲線之間無任何聯繫，故對 Bezier 曲線和 B 樣條曲線中控制點的變化並無影響；理想的曲線的起始點為特徵多邊形的兩個端點，且曲線的形狀可人為地控制，所以 Bezier 曲線更加符合要求，但 B 樣條曲線更易於局部修改且更逼近特徵多邊形。為了降低運算量，曲線的表達式應盡量簡單，而 Bezier 曲線的表達式比 B 樣條更為簡單，最終選擇 Bezier 曲線作為曲線模型將更加適合。

Bezier 曲線通常是一種參數多項式曲線，它是由一組控制點唯一定義的，其參數方程表示為

$$P(t)=\sum_{i=0}^{n} P_i \mathrm{BEN}_{i,n}(t) \tag{13-1}$$

式中，$t\in[0, 1]$，i 表示頂點順序號，$i=0,1,2,\cdots,n$。

n 代表多項式次數，也是曲線的階數，$n+1$ 是控制點的個數。控制點越多，方程的次數越高。

$P(t)$ 是透過計算得到的曲線上的空間點座標，將這些點連接起來便可得到平滑的 Bezier 曲線，其中，$P_i(x_i, y_i, z_i)$為各頂點的位置向量。$\mathrm{BEN}_{i,n}(t)$ 是 Bernstein 多項式，稱為 n 次 Bernstein 基函數，其函數形式如下：

$$\mathrm{BEN}_{i,n}(t)=C_n^i t^i (1-t)^{n-i}=\frac{n!}{i!\ (n-i)!} t^i (1-t)^{n-i} \tag{13-2}$$

式中，$i=0,1,2,\cdots,n$，且當 $i=0$，$t=0$ 時，$t^k=1$，$k!=1$。

由以上定義可以看出，Bezier 曲線上每個點均可由控制點座標經加權計算得到，加權值由 t 值和 Bernstein 基函數確定。

因所需生成的是空間三維曲線，需要有 4 個頂點 P_0、P_1、P_2 和 P_3，所以 $n=3$；i 的值取 0,1,2,3。代入式(13-1) 後 Bezier 曲線的表達式可簡化為

$$P(t)=P_0(1-t)^3+3P_1 t(1-t)^2+3P_2 t^2(1-t)+P_3 t^3 \tag{13-3}$$

用矩陣可表示為

$$P(t)=(t^3\ t^2\ t\ 1)\begin{pmatrix}-1 & 3 & -3 & 1\\ 3 & -6 & 3 & 0\\ -3 & 3 & 0 & 0\\ 1 & 0 & 0 & 0\end{pmatrix}\begin{pmatrix}P_0\\ P_1\\ P_2\\ P_3\end{pmatrix} \tag{13-4}$$

式中，$t\in[0, 1]$。

起始點 P_0 和終止點 P_3 的座標由牙位標識得到，而兩個控制點 P_1 和 P_2 的值還需要選定。當所有頂點的座標全部確定後，$P(t)$ 的值就隨 t 的變化而改變。t 的值在 $[0, 1]$ 的範圍內取的次數越多，$P(t)$ 的值就密集，這些值所連接出來的曲線越光滑。

因人的上下頜各有 14 顆牙齒，所以上下牙列均需由 13 條 Bezier 曲線和 14 條由牙位標識連接所成線段，互相交錯連接而成形出弓絲三維曲線模型。

13.3.2 矯正線彎折機器人結構

用於口腔矯正治療的成形矯正線屬於典型的三維複雜形狀，根據分析人手工彎折弓絲的運動方式及機器人彎折矯正線工藝過程，在採用機器人彎折矯正線成形時，機器人至少需要 5 個自由度，即 3 個位置自由度和 2 個姿態自由度。所以，針對成形弓絲形狀尺寸及彎折成形的特點，在設計弓絲彎折機器人時，必須首先確定機器人的結構形式。圖 13-9 為幾種常見的能夠實現矯正線彎折加工的機構方案[32]。

工藝方案 a 如圖 13-9(a) 所示。該機構為典型的關節型機構，靠近基座的回轉關節與兩個俯仰關節一起組成該結構的位置關節，用於確定末端的位置；機構末端由彎絲回轉關節與開合手爪組成，彎絲回轉關節與位置關節之間的俯仰關節為姿態調整關節，作用是彎折「閉隙曲」；從動機構中只需要固定弓絲即可。方案 a 的動作靈活、工作空間大，在作用空間內手臂的干涉最小，結構緊湊，占地面積小，如果設計合理，定位精度很高；但是對於這種類型的機構，從基座開始到末端一直屬於懸臂機構，末端的重量會逐步累積到基座位置，因此為了保證末端的定位精度，基座等關節的尺寸相對會很大；而且這類機器人運動學計算複雜，末端位姿不直覺。

方案 b 如圖 13-9(b) 所示，屬於典型的 SCARA 機器人結構，該結構的前兩個回轉關節以及第三個豎直移動關節用於末端位置的確定，關節四為俯仰關節，用於調整末端手爪的姿態，關節五為回轉關節，用於彎絲操作。該類機器人主要適合平面內運動，且運動速度非常快；但是與方案 a 一樣，由於方案 b 的末端機構過多，通常會導致重量上升，降低整體的剛度，從而影響末端的定位精度。

工藝方案 c 如圖 13-9(c) 所示，屬於直角座標式結構，其移動機構為由三個平動關節組成的 3-DOF 直角座標平臺組成，以實現 X、Y、Z 三個方向的運動，機構剛度高，各運動相互獨立，沒有耦合，運動學求解簡單，不產生奇異狀態。末端由一個回轉關節與開合夾具組成，回轉關節與豎直移動關節之間的俯仰關節為末端手爪姿態調整關節，主要用於實現「閉隙曲」的彎折。這種方案雖然也是採用了懸臂機構，但是由於懸臂結構出現在後兩個關節，因此剛度要比前兩種方案高；但如果弓絲彎折機器人整體的尺寸較小，而末端手爪尺寸較大時，懸臂處既要盡量保證自身尺寸小以滿足整體尺寸小的要求，又要盡量保證自身尺寸大以保證末端手爪在運動過程中的剛度要求，因此，實際上很難同時滿足這兩項要求。

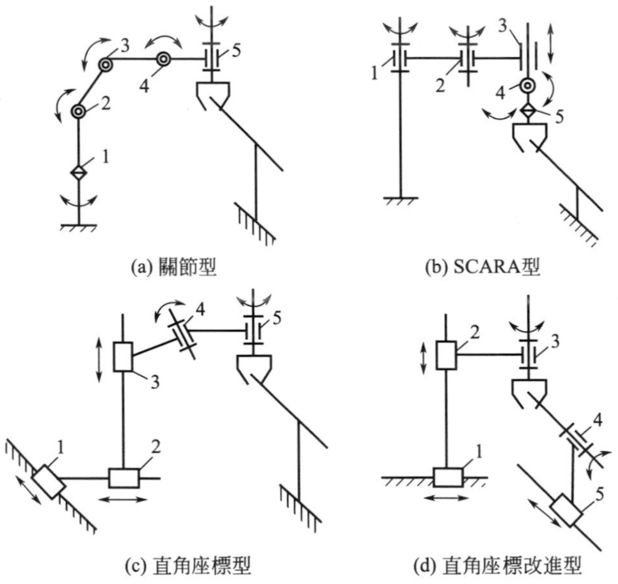

圖 13-9　弓絲彎折機器人機構選型

綜合上述各種方案的優缺點，如圖 13-9(d) 所示的布局方案是較為適宜的，該方案與方案 c 很相似，唯一不同的是將一個移動平臺和懸臂處的俯仰關節「轉移」到了從動機構中，即不旋轉手爪機構，而是轉而使質量非常輕的弓絲發生旋轉，將位置關節的 X 方向平臺轉移到從動機構中，避免了將 Y、Z 關節平臺全部作用在 X 平臺上導致的其平臺負載過重。因此，方案 d 的從動機構由一個移動關節和旋轉關節組成，這一移動關節用於產生送絲的功能，旋轉關節用於使絲旋轉所需的角度，配合主動機構達到實現「閉隙曲」的彎曲。

由成形弓絲形狀及弓絲彎折機器人構型方案的選擇可知，弓絲彎折機器人彎折加工過程中移動距離都相對較短，但對移動的精度要求較高，這裡選用螺桿螺母機構作為弓絲彎折機器人的移動載體，如圖 13-10 所示。弓絲彎折機器人機構由基座、螺桿螺母運動平臺、絲自轉電機、絲支撐機構、彎曲模具、帶輪傳動機構和彎絲電機等幾大部分組成。螺桿螺母運動平臺作為弓絲彎折機器人的機構本體，承擔著支撐整個機器人系統並傳遞運動的作用；絲自轉電機軸上裝有夾具，用於夾緊矯正線並帶動弓絲旋轉到指定的角度；絲支撐機構用於在彎折弓絲成形的過程中保持絲的固定；彎曲模具在帶輪機構的力矩作用下遶彎弓絲成形。弓絲彎折機器人各部分在上位機及控制器的作用下按程序協調工作，完成指定的矯正線彎折成形任務。

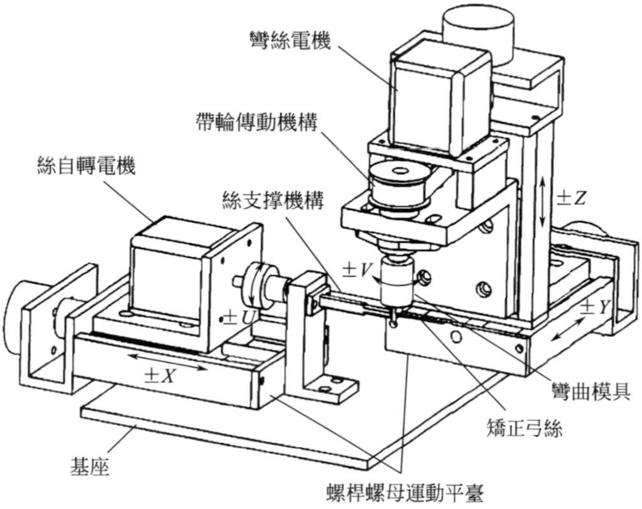

圖 13-10　弓絲彎折機器人機構設計

13.3.3 矯正線翹曲回彈機理

一直以來，科研學者們都在努力建立各種場合下各種材料的回彈計算公式，因為如果能找到一個理論公式計算一類成形問題的回彈，則可以大大減少回彈測定實驗的進行次數；同時對成形模具的生產和製造有著明顯的指導作用。然而，由於影響回彈的因素非常多，很難建立起考慮所有因素的回彈計算模型，因此必須考慮主要影響因素而捨棄次要因素，而且要透過實驗的方式對建立的回彈計算公式進行驗證[33～35]。

目前，針對板料、管料等的成形回彈計算有著較為深入的研究，學者和工程師們建立了各種成形方式下的回彈計算公式，這些理論公式對材料成形與模具生產過程有著不可替代的指導作用。但是，這些公式並不適用於矯正線所屬的金屬絲的彎曲理論計算，因此，有必要針對矯正線的彎曲回彈進行理論分析。

根據經典塑性成形理論，在彎曲初始階段，由於加載力矩比較小，彎曲角和回彈角都隨彎曲力矩的增加而增加，而且在此階段彈性變形要明顯多於塑性變形，我們稱這一階段為「強彈性彎曲階段」；當彎曲力矩增加到一定程度時，彎曲角度不再隨彎曲力矩變化，即彎曲角度雖然不斷增加但彎曲力矩卻基本保持不變，此階段為塑性成形階段，塑性變形要明顯多於彈性變形，我們稱這一階段為「強塑性彎曲階段」。因此，分別對「強彈性彎曲階段」和「強塑性彎曲階段」的回彈現象進行研究。

由於在強彈性彎曲階段主要表現為彈性變形，因此，可以將矯正線彎曲模型簡化為簡支梁模型，如圖 13-11 所示。假設模型受彎曲力矩 M_i 作用，將模型所受彎曲力矩轉化為距離 B 點 n 處作用的一集中力，則圖中所示 θ_{ib} 為矯正線產生的彎曲角，θ_{is} 為回彈角，則根據材料力學知識可知，簡支梁 l、n 部分的撓曲線方程可以分別由下式給出

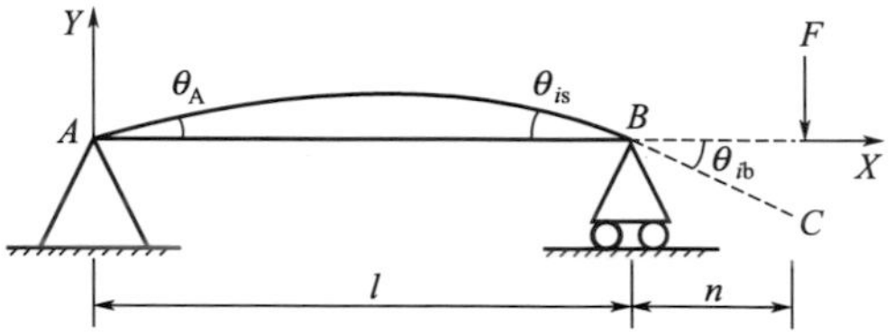

圖 13-11　強彈性彎曲階段簡化模型

$$v_n = -\frac{F(x-l)}{6EI}[n(3x-l)-(x-l)^2] \tag{13-5}$$

$$v_l = \frac{Fnx}{6EIl}[l^2-x^2] \tag{13-6}$$

式中，正負號表示逆時針旋轉與順時針旋轉，則彎曲角與回彈角分別為

$$\theta_{ib} = \frac{dv_n}{dx}\Big|_{x=l+n} = -\frac{Fn}{6EI}[2l+3n] = -\frac{M_i}{6EI}[2l+3n] \tag{13-7}$$

$$\theta_{is} = \frac{dv_l}{dx}\Big|_{x=l} = -\frac{Fnl}{3EI} = -\frac{M_i l}{3EI} \tag{13-8}$$

隨著彎曲力矩的不斷增大，彎曲角與回彈角也分別發生變化，當彎曲力矩增大到足以使弓絲產生塑性變形時，彎曲力矩基本保持恆定，設此時的彎曲力矩為 M_L，則對於強彈性彎曲階段，矯正線最終成形角度可由下式給出

$$\theta_i' = |\theta_{ib}| - |\theta_{is}| = \frac{M_i}{6EI}[2l+3n] - \frac{M_i l}{3EI}, 0 \leqslant M_i \leqslant M_L \tag{13-9}$$

在強塑性彎曲階段，加載力矩保持不變，彎曲變形主要集中於 BC 段，而且

可以認為是純彎曲變形，如圖 13-12 所示。首先，相對彎曲半徑（彎曲回轉半徑與弓絲厚度的比值）遠遠小於 5，屬於典型的大曲率彎曲，因此在彎曲過程中應力應變中性層並不與幾何中間層重合，而是向彎曲中心產生了一定量的移動。而且中性層的移動將嚴重影響彎曲回彈的計算精度，因此，我們必須考慮中性層移動對彎曲回彈的影響。其次，由於矯正線在彎曲過程中的應變較大，必須採用真實應力應變數據計算其彎曲回彈。

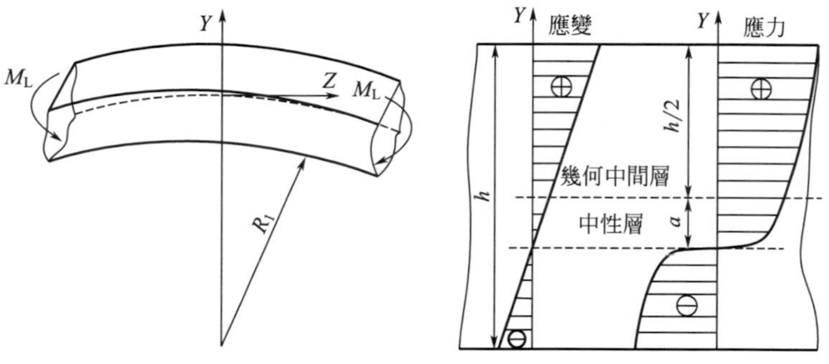

圖 13-12　考慮中性層移動的應力-應變關係

設中性層與幾何中間層偏離的距離為 a，y 為弓絲內任意一纖維層到中性層的距離，則在卸載前該纖維層的工程應變可以由下式給出

$$\bar{\varepsilon}=\frac{l_2-l_1}{l_1}=\frac{\theta(\rho+y)-\theta\rho}{\theta\rho}=\frac{y}{\rho} \tag{13-10}$$

式中，$\bar{\varepsilon}$ 為卸載前該層的應變量；l_2、l_1 分別為卸載前中性層的長度與該纖維層的長度；ρ 為卸載前中性層的曲率半徑；θ 為彎曲角度。同理，卸載後該纖維層的工程應變為

$$\bar{\varepsilon}'=\frac{l_2'-l_1'}{l_1'}=\frac{\theta'(\rho'+y)-\theta'\rho'}{\theta'\rho'}=\frac{y}{\rho'} \tag{13-11}$$

式中，$\bar{\varepsilon}'$為卸載後該層的應變量；l_2'、l_1'分別為卸載後中性層的長度與該纖維層的長度；ρ'為卸載後中性層的曲率半徑；θ'為回彈後的成形角度。那麼，卸載前後該纖維層的應變差為

$$\Delta\varepsilon=\bar{\varepsilon}-\bar{\varepsilon}'=y\left(\frac{1}{\rho}-\frac{1}{\rho'}\right) \tag{13-12}$$

因為 $\Delta\varepsilon$ 是該纖維層由於彈性卸載而產生的應變差，屬於小應變變形，其應力-應變關係服從胡克定律的線性關係，故該纖維層的卸載應力為

$$\sigma=E\Delta\varepsilon=Ey\left(\frac{1}{\rho}-\frac{1}{\rho'}\right) \tag{13-13}$$

則卸載力矩可以由下式給出

$$M_{\mathrm{U}}=\int_A \sigma y\,\mathrm{d}A=\int_A Ey^2\left(\frac{1}{\rho}-\frac{1}{\rho'}\right)\mathrm{d}A \tag{13-14}$$

在加載過程中，由材料拉伸試驗可知三種材料的應用應變關係可以由多項式擬合得到，因此彎曲加載力矩可以由下式給出

$$M_{\mathrm{L}}=\int_A \sigma(\bar{\varepsilon})y\,\mathrm{d}A \tag{13-15}$$

由於回彈是與彎曲正好相反的過程，因此卸載後弓絲處於自由狀態，即弓絲處於不受彎矩的狀態，所以有

$$M_{\mathrm{U}}=M_{\mathrm{L}} \tag{13-16}$$

$$\int_A Ey^2\left(\frac{1}{\rho}-\frac{1}{\rho'}\right)\mathrm{d}A=\int_A \sigma(\bar{\varepsilon})y\,\mathrm{d}A \tag{13-17}$$

根據彎曲過程中中性層長度不變原理，有下式成立

$$\rho\theta=\rho'\theta' \tag{13-18}$$

所以，綜合式(13-14)～式(13-18) 即可以計算得出強塑性彎曲階段的彎曲回彈角與成形角，關鍵是要求出中性層曲率半徑、卸載力矩和加載力矩。

由於中性層在彎曲過程中向彎曲中心移動了一定距離，因此中性層曲率半徑不再等於模具半徑與弓絲高度一半的和，而是要小於這個值。根據平面曲桿理論，假設弓絲被彎曲了某一角度，如圖 13-13 所示。

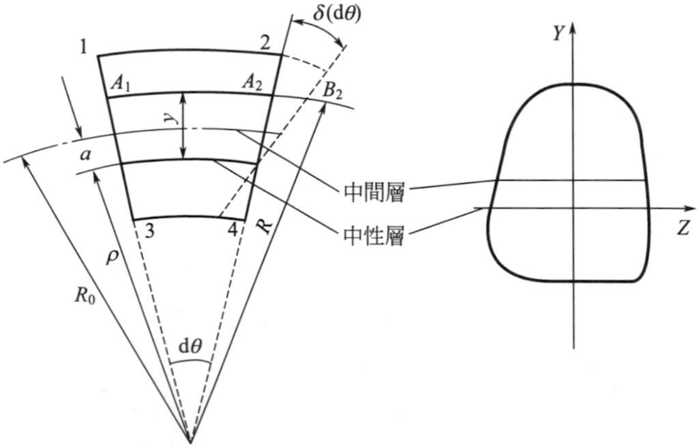

圖 13-13　中性層曲率半徑計算原理圖

取弓絲某一小段 $\mathrm{d}\theta$ 進行研究，其中 a 為中性層偏離幾何中間層的距離，則距離中性層為 y 的纖維層 $\widehat{A_1A_2}$ 的弧長可表示為

$$\widehat{A_1A_2}=(\rho+y)\mathrm{d}\theta \tag{13-19}$$

假設此時 $\mathrm{d}\theta$ 小段產生一個微小的彎曲變形，彎曲角為 $\delta\mathrm{d}\theta$，使 $\widehat{A_1A_2}$ 伸長為 $\widehat{A_1B_2}$，其伸長量為

$$\widehat{A_2B_2}=y\delta\mathrm{d}\theta \tag{13-20}$$

故$\widehat{A_1A_2}$ 的應變量可求出

$$\bar{\varepsilon}=\frac{\widehat{A_2B_2}}{\widehat{A_1A_2}}=\frac{y}{y+\rho}\times\frac{\delta\mathrm{d}\theta}{\mathrm{d}\theta} \tag{13-21}$$

根據廣義胡克定律，產生的應力為

$$\sigma=E\cdot\bar{\varepsilon}=E\,\frac{y}{y+\rho}\times\frac{\delta\mathrm{d}\theta}{\mathrm{d}\theta} \tag{13-22}$$

則作用在微段上的拉力可求出

$$T=\int_A\sigma\mathrm{d}A=E'\,\frac{\delta\mathrm{d}\theta}{\mathrm{d}\theta}\int_A\frac{y}{y+\rho}\mathrm{d}A \tag{13-23}$$

因為作用在微段上的只有彎矩，沒有拉力，故 $T=0$，即

$$E'\,\frac{\delta\mathrm{d}\theta}{\mathrm{d}\theta}\int_A\frac{y}{y+\rho}\mathrm{d}A=0 \tag{13-24}$$

由於 $E'\frac{\delta\mathrm{d}\theta}{\mathrm{d}\theta}\neq0$，所以有

$$\int_A\frac{y}{y+\rho}\mathrm{d}A=0 \tag{13-25}$$

令 $y+\rho=R$，代入式(13-25)，可以得到中性層曲率半徑的表達式如下

$$\rho=\frac{\int_A\mathrm{d}A}{\int_A\frac{1}{R}\mathrm{d}A}=\frac{A}{\int_A\frac{1}{R}\mathrm{d}A} \tag{13-26}$$

對於橫截面形狀為方形的矯正線，設其截面形狀及尺寸如圖 13-14 所示，則在建立的座標系基礎上可以得出方形截面弓絲截面面積微分表達式：

$$\mathrm{d}A=b\,\mathrm{d}y \tag{13-27}$$

將面積微分表達式(13-27) 代入方程(13-26) 計算，可以得到方形弓絲彎曲變形時的中性層曲率半徑如下

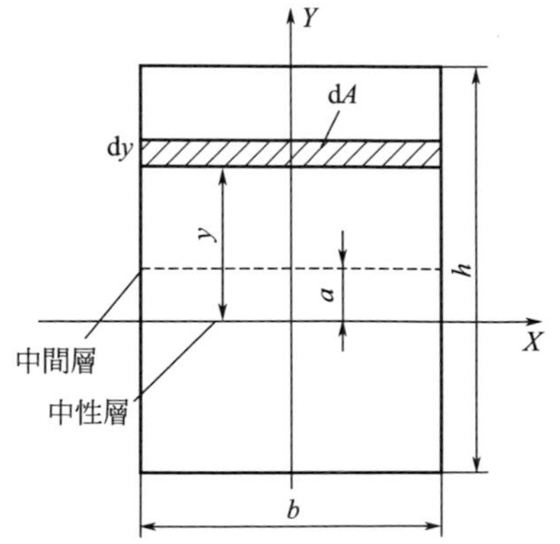

圖 13-14　方形不銹鋼弓絲截面形狀及尺寸

$$\rho=\frac{h}{\ln\dfrac{R_1+h}{R_1}} \tag{13-28}$$

式中，R_1 為回轉軸彎曲回轉中心的半徑。將面積微分表達式(13-27) 代入式(13-14)，可以得到方絲的卸載力矩：

$$M_U=\frac{Ebh^3+12Eba^2h}{12}\left(\frac{1}{\rho}-\frac{1}{\rho'}\right) \tag{13-29}$$

同理，將面積微分表達式(13-27) 代入式(13-15)，可以得到方形截面弓絲的加載力矩：

$$M_L=b\int_{-\left(\frac{h}{2}-a\right)}^{\frac{h}{2}+a}\sigma(\varepsilon)y\,dy \tag{13-30}$$

式中，a 為中性層偏離幾何中間層的距離，有

$$a=R_1+h/2-\rho \tag{13-31}$$

在考慮材料真實應力應變的情況下，可知真實應變的計算公式如下

$$\varepsilon=\ln(1+\bar{\varepsilon}) \tag{13-32}$$

式中，$\bar{\varepsilon}$ 為工程應變，有

$$\bar{\varepsilon}=\frac{y}{\rho} \tag{13-33}$$

則可以得到如下關係式

$$y=(e^{\varepsilon}-1)\rho \tag{13-34}$$

$$dy=\rho e^{\varepsilon}\,d\varepsilon \tag{13-35}$$

設材料的應力-應變本構模型如下

$$\sigma=m_i\varepsilon^i+m_{i-1}\varepsilon^{i-1}+\cdots+m_1\varepsilon^1+m_0,\ i\in N \tag{13-36}$$

則綜合式(13-30)～式(13-36)，可以得到方形截面弓絲的加載力矩

$$M_L=\rho^2b\int_{\ln\left(1+\frac{-h/2+a}{\rho}\right)}^{\ln\left(1+\frac{h/2+a}{\rho}\right)}\sigma(\varepsilon)(e^{2\varepsilon}-e^{\varepsilon})\,d\varepsilon \tag{13-37}$$

同理，對於橫截面形狀為圓形的矯正線，設其截面形狀及尺寸如圖 13-15 所示，則在如圖建立的座標系中，在考慮中性層移動的情況下可以得出圓絲截面面積微分：

$$dA=2\sqrt{\frac{h^2}{4}-(y-a)^2}\,dy \tag{13-38}$$

將面積微分表達式(13-38) 代入式(13-26) 計算，可以得到圓絲彎曲變形時的中性層半徑如下

$$\rho=\frac{h^2}{4\left[2\left(R_1+\dfrac{h}{2}\right)-\sqrt{4\left(R_1+\dfrac{h}{2}\right)^2-h^2}\right]} \tag{13-39}$$

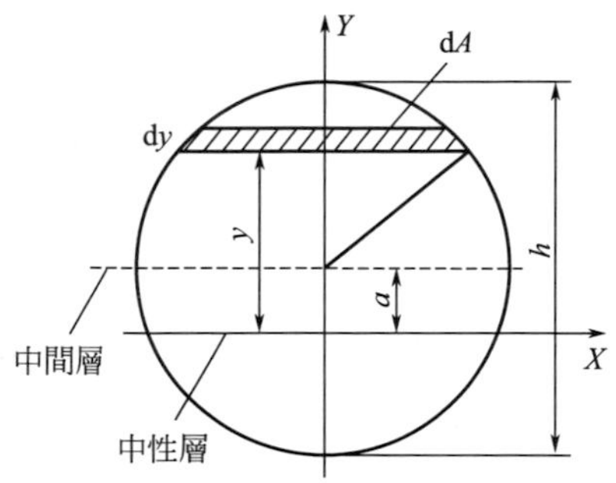

圖 13-15　圓形矯正線截面形狀及尺寸

將式(13-38) 代入式(13-14)，可以得到圓絲的卸載力矩如下

$$M_{\mathrm{U}}=2E\left(\frac{1}{\rho}-\frac{1}{\rho'}\right)\int_{-(\frac{h}{2}-a)}^{\frac{h}{2}+a} y^{2}\sqrt{\frac{h^{2}}{4}-(y-a)^{2}}\,\mathrm{d}y \tag{13-40}$$

對上式進行化簡計算，可以得到圓絲的卸載力矩為

$$M_{\mathrm{U}}=\frac{Eh^{2}(\pi h^{2}+16\pi a^{2})}{64}\left(\frac{1}{\rho}-\frac{1}{\rho'}\right) \tag{13-41}$$

將式(13-38) 代入式(13-15)，可以得到圓絲的加載力矩如下

$$M_{\mathrm{L}}=2\rho^{2}\int_{\ln(1+\frac{-h/2+a}{\rho})}^{\ln(1+\frac{h/2+a}{\rho})}\sigma(\varepsilon)(\mathrm{e}^{2\varepsilon}-\mathrm{e}^{\varepsilon})\sqrt{\frac{h^{2}}{4}-\rho^{2}(\mathrm{e}^{\varepsilon}-1)^{2}}\,\mathrm{d}\varepsilon \tag{13-42}$$

綜合式(13-16)、式(13-18)、式(13-28)、式(13-29) 和式(13-37)，可以得到方形截面弓絲強塑性彎曲階段的彎曲回彈角和成形角計算公式分別如下

$$\theta_{\mathrm{ps}}=\frac{12M_{\mathrm{L}}\rho}{Ebh^{3}+12Eba^{2}h}\theta \tag{13-43}$$

$$\theta'_{\mathrm{p}}=\theta-\frac{12M_{\mathrm{L}}\rho}{Ebh^{3}+12Eba^{2}h}\theta \tag{13-44}$$

則方形截面弓絲總成形角計算公式如下

$$\theta'=\begin{cases}\dfrac{M_i}{6EI}[2l+3n]-\dfrac{M_i l}{3EI},0\leqslant\theta\leqslant\theta_{i\mathrm{b}},0\leqslant M_i\leqslant M_{\mathrm{L}}\\[2ex] \theta-\dfrac{12M_{\mathrm{L}}\rho}{Ebh^{3}+12Eba^{2}h}\theta-\left(\dfrac{M_{\mathrm{L}}}{6EI}[2l+3n]-\dfrac{M_{\mathrm{L}}l}{3EI}\right)+K,\ \theta\geqslant\theta_{i\mathrm{b}}\end{cases} \tag{13-45}$$

式中，K 為保持在強彈性彎曲階段和強塑性彎曲階段角度的連續性而增加的修正係數。與方形截面弓絲計算方法一樣，綜合式(13-16)、式(13-18)、式(13-39)、式(13-41) 和式(13-42)，可以得到圓形截面弓絲強塑性彎曲階段回

彈角與成形角的計算公式如下

$$\theta_{\mathrm{ps}}=\frac{64M_{\mathrm{L}}\rho}{Eh^2(\pi h^2+16\pi a^2)}\theta \tag{13-46}$$

$$\theta_{\mathrm{p}}'=\theta-\frac{64M_{\mathrm{L}}\rho}{Eh^2(\pi h^2+16\pi a^2)}\theta \tag{13-47}$$

則圓形截面弓絲總成形角計算公式如下

$$\theta'=\begin{cases}\dfrac{M_i}{6EI}[2l+3n]-\dfrac{M_i l}{3EI},0\leqslant\theta\leqslant\theta_{i\mathrm{b}},0\leqslant M_i\leqslant M_{\mathrm{L}}\\ \theta-\dfrac{64M_{\mathrm{L}}\rho}{Eh^2(\pi h^2+16\pi a^2)}\theta+\dfrac{M_{\mathrm{L}}}{6EI}[2l+3n]-\dfrac{M_{\mathrm{L}}l}{3EI}+K,\theta\geqslant\theta_{i\mathrm{b}}\end{cases} \tag{13-48}$$

三種材料矯正線中，鎳鈦合金弓絲的回彈性最強，澳絲次之，不銹鋼弓絲的回彈性最弱；同時，不銹鋼弓絲與澳絲的回彈性能相近，這是由於澳絲為澳大利亞產不銹鋼弓絲，同為不銹鋼材料，只是在成分和性能上稍有差異，因此二者的回彈特性相近也在情理之中。所以，在採用相同彎曲模具的情況下，鎳鈦合金弓絲的成形性能最差。

13.3.4 矯正線彎折機器人控制規劃

矯正線成形的效果不僅與機器人自身因素有關，還與用來表達弓絲空間曲線部分的線段個數有關，稱為曲線的細分度。當空間某段曲線長度固定，機器人的彎折精度越高，用來描述曲線的線段單位長度就越短，線段個數也就越多，細分度就越高，曲線就越光滑，更為接近曲線的真實形狀；反之亦然[36]。

在明確了彎折精度與細分度、曲線成形效果之間的理論關係後，下面討論根據曲線的空間位置及長度來確定各段直線段長度以及控制點的選取方法，即控制節點的規劃。基於有限點展成法的思想，即搜索有限個關鍵點中的控制節點，並就該方法進一步擴展，針對空間三維曲線的有限點展成法的控制節點搜索，其中的關鍵就是對各個 Bezier 曲線部分進行規劃，流程圖如圖 13-16 所示，具體步驟如下。

① 建立曲線模型。基於 Bezier 曲線兩個端點的座標資訊和曲線表達式的建立方法，進行曲線模型的建立。

② 計算空間曲線的長度。在 Bezier 曲線表達式上提取一系列離散點 $P_i(x_i,y_i,z_i)(i=1,2,\cdots,n)$，組成首尾相連的直線段，這就構成了由無限逼近的三維空間曲線的折線來表達空間曲線。空間曲線的長度計算便可化簡為由 n 個離散點構成的 $n-1$ 條首尾相連的直線段 P_iP_{i+1} 之和。曲線長度 L 的計算公式為

$$L = \sum_{i=1}^{n-1} S_0 (P_i P_{i+1}) = \sum_{i=1}^{n-1} \sqrt{(x_{i+1}-x_i)^2+(y_{i+1}-y_i)^2+(z_{i+1}-z_i)^2} \tag{13-49}$$

③ 確立細分數。設定細分數為 m，為了使空間曲線過渡更加均勻，令由 P_iP_{i+1} 組成的直線段的長度都相等，每段線段長度為 l，且 $L=ml$。

④ 輸入初始精度值。包括弦弧差的絕對值 $|\widehat{P_iP_{i+1}}-P_iP_{i+1}|$ 以及機器人的彎折精度 k。

⑤ 比較 l 與 k 的大小。當 $0\leqslant l<k$ 時，說明此時直線段長度較短，機器人的精度無法達到，轉向步驟③，當 $0<k\leqslant l$ 時，機器人能夠滿足彎折要求。

⑥ 統計細分數 m 及直線段 l 等資訊。

⑦ 程序結束。

在 m、l、k、L 這四個影響節點規劃精度的參數中，先排除 k 的影響，以臨床某一患者上頜右第二、第三磨牙相鄰側端點建立的 Bezier 曲線為例，對節點規劃誤差進行分析，得到當細分數取不同值時，總弧長、細分後的各段弧長與對應直線段的長度之間的關係。

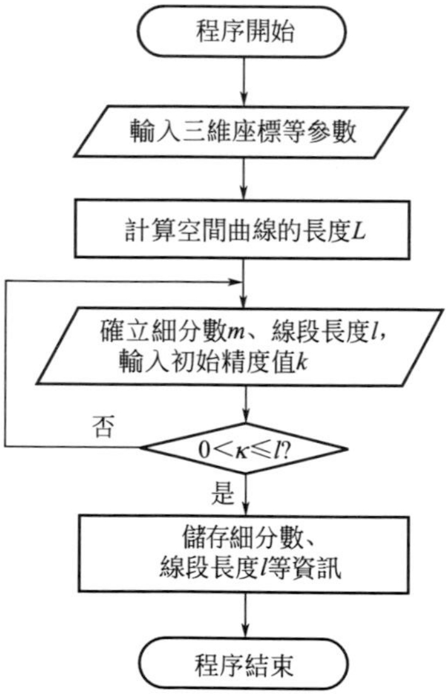

圖 13-16　控制節點規劃流程圖

對同一空間曲線而言 L 是定值而 m、l 是變量，且 $L=ml$，當細分數 m 確定，l 值及所對應的弧長 $\widehat{l}$、差值 $l'=\widehat{l}-l$ 及差值比例 $e=(\widehat{l}-l)\times100\%/l$ 也

隨之確定。分別選取細分數 m 為 2、3、5 進行實驗，以某一患者的真實數據為例，該患者的第二、第三磨牙兩端點座標分別為 A（130.2148，－102.772，19.754）、B（130.5915，－95.4711，20.3004），兩控制點 P_1（130.0832，－101.7821,19.7005）、P_2(130.8552,－96.4265,20.4346)。

可以看出當細分數相同時，l 值相同，介於空間曲線形狀的特點導致對應的弧長不同且無規律性；當細分數 m 不同時，m 取的值越大，各段差值比例 e 就越小，選取的該段 Bezier 曲線形狀越平滑，凸包性越不顯著，與直線連接形成的曲線形狀間差異越小，越接近各段弧長與總弧長。

若計及機器人彎折精度 k 的影響，由式 $0<k\leqslant l$ 可知，k 制約著 m 選取的值過大及節點規劃的精度，但在總長方面 e 的取值介於 0.002％和 0.228％之間，已滿足實際使用要求。

矯正線形狀是由空間直線和曲線兩部分轉化為有限段相鄰連續線段組成的。根據機器人運動特點及彎折的方式，空間相鄰兩線段的角度須由機器人沿 X、Y、Z 方向及彎曲模具按一定關係運動，就需對空間角度關係進行分析。

位於笛卡爾座標的線段，每相鄰兩線段有一個公共交點，以該交點為角的頂點，以兩條線段所夾角為三維空間夾角。機器人的彎曲模具在每次旋轉時所成的夾角是平面的，根據絲自轉的角度可形成 X 平面、Y 平面及 Z 平面的夾角，所以利用機器人彎折弓絲所成空間夾角需把空間夾角分解成在 XY、YZ、XZ 平面夾角，計算過程如下：假設空間兩相鄰線段兩端點為 $N_1(x_1,y_1,z_1)$、$N_2(x_2,y_2,z_2)$ 和 $N_3(x_3,y_3,z_3)$，兩相鄰線段之間的交點為 N_2，各段方向矢量

$$\overrightarrow{N_1N_2}=(x_1-x_2,y_1-y_2,z_1-z_2),\overrightarrow{N_2N_3}=(x_2-x_3,y_2-y_3,z_2-z_3)$$

計算各線段的長度

$$|N_1N_2|=\sqrt{(x_1-x_2)^2+(y_1-y_2)^2+(z_1-z_2)^2} \tag{13-50}$$

$$|N_2N_3|=\sqrt{(x_2-x_3)^2+(y_2-y_3)^2+(z_2-z_3)^2} \tag{13-51}$$

計算空間夾角 θ，由公式

$$\vec{a}\cdot\vec{b}=|\vec{a}||\vec{b}|\cos\theta \tag{13-52}$$

可得

$$\theta=\arccos\frac{\vec{a}\cdot\vec{b}}{|\vec{a}||\vec{b}|} \tag{13-53}$$

解得

$$\theta=\arccos\frac{(x_1-x_2)(x_2-x_3)+(y_1-y_2)(y_2-y_3)+(z_1-z_2)(z_2-z_3)}{\sqrt{(x_1-x_2)^2+(y_1-y_2)^2+(z_1-z_2)^2}\sqrt{(x_2-x_3)^2+(y_2-y_3)^2+(z_2-z_3)^2}} \tag{13-54}$$

空間兩相鄰線段分別在 XY 平面、YZ 平面及 XZ 平面投影的夾角分別用 α、β、γ 表示，其投影結果如圖 13-17 所示。

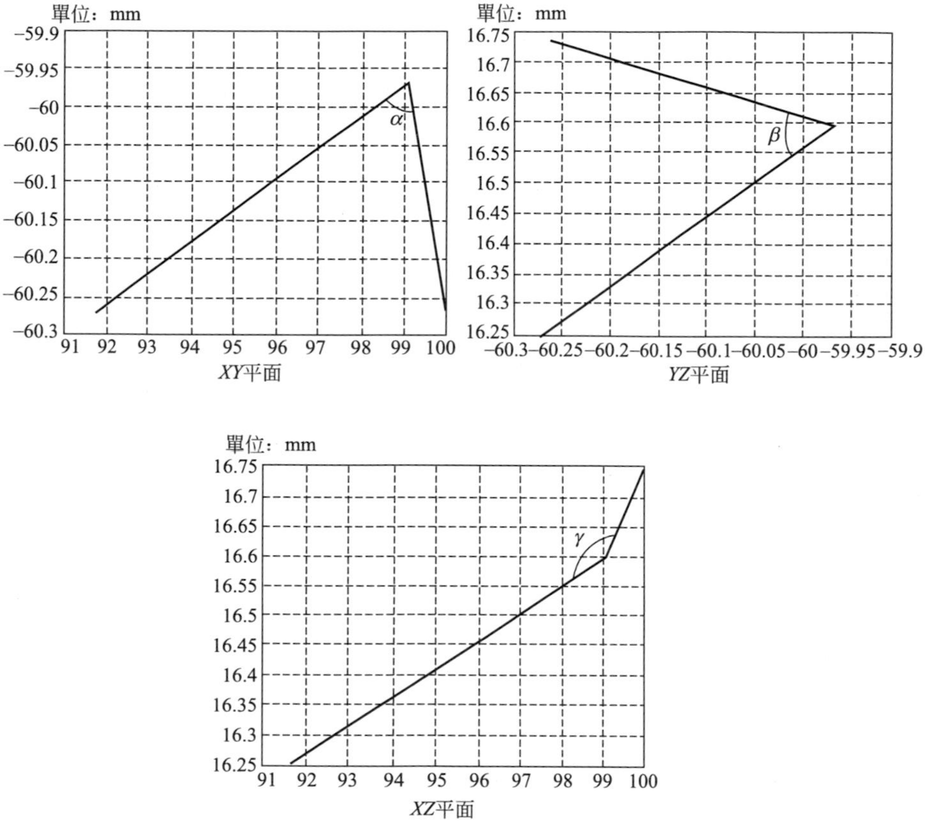

圖 13-17　空間兩相鄰線段的投影

其空間角度的計算方法如下。α 為空間線段投影到 XY 平面上的夾角，設 N_1、N_2、N_3 投影到 XY 平面的點為 A_1、A_2、A_3，對應的座標為 $A_1(x_1, y_1)$、$A_2(x_2, y_2)$、$A_3(x_3, y_3)$。

由式(13-53) 可計算出 α 的角度，即

$$\alpha = \arccos \frac{\overrightarrow{A_1A_2} \cdot \overrightarrow{A_2A_3}}{|A_2A_3||A_2A_3|} \tag{13-55}$$

同理，β 為空間線段投影到 YZ 平面上的夾角，設 N_1、N_2、N_3 投影到 YZ 平面的點為 B_1、B_2、B_3，對應的座標為 $B_1(x_1, y_1, z_1)$、$B_2(x_2, y_2, z_2)$、$B_3(x_3, y_3, z_3)$。

$$\beta = \arccos \frac{\overrightarrow{B_1B_2} \cdot \overrightarrow{B_2B_3}}{|B_2B_3||B_2B_3|} \tag{13-56}$$

γ 為空間線段投影到 XZ 平面上的夾角，設 N_1、N_2、N_3 投影到 XZ 平面的點為 C_1、C_2、C_3，對應的座標為 $C_1(x_1,z_1)$,$C_2(x_2,z_2)$,$C_3(x_3,z_3)$。

$$\gamma = \arccos \frac{\overrightarrow{C_1C_2} \cdot \overrightarrow{C_2C_3}}{|C_2C_3||C_2C_3|} \tag{13-57}$$

由空間夾角與平面角幾何關係，任意兩平面投影所成的角均可表示空間角，所以空間夾角 θ 均可由 α、β、γ 中任意兩個組合表達出。根據實際情況選取 α、β 角進行空間夾角的表達，機器人彎折矯正線夾角的過程描述如下，流程圖如圖 13-18 所示。

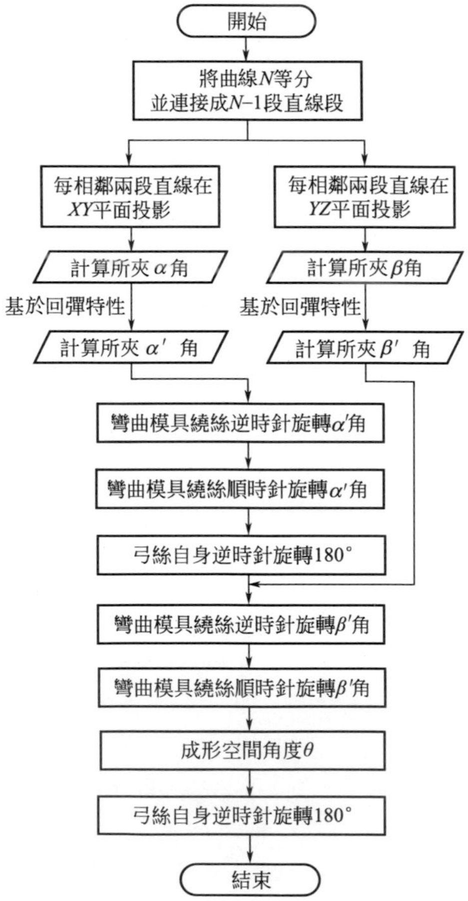

圖 13-18 控制節點處角度規劃流程圖

弓絲的彎折是一個連續且規律性的過程，是以牙弓曲線的兩個端點作為彎折始終點，並以座標點中 x 值由小及大或相反的順序進行。總結起來主要分為以下三類過程。

① 矯正線的進給過程。弓絲的進給是彎折過程中必不可少的，確定每次進給後的位置，包括牙槽兩個端點及彎折控制節點，提供彎折成形各段所需的長度。

② 彎曲模旋轉的過程，是使各段矯正線之間成形不同角度關係的重要步驟，旋轉的方向始終為順時針方向。彎曲模按照預先設定的角度自轉，並帶動弓絲彎曲變形，經塑性變形成形出所需的角度。

③ 矯正線的自轉過程。弓絲的自轉是使各段絲之間成形不同空間角度關係的關鍵。弓絲透過自身逆時針旋轉 180°後進行彎折，以達到形成空間夾角的目的。

正是透過矯正線的進給、彎曲模旋轉及弓絲自轉的過程按照一定規律配合，完成了弓絲的彎折，流程圖如圖 13-19 所示。

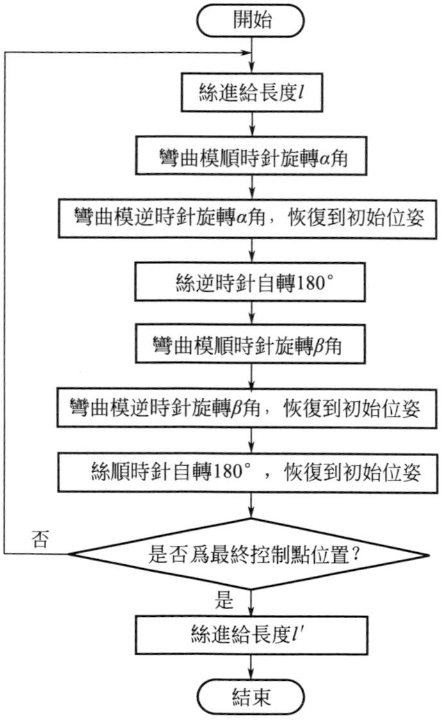

圖 13-19 弓絲彎折過程規劃流程圖

13.3.5 機器人矯正線彎折程序生成方法

第一序列曲矯正線彎折成形，即平面內矯正線牙弓曲線彎折成形，考慮到牙齒結構、位置的個性化差異，難免會出現個別托槽點與其他托槽點不在同一平面內的情況，因此此處引入 Z 方向座標，對彎曲平面進行擴展，即根據醫生提供的 28 個托槽點的空間位置座標分析矯正線彎折成形過程，為後續研究奠定基礎。第一序列曲弓絲彎折成形過程如下。

步驟 1：數據導入。將醫生根據患者牙弓資訊提供的 28 個托槽點空間座標導入矯正線彎折系統。

步驟 2：確定進給量。按照數據導入順序，從初始點始，計算相鄰兩托槽點間的直線段長度 l，確定矯正線彎折機器人系統沿 X 方向的進給量。

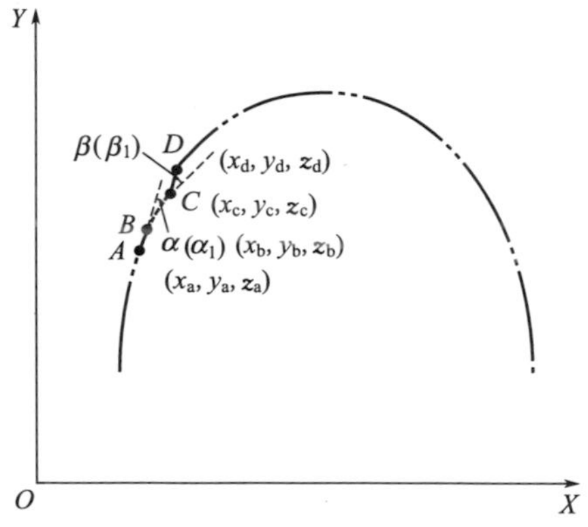

圖 13-20 計算直線段長度及夾角

步驟 3：確定理論轉角值。以前一段直線段為計算基礎，計算其與下一段直線段的夾角，考慮彎絲工藝的特殊性，對方形弓絲難以實現對稜邊的彎折，選擇對稜邊所在兩平面進行彎折，採用兩個面的彎角代替稜的彎角，即用兩個投影角合成一個空間角。

選取 28 個托槽點中任意連續的四個空間點 A、B、C、D 對直線段長度及角度求解過程進行分析，由於投影后在 XOY 平面和 XOZ 平面角度計算方式相同，此處僅針對 XOY 平面投影角度計算過程進行詳細分析，結合圖 13-20，分析過程如下。

圖中 AB、BC、CD 段為弓絲進給段，AB 段與 BC 段夾角為一個彎折角。設 AB 段線段長為 l_1，BC 段線段長為 l_2，l_1、l_2 為空間直線段長度，則

$$l_1=\sqrt{(x_b-x_a)^2+(y_b-y_a)^2+(z_b-z_a)^2} \tag{13-58}$$

$$l_2=\sqrt{(x_c-x_b)^2+(y_c-y_b)^2+(z_c-z_b)^2} \tag{13-59}$$

XOY 平面投影角度 α 求解：為區分矯正線彎曲過程中的彎曲面，以分辨電機運行順序，應用正弦反三角函數進行求解，角度為正時，直接矯正線進行彎折，角度為負時，先將矯正線順時針轉動 180°，更換彎曲面後，再進行彎折成形。

XOY 平面內 α 角求解過程結合圖 13-21 進行分析：圖中 A'、B'、C'、D'為點 A、B、C、D 在 *XOY* 平面內的投影，座標在圖中標出，圖中 α 為線段 AB 與線段 BC 夾角在 *XOY* 平面內投影，也是彎折角，α_1 為線段 AB 與線段 BC 夾角在 *XOZ* 平面內投影，以括號形式標出。

從圖 13-21 可以看出，α 可透過∠A′與∠C′B′E 做差求得，即

$$\alpha = \angle A' - \angle C'B'E \tag{13-60}$$

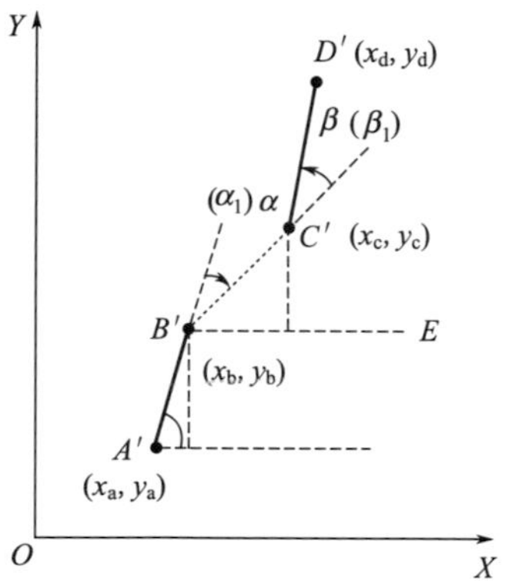

圖 13-21　XOY 平面內彎折角 α 求解過程

設 $A'B'$段線段長為 l_1，$B'C'$段線段長為 l_2，l_1、l_2 為平面內直線段長度，可表示為

$$l_1 = \sqrt{(x_b - x_a)^2 + (y_b - y_a)^2} \tag{13-61}$$

$$l_2 = \sqrt{(x_c - x_b)^2 + (y_c - y_b)^2} \tag{13-62}$$

應用正弦反三角函數∠A′的大小可由下式表示

$$\angle A' = \arcsin \frac{(y_b - y_a)}{l_1} \tag{13-63}$$

∠C′B′E 的大小可由下式表示

$$\angle C'B'E = \arcsin \frac{(y_c - y_b)}{l_2} \tag{13-64}$$

因此，α 可由下式表示

$$\alpha = \arcsin \frac{(y_b - y_a)}{l_1} - \arcsin \frac{(y_c - y_b)}{l_2} \tag{13-65}$$

同理，α_1 可由下式表示

$$\alpha = \arcsin\frac{(z_b - z_a)}{l_3} - \arcsin\frac{(z_c - z_b)}{l_4} \tag{13-66}$$

其中，$l_3 = \sqrt{(x_b - x_a)^2 + (z_b - z_a)^2}$，$l_4 = \sqrt{(x_b - x_a)^2 + (z_b - z_a)^2}$。

步驟 4：確定實際彎角值。應用前面建立的矯正線回彈機理數學模型將 α 和 α_1 轉換成實際彎曲角 α' 和 α_1'。

步驟 5：判斷 α' 的正負。

α' 為正：

① 彎絲手爪旋轉，帶動矯正線順時針旋轉 α' 角。

② 彎絲手爪逆時針旋轉 α' 角，復位，矯正線產生回彈，回彈後剩餘角度為 α。

α' 為負：

① 弓絲順時針旋轉 180°。

② 彎絲手爪旋轉，帶動矯正線順時針旋轉 α' 角。

③ 彎絲手爪逆時針旋轉 α' 角，復位，矯正線產生回彈，回彈後剩餘角度為 α。

④ 弓絲逆時針旋轉 180°。

α' 為零：返回步驟 2。

步驟 6：判斷 α_1' 的正負。

α_1' 為正：

① 弓絲順時針旋轉 90°。

② 彎絲手爪旋轉，帶動矯正線順時針旋轉 α_1' 角。

③ 彎絲手爪逆時針旋轉 α_1' 角，復位，矯正線產生回彈，回彈後剩餘角度為 α_1。

④ 弓絲逆時針旋轉 90°。

α_1' 為負：

① 弓絲逆時針旋轉 90°。

② 彎絲手爪旋轉，帶動矯正線順時針旋轉 α_1' 角。

③ 彎絲手爪逆時針旋轉 α_1' 角，復位，矯正線產生回彈，回彈後剩餘角度為 α。

④ 弓絲順時針旋轉 90°。

α_1' 為零：返回步驟 2。

此時，彎折成形角度即目標角度。

步驟 7：計算下一段直線段長度 l，循環步驟 2～步驟 6 操作即可。

第一序列曲矯正線彎折成形過程流程圖如圖 13-22 所示。

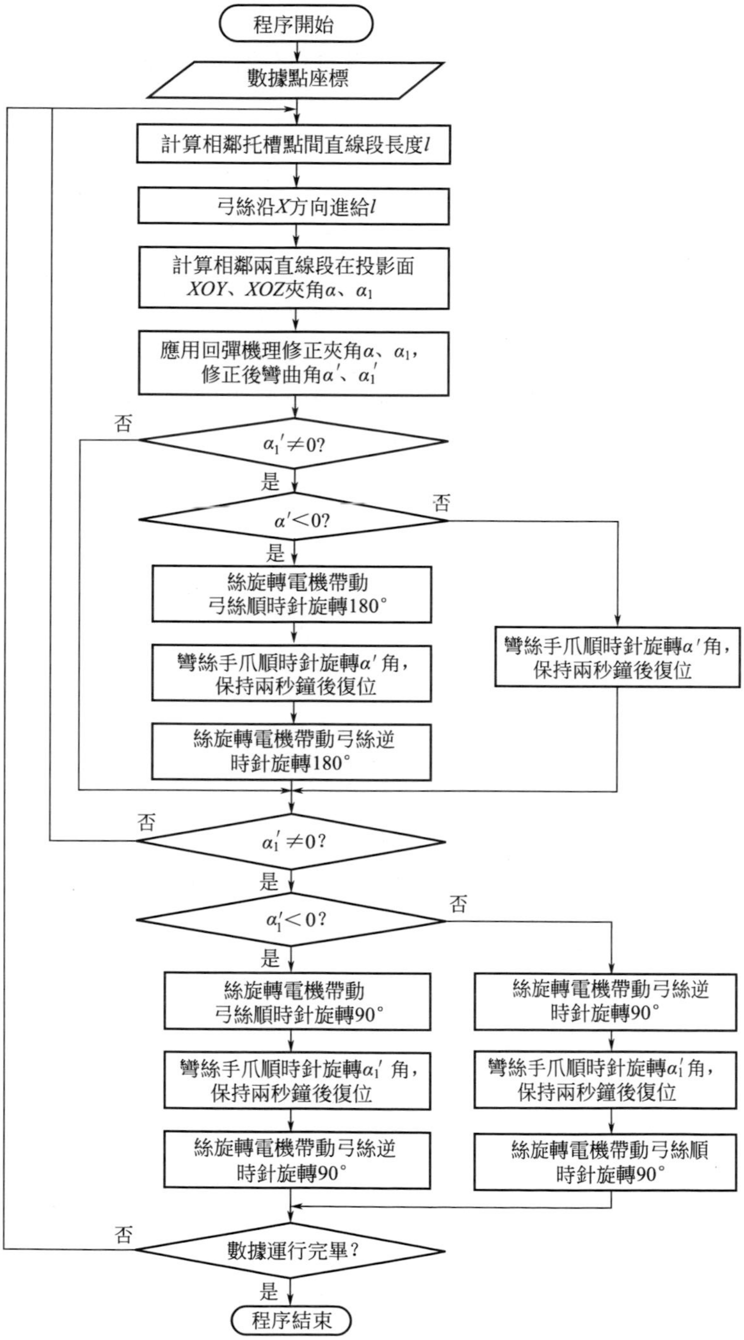

圖 13-22　第一序列曲矯正線彎折成形過程流程圖

13.4 矯正線彎折機器人的典型實例

13.4.1 弓絲彎折機器人實驗系統

弓絲彎折機器人實驗系統是為完成矯正線彎折成形而開發的機器人實驗系統，其構型及布局設計是根據矯正線彎曲成形的功能要求而確定的。哈爾濱理工大學研製的弓絲彎折機器人實驗系統如圖 13-23 所示，主要由弓絲彎折機器人運動本體和控制系統組成。

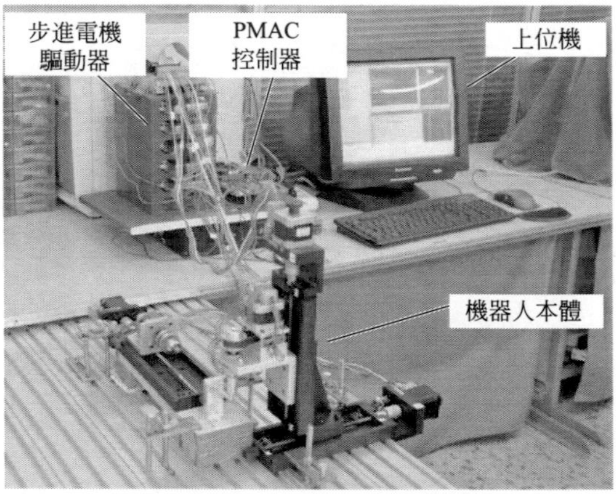

圖 13-23 弓絲彎折機器人實驗系統

弓絲彎折機器人實驗系統的控制系統為主從式結構，由上位機系統和下位機系統組成。上位機系統主要由 PC 機組成，用於完成弓絲彎折機器人的運動路徑的規劃，弓絲彎折機器人運動程序的編制以及機器人系統工作狀況的即時監控等任務。下位機系統是以美國 Deltatau 公司生產的 PMAC（program multiple axis controller）可編程多軸運動控制器為核心，以步進電機驅動器為驅動放大機構兩部分組成的。PMAC 控制器是一款集運動軸控制、PLC 控制和數據採集的多功能運動控制產品，標配以太網和 RS232 兩種通訊介面，它具有豐富的 I/O 介面並提供最低配置 4 軸伺服或者步進控制的通道口，可以很方便地對其進行在線指令調試、運動程序控制、PLC 控制和即時在線監控。PMAC 控制器給出的指令訊號透過步進電機驅動器的分配和放大後直接作用到弓絲彎折機器人運動本體中的步進電機，驅動電機完成相應的動作。

在上位機中編制的 PLC 回零程序和弓絲彎折運動程序首先在編程界面單步、單軸進行調試，調試成功後的程序透過以太網端口下載到 PMAC 控制器中，由控制器產生相應的指令代碼並傳送給步進電機驅動器，最後由驅動器連接到相應運動軸上完成規定的運動任務。

弓絲彎折機器人運動本體中，三個螺桿螺母平臺分別起在 X、Y、Z 方向傳遞運動的作用，彎絲電機驅動彎曲模具在 XY 平面內對矯正線進行彎折，絲回轉電機帶動弓絲旋轉實現將「閉隙曲」所在平面旋轉到 XY 平面中，從而實現對「閉隙曲」的彎折。螺桿螺母移動平臺透過壓板固定到帶有梯形槽的鋁合金工作檯上，絲旋轉電機、彎絲電機、帶輪系統和彎曲模具等透過 L 形架連接到螺桿螺母平臺，弓絲支撐機構透過螺釘固定到平臺上，弓絲固定夾具為小型三角鑽頭夾，它不僅能實現自鎖而且能自動定心，這使得在安裝弓絲的過程變得非常容易。為方便連接，電機與控制器之間採用九針公母頭導線連接，弓絲彎折機器人移動平臺如圖 13-24 所示，弓絲彎折機器人控制界面如圖 13-25 所示。

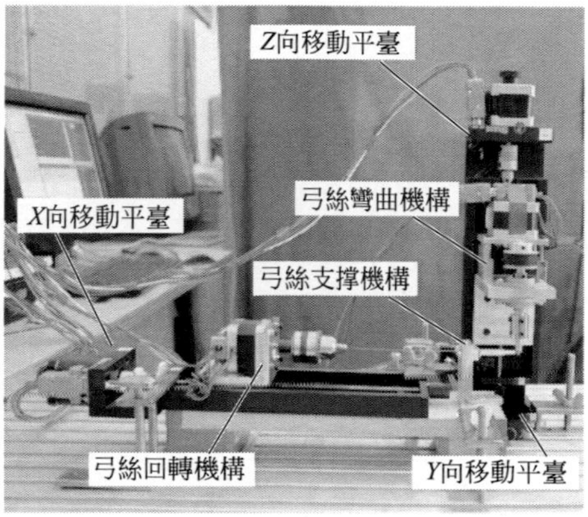

圖 13-24　弓絲彎折機器人移動平臺

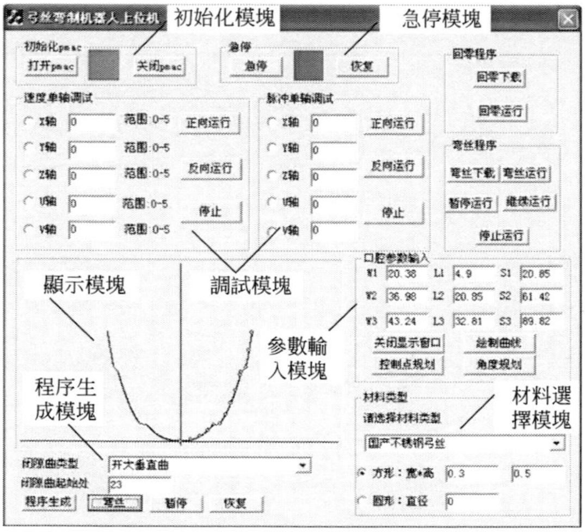

圖 13-25　弓絲彎折機器人控制界面

13.4.2 實驗用例的選擇

為了使實驗具有代表性，實驗結果不失其一般性，我們選取了臨床上比較有代表性的從未進行過矯正矯正治療的一例患者的牙弓參數作為實驗用例。該患者的矯正參數如表 13-1 所示。

表 13-1　患者牙弓矯正參數

項目	患者牙弓矯正參數
牙弓總弧長/mm	84.53
牙弓總高度 L_3/mm	32.55
牙弓總寬度 W_3/mm	41.15
磨牙外展彎處弧長/mm	57.69
磨牙外展彎處高度 L_2/mm	20.03
磨牙外展彎處寬度 W_2/mm	34.27
磨牙外展彎長度/mm	2.0
磨牙外展彎升角/(°)	30
尖牙外展彎處弧長/mm	20.91
尖牙外展彎處高度 L_1/mm	4.80
尖牙外展彎處寬度 W_1/mm	20.05
尖牙外展彎長度/mm	2.0
尖牙外展彎升角/(°)	4.0
閉隙曲類型	開大垂直曲
閉隙曲高度/mm	6.0
閉隙曲寬度/mm	3.0

13.4.3 澳絲彎折實驗結果

基於弓絲彎折機器人實驗系統進行了截面直徑為 0.38mm 的澳絲的彎折實驗研究。彎折成形的澳絲如圖 13-26 所示。不考慮回彈和考慮回彈時的澳絲彎折實驗結果如圖 13-27 和圖 13-28 所示。

從實驗結果可知：考慮回彈時牙弓總高度的誤差率為 7.83%，牙弓總寬度的誤差率為 14.95%，磨牙外展彎處高度的誤差率為 9.24%，磨牙外展彎處寬度的誤差率為 13.62%，尖牙外展彎處高度的誤差率為 12.08%，尖牙外展彎處寬度的誤差率為 2.54%；不考慮回彈時牙弓總高度的誤差率為 7.28%，牙弓總寬度的誤差率為 46.68%，磨牙外展彎處高度的誤差率為 9.14%，磨牙外展彎處寬度的誤差率為 48.82%，尖牙外展彎處高度的誤差率為 11.15%，尖牙外展彎處寬度的誤差率為 13.02％。考慮回彈時澳絲彎折實驗結果明顯優於未考慮回彈時澳絲彎折實驗結果。考慮回彈時，所有項目參數的誤差率不超過 15％，基本滿足口腔矯正治療的需求，充分體現了矯正線彎折機器人矯正線彎折操作的規範型和標準化。

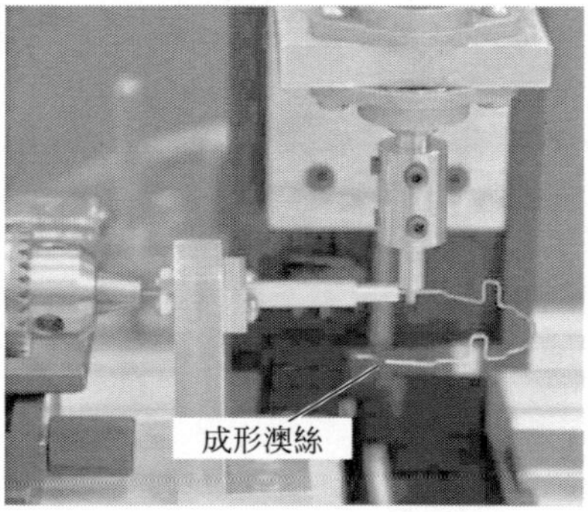

圖 13-26　彎折成形的澳絲

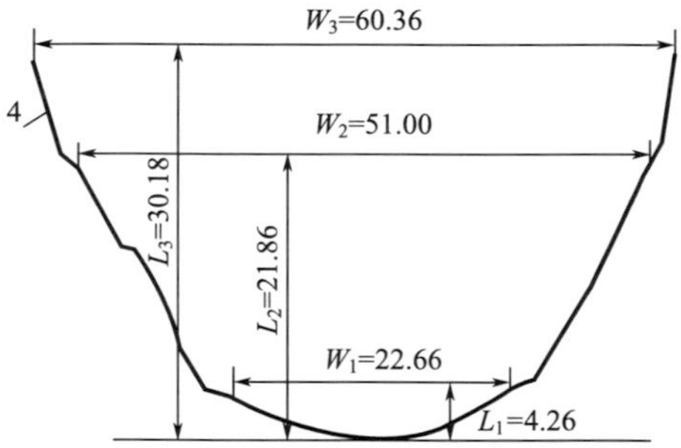

圖 13-27　不考慮回彈時澳絲彎折實驗結果

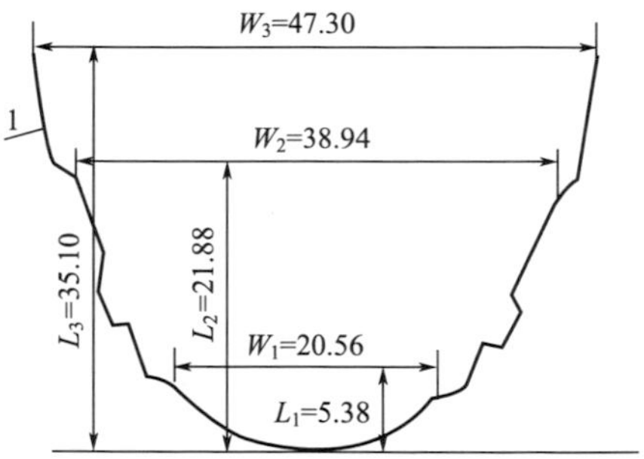

圖 13-28　考慮回彈時澳絲彎折實驗結果

參考文獻

[1]　傅民魁，張丁，王邦康，等．中國 25392 名兒童與青少年錯頜畸形患病率的調查[J]．中國口腔醫學雜誌，2002，37（5）：371-373.

[2]　孔燦．矯正不銹鋼弓絲彎曲成型與回彈的有限元數值模擬研究[D]．南京：東南大

學，2009.

[3] 中國牙科城鄉差距大——郊縣平均七八千人一個牙醫[EB/OL]. 中國網，2010 [2011-03-05].

[4] Nakadate R，Matsunaga Y，Solis J，et al. Development of a Robot Assisted Carotid Blood Flow Measurement System [J]. Mechanism and Machine Theory，2011，46 (8)：1066-1083.

[5] Taylor J. Wire Bending Apparatus：USA，3245433[P]. 1993-02-01 [2012-08-05].

[6] Toshihiro T. Wire Bending Apparatus：USA，5291771 [P]. 1994-03-08 [2012-08-05].

[7] Fischer B H，Orthuber W，Pohle L，et al. Bending and Torqruing Accuracy of the Bending Art Systems (BAS) [J]. Journal of Orofacial Orthopedics，1996，57 (1)：16-23.

[8] Fischer B H，Orthuber W，Ermert M，et al. The Force Module for the Bending Art System Preliminary Results [J]. Journal of Orofacial Orthopedics，1998，59 (5)：301-311.

[9] Fischer B H，Orthuber W，Laibe J，et al. Continuous Archwire Technique Using the Bending Art System [J]. Journal of Orofacial Orthopedics，1997，58 (4)：198-205.

[10] Butscher W，Riemeier F，Rubbert R，et al. Robot and Method for Bending Orthodontic Archwires and Other Medical Devices：USA，2004/0216503A1 [P]. 2004-12-04 [2012-08-05].

[11] Rjgelsford J. Robotic Bending of Orthodontic Archwires [J]. Industrial Robot：An International Journal，2004，65 (4)：321-335.

[12] Muller H R，Prager T M，Jost B P G. SureSmile-CAD/CAM System for Orthodontic Treatment Planning，Simulation and Fabrica of Customized Archwires [J]. International Journal of Computerized Dentistry，2007，10 (1)：53-62.

[13] Thomas W，Rubbert R. Method and Device for Shaping an Orthodontic Archwire：USA，7661281B2 [P]. 2010-02-16 [2012-08-14].

[14] Gilbert A. An In-office Wire Bending Robot for Lingual Orthodontics [J]. Journal of Clinical Orthodontics，2011，45 (4)：230-234.

[15] 秦德川，高愛蘭，張原平，等. 新型轉矩成形器. 中國，CN200720025184.2 [P]. 2012. 2. 14.

[16] 鄭玉峰，李莉，張鳳偉，等. 口腔矯正線成型方法及其裝置. 中國，200610010304.1 [P]. 2012. 02. 14.

[17] 夏澤洋，郭楊超，甘陽洲，等. 口腔矯正器械制備機器人及其機械手. 中國，2015/103817691 [P]. 2015. 6. 3.

[18] Deng Hao，Xia Zeyang，Weng Shaokui，et al. Motion Planning and Control of a Robotic System for Orthodontic Archwire Bending. 2015 IEEE/RSJ International Conference on Intelligent Robots and Systems (IROS)，Hamburg，Germany，28 September-2 October，2015：3729-3734.

[19] Xia Zeyang，Deng Hao，Weng Shaokui，et al. Development of a Robotic System for Orthodontic Archwire Bending [C]. 2016 IEEE International Conference on Robotics and Automation (ICRA)，Stockholm，Sweden，16-21 May，2016，pp 730-735.

[20] 杜海艷，張永德，賈裕祥，等. 弓絲彎折機器人運動軌跡規劃[J]. 中國機械工程，2011，21 (13)：1605-1608.

[21] Zhang Yongde，Jiang Jixiong. Analysis and Experimentation of the Robotic System for Archwire Bending [J]. Ap-

plied Mechanics and Materials，2012，121-126：3805-3809.

[22] Zhang Yongde，Jiang Jixiong. Trajectory Planning of Robotic Orthodontic Wire Bending Based on Finite Point Extension Method [J]. Advanced Materials Research，2011，221-203：1873-1877.

[23] Zhang Yongde，Jia Yuxiang. The Control of Archwire Bending Robot Based on MOTOMAN UP6 [C]. 2nd International Conference on Biomedical Engineering and Informatics，Tianjin，China，October 17-October 19，2009，pp. 1057-1061.

[24] 張永德，蔣濟雄．矯正線彎折特性分析及實驗研究[J]. 中國機械工程，2011，22（15）：1827-1831.

[25] 姜金剛，韓英帥，張永德，等．機器人彎折矯正線成形控制點規劃及實驗研究[J]. 儀器儀表學報，2015，36（10）：2297-2303.

[26] 張永德，姜金剛，蔣濟雄．矯正線彎曲回彈特性測量儀．中國．CN 103776704B [P]. 2016. 1. 20.

[27] Jiang Jingang，Wang Zhao，Zhang Yongde，et al. Study on Springback Properties of Different Orthodontic Archwires in Archwire Bending Process [J]. International Journal of Control and Automation，2014，7（12）：283-290.

[28] 姜金剛，王釗，張永德，等．機器人彎折澳絲的回彈機理分析及實驗研究[J]. 儀器儀表學報，2015，36（4）：919-926.

[29] Jiang Jingang，Zhang Yongde，Wei Chunge，et al. A Review on Robot in Prosthodontics and Orthodontics [J]. Advances in Mechanical Engineering，2015，7（1）：198748.

[30] Jiang Jingang，Peng Bo，Zhang Yongde，et al. Control System of Orthodontic Archwire Bending Robot Based on LabVIEW and ATmega2560 [J]. International Journal of Control and Automation，2016，9（9）：189-198.

[31] 魏春閣．矯正線的三維數學模型及彎折算法研究[D]. 哈爾濱：哈爾濱理工大學，2015.

[32] 蔣濟雄．口腔矯正線成形規劃及彎折機器人研究[D]. 哈爾濱：哈爾濱理工大學，2013.

[33] 王釗．矯正線的數位化成形及回彈機理研究[D]. 哈爾濱：哈爾濱理工大學，2017.

[34] Jiang Jingang，Han Yingshuai，Zhang Yongde，et al. Springback Mechanism Analysis and Experiments on Robotic Bending of Rectangular Orthodontic Archwire [J]. Chinese Journal of Mechanical Engineering，2017，30（6）：1406-1415.

[35] Jiang Jingang，Ma Xuefeng，Zhang Yongde，et al. Springback Mechanism Analysis and Experimentation of Orthodontic Archwire Bending Considering Slip Warping Phenomenon [J]. International Journal of Advanced Robotic Systems，2018，15（3）：1729881418774221.

[36] 姜金剛，郭曉偉，張永德，等．基於有限點展成法的矯正線成形控制點規劃[J]. 儀器儀表學報，2017，38（3）：612-619.

第14章

醫療機器人的發展

醫療機器人在過去幾十年獲得了飛速發展，作為醫療器械的一種，其涉及了醫藥、機械、電子、電腦、材料等多個行業學科。現有的醫療機器人技術在前述的幾章中已經進行了分類介紹，然而根據國家食品藥品監督管理總局 2017 年發布的《醫療器械分類目錄》，現有的醫療機器人的研究及方向依舊不足，因此未來一段時間，醫療機器人將呈現爆發性成長的情況。

本章所述的醫療機器人的發展將從政策法規分析、市場分析、中國產業鏈價值分析、技術分析和未來發展方向幾個方面進行分析敘述。

14.1 政策法規分析

醫療機器人是國家實現工業 4.0 戰略的重要一環，國務院在「十三五」規劃綱要及《中國製造 2025》等後續指導文件中提出，要重點發展醫用機器人等高性能診療設備，積極鼓勵中國醫療器械的創新。我們預計手術和康復機器人將成為未來 5 年國家發力重點，因此前國家部委及各地政府分別就建立醫療機器人測試和應用平臺、工業 4.0 重點項目部署、建立機器人行業示範基地和標準等方面給予了政策指導，政策風向明確。

《機器人產業發展規劃（2016－2020）》明確提出：要突破手術機器人、智慧護理機器人等十大標誌性產品，針對工業領域以及救災救援、醫療康復等服務領域，開展細分行業推廣應用。未來，機器人公司將以康復機器人、助老助殘機器人、外科機器人為發展主線，發展上肢康復機器人、下肢康復機器人智慧康復機器人以及護理機器人、陪護機器人、智慧輪椅等先進醫療機器人產品。

2016 年 4 月，工信部、發改委、財政部等三部委聯合印發了《機器人產業發展規劃（2016—2020 年）》，引導中國機器人產業快速健康可持續發展，增強技術創新能力和國際競爭能力，醫療機器人政策長期利好。同時由於政府醫療投入加大，醫療系統重組和人們對微創手術意識加強，未來醫療機器人市場重心將逐漸往亞洲市場轉移，中國醫療機器人發展前景可觀。

14.2 市場分析

根據現有醫療機器人的運用領域，大致將其分為以下六類：手術機器人、製藥領域機器人、外骨骼康復機器人、醫療消毒機器人、遠端醫療機器人、陪伴機器人[1]。由應用領域的代表性企業分析看，現階段世界醫療機器人的發展主要以美國企業為引領和代表，在手術機器人領域，美國以達文西（da Vinci）手術系統為代表，在行業占據了絕對的領先地位。

另外，在製藥機器人領域和外骨骼機器人中，德國企業占據一定的優勢；而在外骨骼機器人和遠端醫療機器人的研發方面，日本 Cyberdyne 和 Honda Robotics 這兩家公司在行業中起到引領作用。

表 14-1　各領域醫療機器人代表企業分析

應用領域	國家	企業名稱	發展介紹
手術機器人	美國	Intuitive Surgical	代表產品為達文西手術系統。2000 年 7 月 11 日，FDA 批准了達文西手術系統，使其成為美國第一個可在手術室使用的機器人系統，目前已在全球安裝超過 3600 套系統
		Verb Surgical	成立於 2015 年 12 月，由谷歌母公司 Alphabet 生命科學部門 Verily 與製藥巨頭強生聯手創辦，該新公司致力於開發機器人外科手術平臺
		Medtronic	公司成立於 1949 年，總部位於美國明尼蘇達州明尼阿波利斯市，是全球領先的醫療器械公司，致力於為慢性疾病患者提供終身的治療方案
		Medrobotics	成立於 2005 年，總部位於馬薩諸塞州，獨家授權的 Flex 機器人系統，此系統於 2015 年 7 月透過了 FDA 的審批
		Auris Surgical Robotics& Hansen Medical	創立於 2011 年，目前總部在矽谷，之前主要專注於眼科手術（白內障）的微型手術機器人系統，目前更多專注於腔內手術
製藥領域機器人	美國	Aethon	成立於 2004 年，總部在賓夕法尼亞州匹茲堡。自主移動輸送機器人，能夠攜帶大量的行李架、手推車、重達 453kg 的藥物、實驗室標本或其他敏感材料
	德國	Omnicell& Aesynt	創立於 1992 年，被 KLAS 評為 2015 年最佳藥房自動化設備供應商。2015 年，同時收購了另外兩家藥房自動化供應商

續表

應用領域	國家	企業名稱	發展介紹
製藥領域機器人		Innovation Associates	1972 年成立的工程/技術服務製造公司,20 多年以後,它的主營業務完全轉移到了藥房自動化。如今,它已經成為藥房自動化領域的龍頭企業之一
外骨骼康復機器人	美國	Ekso Bionics	成立於 2005 年,總部位於加州伯克利,是骨骼康復醫療機器人市場的領導者
		Barrett Medical	MIT 下屬公司拆分出,拳頭產品 WAM 是一款輕型高度靈活的帶反向力驅動機器人手臂
	德國	Rewalk Robotics	成立於 2001 年,總部位於柏林,公司前身是 Argo Medical Technologies 醫療科技公司,該公司致力於製造可穿戴外骨骼動力設備,幫助腰部以下癱瘓者重獲行動能力
	英國	Rex Bionics Limited&美安醫藥	關注於研發、生產和商業化針對下肢功能障礙患者的外骨骼機器人的創新型公司
	日本	Cyberdyne	2004 年,日本築波大學教授創立,產品 HAL 於 2013 年問世,是全球首個獲得安全認證的機器人外骨骼產品,是日本售價生產醫用及社會福利事業用機器人上市公司
	瑞士	Hocoma&碟和科技	2000 年成立,總部位於瑞士蘇黎世,專注於智慧康復機器人的研發,積極改善由於腦疾病、脊髓損傷和退行性病變因引發的功能障礙
醫療消毒機器人	美國	Xenex	公司成立於 2009 年,總部位於得克薩斯州。透過摧毀可能導致醫院獲得性感染(HAI)的致命微生物來拯救生命並減少患者痛苦
遠端醫療機器人	美國	Intouch Health	公司於 2002 年成立,總部位於加州,其開發的遠端醫療機器人可以給偏遠地區的患者或無法遠行的人提供高品質的卒中、心血管和燒傷方面的緊急諮詢
		VGo Communication & Vecn a Technologies	成立於 2007 年,提供視訊通訊解決方案
陪伴機器人	美國	Luvozo PBC	成立於 2013 年,總部位於馬里蘭州,公司專注於為提高老年人和殘疾人的生活品質開發陪伴機器人
	日本	Honda Robotics	本田公司研發,後續可以協助老人或臥病在床或輪椅的人料理生活

表 14-1 為部分醫療機器人領域的代表性企業,自 1985 年 Kwoh 等採用 PUMA500 機器人作為輔助定位裝置完成首例腦部手術以來,醫療機器人已經經

歷了30餘年的發展歷史。據不完全統計，全世界至少有33個國家、800多家醫院成功開展了60多萬例機器人手術，手術種類涵蓋泌尿外科、婦產科、心臟外科、胸外科、肝膽外科、胃腸外科、耳鼻喉科等學科。

經過三十多年的發展，目前已有數千臺手術機器人在全世界的醫院和醫學中心使用。如圖14-1所示，2016年全球醫療機器人的銷售數量為1600臺，銷售額為16.12億美元，較2015年有較大幅度成長。2017年全球醫療機器人市場達181億美元。

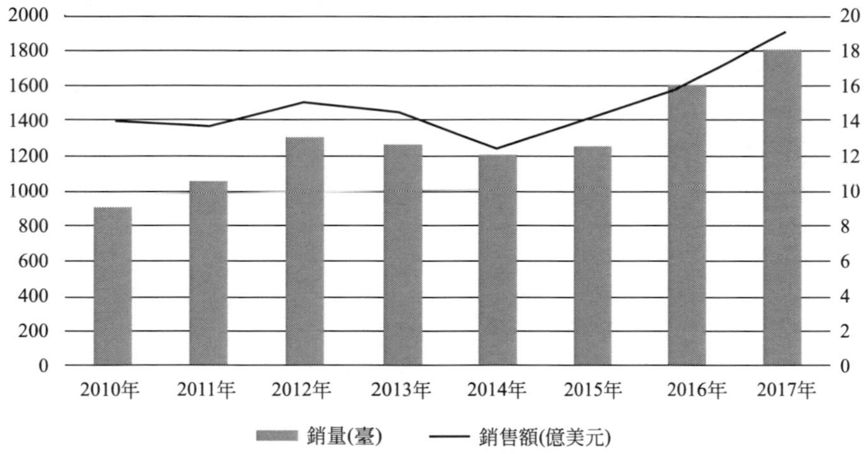

圖14-1　2010—2017年全球醫療機器人銷售情況

2014年開始，中國出現機器人外科手術熱潮，隨後，在政策利好、老齡化加劇、消費群體增加和產業化發展提速等綜合因素影響下，中國醫療機器人市場高速發展，如圖14-2所示。2014年，中國醫療機器人市場規模約為0.65億美元，占全球行業市場占有率的4.96%。隨著中國技術的提升及智慧醫療和數位醫療的發展，至2016年，中國醫療機器人市場規模達到0.79億美元。隨著中國智慧醫療建設的發展和普及，估算2017年醫療機器人市場規模達到1.13億美元，在全球市場占有率占到5%左右。

2016年以來，在國際醫療市場技術改革發展的推動下，中國部分技術及醫療機構紛紛涉足醫療機器人的研發和落地。各個應用領域醫療機器人的臨床發展能夠有效減輕中國因地區資源分配不均及醫療差異化的社會現實問題，有效緩解醫療矛盾，遠端醫療機器人的發展更能為分級診療的發展提供助力。截至目前，中國有28家醫療機器人的代表性企業，以新松機器人、楚天科技和天智航等企業為代表。

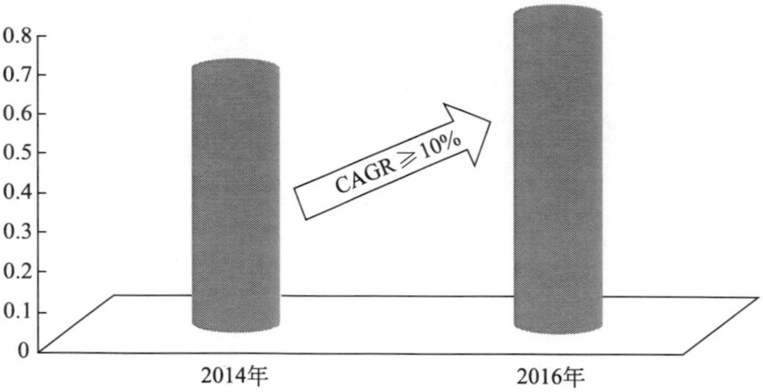

圖 14-2 2014—2016 年中國醫療機器人市場規模（單位：億美元）

從圖 14-3 數據看出，28 家醫療機器人生產企業 35.7％生產的康復機器人，而手術機器人等多依賴海外引進，可見中國企業在醫療機器人的研發能力和技術領域還有待進一步突破。

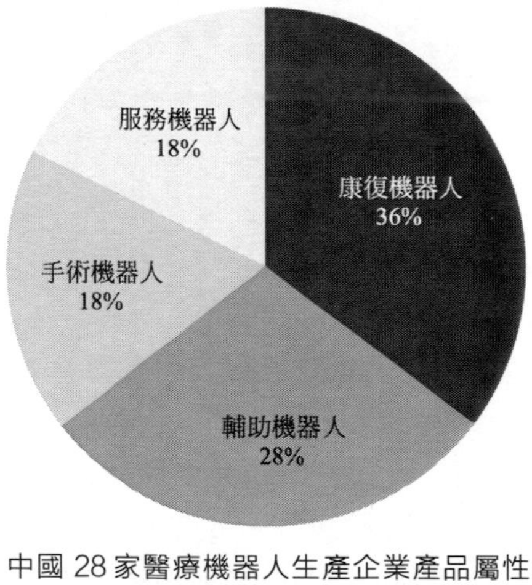

圖 14-3 中國 28 家醫療機器人生產企業產品屬性占比分析

14.3 產業鏈結構分析

隨著醫療機器人的發展與應用，醫療機器人的產業鏈也逐漸完善，如圖 14-4 所示。上游主要為機器人的零部件，包括伺服電機、感測器、控制器、減速器、系統集成等，下游主要提供給智慧醫療的需求端，主要應用在手術、康復、護理、移送患者、運輸藥品等領域[2]。

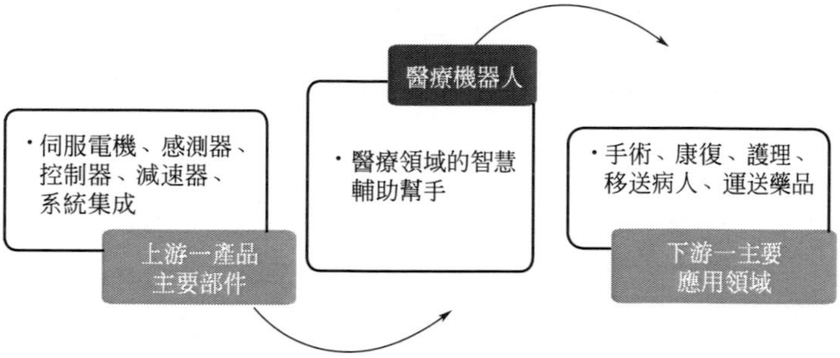

圖 14-4　醫療機器人上下游產業鏈分析

中國醫療機器人企業創立年份集中於近三年，專業醫療機器人上市企業僅數家。統計樣本企業中，2014 年以後創立的醫療機器人企業 34 家，2000 年至 2013 年創立的醫療機器人企業 20 家，1999 年前創立的醫療機器人企業僅 9 家，如圖 14-5 所示。其中，1999 年前創立的企業基本為上市公司，醫療機器人為其近年來新拓展業務，並非公司主營業務。如博實股份、金明精機、科遠股份、復星醫藥、威高集團等上市公司均在近年拓展醫療機器人業務，搶占新興成長點。縱觀所有醫療機器人公司，以醫療機器人為主營業務的上市公司僅天智航一家，且在新三板上市，並非主板。天智航為手術機器人公司，說明手術機器人發展相對更早，而在康復機器人領域，僅有錢璟一家正在啓動上市。而在醫療服務、健康服務等其他類型醫療機器人發展則更為初期，創立時間普遍在近兩年，產業尚處於培育前期。

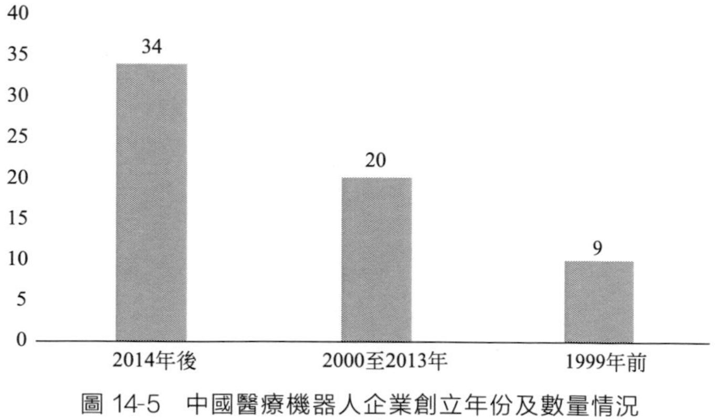

圖 14-5　中國醫療機器人企業創立年份及數量情況

醫療機器人在手術機器人、康復機器人的基礎上，進一步涌現醫療服務、健康服務、配藥、採血、膠囊等多種類型[3]。其中，手術機器人主要包括腹腔鏡、骨科、神經外科等類型；康復機器人主要包括康復系統和外骨骼等類型；醫療服務機器人主要包括醫療問診、醫院物流、影像定位等類型。如圖 14-6 所示，統計樣本企業中，手術機器人占比 16%，康復機器人占比 41%，醫療服務機器人占比 17%，健康服務機器人占比 8%，其他類型機器人占比 18%。其中，手術機器人技術門檻高、產業集中度較高，以天智航、柏惠維康等為主要代表。康復機器人企業數量最多，特別是康復系統領域，產業集中度較低，企業活躍度較高。膠囊機器人則為中國醫療機器人最具特色的領域，金山科技、安瀚科技的胃鏡機器人成為全球醫療消化內鏡發展的里程碑產品。健康服務機器人源於智慧產品領域的創新發展，基於中國在此領域完備的產業鏈條，近年來涌現出了摯康、禮賓等品牌。康夫子、萬物語聯的醫療問診機器人、鈦公尺的醫院物流機器人、邁納士的採血機器人等各類面向醫療服務的機器人層出不窮，產品多元化趨勢明顯。

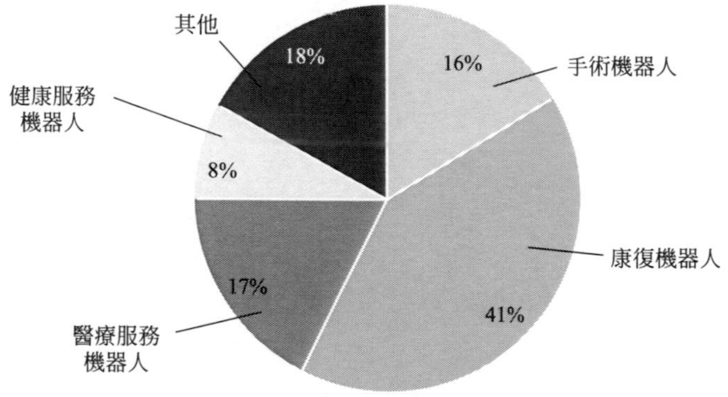

圖 14-6　中國醫療機器人產品類型占比情況

北京、深圳、上海三地匯集了中國醫療機器人領域近半數的優秀企業，醫療機器人產業呈現明顯的區域集聚現象。如圖 14-7 所示，統計樣本企業中所在地區醫療機器人企業數量，北京 12 家、深圳 10 家、上海 9 家、江蘇 7 家、廣東 6 家、浙江 3 家、黑龍江 3 家、重慶 3 家。綜合區域分析，京津冀地區 13 家、長三角地區 19 家、珠三角地區 16 家、中部地區 9 家、東北地區 5 家。由此可見，北京、深圳、上海三個一線城市醫療機器人產業實力最為雄厚，長三角地區由於在醫療設備領域擁有完備的產業鏈條、豐富的市場管道，已經占據醫療機器人領域區域發展的制高點，珠三角地區和京津冀地區緊隨其後。從產品細分領域看，手術機器人集中在京津冀、長三角和東北地區，珠三角地區發展相對滯後；康復機器人在長三角地區優勢最為明顯，京津冀和中部地區緊跟其後；醫療服務機器人在京津冀地區發展最佳，長三角和珠三角地區平分秋色；健康服務機器人僅在珠三角、長三角地區有所發展，其他地區均未涉及；膠囊機器人則以西南、中部地區為發展基地，相比其他類型機器人企業集聚更具特點。

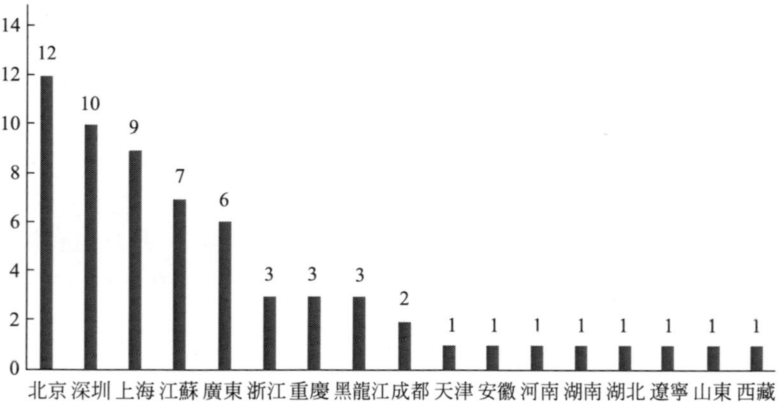

圖 14-7　中國醫療機器人企業地區分布情況

14.4 技術分析

與傳統工業機器人相比，醫療機器人以其專業性強、安全性要求更高著稱，在現有的醫療機器人中，還是主要以醫生為主、醫療機器人輔助的方式實現所需功能，這就需要醫療機器人具有更有效的視覺引導系統、機械臂操控系統、末端力感測系統以及必要的虛擬實境技術和人工智慧技術。

(1) 視覺引導系統

醫學成像技術和醫學處理技術在過去的幾十年中取得了飛速的發展，新的成像技術層出不窮，已有的成像系統的性能也在不斷地提高。各種各樣的二維醫學圖像，如 X 射線斷層投影（X-CT）、核磁共振（MRI）、B 超、內鏡圖像等，已經成為臨床診斷和醫學研究的重要依據，它有效地提高了診斷的準確性和治療的有效性。然而，對醫學圖像的理解是一個複雜的過程。

目前的視覺引導系統中，主要以普通的單目視覺為主，醫生在透過視覺引導系統進行手術時，由於無法掌握深度資訊，導致手術中無效性動作較多，增加了醫生的勞動強度和患者的痛苦。雙目立體視覺是電腦視覺研究領域的重要分支之一，它透過直接模擬人類視覺系統的方式感知客觀世界，廣泛應用於微操作系統的位姿檢測與控制、機器人導航與航測、三維非接觸測量及虛擬實境等領域。目前雙目視覺技術在工業上定位產品位置、識別物體資訊上已經有了較為成熟的應用，但是在醫療手術上的應用還較為少見。

（2）機械臂操控系統

隨著醫療技術的日益發展，人體手術對醫師的操作精度要求越來越高，人類由於自身條件限制無法手動開展高精度的微創外科手術，例如，臨床應用中醫生長時間手術會疲勞，其生理活動或情緒變動會影響手術精度以及操作存在「筷子效應」等一些問題都會影響手術效果。機器臂具有精度高、響應速度快以及控制靈活的特點，並且不會疲勞、不受情緒影響等，能很好地解決傳統微創外科手術在臨床應用中所面臨的問題。

在醫療機器人系統中，機械臂作為整套系統的最終執行部分，負責手術的執行，是最關鍵最重要的，如果在機械臂的研製過程中，出現機械臂設計不合理、機械臂控制精度不夠，在機械臂運行過程中存在振動、末端定位不準、動作速度慢等情況，都將嚴重影響手術的效果。因此機械臂操控系統的好壞決定著整套系統的優劣。

（3）末端力感測系統

現有的醫療手術機器人，如達文西手術機器人系統，大多採用主從機械臂結構，醫生操控主機械臂從而控制從機械臂的運動軌跡，但是與醫生直接操控手術器械相比，這種方法卻無法感知末端結構傳來的力回饋資訊。

在機械臂末端添加力感測器可以將末端的力傳到主控機械臂，幫助醫生感知來自機械臂末端的受力情況，因此一套好的末端力感測系統是很有必要的。

（4）虛擬實境技術

虛擬實境技術是利用電腦技術生成模擬環境，利用多源資訊融合技術、互動式三維動態觀景和實體行為的系統模擬使用沉浸到虛擬環境中。將虛擬實境技術應用到醫療機器人系統中可以輔助醫生更好地識別患者患處的結構，同時可以將醫療器械的狀態即時同步到虛擬實境系統中，幫助醫生完成手術過程。

（5）人工智慧技術

人工智慧技術作為近幾年異軍突起的學科，包含內容豐富，涉及學科眾多。人工智慧技術可以極大地加快挖掘提取深層次資訊的效率，而在過去幾十年中，醫療行業的資訊化也積累了大量歷史數據。

在醫療機器人領域，人工智慧技術主要有以下幾方面應用：

① 增強連續學習技術。機器人在和人的互動過程中，每一個互動的過程都得到一個回饋訊號，以指導機器人在下一個選擇它行為的方面做出不斷的更新，不管是用於手術還是裝配的機器人，其控制架構包含了人工智慧的各個節點，技

藝、互動技術、機器人操作能力的學習等。

② 感測和資訊融合。將視覺、觸覺和文本、雷射、紅外等很多人沒有的感官資訊融合，可以做成非常有效的醫療機器人操作系統和人機互動系統，現在也是非常值得關注的方向。

③ 基於經驗學習的服務機器人。這在手術和康復過程的自動化中有廣闊的應用前景。將醫療和互動過程的數據總結成概念，再上升成知識，以指導、驗證和監督手術及康復過程，最終可以達到兩個目的：一是人機互動的描述過程變得越來越簡短，只需給它最短的資訊，機器人就能夠自動完成需要的功能；二是智慧系統與真實世界間的誤差越來越小。

④ 多模態學習。人工智慧對於醫療器械而言是個很好的補充，傳統的醫療機械若要實現複雜的功能，需要非常高的物理複雜性，而透過人工智慧，透過新型感知、感覺、通訊等技術的應用，未來用最少的機電系統，加上人工智慧，就能達到最強的系統複雜性。

14.5 未來發展方向

(1) 世界範圍內醫療機器人市場發展預測

科技進步與患者對優質醫療服務的需求是醫療機器人成長的主要驅動力。一方面，隨著全球新科技革命和工業 4.0 標準的發展，醫學、工程學、機器人學不斷突破，3D 列印、數位醫療、移動醫療、穿戴式醫療和遠端醫療、虛擬實境等新興技術與醫療領域的緊密結合，醫療理念和方式已經發生了革命性的變革，醫療機器人作為新技術的融合平臺，其概念內涵、技術體系、臨床應用範圍均會得到極大豐富，從而加速醫療機器人產業的發展[4]。另一方面，世界範圍內人口老齡化問題日益嚴重，老年人群體中心腦血管疾病、骨科疾病等發病率和致殘率上升，醫療機器人能夠輔助完成精準穩定的微創手術治療，使醫療服務品質有效提升；術後還可以輔助康復訓練，大大縮短老年人術後康復時間，緩解目前術後康復資源嚴重不足的問題。這些迫切的臨床需求給予了醫療機器人極大的市場空間，可以促進醫療機器人產業爆發式成長。

巨大的需求空間凸顯了醫用機器人高度的尖端性、戰略性、成長性和帶動性，為此，各國紛紛頒布政策推進醫用機器人的發展。美國在 2013 年《美國機器人發展路線圖》中將醫用機器人列為機器人領域的第二大重要發展方向，在 2015 版《美國創新戰略》中提出優先發展「精準醫療」，並計劃在 2016 年投入 2.15 億美元重點推動醫療大數據、基因組學、微創診療及康復的發展。歐盟委員會早在2008年就發布了Robotics for Healthcare報告[5]，制定了各類醫用機器人的2010—2025年發展路線圖，並在「地平線2020」計劃中確定要投資6140萬美元推進機器人的醫療應用。日本在2015版《新機器人戰略》中也提出了醫用機器人2020年發展目標：手術機器人市場達到500億日元，並將護理機器人的使用者期望擁有率和使用率均提升到80％。在中國，《中華人民共和國國民經濟和社會發展第十三個五年規劃綱要》明確將「手術機器人」列為「高階裝備創新發展工程」中重點發展的機器人裝備；《中國製造2025》在「生物醫藥及高性能醫療器械」重點領域提出要「提高醫療器械的創新能力和產業化水準，重點發展影像設備、醫用機器人等高性能診療設備」。

在這樣的產業發展背景下，Transparency Market Research研究報告指出，預計全球醫療機器人市場將由2011年的54.8億美元發展到2018年的136美元，年複合成長率為12.6％，同時，Winter Green Research預測，未來手術機器人和康復機器人的行業規模，將分別由2014年的32億和2.2億美元成長到2021年的200億和32億美元，年均複合成長率將分別達到29.9％、46.6％，成為發展速度最高的兩個子領域。其中，手術機器人占60％左右的市場占有率。未來市場的重心將由北美逐漸往亞洲轉移，亞太地區等新興市場醫療機器人因潛在使用者數量巨大，處於高速成長階段，成長速度將明顯高於其他地區。

(2) 中國醫療機器人市場發展預測

在新興市場中，中國醫療機器人產業因有獨特的臨床、政策、產品優勢而展現巨大的發展潛力。中國臨床資源豐富，臨床試驗環境相對寬鬆，臨床優勢是中國推進醫療機器人產業開發的有利基礎條件[6]。據世界衛生組織預測，到2050年中國將有35％的人口超過60歲，成為世界上老齡化最嚴重的國家。患病人數多、疾病譜廣的臨床現狀日益凸顯，便於中國建立大規模患者組織樣本庫和疾病影像數據庫，支撐更精簡、更快速、更有針對性的產品研發路線，使得治療方法可以更好地匹配個體患者的病症，從而降低臨床試驗失敗的可能，使醫療機器人研發企業以更快的速度、更低的成本完成臨床試驗，由此加快創新型醫療機器人產品推向市場。現在很多大學比如北京航空航天大學、清華大學、哈爾濱工業大學都在積極進行醫療機器人技術研發，中國醫療機器人的代表企業如哈爾濱博實自動化股份有限公司、新松機器人自動化股份有限公司、妙手機器人科技集團等，都在進行不同階段的臨床試驗，北京天智航醫療科技股份有限公司最新一代醫療機器人產品也已經完成了註冊審評工作，相信不久就會在多家醫療機構中看到這些國產醫療機器人產品。

隨著醫療機器人行業標準、臨床使用規範的相繼建立，醫療技術服務收費改革的持續推進，中國將迎來利好的國產醫療機器人市場發展環境。一方面，臨床需求與技術創新的關係決定了科研成果能否成功實現產業轉化。醫療機器人產業發展最重要的源動力來自產品能夠真正解決臨床實際問題，產學研醫共同創新可以使臨床需求與醫療機器人相關應用基礎研究、產品化推進緊密結合，並且這種多方深度融合的模式將有利於產品標準和臨床應用規範的制定，彌補科研成果產業轉化和市場開發鏈條的弱點，從而縮短創新醫療器械的臨床磨合期，促進醫療機器人產業的創新發展速度。另一方面，把醫療機器人技術服務納入醫療服務價格改革試點項目，探索新技術應用市場化價格形成機制，透過價格水準體現創新醫療服務價值和醫療技術服務價值，能夠在提升醫療供給品質水準的同時有效促進新技術大規模應用於臨床，由此促進自主創新產品的發展。此外，國產醫療機器人得益於本土化研發和生產而帶來的高性價比優勢，將進一步提高患者的接受程度，使市場呈現高增量態勢。隨著對微創、高效、優質的臨床服務需求增加，以及機器人概念在大眾認知觀念中的不斷滲透，人們對醫療機器人這種創新的醫療服務方式的接受度將逐漸提高。然而，目前中國公立、民營醫院所應用的醫療機器人絕大部分依靠進口，其高昂的產品和耗材費用限制了醫療機器人技術的臨床推廣。在這種情況下，國產醫療機器人產品具有極大的競爭優勢，以北京天智航公司的「天璣」骨科機器人產品為例，其產品定位精度和臨床適用範圍均處於世界領先水平，而其售價和耗材費用與海外同類產品相比低30%以上，患者能夠以更低的醫療服務價格得到高品質的醫療服務，這使得新技術的臨床受眾面不斷擴大；而從國產醫療機器人產品來看，以巨大的高品質臨床服務需求缺口為契機，其市場規模將會呈爆發式成長[7]。

綜合看來，未來智慧化的醫療機器人將帶來一場新的醫療技術革命，隨之而來的將是更多的企業加入醫療機器人產業化隊伍中，醫療機器人商業化、市場化的步伐將不斷加快。面對這一片「藍海」，中國醫療機器人技術正在從跟跑、並跑，逐步轉變為領跑的狀態，加之巨大的優質醫療服務缺口合利好的發展環境，國產醫療機器人將會成為國際醫療機器人市場的有力競爭者。

參考文獻

[1] 楊振巍．淺談醫療機器人及發展前景[J]. 科技創新導報，2018，15(12)：104-105.

[2] 侯小麗，馬明所．醫療機器人的研究與進展[J]. 中國醫療器械資訊，2013，19(1)：48-50.

[3] 倪自強，王田苗，劉達．醫療機器人技術發展綜述[J]. 機械工程學報，2015，51(13)：45-52.

[4] 杜志江，孫立寧，富歷新．醫療機器人發展概況綜述[J]. 機器人，2003，(2)：182-187.

[5] Riek L D. Healthcare Robotics[J]. Communications of the Acm，2017，60 (11)：68-78.

[6] 王田苗．醫療機器人研究現狀[A]. 中國儀器儀表學會．中國儀器儀表學會醫療儀器分會第三屆第一次理事會暨現代數位醫療核心裝備和關鍵技術研究論壇論文集[C]. 中國儀器儀表學會，2005.

[7] 楊凱博．醫療機器人技術發展綜述[J]. 科技經濟導刊，2017，(34)：201.

醫療機器人技術

編　　著：姜金剛，張永德

發 行 人：黃振庭

出 版 者：崧燁文化事業有限公司

發 行 者：崧燁文化事業有限公司

E-mail：sonbookservice@gmail.com

粉 絲 頁：https://www.facebook.com/sonbookss/

網　　址：https://sonbook.net/

地　　址：台北市中正區重慶南路一段六十一號八樓 815 室

Rm. 815, 8F., No.61, Sec. 1, Chongqing S. Rd., Zhongzheng Dist., Taipei City 100, Taiwan

電　　話：(02) 2370-3310

傳　　真：(02) 2388-1990

印　　刷：京峯彩色印刷有限公司（京峰數位）

律師顧問：廣華律師事務所 張珮琦律師

定　　價：700 元

發行日期：2022 年 03 月第一版

◎本書以 POD 印製

國家圖書館出版品預行編目資料

醫療機器人技術 / 姜金剛, 張永德編著 . -- 第一版 . -- 臺北市 : 崧燁文化事業有限公司 , 2022.03

面； 公分

POD 版

ISBN 978-626-332-168-7(平裝)

1.CST: 醫療用品 2.CST: 醫療器材業 3.CST: 機器人

487.1　　111002701

電子書購買

臉書